高等数学(上册)

王顺凤　孟祥瑞
朱凤琴　孙艾明　编

东南大学出版社
SOUTHEAST UNIVERSITY PRESS
·南京·

内容提要

本书根据编者多年的教学实践与教改经验,结合教育部高教司颁布的本科非数学专业理工类、经济管理类《高等数学课程教学基本要求》编写而成.

全书分上、下册出版.本书为上册部分.上册包括函数的极限与连续、一元函数微分学、微分中值定理与导数的应用、不定积分、定积分、定积分的应用及微分方程共七章内容.书后还包括习题参考答案与附录[预备知识、一些常用的中学数学公式、几种常用的曲线、基本积分表、MATLAB 软件简介(上)].每节都配适量的习题,每章后附有总复习题,便于教师因材施教或学生自主学习.

本书突出重要概念的实际背景和理论知识的应用.全书结构严谨、逻辑清晰、说理浅显、通俗易懂.例题丰富且有一定梯度,便于学生自学.本书可作为高等院校理、工、经管各类专业高等数学的教材使用,也可作为工程技术人员与考研复习的参考书.

图书在版编目(CIP)数据

高等数学.上/王顺凤等编.—南京:东南大学出版社,2017.9(2021.8 重印)

ISBN 978-7-5641-7411-8

Ⅰ.①高… Ⅱ.①王… Ⅲ.①高等数学—高等学校—教材 Ⅳ.①O13

中国版本图书馆 CIP 数据核字(2017)第 212967 号

高等数学(上册)

出版发行	东南大学出版社	
出 版 人	江建中	
社 　　址	南京市四牌楼 2 号	
邮 　　编	210096	
经 　　销	全国各地新华书店	
印 　　刷	兴化印刷有限责任公司	
开 　　本	700 mm×1000 mm　1/16	
印 　　张	21.25	
字 　　数	417 千字	
版 　　次	2017 年 9 月第 1 版	
印 　　次	2021 年 8 月第 4 次印刷	
书 　　号	ISBN 978-7-5641-7411-8	
定 　　价	36.00 元	

(本社图书若有印装质量问题,请直接与营销部联系.电话:025-83791830)

前　　言

本教材是按照教育部提出的高等教育面向 21 世纪教学内容和课程体系改革计划的精神，参照教育部制定的全国硕士研究生入学考试理、工、经管类数学考试大纲和南京信息工程大学理、工、经管类高等数学教学大纲，以及 2004 年教育部高教司颁布的本科非数学专业理工类、经济管理类《高等数学课程教学基本要求》，并汲取近年来南京信息工程大学及滨江学院高等数学课程教学改革实践的经验，借鉴国内外同类院校数学教学改革的成功经验，由南京信息工程大学滨江学院第四期教改项目资助编写而成．本书力求具有以下特点：

1. 突出培养通适型、应用型人才的宗旨，注重介绍重要概念的实际背景，强调数学的思想和方法，适当弱化理论教学，强化应用教学．力求使学生会用数学知识解决相应较简单的实际问题．

2. 在保证科学性的前提下，充分考虑高等教育大众化的新形势，构建学生易于接受的微积分系统．如对较难理解的极限、连续等概念部分，先介绍其描述性定义，在此基础上再介绍极限、连续的精确定义，使学生易于接受；如对微分与积分部分，都以实际问题为背景引入概念；在积分的应用部分，都强调应用元素法解决实际问题，使学生对微积分的思想及其应用有更全面的认识．

3. 为了便于教师因材施教以及适应分层次教学的需要，对有关例题和习题进行了分层处理．每节的后面都配有适量梯度明显的习题给不同程度的学生选用，习题主要包括基础题与少量的综合题，基础题用于训练学生掌握基本概念与基本技能；综合题用于训练学生综合运用数学知识分析问题、解决问题的能力；每章的最后还配有总复习题，用于学生复习与巩固知识．

4. 充分注意与现阶段中学教材的衔接，本书对反三角函数作了简要介绍，并在附录中补充介绍了数学归纳法、极坐标及一些常用的中学数学公式等，供读者查阅．

5. 本教材对例题作了精心挑选，教材中例题丰富多样，既具有代表性又有一定的梯度，适合各类读者的要求．

6. 根据内容特点，在附录中引入 MATLAB 数学软件的简要介绍，并给出了有关案例应用,使学生能较早接触数学软件的学习,为今后运用数学软件解决实际问题打下基础.

教材中的教学内容可根据各类专业的需要选用,本书兼顾了理、工、文、经管各类专业的教学要求,在使用本书时,参照各专业对数学教学的基本要求进行取舍.如经济管理类的专业,多元函数的积分部分只须选讲二重积分,级数部分的傅立叶级数可不讲.理工类专业可以不讲数学在经济方面的应用等.教材中标有"*"号的内容不作教学要求,可根据各类专业的需要选用.

本教材由南京信息工程大学滨江学院王顺凤、孟祥瑞、朱凤琴、孙艾明老师集体编写与校对,全书的编写人员集体认真讨论了各章的书稿,刘红爱、官琳琳、孟祥瑞、刘慧、许志奋等许多老师都提出了宝贵的修改意见,全书由王顺凤老师统编并定稿.

南京信息工程大学数统院薛巧玲教授仔细审阅了全部书稿,提出了宝贵的修改意见,在此向薛巧玲教授表示衷心的感谢!

本书的出版得到南京信息工程大学滨江学院各级领导,以及东南大学出版社的领导与编辑们的大力支持与帮助,在此表示衷心感谢!

由于编者水平所限,编写时间偏紧,书中难免有不少缺点和错误,敬请各位专家、同行和广大读者批评指正.

编者
2017 年 6 月

目 录

1 函数的极限与连续 ... 1

1.1 函数 ... 1
- 1.1.1 变量与常用数集 ... 1
- 1.1.2 函数的基本概念 ... 2
- 1.1.3 函数的几种基本性态 ... 7
- 1.1.4 初等函数 ... 9

习题 1.1 ... 16

1.2 数列的极限 ... 17
- 1.2.1 数列定义 ... 17
- 1.2.2 数列的极限 ... 17

习题 1.2 ... 20

1.3 函数的极限 ... 21
- 1.3.1 自变量 x 无限增大时的函数极限 ... 21
- 1.3.2 自变量 x 趋于有限值时的函数极限 ... 23
- 1.3.3 子极限 ... 27
- 1.3.4 极限不存在的情形 ... 28
- 1.3.5 极限的性质 ... 30

习题 1.3 ... 31

1.4 无穷小量与无穷大量 ... 32
- 1.4.1 无穷小量 ... 32
- 1.4.2 无穷大量 ... 35
- 1.4.3 无穷大量与无穷小量之间的关系 ... 36

习题 1.4 ... 36

1.5 极限运算法则 ... 37
- 1.5.1 极限的四则运算法则 ... 37
- 1.5.2 复合函数的极限运算法则 ... 43

习题 1.5 ... 44
1.6 极限存在准则及两个重要极限 ... 45
  1.6.1 准则Ⅰ(夹逼准则) ... 45
  1.6.2 准则Ⅱ(单调有界准则) ... 48
习题 1.6 ... 51
1.7 无穷小量的比较 ... 52
习题 1.7 ... 56
1.8 函数的连续性 ... 57
  1.8.1 函数连续性的概念 ... 57
  1.8.2 函数的间断点 ... 59
  1.8.3 连续函数的运算法则 ... 62
  1.8.4 初等函数的连续性 ... 64
习题 1.8 ... 65
1.9 闭区间上连续函数的性质 ... 66
  1.9.1 最大值与最小值存在定理 ... 66
  1.9.2 有界性定理 ... 67
  1.9.3 零点存在定理与介值定理 ... 68
习题 1.9 ... 69
总复习题 1 ... 69

2 一元函数微分学 ... 71

2.1 导数的概念 ... 71
  2.1.1 导数的概念 ... 71
  2.1.2 导数的几何意义 ... 77
  2.1.3 函数的可导性与连续性之间的关系 ... 78
习题 2.1 ... 79
2.2 导数的运算法则与基本公式 ... 79
  2.2.1 求导的四则运算法则 ... 80
  2.2.2 反函数与复合函数的求导法则 ... 82
  2.2.3 求导的基本公式 ... 84
  2.2.4 初等函数的导数 ... 85
习题 2.2 ... 87

2.3　高阶导数 ·· 88
　习题2.3 ··· 92
　2.4　隐函数与参数方程确定的函数的导数 ··· 92
　　2.4.1　隐函数的导数 ·· 93
　　2.4.2　参数方程确定的函数的导数 ··· 95
　　*2.4.3　相关变化率 ··· 97
　习题2.4 ··· 98
　2.5　函数的微分及其应用 ·· 99
　　2.5.1　微分的概念 ··· 99
　　2.5.2　微分的几何意义 ··· 102
　　2.5.3　微分的运算法则 ··· 102
　　2.5.4　微分在近似计算中的应用 ·· 104
　习题2.5 ··· 105
　总复习题2 ··· 105

3　微分中值定理与导数的应用 ·· 107
　3.1　微分中值定理 ··· 107
　　3.1.1　罗尔定理 ·· 107
　　3.1.2　拉格朗日中值定理 ·· 109
　　3.1.3　柯西中值定理 ·· 112
　习题3.1 ··· 113
　3.2　洛必达法则 ·· 113
　　3.2.1　$\frac{0}{0}$型未定式 ··· 114
　　3.2.2　$\frac{\infty}{\infty}$型未定式 ·· 117
　　3.2.3　其他类型未定式 ··· 117
　习题3.2 ··· 119
　3.3　泰勒公式 ··· 120
　　3.3.1　泰勒多项式 ·· 120
　　3.3.2　泰勒中值定理 ·· 121
　习题3.3 ··· 126

3.4 函数的单调性与曲线的凹凸性 ················ 126
   3.4.1 函数的单调性 ·································· 126
   3.4.2 曲线的凹凸性与拐点 ························ 129
习题 3.4 ·· 132
3.5 函数的极值及最大值与最小值 ················ 133
   3.5.1 函数的极值 ····································· 133
   3.5.2 函数的最大值与最小值 ···················· 136
习题 3.5 ·· 138
3.6 函数图形的描绘 ···································· 139
   3.6.1 曲线的渐近线 ································· 139
   3.6.2 函数图形的描绘 ······························ 141
习题 3.6 ·· 143
3.7 曲率 ··· 144
   3.7.1 弧微分 ·· 144
   3.7.2 曲率与曲率半径 ······························· 146
习题 3.7 ·· 151
总复习题 3 ··· 151

4 不定积分 ··· 153

4.1 不定积分的概念与性质 ··························· 153
   4.1.1 原函数 ·· 153
   4.1.2 不定积分 ·· 154
   4.1.3 基本积分公式 ·································· 155
   4.1.4 不定积分的性质 ······························· 156
习题 4.1 ·· 158
4.2 不定积分的换元积分法 ··························· 158
   4.2.1 第一类换元积分法 ··························· 159
   4.2.2 第二类换元积分法 ··························· 163
习题 4.2 ·· 168
4.3 不定积分的分部积分法 ··························· 169
习题 4.3 ·· 173
4.4 有理函数和可化为有理函数的积分 ·········· 173

4.4.1　有理函数的积分 ····················· 173
　　4.4.2　三角有理函数的积分 ··············· 177
　习题 4.4 ··· 178
4.5　积分表的使用 ······························ 179
　　4.5.1　能直接从积分表中查找到的类型 ·· 179
　　4.5.2　需要先进行转换,再查表的类型 ··· 179
　习题 4.5 ··· 180
　总复习题 4 ······································ 180

5　定积分 ··· 182

5.1　定积分的概念与性质 ····················· 182
　　5.1.1　引例 ····································· 182
　　5.1.2　定积分的概念 ························ 184
　　5.1.3　定积分的几何意义 ·················· 185
　　5.1.4　定积分的性质 ························ 186
　习题 5.1 ··· 190
5.2　微积分基本定理 ···························· 191
　　5.2.1　变上限积分函数及其导数 ········· 191
　　5.2.2　牛顿-莱布尼茨公式 ················· 192
　习题 5.2 ··· 195
5.3　定积分的换元积分法与分部积分法 ··· 196
　　5.3.1　定积分的换元积分法 ··············· 196
　　5.3.2　定积分的分部积分法 ··············· 200
　习题 5.3 ··· 202
5.4　反常积分 ····································· 203
　　5.4.1　无穷区间上的反常积分 ············ 203
　　5.4.2　无界函数的反常积分 ··············· 205
　习题 5.4 ··· 206
　总复习题 5 ······································ 207

6　定积分的应用 ································· 209

6.1　定积分的元素法 ··························· 209

6.2 定积分在几何上的应用 ·················· 210
  6.2.1 平面图形的面积 ·················· 210
  6.2.2 立体图形的体积 ·················· 214
  6.2.3 平面曲线的弧长 ·················· 216
习题 6.2 ···························· 218
6.3 定积分在物理上的应用 ·················· 220
  6.3.1 变力沿直线做功 ·················· 220
  6.3.2 侧压力 ······················· 221
  6.3.3 引力 ························ 222
习题 6.3 ···························· 223
总复习题 6 ·························· 223

7 微分方程 ···························· 225

7.1 微分方程的基本概念 ···················· 225
习题 7.1 ···························· 229
7.2 变量可分离的微分方程 ·················· 230
  7.2.1 变量可分离的微分方程 ·············· 230
  7.2.2 齐次方程 ····················· 233
习题 7.2 ···························· 236
7.3 一阶线性微分方程 ······················ 237
  7.3.1 一阶线性微分方程 ················ 237
  7.3.2 伯努利方程 ···················· 240
习题 7.3 ···························· 241
7.4 可降阶的高阶微分方程 ·················· 242
  7.4.1 $y^{(n)}=f(x)$ 型的微分方程 ············ 242
  7.4.2 $y''=f(x,y')$ 型的微分方程 ············ 242
  7.4.3 $y''=f(y,y')$ 型的微分方程 ············ 245
习题 7.4 ···························· 248
7.5 二阶线性微分方程的解结构 ················ 248
  7.5.1 二阶线性齐次微分方程的解结构 ·········· 249
  7.5.2 二阶线性非齐次微分方程的解结构 ········· 251
习题 7.5 ···························· 253

7.6 二阶常系数线性齐次微分方程 ……………………………………………… 253
习题 7.6 …………………………………………………………………………… 257
7.7 二阶常系数线性非齐次微分方程 …………………………………………… 258
　7.7.1 自由项为 $f(x)=P(x)\mathrm{e}^{\lambda x}$ 的情形 …………………………………… 259
　7.7.2 自由项为 $f(x)=\mathrm{e}^{\alpha x}[P_l(x)\cos\beta x+P_n(x)\sin\beta x]$ 的情形 ……… 261
习题 7.7 …………………………………………………………………………… 264
*7.8 欧拉方程 ……………………………………………………………………… 264
习题 7.8 …………………………………………………………………………… 266
总复习题 7 ………………………………………………………………………… 266

参考答案 ………………………………………………………………………… 268

附录Ⅰ 预备知识 ………………………………………………………………… 279

附录Ⅱ 一些常用的中学数学公式 …………………………………………… 287

附录Ⅲ 几种常用的曲线($a>0$) ……………………………………………… 289

附录Ⅳ 基本积分表 ……………………………………………………………… 292

附录Ⅴ MATLAB 软件简介(上) ……………………………………………… 303

参考文献 ………………………………………………………………………… 328

1 函数的极限与连续

法国数学家笛卡儿(Rene Descartes)在17世纪把变量引入数学,由此运动进入了数学,辩证法进入了数学,在此基础上才创立了微积分,它是人类思维的伟大成果之一,是现代科学技术的重要基础理论之一.高等数学的基本内容是微积分,它以函数为研究对象,利用极限来研究函数的各种形态.本章主要介绍函数、极限和连续这些重要的基本概念及有关性质,并着重介绍极限与连续的基本思想与方法,为学好微积分打下基础.

1.1 函数

1.1.1 变量与常用数集

我们在观察某个自然现象或变化过程时,会遇到许多数量,这些数量一般可分为两类:有一类如面积、体积、长度等在该过程中保持不变的量,称之为**常量**;另一类在该过程中不断变化的量,称之为**变量**. 例如在观察圆的面积大小变化时,直径与周长都是变量,而圆的周长与直径的比值(圆周率)π是一个常量;在自由落体运动中,物体的下降速度、下降时间及下降距离都是变量,而物体的质量在该过程中可以看作常量. 一般地,用字母 $a,b,c,\cdots$ 表示常量,用字母 $x,y,z,t,\cdots$ 表示变量. 一个量是变量还是常量,要在具体问题中作具体分析. 例如就小范围地区来说,重力加速度 g 是不变的常量,但就广大地区来说,重力加速度 g 就是一个变化的量.

讨论变量间的数量关系时,需要确定变量的取值范围,单个变量的取值范围常用数集来表示. 本书讨论的变量在没有特别说明的情况下都是指在实数范围内变化的量. 常用的数集除了有自然数集 **N**、正整数集 $\mathbf{N}^+$、整数集 **Z**、有理数集 **Q**、实数集 **R** 外,还常用区间和邻域来表示.

区间是用得较多的一类数集,它表示介于两个实数之间的一切数构成的实数集,在数轴上对应位于 a 到 b 之间的一条线段,设 $a,b \in \mathbf{R}$,且 $a<b$,则数集
$$\{x \mid a<x<b, x \in \mathbf{R}\}$$
称为**开区间**,记作 (a,b),即
$$(a,b) = \{x \mid a<x<b, x \in \mathbf{R}\}$$
数集

$$\{x \mid a \leqslant x \leqslant b, x \in \mathbf{R}\}$$

称为**闭区间**,记作$[a,b]$,即

$$[a,b] = \{x \mid a \leqslant x \leqslant b, x \in \mathbf{R}\}$$

类似地,数集

$$\{x \mid a < x \leqslant b, x \in \mathbf{R}\} \quad \text{与} \quad \{x \mid a \leqslant x < b, x \in \mathbf{R}\}$$

均称为**半开半闭区间**,分别记作$(a,b]$与$[a,b)$,即

$$(a,b] = \{x \mid a < x \leqslant b, x \in \mathbf{R}\}, \quad [a,b) = \{x \mid a \leqslant x < b, x \in \mathbf{R}\}$$

其中a与b称为**这些区间的端点**,$b-a$称为**这些区间的区间长度**. 以上四种区间均为有限区间,区间长度$b-a$是有限的数值. 此外还有下列五种无限区间,引进记号$+\infty$(读作正无穷大)及$-\infty$(读作负无穷大),则有

$$(a, +\infty) = \{x \mid x > a, x \in \mathbf{R}\}, \quad [a, +\infty) = \{x \mid x \geqslant a, x \in \mathbf{R}\}$$
$$(-\infty, b) = \{x \mid x < b, x \in \mathbf{R}\}, \quad (-\infty, b] = \{x \mid x \leqslant b, x \in \mathbf{R}\}$$
$$(-\infty, +\infty) = \mathbf{R}$$

这些区间的区间长度都为无穷大.

为了描述函数在一点邻近的某些性态,还会经常用到邻域的概念,下面引入邻域的概念.

定义 1 设$a, \delta \in \mathbf{R}, \delta > 0$,数集$\{x \mid |x-a| < \delta, x \in \mathbf{R}\}$称为点$a$的$\delta$邻域,记作$U(a, \delta)$. 其中点$a$与数$\delta$分别称为该邻域的中心与半径.

在几何上,邻域$U(a,\delta)$表示数轴上与点a的距离小于δ的点集,因此该点集是以点a为中心,半径为δ的一个开区间(图 1-1(a)),即

$$U(a,\delta) = (a-\delta, a+\delta)$$

当不强调邻域的半径时,常用$U(a)$表示以点a为中心的任意邻域. 如果将邻域$U(a,\delta)$的中心点a去掉,得到的数集$\{x \mid 0 < |x-a| < \delta\}$称为以点$a$为中心,半径为$\delta$的去心邻域,记作$\overset{\circ}{U}(a,\delta)$(图 1-1(b)),即

$$\overset{\circ}{U}(a,\delta) = (a-\delta, a) \cup (a, a+\delta)$$

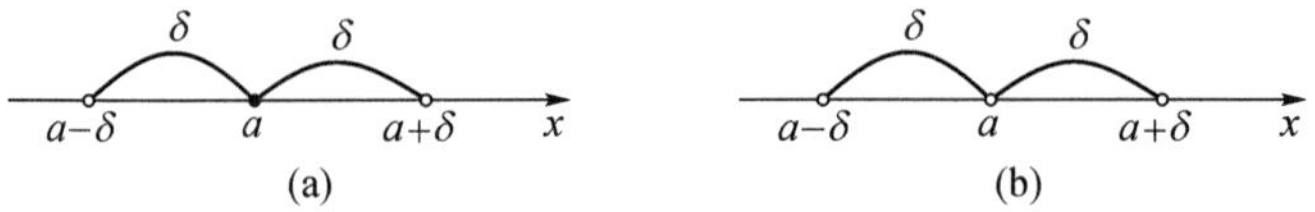

图 1-1

应当指出,对于邻域的半径虽然没有明确规定其大小,但一般总是取很小的正数.

1.1.2 函数的基本概念

先介绍一些数学上常用的符号.

符号"∀"表示"任意(确定)的"或者"任意一个"的意思;符号"∃"表示"存在"或者"有"的意思.例如"∀x"表示"任意(确定)的 x",而"∃x"表示"存在 x"的意思.

函数研究的就是变量之间的对应关系,在同一自然现象或变化过程中,往往同时有两个或更多个变量变化着,这些变化互相联系并遵循一定的规律,函数就是描述这种联系的一个法则.例如,在初速度为 0 的自由落体运动中,路程 s 与时间 t 是两个变量,当时间变化时,对应的路程也随之改变,它们之间有关系

$$s = \frac{1}{2}gt^2 \quad (t \geqslant 0) \tag{1-1}$$

又例如在电阻两端加直流电压 V,电阻中有电流 I 通过,电流 I 随电压 V 改变而改变,其变化规律为

$$I = \frac{V}{R}$$

若电阻 $R = 20$,则

$$I = \frac{1}{20}V \tag{1-2}$$

(1-1)、(1-2)两式均表达了两个变量之间相互联系的变化规律,当取定其中一个变量的数值时,另一变量的值就随之确定,数学上把这种对应关系称为函数关系.

定义 2 设同一变化过程中的两个变量为 x, y,当 x 在给定的范围 D 内任意取定一个值时,另一个变量 y 按某一给定的法则 f 有一个确定的值与之相对应,就称 y 是 x 的函数,x 称为自变量,y 称为因变量,记作

$$y = f(x) \quad (x \in D)$$

其中数集 D 称为 $f(x)$ 的定义域.

一般地,在函数 $y = f(x)$ 中,函数的定义域是使得式子 $f(x)$ 有意义的 x 的集合,这时也称其为**该函数的自然定义域**.但在实际问题中,函数 $y = f(x)$ 的定义域还要根据问题中的实际意义来确定.

由定义 2 可知,$f(x)$ 也表示与 x 对应的函数值,因此对应于 x_0 的函数值记为 $f(x_0)$ 或 $y\big|_{x=x_0}$,全体函数值构成的集合称为**函数 $y = f(x)$ 的值域**,记作 $f(D)$,即

$$f(D) = \{y \mid y = f(x), x \in D\}$$

符号 $f(x)$ 中的 f 表示 y 与 x 之间的对应关系,故 f 仅仅是一个函数对应法则的记号,也可用其他符号如 φ, F 等表示,这时,函数 $y = f(x)$ 就可写成 $y = \varphi(x)$ 或 $y = F(x)$.但一个函数在同一个问题中只能取定一种记号,当同一问题中涉及多个函数时,则应取不同的符号分别表示它们各自的对应法则,以免混淆.

例 1 求函数 $y = \dfrac{1}{x} + \ln(1-x^2)$ 的定义域.

解 由题意可知函数中 x 满足不等式组：
$$\begin{cases} 1-x^2 > 0 \\ x \neq 0 \end{cases}$$

解得
$$-1 < x < 0, 0 < x < 1 \quad 即 \quad x \in (-1,0) \cup (0,1)$$

则该函数的定义域为 $(-1,0) \cup (0,1)$.

例 2 设 $f(x) = x^2 + x$，求 $f(h+1), f(a), f\left(\dfrac{1}{a}\right)$.

解 将 $f(x)$ 中的变量 x 分别用 $h+1, a, \dfrac{1}{a}$ 代替，解得
$$f(h+1) = (h+1)^2 + (h+1) = h^2 + 3h + 2$$
$$f(a) = a^2 + a$$
$$f\left(\dfrac{1}{a}\right) = \left(\dfrac{1}{a}\right)^2 + \dfrac{1}{a} = \dfrac{1+a}{a^2}$$

一般地，若两个函数的定义域相同，对应法则也相同，则称**这两个函数相等**. 因此函数的定义域及其对应法则称为**函数的二要素**.

例如函数 $f(x) = \ln x^2$ 与 $f(x) = 2\ln x$，它们的对应法则虽相同，但定义域不同，所以它们不是相同的函数. 又如函数 $y = x$（当 $x \geqslant 0$ 时）与 $y = (\sqrt{x})^2$，它们的对应法则相同，定义域也相同，因此它们是相同的函数.

一般地，如果函数 $y = f(x)$ 的自变量 x 在定义域内任取一值时，对应的函数值 y 都是唯一的，则称 y 为 x 的**单值函数**. 如果自变量 x 都有两个或两个以上的值 y 与之相对应，则称 y 为 x 的**多值函数**. 本书中凡是没有特别说明的函数都是指单值函数. 若遇到多值函数时，我们就把它化为若干个单值函数分别来讨论就可以了.

由于函数对应法则是多种多样的，因而函数的表示方法有多种形式，常见的主要有：表格法、图示法、解析（公式）法.

表格法就是把自变量 x 与因变量 y 的一些对应值用表格列出，实际应用中常用此法. 例如火车时刻表就是用列表的方法列出出站和进站对应的车次与时间的函数关系. 其优点是从表上可直接看出 y 随 x 的变化而变化的情况，使用上较方便，缺点是只能表达有限个对应数据.

图示法是把变量 x 与 y 对应的有序数组 (x,y) 看作直角坐标平面内点的坐标，y 与 x 的函数关系就可用坐标平面内的曲线来表示. 例如气象站中的温度记录器，它记录了空气中温度与时间的函数关系. 这种关系是通过仪器自动描绘在纸带上的一条连续不断的曲线来表达的. 其优点是直观性强，缺点是没有给出函数关系的

表达式,不便于作理论上的推导与演算.

解析法(也称公式法)是把两个变量之间的关系直接用公式或解析式表示,高等数学中所涉及的函数大多用解析法来表示.例如 n 次多项式函数
$$y = a_0 + a_1 x + a_2 x^2 + \cdots + a_n x^n$$
这里 $a_i(i=0,1,2,\cdots,n)$ 均为常数,n 为自然数,x 为自变量,$x \in \mathbf{R}$. 以及有理函数
$$y = \frac{P(x)}{Q(x)}$$
这里 $P(x)$ 与 $Q(x)$ 均为多项式函数,它们都是用解析式表示的函数.

有时在函数定义域的不同范围内的 x 所对应的函数关系并不相同,这时就要用几个不同的解析式来表示一个函数,例如函数(图 1-2(a))
$$y = \begin{cases} x+2, & x \leqslant 0 \\ e^x, & x > 0 \end{cases}$$
与符号函数(图 1-2(b))
$$\operatorname{sgn} x = \begin{cases} 1, & x > 0 \\ 0, & x = 0 \\ -1, & x < 0 \end{cases}$$

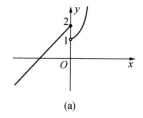
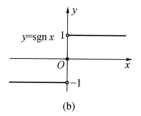

图 1-2

在不同的范围内用不同的解析式分段表示的函数称为分段函数.上面两个例子就是分段函数,在自然科学与工程技术中也经常用到分段函数.

应当指出,分段函数是用不同的解析式表示一个(而不是几个)函数.因此对分段函数求函数值时,要注意自变量所在的范围,自变量在哪个范围就应代入相应范围对应的解析式中去求.

例如常用记号 $[x]$ 表示"小于或等于 x 的最大整数",显然 $[x]$ 是由 x 唯一确定的,如
$$[-1.5] = -2, \quad [1.3] = 1, \quad [2.43] = 2, \quad [0] = 0$$
函数 $y = [x]$ 的定义域是实数集 $\mathbf{R}$,值域是整数集 $\mathbf{Z}$,它表示 y 是不超过 x 的最大的整数.故称函数 $y = [x]$ 为**取整函数**.该函数是分段函数,其图形如图 1-3 所示.

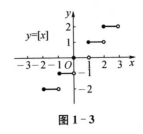

图 1-3

上述用解析式或公式所表示的函数,都是直接用一个或几个关于自变量的式子来表示的,这样的函数也称为**显函数**.除此以外,在很多实际问题中,变量之间的函数关系也可用一个方程来表示,例如在直线方程 $x+2y=1$ 中,给定实数 x,就有一个确定的 y 值 $\left(y=\frac{1}{2}(1-x)\right)$ 与之相对应,因此在方程 $x+2y=1$ 中隐含了一个函数关系 $y=\frac{1}{2}(1-x)$. 又如椭圆的方程 $\frac{x^2}{a^2}+\frac{y^2}{b^2}=1$ 确定了两个单值函数

$$y=\frac{b}{a}\sqrt{a^2-x^2} \quad (\text{当 } y\geqslant 0 \text{ 时}) \quad \text{与} \quad y=-\frac{b}{a}\sqrt{a^2-x^2} \quad (\text{当 } y\leqslant 0 \text{ 时}).$$

在 xOy 平面上,函数 $y=\frac{b}{a}\sqrt{a^2-x^2}$ 表示上半椭圆,函数 $y=-\frac{b}{a}\sqrt{a^2-x^2}$ 表示下半椭圆,这两个单值函数称为原来函数的**单值分支**,它们都是由方程 $\frac{x^2}{a^2}+\frac{y^2}{b^2}=1$ 确定的. 但也有一些方程确定的函数关系不那么容易甚至不可能直接用自变量的解析式表示出来. 例如开普勒(Kepler)方程

$$y-x-\varepsilon\sin y=0 \quad (\varepsilon \text{ 为常数}, 0<\varepsilon<1)$$

在这个方程中不可能将 y 用 x 的解析式表示出来,尽管如此,它仍能确定 y 是 x 的函数.

若能由一个二元方程 $F(x,y)=0$ 确定 y 是 x 的函数(满足函数的定义),则称**函数 $y=y(x)$ 是由方程** $F(x,y)=0$ **确定的隐函数**. 有时直接通过对方程恒等变形,可以将这个隐函数求出,例如由方程 $2x+5y=2$ 可以解得函数 $y=\frac{2-2x}{5}$,这个过程称为**隐函数的显化**. 例如方程 $x^2+y^2=a^2$ 当 $y\geqslant 0$ 时可显化为函数 $y=\sqrt{a^2-x^2}$,它的图形为以原点为中心、半径为 a 的上半圆周. 但不是每个隐函数都可以显化,如方程 $e^{xy}+x-\sin y=1$ 确定的隐函数是无法显化的,因此隐函数是表达函数的一种必不可少的形式. 需要注意的是:任意一个方程并不一定就能确定一个隐函数. 究竟在什么条件下能够由一个方程来确定一个隐函数呢?这将在第9章中给出相关结论.

有时变量 x,y 之间的函数关系还可以通过参数方程

$$\begin{cases} x = \varphi(t), \\ y = \psi(t), \end{cases} (t \in I)$$

表示,这样的函数是**由参数方程确定的函数**,简称为**参数式函数**,t 称为参数.

如物体作斜抛运动时,运动的路径(图 1-4)对应的函数就常用参数方程

$$\begin{cases} x = v_0 t \cos\alpha \\ y = v_0 t \sin\alpha - \dfrac{1}{2}gt^2 \end{cases}$$

表示,其中 α 为初速度 v_0 与水平方向的夹角,$v_0 = |v_0|$.

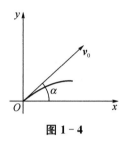

图 1-4

1.1.3 函数的几种基本性态

初等数学中已经简单介绍了函数的有界性、单调性、奇偶性、周期性,下面分别对它们作简要概括.

1) 有界性

定义 3 设函数 $f(x)$ 在区间 I 上有定义,若存在数 M_1,使得当 $\forall x \in I$ 时,恒有

$$f(x) \leqslant M_1$$

则称函数 $f(x)$ 在数集 I 上有上界,M_1 为 $f(x)$ 在 I 上的一个上界;若存在数 M_2,使得当 $\forall x \in I$ 时,恒有

$$f(x) \geqslant M_2$$

则称函数 $f(x)$ 在数集 I 上有下界,M_2 为 $f(x)$ 在 I 上的一个下界;若 $f(x)$ 在数集 I 上既有上界,又有下界,则称 $f(x)$ 在 I 上有界,否则就称函数 $f(x)$ 在 I 上无界.

显然,若 $f(x)$ 在 I 上有界,则必存在数 M_1, M_2,使得对 $\forall x \in I$,恒有

$$M_1 \leqslant f(x) \leqslant M_2$$

取 $M = \max\{|M_1|, |M_2|\}$,则上式等价于

$$|f(x)| \leqslant M$$

因此函数 $f(x)$ 在数集 I 上有界的充要条件为存在正数 M,使得对 $\forall x \in I$,恒

有 $|f(x)| \leqslant M$.

若函数 $f(x)$ 在数集 I 上有上界 M_1, 在几何上表示函数 $y = f(x)$ 在数集 I 上的图形均位于直线 $y = M_1$ 的下方; 若函数 $f(x)$ 在数集 I 上有下界 M_2, 则表示函数 $f(x)$ 在数集 I 上的图形均位于直线 $y = M_2$ 的上方; 若函数 $f(x)$ 在数集 I 上有界, 则表示必存在一个正数 M, 函数 $y = f(x)$ 在 I 上的图形位于直线 $y = M$ 与 $y = -M$ 之间.

例如, 函数 $y = \begin{cases} 1, & x \in \mathbf{Q} \\ 0, & x \notin \mathbf{Q} \end{cases}$ 在 $(-\infty, +\infty)$ 内有界, 数 1 是它的一个上界, 数 0 是它的一个下界; 函数 $y = x^3$ 在任一有限区间 $[a, b]$ 上有界, a^3 与 b^3 分别为它的一个下界与上界, 但它在 $(-\infty, +\infty)$ 内无界.

2) 单调性

定义 4　设函数 $f(x)$ 在区间 I 上有定义, 如果 $\forall x_1, x_2 \in I, x_1 < x_2$ 时, 恒有 $f(x_1) \leqslant f(x_2) (f(x_1) \geqslant f(x_2))$, 则称函数 $f(x)$ 在 I 上单调增加(减少); 若 $x_1 < x_2$ 时, 恒有 $f(x_1) < f(x_2) (f(x_1) > f(x_2))$, 则称函数 $f(x)$ 在 I 上严格单调增加(减少).

例如, $y = x^2$ 在 $(-\infty, 0)$ 内严格单调减少, 在 $(0, +\infty)$ 内严格单调增加, 但在 $(-\infty, +\infty)$ 内不是单调函数.

又如函数 $y = \begin{cases} x, & x \leqslant 0 \\ e^x, & x > 0 \end{cases}$ 在 $(-\infty, +\infty)$ 内单调增加, 而函数 $y = \begin{cases} 1, & x \in \mathbf{Q} \\ 0, & x \notin \mathbf{Q} \end{cases}$ 在任何区间上都不单调.

3) 奇偶性

定义 5　设函数 $f(x)$ 的定义域 D 关于原点对称(即 $\forall x \in D$, 必有 $-x \in D$), 对 $\forall x \in D$, 若恒有
$$f(-x) = -f(x)$$
则称 $f(x)$ 为奇函数; 若恒有
$$f(-x) = f(x)$$
则称 $f(x)$ 为偶函数.

例如, $y = |x|$ 与 $y = \begin{cases} 1, & x \in \mathbf{Q} \\ 0, & x \notin \mathbf{Q} \end{cases}$ 都是偶函数; $y = \dfrac{|x|}{x}$ 是奇函数; $y = \sin x + \cos x$ 是非奇非偶函数; $y = 0$ 既是奇函数也是偶函数.

奇函数 $y = f(x)$ 的图形关于原点中心对称(图 1-5(a)), 偶函数的图形关于 y 轴对称(图 1-5(b)).

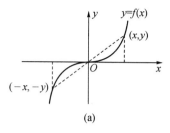
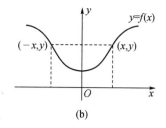

图 1-5

4) 周期性

设 $y=f(x)$ 的定义域为 D,若存在非零定值 $T(T\neq 0)$,使得对 $\forall x\in D$,都有 $x+T\in D$,且等式 $f(x+T)=f(x)$ 恒成立,则称 $f(x)$ 是**周期函数**,T 是它的**一个周期**. 易知 T 的整数倍也一定是 $f(x)$ 的周期. 在 $f(x)$ 的所有周期中,若存在最小的正数,则称这个数为 $f(x)$ 的**最小正周期**. 通常我们说周期函数的周期是指其最小正周期,例如三角函数中 $\sin x$、$\cos x$ 是以 2π 为周期的周期函数,$\tan x$、$\cot x$ 是以 π 为周期的周期函数.

1.1.4 初等函数

1) 反函数

设函数 $y=f(x)$ 的定义域为 D,值域为 $f(D)$,在函数 $y=f(x)$ 中,x 为自变量,y 为因变量,x 可以独立取值,而 y 却按确定的法则随 x 而定,即函数 $y=f(x)$ 反映的是 y 怎样随 x 而定的法则;反过来,对于 $\forall y\in f(D)$,若 D 内总有确定的 x 与之对应,使得 $f(x)=y$ 成立,这样得到一个以 y 为自变量,x 为因变量的函数,称该函数为 $y=f(x)$ 的**反函数**,记作 $x=f^{-1}(y)$,其定义域为 $f(D)$,值域为 D. 即反函数 $x=f^{-1}(y)$ 反映的是 x 怎样随 y 而定的法则.

一般地,若 $y=f(x)$ 是单值函数,其反函数 $x=f^{-1}(y)$ 不一定是单值函数. 例如单值函数 $y=x^2$ 有两个单值反函数,当 $x\geqslant 0$ 时对应的反函数为 $x=\sqrt{y}$,当 $x\leqslant 0$ 时对应的反函数为 $x=-\sqrt{y}$.

可以证明若 $y=f(x)$ 是单值、单调的函数,则其反函数 $x=f^{-1}(y)$ 也是单值、单调的.

习惯上,常用 x 表示自变量,y 表示因变量,所以反函数 $x=f^{-1}(y)$ 常记作 $y=f^{-1}(x)$.

反函数的实质体现在它所表示的对应规律上,与原来的函数相比,自变量与因变量的地位对调了,对应法则也变了,至于用什么字母来表示反函数中的自变量与因变量并不重要. 即反函数中自变量与因变量的记号可以变,但对应规律与定义域不能变,例如表 1-1 所示.

表 1-1

函数	其反函数(用 y 表示自变量时)	其反函数(用 x 表示自变量时)
$y = 2x+1$	$x = \dfrac{y-1}{2}$	$y = \dfrac{x-1}{2}$
$y = e^x$	$x = \ln y$	$y = \ln x$
$y = x^3$	$x = \sqrt[3]{y}$	$y = \sqrt[3]{x}$

设函数 $y = f(x)$ 与 $y = f^{-1}(x)$ 互为反函数,如果将它们的图形画在同一个坐标平面上时,则它们的图形关于直线 $y = x$ 对称,利用这一性质,由函数 $y = f(x)$ 的图形很容易画出其反函数 $y = f^{-1}(x)$ 的图形.

2) 复合函数

在实际问题中,有时需要把两个或更多个函数组合成另一个新的函数.

例如,我们知道,一个质量为 m 的沿直线运动的物体,速度为 v 时,其动能为 $E = \dfrac{1}{2}mv^2$,当物体作自由落体时,速度为 $v = gt$,则这时其动能为 $E = \dfrac{1}{2}m(gt)^2 = \dfrac{1}{2}mg^2t^2$. 抽象出数学模型,即已知函数 $E = \dfrac{1}{2}mv^2$ 与 $v = gt$,将 $v = gt$ 代入 E 中,得 $E = \dfrac{1}{2}mg^2t^2$. 这样,E 通过变量 v 成为 t 的函数,数学上称这种形式的函数为**复合函数**. 又如,$y = \lg u, u = \sin x$ 复合成 $y = \lg\sin x$,这里 $0 < \sin x \leqslant 1$,即 $x \in (2k\pi, (2k+1)\pi), k \in \mathbf{Z}$.

定义 6 设函数 $y = f(u)$ 的定义域为 U,函数 $u = \varphi(x)$ 在 D 上有定义,对应的值域 $\varphi(D) \subset U$,则 $\forall x \in D$,经过中间变量 u,相应地得到确定的值 y,于是 y 通过 u 而成为 x 的函数,记作

$$y = f[\varphi(x)] \quad (x \in D)$$

称 $y = f[\varphi(x)]$ 是由函数 $y = f(u)$ 与 $u = \varphi(x)$ 复合而成的函数,简称复合函数,其中 u 称为中间变量.

例如简谐振动 $f(t) = A\sin(\omega t + \varphi)$ 是由简单函数 $g(u) = A\sin u$ 与 $u = \omega t + \varphi$ 复合而成.

复合函数也可以由两个以上的函数复合而成,例如 $y = \ln\tan x^2$ 是由函数 $y = \ln u, u = \tan V, V = x^2$ 三个函数复合而成.

需要注意的是函数 $u = \varphi(x)$ 的值域 $\varphi(D)$ 不能超出函数 $f(u)$ 的定义域 U,否则就不能复合成一个函数. 因此复合函数 $y = f[\varphi(x)]$ 的定义域是使得函数 $u = \varphi(x)$ 的值包含在函数 $y = f(u)$ 的定义域 U 内的一切 x 的集合 D. 即

$$D = \{x \mid \varphi(x) \in U\}$$

今后,为了研究的方便,常需要将一个比较复杂的函数分解成几个比较简单的函数的复合.

例 3 设 $f(x)$ 的定义域是开区间 $(1,2)$,求 $f(x^2+1)$ 的定义域.

解 令 $u = x^2+1$,由于 $f(u)$ 的定义域为 $(1,2)$,则
$$1 < x^2+1 < 2$$
解得
$$-1 < x < 0 \quad 或 \quad 0 < x < 1$$
因此函数 $f(x^2+1)$ 的定义域为 $(-1,0) \cup (0,1)$.

例 4 设 $f(x) = \begin{cases} x-1, & x \leqslant 0 \\ x^2, & x > 0 \end{cases}$,$g(x) = x^2$,求 $f[g(x)]$.

解
$$f[g(x)] = \begin{cases} g(x)-1, & g(x) \leqslant 0 \\ [g(x)]^2, & g(x) > 0 \end{cases}$$

故有:当 $x \neq 0$ 时,$g(x) = x^2 > 0$,则 $f[g(x)] = [g(x)]^2 = x^4$;当 $x = 0$ 时,$g(x) = 0$,则 $f[g(x)] = g(x)-1 = -1$.

综上得
$$f[g(x)] = \begin{cases} x^4, & x \neq 0 \\ -1, & x = 0 \end{cases}$$

3) 基本初等函数

在初等数学中,已详细地讨论过幂函数、指数函数、对数函数、三角函数的概念及其性质.下面对它们作简要概括.

(1) 幂函数

形如 $y = x^\mu$(μ 为常数) 的函数称为**幂函数**.对于幂函数 $y = x^\mu$ 的定义域,则要根据 μ 来确定,如当 $\mu = 1$ 时,$y = x$,其定义域是 $(-\infty, +\infty)$;当 $\mu = \frac{1}{2}$ 时,$y = \sqrt{x}$,其定义域是 $[0, +\infty)$;当 $\mu = -\frac{1}{2}$ 时,$y = \frac{1}{\sqrt{x}}$,其定义域是 $(0, +\infty)$.但不论 μ 取什么值,幂函数在 $(0, +\infty)$ 内总有定义.取 $\mu = 1, 2, 3, \frac{1}{2}, -1$ 时对应的幂函数最常见,它们的图形如图 1-6 所示.

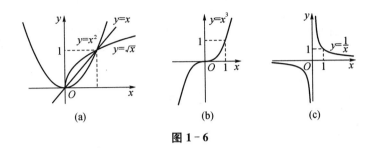

图 1-6

(2) 指数函数

形如 $y=a^x$(a 是常数且 $a>0,a\neq 1$)的函数称为指数函数,其定义域为 $(-\infty,+\infty)$. 且对 $\forall x\in(-\infty,+\infty)$,总有 $a^x>0$,又 $a^0=1$,所以指数函数的图形总在 x 轴的上方,且都通过点 $(0,1)$.

当 $a>1$ 时,指数函数 $y=a^x$ 单调增加;当 $0<a<1$ 时,指数函数 $y=a^x$ 单调减少. 由于 $y=\left(\dfrac{1}{a}\right)^x=a^{-x}$,所以 $y=a^x$ 的图形与 $y=\left(\dfrac{1}{a}\right)^x$ 的图形关于 y 轴对称(图 1-7).

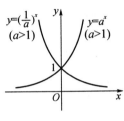

图 1-7

(3) 对数函数

将指数函数 $y=a^x$ 的反函数称为对数函数,其定义域为 $(0,+\infty)$,记作

$$y=\log_a x \quad (a>0,a\neq 1)$$

由反函数的性质可知,上述对数函数的图形与指数函数 $y=a^x$ 的图形关于直线 $y=x$ 对称. 因此由曲线 $y=a^x$ 的图形,就可得 $y=\log_a x$ 的图形(图 1-8).

由图 1-8 可知,函数 $y=\log_a x$ 的图形总在 y 轴右方,且通过点 $(1,0)$.

当 $a>1$ 时,对数函数 $y=\log_a x$ 单调增加,在区间 $(0,1)$ 内函数值为负,而在区间 $(1,+\infty)$ 内函数值为正. 当 $0<a<1$ 时,对数函数 $y=\log_a x$ 单调减少,在 $(0,1)$ 内函数值为正,而在区间 $(1,+\infty)$ 内函数值为负.

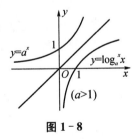

图 1-8

以常数 e 为底的对数函数称为自然对数,记作 $y=\ln x$,自然对数常用于工程技术中.

(4) 三角函数

常用的三角函数有:正弦函数 $y=\sin x$(图 1-9),余弦函数 $y=\cos x$(图 1-10),正切函数 $y=\tan x$(图 1-11),余切函数 $y=\cot x$(图 1-12).

正弦函数和余弦函数都是以 2π 为周期的周期函数,它们的定义域都为 $(-\infty,+\infty)$,值域都为闭区间 $[-1,1]$. 正弦函数是奇函数,余弦函数是偶函数. 由于 $\cos x = \sin\left(x+\dfrac{\pi}{2}\right)$,所以把正弦曲线 $y=\sin x$ 沿 x 轴向左移动距离 $\dfrac{\pi}{2}$,就得到余弦曲线 $y=\cos x$.

正切函数 $y=\tan x$ 的定义域 $D = \left\{x \,\Big|\, x \in \mathbf{R}, x \neq (2n+1)\dfrac{\pi}{2}, n \in \mathbf{Z}\right\}$,余切函数 $y=\cot x$ 的定义域 $D = \{x \mid x \in \mathbf{R}, x \neq n\pi, n \in \mathbf{Z}\}$,这两个函数的值域都是 $(-\infty,+\infty)$. 正切函数和余切函数都是以 π 为周期的周期函数,它们都是奇函数.

这四个函数的图形如图 1-9 至图 1-12 所示.

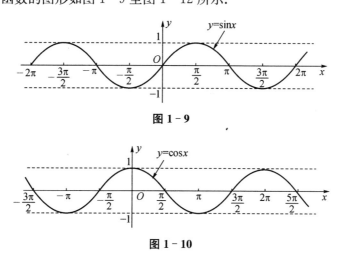

图 1-9

图 1-10

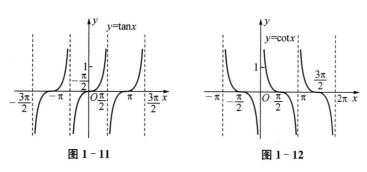

图 1-11

图 1-12

另外还有两个常用的以 2π 为周期的三角函数,它们分别是正割函数 $y=\sec x$ 与余割函数 $y=\csc x$,其中正割是余弦的倒数,余割是正弦的倒数,即

$$\sec x = \dfrac{1}{\cos x}, \quad \csc x = \dfrac{1}{\sin x}$$

(5) 反三角函数

下面简单介绍反三角函数的概念及其性质.

反三角函数是指三角函数的反函数,反三角数都是多值函数,为此限制正弦函数 $y=\sin x$ 的定义域为 $\left[-\dfrac{\pi}{2},\dfrac{\pi}{2}\right]$,余弦函数 $y=\cos x$ 的定义域为 $[0,\pi]$,则正弦函数 $y=\sin x$ 与余弦函数 $y=\cos x$ 在指定的区间上单值、单调,因此在相应的值域 $[-1,1]$ 上存在单值、单调的反函数,分别称为反正弦函数 $y=\arcsin x$ 与反余弦函数 $y=\arccos x$. 由此反正弦函数 $y=\arcsin x$ 的定义域为 $[-1,1]$,值域为 $\left[-\dfrac{\pi}{2},\dfrac{\pi}{2}\right]$,是单调增加的函数;反余弦函数 $y=\arccos x$ 的定义域为 $[-1,1]$,值域为 $[0,\pi]$,是单调减少的函数. 其图形分别如图 1-13(a)、(b) 所示.

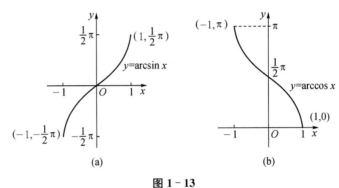

图 1-13

与上面的反正弦、反余弦函数类似,我们限制正切函数 $y=\tan x$ 的定义域为 $\left(-\dfrac{\pi}{2},\dfrac{\pi}{2}\right)$,余切函数 $y=\cot x$ 的定义域为 $(0,\pi)$,则正切函数 $y=\tan x$ 与余切函数 $y=\cot x$ 在指定的区间上单值、单调,因此它们在相应的值域 $(-\infty,+\infty)$ 内存在单值、单调的反函数,分别称为反正切函数 $y=\arctan x$ 与反余切函数 $y=\text{arccot}\,x$. 由此反正切函数 $y=\arctan x$ 的定义域为 $(-\infty,+\infty)$,值域为 $\left(-\dfrac{\pi}{2},\dfrac{\pi}{2}\right)$,是单调增加的函数;反余切函数 $y=\text{arccot}\,x$ 的定义域为 $(-\infty,+\infty)$,值域为 $(0,\pi)$,是单调减少的函数. 其图形分别如图 1-14(a)、(b) 所示.

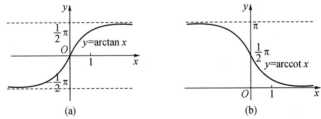

图 1-14

上述幂函数、指数函数、对数函数、三角函数、反三角函数这五种函数统称为基本初等函数. 它们是最简单最基本的函数,有关它们的知识也是微积分的基础知识.

4) 初等函数

在实际问题中所遇到的函数形式尽管有时比较复杂,但经过仔细观察与分类后,可发现它们总是由基本初等函数(幂函数、指数函数、对数函数、三角函数、反三角函数)构成的所谓"初等函数",其定义如下.

定义 7 由常数和基本初等函数经过有限次的四则运算和有限次的函数复合构成的并可用一个解析式表示的函数称为初等函数.

如函数
$$y = \sin 3x^2 + 8a^{-x^2} + \log_3(1 + \sqrt{1+x^2})$$
与
$$y = \log x + \frac{e^{\sin\sqrt{x}} - 1}{x^2}$$

都是初等函数.

初等函数是微积分的主要研究对象.

5) 双曲函数

应用上常遇到以 e 为底的指数函数 $y = e^x$ 与 $y = e^{-x}$ 所构成的双曲函数,其定义如下:

双曲正弦:$\text{sh} x = \dfrac{e^x - e^{-x}}{2}$

双曲余弦:$\text{ch} x = \dfrac{e^x + e^{-x}}{2}$

双曲正切:$\text{th} x = \dfrac{\text{sh} x}{\text{ch} x} = \dfrac{e^x - e^{-x}}{e^x + e^{-x}}$

它们的图形分别如图 1-15 至图 1-17 所示.

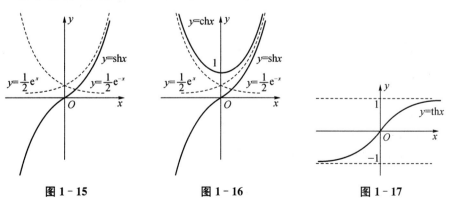

图 1-15　　　　　　图 1-16　　　　　　图 1-17

它们对于一切实数 x 都有意义,这些函数的性质与相应的三角函数非常相似,因此而得名. 例如根据双曲函数的定义,易证它们具有如下的关系:

$$\text{ch}^2 x - \text{sh}^2 x = 1$$

$$\text{sh} 2x = 2\text{sh} x \text{ch} x$$

$$\text{ch} 2x = \text{ch}^2 x + \text{sh}^2 x$$

$$\text{sh}(x \pm y) = \text{sh} x \text{ch} y \pm \text{ch} x \text{sh} y$$

$$\text{ch}(x \pm y) = \text{ch} x \text{ch} y \pm \text{sh} x \text{sh} y$$

请读者自证.

习题 1.1

1. 试问:下列函数是否具有奇偶性?为什么?

   (1) $y = a^x - a^{-x}$ $(a \neq 0)$. (2) $y = \ln(x + \sqrt{1+x^2})$.

2. 试问:下列函数是由哪些基本初等函数复合而成的?

   (1) $y = (\sin x)^3$. (2) $y = \sqrt{\lg(\tan 2x)}$.

3. 设 $f(x) = \begin{cases} 2x^2 - 1, & x \leqslant 0 \\ e^x, & x > 0 \end{cases}$, 求 $f(0), f[f(-1)]$.

4. 求下列函数的定义域:

   (1) $y = \dfrac{1}{1-x^2} + \sqrt{x+2}$. (2) $y = \dfrac{1}{\sqrt{4-x^2}}$.

   (3) $y = \dfrac{\sqrt{x-1}}{1-\ln x}$. (4) $y = \arcsin \dfrac{x-1}{6}$.

5. 设 $f(x)$ 的定义域是 $x \in [0,1]$, 求下列函数的定义域:

   (1) $f(x^2)$. (2) $f(x+a)(a > 0)$.

6. 举例说明:两个奇函数之积为偶函数,两个偶函数之积仍为偶函数.

7. 设 $f(x) = \begin{cases} 1, & |x| < 1 \\ 0, & |x| = 1, \\ -1, & |x| > 1 \end{cases} g(x) = e^x$, 求 $f[g(x)]$.

8. 设 $f(x+1) = 2x^2 + 12x + 17$, 求 $f(x)$.

9. 设 $f(\sin x) = \cos 2x + 1$, 求 $f(\cos x)$.

10. 在一个半径为 r 的球内嵌入一个内接圆柱,试将圆柱的体积 V 表示为圆柱的高 h 的函数,并确定此函数的定义域.

1.2 数列的极限

极限概念源于人类的生产和生活实践活动. 公元前 3 世纪,《庄子·天下篇》中"一尺之棰,日取其半,万世不竭"的记载,反映了两千多年前我国古人就已经有了初步的极限观念. 魏末晋初我国数学家刘徽(公元 263 年)利用一系列边数不断增加的圆内接正多边形面积的极限解决了圆的面积问题(即割圆术),割圆术反映了我国古代数学家已经利用极限思想来解决问题了,充分反映出他的数学思想的先进性. 极限是微积分中解决问题的主要方法,因此极限的概念是微积分的基石. 下面我们先讨论数列极限的概念及基本性质.

1.2.1 数列定义

所谓数列,是指按一定顺序排列起来的一列数,例如:

$$0, \frac{1}{2}, \frac{2}{3}, \frac{3}{4}, \cdots, \frac{n-1}{n}, \cdots$$

$$0, \frac{3}{2}, \frac{2}{3}, \frac{5}{4}, \frac{4}{5}, \frac{7}{6}, \frac{6}{7}, \cdots, 1+\frac{(-1)^n}{n}, \cdots$$

$$1, 3, 5, \cdots, 2n-1, \cdots$$

$$2, 0, 2, 0, \cdots, 1-(-1)^n, \cdots$$

都是数列. 一般地,数列写为

$$x_1, x_2, x_3, \cdots, x_n, \cdots$$

记作 $\{x_n\}$ 或 $x_n(n=1,2,\cdots)$. 其中 n 表示数列的项数,第 n 项 x_n 称为**数列的通项**.

1.2.2 数列的极限

对于给定的数列 $\{x_n\}$,我们讨论当项数 n 无限增大时(记作 $n \to \infty$),对应项的变化趋势. 观察上面的四个数列,容易看出,当 $n \to \infty$ 时,

数列 $\left\{\frac{n-1}{n}\right\}$ 趋于 1;

数列 $\left\{1+\frac{(-1)^n}{n}\right\}$ 各项的值在数 1 的两侧来回交替着变化,且越来越接近 1;

数列 $\{2n-1\}$ 越来越大,无限增大;

数列 $\{1-(-1)^n\}$ 各项的值永远在 0 与 2 之间交互取得,而不与某一数接近.

如果当 $n \to \infty$ 时,数列的项 x_n 能无限接近于某个常数 A,则称这个数列为**收敛数列**,常数 A 称为当 $n \to \infty$ 时**数列 $\{x_n\}$ 的极限**,记作 $\lim\limits_{n \to \infty} x_n = A$ 或 $x_n \to A(n \to \infty)$.

上面极限概念的表述中项 x_n 能与某个常数 A 无限接近的意思可以理解为当

$n \to \infty$ 时,$|x_n - A|$ 可以任意小,即该距离可以小于任意给定的小正数,但必须以 $n \to \infty$ 为条件,即距离 $|x_n - A|$ 小于任意给定的小正数的条件是要项数 n 足够大,大到足够保证 $|x_n - A|$ 小于预先任意给定的(无论怎样小的)正数.

下面我们以数列 $\left\{1 + \dfrac{(-1)^n}{n}\right\}$ 为例来讨论极限 $\lim\limits_{n \to \infty} x_n = A$ 的数学含义及精确表达.

由观察可知:当 $n \to \infty$ 时,数列 $\left\{1 + \dfrac{(-1)^n}{n}\right\}$ 的项 $1 + \dfrac{(-1)^n}{n}$ 能与常数 1 无限接近,即 $\left\{1 + \dfrac{(-1)^n}{n}\right\}$ 的极限为 1.

比如对于数列 $\left\{1 + \dfrac{(-1)^n}{n}\right\}$,若给定小正数 $\dfrac{1}{100}$,由于 $|x_n - A| = \dfrac{1}{n}$,可知,要使 $|x_n - A| = \dfrac{1}{n} < \dfrac{1}{100}$,只要 $n > 100$ 就行了;又若给定小正数 $\dfrac{1}{10\,000}$,要使 $|x_n - A| = \dfrac{1}{n} < \dfrac{1}{10\,000}$,就需要 $n > 10\,000$ 才行;若再给定小正数 10^{-10},要使 $|x_n - A| = \dfrac{1}{n} < 10^{-10}$,就要 $n > 10^{10}$ 了.尽管小正数 10^{-10} 已经很小了,但是否对于无论怎样小的正数 ε,不等式 $|x_n - A| = \dfrac{1}{n} < \varepsilon$ 总能成立呢?

事实上,对于预先任意给定的无论怎样小的正数 ε,要使不等式 $|x_n - A| = \dfrac{1}{n} < \varepsilon$ 成立,只要 $n > \dfrac{1}{\varepsilon}$ 就行了.我们利用取整函数的意义,取项数 $N = \left[\dfrac{1}{\varepsilon}\right]$,则由取整函数的性质可知,当 $n > N$ 时,就有 $n > \dfrac{1}{\varepsilon}$,这时 $|x_n - A| = \dfrac{1}{n} < \varepsilon$ 成立.其中 $n > N$ 的意思是 $n = N+1, N+2, N+3, \cdots$,即当项数 n 从第 $N+1$ 项开始时,不等式 $|x_n - A| = \dfrac{1}{n} < \varepsilon$ 就成立了.

综上分析,利用 ε-N 的数量关系,可得数列极限 $\lim\limits_{n \to \infty} x_n = A$ 的精确定义.

定义 1 设 $\{x_n\}$ 是一个数列,A 是某常数,如果对 $\forall \varepsilon > 0$,总存在正整数 N,使得当 $n > N$ 时,不等式 $|x_n - A| < \varepsilon$ 都成立,那么就称常数 A 为数列 $\{x_n\}$ 当 $n \to \infty$ 时的极限,记作

$$\lim_{n \to \infty} x_n = A \quad \text{或} \quad x_n \to A \quad (n \to \infty)$$

这时我们也称数列 $\{x_n\}$ 收敛于 A.如果数列 $\{x_n\}$ 没有极限,就称数列 $\{x_n\}$ 是发散的.

定义 1 中的正整数 N 与预先给定的小正数 ε 是有关的,它随着 ε 的给定而选定,

一般地,当 ε 越小时,N 将会相应地越大.

由于 $|x_n - A| < \varepsilon \Leftrightarrow A - \varepsilon < x_n < A + \varepsilon$,所以 $\lim\limits_{n\to\infty} x_n = A$ 的等价意义为:对 $\forall \varepsilon > 0, \exists N$,使得当 $n > N$ 时,恒有 $A - \varepsilon < x_n < A + \varepsilon$ 成立.

因此对数列极限 $\lim\limits_{n\to\infty} x_n = A$ 作如下的几何解释:当 $n \to \infty$ 时,数列的项 x_n 能与某个常数 A 无限接近,即随着项数 n 越来越大,由 x_n 表示的点几乎全部密集在点 A 的 ε 邻域中,而在邻域外的点只有有限个(N 个),将常数 A 及数列 $x_1, x_2, x_3, \cdots$, $x_n, \cdots$ 在数轴上一一表示出来,任取一个小正数 ε(无论它多么小),在数轴上作点 A 的 ε 邻域即开区间 $(A - \varepsilon, A + \varepsilon)$,则对上面的 ε,必存在 N,使数列中除了开始的 N 项外,自第 $N + 1$ 项起,后面所有的项

$$x_{N+1}, x_{N+2}, x_{N+3}, \cdots$$

都落在开区间 $(A - \varepsilon, A + \varepsilon)$ 内(图 1-18).

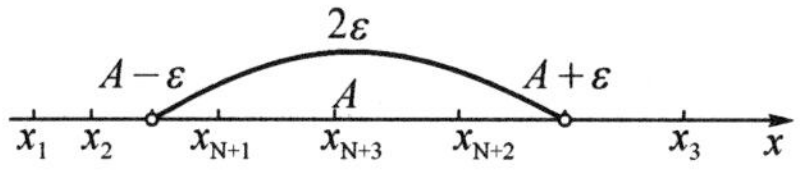

图 1-18

例 1 证明 $\lim\limits_{n\to\infty}\left[1 + \dfrac{(-1)^n}{n}\right] = 1$.

证 对 $\forall \varepsilon > 0$,考察

$$|x_n - A| = \left|1 + \dfrac{(-1)^n}{n} - 1\right| = \dfrac{1}{n}$$

为了使 $|x_n - A| < \varepsilon$,只须 $\dfrac{1}{n} < \varepsilon$,即 $n > \dfrac{1}{\varepsilon}$ 成立.可取 $N = \left[\dfrac{1}{\varepsilon}\right]$,则当 $n > N$ 时,就有 $n > \dfrac{1}{\varepsilon}$ 成立,即有

$$\left|1 + \dfrac{(-1)^n}{n} - 1\right| < \varepsilon$$

即有

$$\lim_{n\to\infty}\left(1 + \dfrac{(-1)^n}{n}\right) = 1.$$

例 2 证明 $\lim\limits_{n\to\infty} q^n = 0$,这里 $|q| < 1$.

证 $\forall \varepsilon > 0$(不妨设 $\varepsilon < 1$),考察

$$|x_n - A| = |q^n| = |q|^n < \varepsilon$$

在不等式两边取自然对数,得

$$n \ln |q| < \ln \varepsilon$$

由于 $\ln |q| < 0$,故有

$$n > \frac{\ln\varepsilon}{\ln|q|}$$

因此,要想使 $|x_n - A| < \varepsilon$ 成立,只要 $n > \frac{\ln\varepsilon}{\ln|q|}$ 成立即可. 取 $N = \left[\frac{\ln\varepsilon}{\ln|q|}\right]$,当 $n > N$ 时,有 $n > \frac{\ln\varepsilon}{\ln|q|}$,则 $|x_n - A| < \varepsilon$ 成立,即

$$\lim_{n\to\infty} q^n = 0 \quad (|q| < 1)$$

例 3 证明:$\lim_{n\to\infty} \sqrt[n]{a} = 1 \ (a > 0)$.

证 (1) 当 $a > 1$ 时,令 $\sqrt[n]{a} - 1 = h$,则 $h > 0$,且
$$a = (1+h)^n > 1 + nh$$

$$\left(\text{因为}(1+h)^n = 1 + nh + \frac{n(n-1)}{2}h^2 + \cdots + h^n > 1 + nh\right)$$

所以
$$h < \frac{a-1}{n}$$

对 $\forall \varepsilon > 0$,要使 $|\sqrt[n]{a} - 1| < \varepsilon$,只要 $h < \frac{a-1}{n} < \varepsilon$,即只要 $n > \frac{a-1}{\varepsilon}$,故取 $N = \left[\frac{a-1}{\varepsilon}\right]$,则

$$\lim_{n\to\infty} \sqrt[n]{a} = 1$$

(2) 当 $a = 1$ 时,显然有 $\lim_{n\to\infty} \sqrt[n]{a} = 1$;

(3) 当 $0 < a < 1$ 时,$\lim_{n\to\infty} \sqrt[n]{a} = \lim_{n\to\infty} \sqrt[n]{\frac{1}{\frac{1}{a}}} = \frac{1}{\lim_{n\to\infty} \sqrt[n]{\frac{1}{a}}} = 1 \left(\text{这时} \frac{1}{a} > 1\right)$.

说明:上式用到的极限的运算法则将在本章 1.5 节中给出证明.

综上得
$$\lim_{n\to\infty} \sqrt[n]{a} = 1 \quad (a > 0)$$

习题 1.2

1. 根据数列极限的定义证明:

(1) $\lim_{n\to\infty} \frac{1}{n^2} = 0$.

(2) $\lim_{n\to\infty} \frac{3n+1}{2n+1} = \frac{3}{2}$.

(3) $\lim\limits_{n\to\infty}\dfrac{\sin n}{n}=0$. (4) $\lim\limits_{n\to\infty}(\sqrt{n+1}-\sqrt{n})=0$.

2. 设数列 $\{x_n\}$ 有界,且 $\lim\limits_{n\to\infty}y_n=0$,证明 $\lim\limits_{n\to\infty}x_n y_n=0$.

1.3 函数的极限

上一节,我们讨论了数列极限,由于数列 x_n 是函数在自变量 x 取自然数 n 时对应的函数值 $x_n=f(n)$,所以数列极限就是函数 $y=f(x)$ 当自变量 x 取自然数 n 而无限增大时的函数极限.本节我们详细讨论函数极限的概念及基本性质.根据自变量的变化趋势,函数极限问题有两种:

① 自变量 x 无限增大时的函数极限;
② 自变量 x 趋于有限值时的函数极限.
先讨论第一种情形.

1.3.1 自变量 x 无限增大时的函数极限

观察函数 $y=\dfrac{1}{x}$,当 x 趋近于 ∞ 时发现:当 x 趋近于 ∞ 时,$y=\dfrac{1}{x}$ 对应的函数值无限地与数值 0 接近,即当 $x\to\infty$ 时,$\dfrac{1}{x}\to 0$,因此数值 0 为函数 $y=\dfrac{1}{x}$ 当 $x\to\infty$ 时的极限.

设 a 为某常数,如果当 $|x|$ 无限增大时,函数 $f(x)$ 与 a 可无限地接近,则称 a 是**函数 $f(x)$ 当 $x\to\infty$ 时的极限**,记作 $\lim\limits_{x\to\infty}f(x)=a$ 或 $f(x)\to a$(当 $x\to\infty$ 时).

式"$x\to\infty$"表示自变量 x 的绝对值无限增大的变化过程,在数轴上看,"$x\to\infty$"表示 x 沿着数轴向两边(或分别向右、左)移动,并离原点的距离越来越远,直至无限远,这种变化过程称为 x 趋于无穷大,记作 $x\to\infty$.用 $|x|$ 表示 x 与原点的距离,则 $x\to\infty$ 就是 $|x|$ 越来越大,若用 X 表示一个很大的正数,则不等式 $|x|>X$ 表示 x 是那些与原点的距离比 X 还远的点.

式"$f(x)\to a$"表示函数 $f(x)$ 与常数 a 可无限接近的变化趋势.如果任取小正数 ε,则式 $|f(x)-a|<\varepsilon$ 就表示函数 $f(x)$ 与 a 的距离之小,可以小于预先任意给定的小正数 ε.

极限 "$\lim\limits_{x\to\infty}f(x)=a$" 表达了一个因果关系:若条件 "$x\to\infty$" 成立,就有结论 "$f(x)\to a$" 成立.因此也可理解成:当 x 离原点的距离充分远,即 $|x|$ 充分大时,函数 $f(x)$ 与 a 可充分地接近;当 x 离原点的距离无限远,即 $|x|$ 无限大时,则函数 $f(x)$ 与 a 就无限地接近.

因此极限 $\lim\limits_{x\to\infty}f(x)=a$ 的意思是:对于预先任意给定的小正数 ε,式子

$|f(x)-a|<\varepsilon$ 成立的条件是 $|x|$ 要充分大. 这个"充分大",我们用式子 $|x|>X$ 表示(这时 $|x|$ 比 X 还大). 这里 X 表示足够大的正数,因此如果相应于前面给定的 ε,存在一个足够大的数 X,当满足条件 $|x|>X$ 时(x 充分大时),对应的函数值就满足不等式 $|f(x)-a|<\varepsilon$(函数 $f(x)$ 与 a 就充分地接近),由于 ε 可以无限小,函数 $f(x)$ 与 a 就能无限地接近,因此就有极限 $\lim\limits_{x\to\infty}f(x)=a$.

由此,我们得到自变量 x 无限增大时函数极限的精确定义.

定义 1 设函数 $f(x)$ 在 $|x|$ 大于某一正数时有定义,a 为某常数,如果对任意给定的小正数 ε,总存在一个正数 X,使得当 $|x|>X$ 时,不等式 $|f(x)-a|<\varepsilon$ 都成立,则称 a 是函数 $f(x)$ 当 $x\to\infty$ 时的极限,记作

$$\lim_{x\to\infty}f(x)=a \quad \text{或} \quad f(x)\to a \quad (x\to\infty)$$

(若定义 1 中的常数 a 不存在,就称极限 $\lim\limits_{x\to\infty}f(x)$ 不存在,或称 $f(x)$ 当 $x\to\infty$ 时发散.)

定义 1 可用 ε-X 语言简单地表述为若 $\forall\varepsilon>0$,$\exists X>0$,使得当 $|x|>X$ 时,恒有 $|f(x)-a|<\varepsilon$ 成立,则称函数 $f(x)$ 当 $x\to\infty$ 时的极限为 a,记作 $\lim\limits_{x\to\infty}f(x)=a$.

从几何上看,$\lim\limits_{x\to\infty}f(x)=a$ 的意义是:对于 $\forall\varepsilon>0$,必 $\exists X>0$,使得当 x 满足 $|x|>X$ 时,曲线 $y=f(x)$ 上对应的点一定落在两条直线 $y=a+\varepsilon$ 和 $y=a-\varepsilon$ 之间(图 1-19).

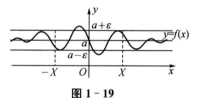

图 1-19

例 1 证明 $\lim\limits_{x\to\infty}\dfrac{x-1}{2x}=\dfrac{1}{2}$.

证 $\forall\varepsilon>0$,由不等式

$$\left|\frac{x-1}{2x}-\frac{1}{2}\right|=\left|\frac{1}{2x}\right|<\varepsilon$$

解得

$$|x|>\frac{1}{2\varepsilon}$$

因此只要取 $X=\dfrac{1}{2\varepsilon}$,即有

$\forall\varepsilon>0$,当 $|x|>X$ 时,不等式 $\left|\dfrac{x-1}{2x}-\dfrac{1}{2}\right|<\varepsilon$ 恒成立. 即

$$\lim_{x\to\infty}\frac{x-1}{2x}=\frac{1}{2}$$

例 2 证明 $\lim\limits_{x\to\infty}\dfrac{\cos x}{x}=0$.

证 $\forall\varepsilon>0$,由不等式

$$\left|\frac{\cos x}{x} - 0\right| < \frac{1}{|x|} < \varepsilon$$

解得

$$|x| > \frac{1}{\varepsilon}$$

因此只要取 $X = \frac{1}{\varepsilon}$,即有

$$\forall \varepsilon > 0, 当 |x| > X 时,不等式 \left|\frac{\cos x}{x} - 0\right| < \varepsilon 恒成立. 即$$

$$\lim_{x \to \infty} \frac{\cos x}{x} = 0$$

1.3.2 自变量 x 趋于有限值时的函数极限

先看几个例子.

例 3 曲线的切线问题.

在初等数学中,已经讨论过圆、椭圆、抛物线等特殊曲线的切线的求法,显然这些方法不具有一般性,不适合推广到一般曲线的情形. 下面利用极限思想来给出曲线切线的定义及其求法.

设 $P(x_0, f(x_0))$ 为曲线 $C: y = f(x)$ 上的某定点, $Q(x, f(x))$ 为该曲线上的动点,则线段 PQ 为该曲线 C 的一条割线,让点 Q 沿着曲线 C 向点 P 无限趋近,在这一变化过程中,如果存在一条定直线 PT,使得割线 PQ 无限接近定直线 PT,则定直线 PT 就是割线 PQ 的极限位置,这时称直线 PT 为曲线 C 在点 P 处的切线(图 1-20).

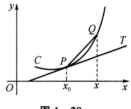

图 1-20

由于割线的 PQ 的斜率为

$$K_{割} = \frac{f(x) - f(x_0)}{x - x_0}$$

因此有

$$K_{切} = \lim_{Q \to P} K_{割} = \lim_{x \to x_0} \frac{f(x) - f(x_0)}{x - x_0}$$

例 4 观察下列函数当 x 趋近于 1 时的变化趋势:

(1) $f(x) = x + 1$;

(2) $g(x) = \frac{x^2 - 1}{x - 1}$;

(3) $h(x) = \begin{cases} x + 1, & x \neq 1 \\ 4, & x = 1 \end{cases}$.

解 通过观察这些函数的图形(图 1-21(a)、(b) 与 (c)) 发现,函数 $f(x) = x+1, g(x) = \dfrac{x^2-1}{x-1}$ 与 $h(x) = \begin{cases} x+1, & x \neq 1 \\ 4, & x = 1 \end{cases}$ 是三个不同的函数,但由于它们在 $x=1$ 的去心邻域内有相同的表达式:

$$f(x) = g(x) = h(x) = x+1 \quad (x \neq 1)$$

因此当 $x \to 1$ 时,它们都沿着直线 $y = x+1$ 向定值 2 无限逼近,即

$$\lim_{x \to 1} f(x) = \lim_{x \to 1} g(x) = \lim_{x \to 1} h(x) = \lim_{x \to 1} (x+1) = 2.$$

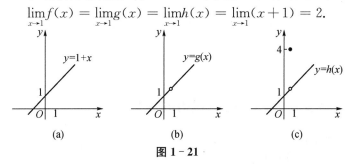

图 1-21

由例 4 可知,讨论函数极限 $\lim\limits_{x \to x_0} f(x)$ 时,不需要考虑函数 $f(x)$ 在 x_0 处的情况,即极限 $\lim\limits_{x \to x_0} f(x)$ 存在与否仅与函数 $f(x)$ 在 x_0 的两侧邻近的情形有关而与它在 x_0 处有无定义无关.

例 5 观察取整函数函数 $y = [x]$,当 $x \to 1$ 及 $x \to 1.2$ 时函数 y 的变化趋势.

解 $y = [x]$,当自变量 x 在数轴上从右侧向 1 无限接近时,其函数值 $[x]$ 无限接近于 1,而当自变量 x 在数轴上从左侧向 1 无限接近时,$[x]$ 无限接近于 0,因此当 x 在数轴上从左、右侧向 1 无限接近时,取整函数 $y = [x]$ 不能向某一个数无限趋近,由观察可知,极限 $\lim\limits_{x \to 1} [x]$ 不存在;

当自变量 x 在数轴上的某半径较小的邻域 $U(1.2)$ 内,从左、右两侧向 1.2 无限接近时,其函数值 $[x]$ 都无限接近于 1,由观察可知,极限 $\lim\limits_{x \to 1.2} [x] = 1$.

由例 5 可知,讨论极限 $\lim\limits_{x \to x_0} f(x)$ 时,只需在 $\mathring{U}(x_0, \delta)$ 内考察函数 $f(x)$ 的变化趋势即可.

例 6 观察狄立克雷函数 $f(x) = \begin{cases} 1, & x \in Q \\ 0, & x \notin Q \end{cases}$ 当 x 趋近于 x_0 时的变化趋势.

解 对任意的点 x_0,由于在 x_0 的任意邻域内既分布了无穷多个有理数,又分布了无穷多个无理数,因此对应于该函数的值总在 0 与 1 之间不断地变化,因此它不能向某一个数值无限趋近.

将自变量 x 无限接近定值 x_0(或说 x 趋于 x_0)时,记作 $x \to x_0$. 从上面的例子可以看出,当函数的自变量向某定值无限趋近时,一般函数有两类变化趋势:一类为函数总是向某一个常数无限趋近(如例 4 中的情形),这时若自变量 x 沿着数轴

从 x_0 的左、右两侧邻近向 x_0 无限接近,对应的函数值 $f(x)$ 都逐渐趋近于某一个常数 a,并且函数的这个变化趋势与函数 $f(x)$ 在 x_0 处是否有定义无关,这样的数 a 称为**函数 $f(x)$ 当 $x \to x_0$ 时的极限**,记作 $\lim\limits_{x \to x_0} f(x) = a$;另一类为函数不能向某一个常数无限趋近(如例5中当 x 趋近于1时的情形与例6中的情形),这时称函数 $f(x)$ 当 $x \to x_0$ 时的极限不存在.

数学上常用字母 δ 与 ε 表示可以任意小的正数,则不等式 $0 < |x - x_0| < \delta$ 表示 x 与 x_0 的接近程度小于 δ 且它与 x_0 不重合,δ 越小,表示 x 与 x_0 越接近;不等式 $|f(x) - a| < \varepsilon$ 表示 $f(x)$ 与 a 的接近程度小于 ε. 如果当 ε 任意给定时,不等式 $|f(x) - a| < \varepsilon$ 总成立,则表示 $f(x)$ 与 a 可以无限地接近.

极限 $\lim\limits_{x \to x_0} f(x) = a$ 中 "$x \to x_0$" 与 "$f(x) \to a$" 这两个变化过程不是孤立的,$x \to x_0$ 是因,$f(x) \to a$ 是果,即并非对一切 x 都会有 $|f(x) - a| < \varepsilon$ 成立,只有当 x 与 x_0 接近到一定程度时,才能使 $|f(x) - a|$ 小于预先给定的小正数 ε.

综上分析,得出极限 $\lim\limits_{x \to x_0} f(x) = a$ 的精确定义.

定义 2 设函数 $f(x)$ 在 $\mathring{U}(x_0)$ 内有定义,a 是某常数,若对任意给定的一个小正数 ε(无论它多么小),相应地总存在小正数 δ,使得当 x 满足 $0 < |x - x_0| < \delta$ 时,不等式

$$|f(x) - a| < \varepsilon$$

都成立,则称 a 为 $f(x)$ 当 $x \to x_0$ 时的极限,记作

$$\lim_{x \to x_0} f(x) = a$$

或

$$f(x) \to a \quad (x \to x_0)$$

若定义2中的常数 a 不存在,就称极限 $\lim\limits_{x \to x_0} f(x)$ 不存在,或称 $f(x)$ 当 $x \to x_0$ 时发散. 运用 "$\forall$"、"$\exists$"、邻域等数学符号,$\lim\limits_{x \to x_0} f(x) = a$ 的定义可简单地表述为:

$\lim\limits_{x \to x_0} f(x) = a \Leftrightarrow \forall \varepsilon > 0, \exists \delta > 0$,使得当 $0 < |x - x_0| < \delta$ 时,不等式 $|f(x) - a| < \varepsilon$ 恒成立.

极限的这一定义也称为 ε-δ 定义.

定义2中,字母 δ 表示 x 与 x_0 接近的程度;不等式 $0 < |x - x_0| < \delta$ 表示 x 在 x_0 的 δ 的去心邻域内变化,且 $x \neq x_0$;ε 表示 $f(x)$ 与 a 接近的程度. δ 与 ε 有关,当 ε 确定后,δ 也就随之确定,一般地,ε 越小,δ 越小,但两者之间不是函数关系.

由于

$$0 < |x - x_0| < \delta \Leftrightarrow x_0 - \delta < x < x_0 + \delta \quad 且 \quad x \neq x_0$$
$$|f(x) - a| < \varepsilon \Leftrightarrow a - \varepsilon < f(x) < a + \varepsilon$$

因此，极限 $\lim\limits_{x \to x_0} f(x) = a$ 的几何意义为：对 $\forall \varepsilon > 0$，必 $\exists \delta > 0$，使得当 x 在区间 $(x_0 - \delta, x_0 + \delta)$（但 $x \neq x_0$）内取值时，对应曲线 $y = f(x)$ 上的点一定介于两条直线 $y = a + \varepsilon$ 和 $y = a - \varepsilon$ 之间（即均位于矩形 $ABCD$ 内）（图 1-22）.

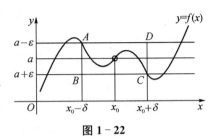

图 1-22

例7 证明 $\lim\limits_{x \to 1}(x^2 - 2x + 5) = 4$.

解 $\forall \varepsilon > 0$，由于

$$|x^2 - 2x + 5 - 4| = |x - 1|^2$$

由 $|x^2 - 2x + 5 - 4| = |x - 1|^2 < \varepsilon$，可得 $|x - 1| < \sqrt{\varepsilon}$，因此对于 $\forall \varepsilon > 0$，选取 $\delta = \sqrt{\varepsilon}$，只要当 $|x - 1| < \delta$，就有 $|x^2 - 2x + 5 - 4| < \varepsilon$ 成立，所以

$$\lim\limits_{x \to 1}(x^2 - 2x + 5) = 4$$

例8 证明 $\lim\limits_{x \to x_0} \sin x = \sin x_0$.

证 $\forall \varepsilon > 0$，由于该极限只需要在 x_0 的邻近考察就行了，故设在 $|x - x_0| < \pi$ 内，即 $\left|\dfrac{x - x_0}{2}\right| < \dfrac{\pi}{2}$ 内考察，由于

$$|f(x) - a| = |\sin x - \sin x_0| = \left|2\sin\dfrac{x - x_0}{2}\cos\dfrac{x + x_0}{2}\right| \leqslant 2\left|\sin\dfrac{x - x_0}{2}\right|$$

$$\leqslant 2\left|\dfrac{x - x_0}{2}\right| = |x - x_0|$$

从上式可知，要使 $|f(x) - a| = |\sin x - \sin x_0| < \varepsilon$ 成立，只要 $|x - x_0| < \varepsilon$ 即可.

取 $\delta = \min\{\varepsilon, \pi\}$，则当 x 满足 $0 < |x - x_0| < \delta$ 时，就有 $|\sin x - \sin x_0| < \varepsilon$ 成立，即

$$\lim\limits_{x \to x_0} \sin x = \sin x_0 \tag{1-3}$$

同理可证

$$\lim\limits_{x \to x_0} \cos x = \cos x_0 \tag{1-4}$$

例9 证明 $\lim\limits_{x \to 2} \dfrac{x^2 - 4}{x - 2} = 4$.

证 $\forall \varepsilon > 0$，由于该极限存在与否与函数在 $x = 2$ 处有无定义无关，故求该极限时可设 $x \neq 2$，因此，由

$$\left|\dfrac{x^2 - 4}{x - 2} - 4\right| = |x + 2 - 4| = |x - 2| < \varepsilon$$

可知，只要取 $\delta = \varepsilon$，则当 $0 < |x - 2| < \delta$ 时，就恒有不等式 $\left|\dfrac{x^2 - 4}{x - 2} - 4\right| < \varepsilon$，因此

$$\lim_{x\to 2}\frac{x^2-4}{x-2}=4$$

1.3.3 子极限

上面我们讨论了 $x\to x_0$ 与 $x\to\infty$ 时函数极限的定义及性质,其中自变量的变化过程 $x\to x_0$ 是指自变量 x 沿 x 轴从 x_0 的左、右两侧趋于 x_0,$x\to\infty$ 是指自变量 x 沿 x 轴左、右两侧离原点越来越远,趋于无穷远. 但有时所讨论的极限中,其自变量的变化过程只须沿某一侧(左侧或右侧)变化,例如考察极限 $\lim\limits_{x\to 0}\sqrt{x}$ 时,由于受函数 $\sqrt{x}$ 的定义域限制,自变量在 $x\to 0$ 的变化过程中,x 只能从 0 的右侧趋近于 0,该变化过程相当于在变化过程"$x\to 0$"中增加了附加条件"$x>0$". 又如考察极限 $\lim e^x$ 时,由于自变量 x 沿 x 轴的左、右两侧趋于无穷远时,对应的函数 e^x 有不同的变化趋势,所以要将变化过程 $x\to\infty$ 分成左、右两侧分别趋于无穷远的两种情况来讨论,自变量 x 沿 x 轴向右(或向左)离原点越来越远,趋于无穷远,则相当于在变化过程"$x\to\infty$"中增加了附加条件"$x>0$(或 $x<0$)".

定义 3 在自变量的某变化过程的基础上,增加了附加条件的变化过程称为原变化过程的子过程. 子过程对应的极限称为原极限的子极限.

常见的 $x\to x_0$ 的子过程有如下两个:

① 用"$x\to x_0^-$"表示"$x\to x_0$ 且 $x<x_0$",即 x 从 x_0 的左侧趋于 x_0,例如 $\lim\limits_{x\to 0^-}e^{\frac{1}{x}}=0$;

② 用"$x\to x_0^+$"表示"$x\to x_0$ 且 $x>x_0$",即 x 从 x_0 的右侧趋于 x_0,例如 $\lim\limits_{x\to 0^+}\sqrt{x}=0$.

常见的 $x\to\infty$ 的子过程有如下三个:

① 用"$x\to+\infty$"表示"$x\to\infty$ 且 $x>0$",即 x 沿 x 轴的正方向趋于无穷远,例如 $\lim\limits_{x\to+\infty}\text{arccot}\,x=0$;

② 用"$x\to-\infty$"表示"$x\to\infty$ 且 $x<0$",即 x 沿 x 轴的负方向趋于无穷远,例如 $\lim\limits_{x\to-\infty}\text{arccot}\,x=\pi$;

③ 用"$n\to\infty$"表示"$x\to+\infty$ 且 $x=n,n\in\mathbf{N}^+$",例如 $\lim\limits_{n\to\infty}\frac{1}{n}=0$.

特别地,若当 $x\to x_0^-$(或 $x\to x_0^+$)时,$f(x)$ 向某一定值 a 逼近,则称 a 为 $f(x)$ 在点 x_0 的左极限(或右极限). 下面给出它们的 $\varepsilon\text{-}\delta$ 定义.

定义 4 设 $f(x)$ 在区间 $(x_0-\delta,x_0)$(或 $(x_0,x_0+\delta)$)内有定义,a 为某常数,若对 $\forall\varepsilon>0,\exists\delta>0$,使得当 x 满足 $0<x_0-x<\delta$(或 $0<x-x_0<\delta$)时,恒有
$$|f(x)-a|<\varepsilon$$

则称 a 为函数 $f(x)$ 在 $x \to x_0$ 时的左(或右)极限.

左极限记作
$$\lim_{x \to x_0^-} f(x) = a \quad \text{或} \quad f(x_0^-) = a$$

右极限记作
$$\lim_{x \to x_0^+} f(x) = a \quad \text{或} \quad f(x_0^+) = a$$

类似地,可得函数极限 $\lim_{x \to +\infty} f(x)$(或 $\lim_{x \to -\infty} f(x)$)的 $\varepsilon\text{-}X$ 定义.

定义 5 设 $f(x)$ 在大于某正数(或小于某负数)时有定义,a 为某常数,若对 $\forall \varepsilon > 0, \exists X > 0$,使得当 x 满足 $x > X$(或 $x < -X$)时,恒有
$$|f(x) - a| < \varepsilon$$
则称 a 为函数 $f(x)$ 在 $x \to +\infty$(或 $x \to -\infty$)时的极限,记作
$$\lim_{x \to +\infty} f(x) = a (\text{或} \lim_{x \to -\infty} f(x) = a)$$

极限 $\lim_{x \to x_0^+} f(x) = a$, $\lim_{x \to x_0^-} f(x) = a$, $\lim_{x \to -\infty} f(x)$ 与 $\lim_{x \to +\infty} f(x)$ 也称为函数 $f(x)$ 的单侧极限.

由函数极限的定义,有

定理 1 (1) $\lim_{x \to x_0} f(x) = a$ 的充要条件为 $\lim_{x \to x_0^+} f(x) = \lim_{x \to x_0^-} f(x) = a$.

(2) $\lim_{x \to \infty} f(x) = a$ 的充要条件为 $\lim_{x \to +\infty} f(x) = \lim_{x \to -\infty} f(x) = a$.

请读者自证.

利用定理 1,考察下列函数的单侧极限与极限,易知:

由于 $\lim_{x \to +\infty} \frac{1}{x} = 0$, $\lim_{x \to -\infty} \frac{1}{x} = 0$,因此 $\lim_{x \to \infty} \frac{1}{x} = 0$;

由于 $\lim_{x \to 0^+} e^{\frac{1}{x}} = +\infty$, $\lim_{x \to 0^-} e^{\frac{1}{x}} = 0$,因此 $\lim_{x \to 0} e^{\frac{1}{x}}$ 不存在.

需要指出的是函数极限的子极限的种类还有很多,例如取 $x = \frac{\pi}{2} + 2n\pi$ 且 $n \to \infty$ 及 $x = (2n+1)\pi$ 且 $n \to \infty$,它们都是变化过程 $x \to \infty$ 的子过程.因此任何一个极限可以有无数个子极限,如果仅仅有两个子极限存在并相等,不一定能推出原来极限的存在性;反之,若原来的极限存在,则其所有子极限必存在且相等.常利用定理 1 和这些结论来考察某个极限的存在性.

把变化过程 $n \to \infty$ 看作在变化过程 $x \to +\infty$ 中附加条件 $x = n(n \in \mathbf{N}^+)$ 后的子过程,因此数列极限 $\lim_{n \to \infty} f(n) = A$ 显然是函数极限 $\lim_{x \to +\infty} f(x)$ 的一个子极限.

1.3.4 极限不存在的情形

若在自变量的某个变化过程中,函数 $f(x)$ 不能与某个确定的值无限接近,则

$f(x)$ 在此变化过程中的极限不存在. 极限不存在的具体情况可能很复杂,下面举出几种常见的类型.

1) 当 $x \to x_0$ 或 $x \to \infty$ 时,函数的绝对值无限增大

如果在 x 的某一变化过程中,对应函数 $f(x)$ 的绝对值 $|f(x)|$ 无限增大,那么 $f(x)$ 就不可能向某一定值逼近,因此 $f(x)$ 在此变化过程中的极限就不存在.

这时,虽然极限不存在,但由于 $|f(x)|$ 是随着 x 的变化而无限增大,有一定的变化趋势,这个变化趋势就是对应函数 $f(x)$ 的绝对值无限增大,因此称函数 $f(x)$ **为在这个变化过程中的无穷大**,记作

$$\lim_{x \to \square} f(x) = \infty$$

这里 $x \to \square$ 表示 $x \to x_0$ 或 $x \to \infty$ 等某个自变量的变化过程,后文中 $x \to \square$ 表示同样的意义,不再一一说明.

因此 $\lim\limits_{x \to \square} f(x) = \infty$ 中的"∞"不是某一定值,它表示 $f(x)$ 的绝对值无限增大的变化趋势. 这时极限 $\lim\limits_{x \to \square} f(x)$ 是不存在的.

例如,当 $x \to 0$ 时,函数 $f(x) = \dfrac{2}{x}$ 的绝对值 $\dfrac{2}{|x|}$ 无限增大,因此 $\lim\limits_{x \to 0} \dfrac{2}{x} = \infty$.

2) 当 $x \to x_0$ 或 $x \to \infty$ 时,函数没有确定的变化趋势

如果在 x 的某一变化过程中,对应函数 $f(x)$ 趋向于不同的常数,或在几个不同的常数间变化,那么在 x 的该变化过程中,极限 $\lim\limits_{x \to \square} f(x)$ 不存在.

例如 $f(x) = \sin x$,当 $x \to \infty$ 时,$f(x)$ 的值在 -1 与 1 之间不断地来回振荡变化,没有确定的趋向. 当取 $x = k\pi (k \in \mathbf{N})$,且 $k \to \infty$,则有 $x \to \infty$,这时

$$\sin x = \sin k\pi = 0$$

当取 $x = \left(2k + \dfrac{1}{2}\right)\pi (k \in \mathbf{N})$,且 $k \to \infty$,则有 $x \to \infty$,这时

$$\sin x = \sin\left(2k + \dfrac{1}{2}\right)\pi = 1$$

等等. 因此当 $x \to \infty$ 时 $\sin x$ 的值在 -1 与 1 之间变化、振荡,故 $\lim\limits_{x \to \infty} \sin x$ 不存在.

类似地可知极限 $\lim\limits_{x \to \infty} \cos x$,$\lim\limits_{x \to 0} \sin \dfrac{1}{x}$ 与 $\lim\limits_{x \to 0} \cos \dfrac{1}{x}$ 也同样是不存在的.

3) 当 $x \to x_0$ 或 $x \to \infty$ 时两侧极限中有一个不存在或它们不相等

例 10 设 $f(x) = \dfrac{|x|}{x}$,讨论 $\lim\limits_{x \to 0} f(x)$ 的存在性.

解 由于

$$\lim_{x \to 0^+} f(x) = \lim_{x \to 0^+} \dfrac{|x|}{x} = \lim_{x \to 0^+} \dfrac{x}{x} = 1$$

$$\lim_{x\to 0^-}f(x)=\lim_{x\to 0^-}\frac{|x|}{x}=\lim_{x\to 0^-}\frac{-x}{x}=-1$$

故 $\lim_{x\to 0}f(x)$ 不存在.

1.3.5 极限的性质

利用函数极限的定义,可得下列极限的性质.

1) 唯一性

定理 2 若 $\lim_{x\to x_0}f(x)$ 存在,则极限唯一.

证 (反证法)假设极限不唯一,则存在两个不相等的常数 a,b,使得 $\lim_{x\to x_0}f(x)=a$ 与 $\lim_{x\to x_0}f(x)=b$ 均成立. 不妨设 $b>a$,由于

$$\lim_{x\to x_0}f(x)=a$$

取 $\varepsilon=\dfrac{b-a}{2}$,则 $\exists\delta_1>0$,当 x 满足 $0<|x-x_0|<\delta_1$ 时,恒有

$$|f(x)-a|<\varepsilon=\frac{b-a}{2}$$

即

$$\frac{3a-b}{2}<f(x)<\frac{a+b}{2} \qquad (1-5)$$

又由于

$$\lim_{x\to x_0}f(x)=b$$

仍取 $\varepsilon=\dfrac{b-a}{2}$,则 $\exists\delta_2>0$,当 x 满足 $0<|x-x_0|<\delta_2$ 时,恒有

$$|f(x)-b|<\varepsilon=\frac{b-a}{2}$$

即

$$\frac{a+b}{2}<f(x)<\frac{3b-a}{2} \qquad (1-6)$$

取 $\delta=\min\{\delta_1,\delta_2\}$,则当 x 满足 $0<|x-x_0|<\delta$ 时,上面(1-5)、(1-6) 两式均成立,但这是不可能的.

所以极限唯一. 证毕.

2) 局部有界性

定理 3 若 $\lim_{x\to x_0}f(x)$ 存在,则 $\exists\delta>0$,当 $x\in\mathring{U}(x_0,\delta)$ 时,$f(x)$ 有界.

证 设 $\lim_{x\to x_0}f(x)=a$,由极限定义,取 $\varepsilon=1$,则 $\exists\delta>0$,当 x 满足 $0<|x-x_0|<$

δ 时,有 $|f(x)-a|<1$,即
$$a-1<f(x)<a+1$$
所以当 $x\in \overset{\circ}{U}(x_0,\delta)$ 时,$f(x)$ 有界. 证毕.

3) 局部保号性

定理 4 若 $\lim\limits_{x\to x_0}f(x)=a$,且 $a>0$(或 $a<0$),则 $\exists \delta>0$,当 $x\in \overset{\circ}{U}(x_0,\delta)$ 时,$f(x)>0$(或 $f(x)<0$).

证 由
$$\lim_{x\to x_0}f(x)=a \text{ 且 } a>0$$
取 $\varepsilon=\dfrac{a}{2}$,则 $\exists \delta>0$,当 $x\in \overset{\circ}{U}(x_0,\delta)$ 时,恒有
$$|f(x)-a|<\frac{a}{2}$$
即
$$\frac{a}{2}<f(x)<\frac{3a}{2}$$
故
$$f(x)>\frac{a}{2}>0$$

对于 $a<0$ 的情形,同理可证结论成立. 证毕.

推论 1 若 $\lim\limits_{x\to x_0}f(x)=a$,且 $\exists \delta>0$,当 $x\in \overset{\circ}{U}(x_0,\delta)$ 时,$f(x)\geqslant 0$(或 $f(x)\leqslant 0$),则 $a\geqslant 0$(或 $a\leqslant 0$).

证 因为推论 1 是定理 4 的逆否命题,故推论 1 成立. 证毕.

以上结论对于极限的其他极限过程也在相应的情形下成立.

习题 1.3

1. 用 ε-δ 定义证明下列极限:
   (1) $\lim\limits_{x\to 3}(3x-1)=8$. (2) $\lim\limits_{x\to x_0}\cos x=\cos x_0$.

2. 用 ε-X 定义证明下列极限:
   (1) $\lim\limits_{x\to\infty}\dfrac{2}{x}=0$. (2) $\lim\limits_{x\to\infty}\dfrac{2x-1}{2x+1}=1$.

3. 求 $x\to 0$ 时 $f(x)=\dfrac{x}{x}$,$\phi(x)=\dfrac{\sqrt{x^2}}{x}$ 的左右极限,并说明 $\lim\limits_{x\to 0}f(x)$ 与 $\lim\limits_{x\to 0}\phi(x)$ 是否存在.

4. 设 $f(x) = \begin{cases} x+1, & x<0 \\ 1-x^2, & x \geqslant 0 \end{cases}$,求 $\lim\limits_{x \to 0} f(x)$.

5. 设 $f(x) = \dfrac{1}{x+1}$,则 $\lim\limits_{x \to 1} f(x) = \dfrac{1}{2}$,但 $f(x)$ 是无界函数,问上述情况与极限的有界性是否矛盾?

6. 举例说明:命题"若 $\lim\limits_{x \to x_0} f(x) = a$,则 $\lim\limits_{x \to x_0} |f(x)| = |a|$"的逆命题不成立.

1.4 无穷小量与无穷大量

前面我们已经阐明了数列与函数极限,接下来再研究一类比较简单但又非常重要的函数即无穷小量.无穷小量在极限理论与极限计算中都具有非常重要的意义.本节简单介绍无穷小与无穷大的有关概念和一些常用的基本性质.为了讨论的简便,以 "$x \to \Box$" 表示自变量 x 的某一变化过程,在证明时,仅按 $x \to x_0$ 的情况来给出.其他变化过程的证明由读者自证.

1.4.1 无穷小量

定义 1 若 $\lim\limits_{x \to \Box} f(x) = 0$,则称函数 $f(x)$ 为当 $x \to \Box$ 时的无穷小量,简称无穷小.

特别地,若 $\lim\limits_{n \to \infty} x_n = 0$,则称数列 $\{x_n\}$ 是 $n \to \infty$ 时的无穷小.

例如,由于 $\lim\limits_{x \to \infty} \dfrac{1}{x} = 0$,所以函数 $\dfrac{1}{x}$ 是 $x \to \infty$ 时的无穷小;由于 $\lim\limits_{x \to \Box} 0 = 0$,所以常数 0 可以看作任意变化过程时的无穷小;由于 $\lim\limits_{n \to \infty} \dfrac{1}{n^2} = 0$,所以数列 $\dfrac{1}{n^2}$ 是 $n \to \infty$ 时的无穷小.

应当指出无穷小是对应特殊变化过程时的变量或函数,不能将它与绝对值很小很小的固定常数混为一谈.任何非零常数无论其绝对值多么小,都不是无穷小.由于零的极限是零,所以零是唯一可以作为无穷小的常数.

因为无穷小是以零为极限的函数,所以无穷小与函数的极限之间有以下密切联系.

由函数极限的定义可知: $\lim\limits_{x \to x_0} f(x) = A \Leftrightarrow \forall \varepsilon > 0, \exists 正数 \delta,$ 使得当 x 满足 $0 < |x - x_0| < \delta$ 时,不等式

$$|f(x) - A| < \varepsilon$$

恒成立,则

$$\lim_{x \to x_0}(f(x)-A)=0$$

因此
$$\lim_{x \to x_0}f(x)=A \Leftrightarrow \lim_{x \to x_0}(f(x)-A)=0$$

上述分析过程可以类推到其他变化过程，由此可得极限的一个充要条件．

定理 1 $\lim_{x \to \square}f(x)=A$ 的充要条件为 $\lim_{x \to \square}(f(x)-A)=0$．

由定理 1 可知，如果 $\lim_{x \to \square}f(x)=A$，则 $\lim_{x \to \square}(f(x)-A)=0$，即 $f(x)-A$ 就是 $x \to \square$ 时的无穷小，将该无穷小记作 $\alpha(x)$，则
$$f(x)-A=\alpha(x)$$

显然
$$\lim_{x \to \square}\alpha(x)=0$$

则
$$f(x)=A+\alpha(x)\,(\lim_{x \to \square}\alpha(x)=0)$$

由此可得极限的另一个充要条件．

定理 2 $\lim_{x \to \square}f(x)=A$ 的充要条件为 $f(x)=A+\alpha(x)$（其中 $\lim_{x \to \square}\alpha(x)=0$）．

定理 1 与定理 2 的结论对数列极限也同样成立．

例 1 求函数 $y=\dfrac{1-x^2}{1+x^2}$ 当 $x \to \infty$ 时的极限，并说明理由．

解 由于
$$y=\frac{1-x^2}{1+x^2}=-1+\frac{2}{1+x^2}$$

而
$$\lim_{x \to \infty}\frac{2}{1+x^2}=0$$

由定理 2 得
$$\lim_{x \to \infty}\frac{1-x^2}{1+x^2}=-1$$

无穷小有以下基本性质．

定理 3 两个无穷小的和仍为无穷小．

证 设 $\alpha(x),\beta(x)$ 都是变化过程 $x \to x_0$ 时的无穷小，由极限定义可知，对 $\forall \varepsilon, \exists$ 正数 δ，当 x 满足 $0<|x-x_0|<\delta$ 时，不等式
$$|\alpha(x)|<\frac{\varepsilon}{2},\quad |\beta(x)|<\frac{\varepsilon}{2}$$

都成立．故
$$|\gamma(x)|=|\alpha(x)+\beta(x)|\leqslant|\alpha(x)|+|\beta(x)|<\frac{\varepsilon}{2}+\frac{\varepsilon}{2}=\varepsilon$$

即 $\gamma(x) = \alpha(x) + \beta(x)$ 也是当 $x \to x_0$ 时的无穷小. 定理得证.

推论 1 有限个无穷小的和仍是无穷小.

定理 4 有界函数与无穷小的乘积仍是无穷小.

证 设函数 $u(x)$ 是在 x_0 的某去心邻域内的有界函数,即 $\exists \delta_1 > 0$ 及 $M > 0$,当 $x \in \overset{\circ}{U}(x_0, \delta_1)$ 时,有

$$|u(x)| \leqslant M \tag{1-7}$$

并设 $\alpha(x)$ 是 $x \to x_0$ 时的无穷小,则 $\forall \varepsilon > 0, \exists \delta_2 > 0$,当 $x \in \overset{\circ}{U}(x_0, \delta_2)$ 时,有

$$|\alpha(x)| < \frac{\varepsilon}{M} \tag{1-8}$$

取 $\delta = \min\{\delta_1, \delta_2\}$,则当 $x \in \overset{\circ}{U}(x_0, \delta)$ 时,上面两个不等式(1-7)与(1-8)同时成立,因此

$$|\alpha(x) \cdot u(x)| = |\alpha(x)| \cdot |u(x)| < \frac{\varepsilon}{M} \cdot M = \varepsilon$$

即 $\alpha(x) \cdot u(x)$ 为 $x \to x_0$ 时的无穷小. 定理得证.

由定理 4 可得如下推论 2 与推论 3.

推论 2 常量与无穷小的乘积仍为无穷小.

推论 3 有限个无穷小的乘积仍为无穷小.

利用定理 4 可以求一类特殊极限.

例 2 求 $\lim\limits_{x \to \infty} \dfrac{\arctan x}{x}$.

解 因为

$$\lim_{x \to \infty} \frac{1}{x} = 0$$

而 $|\arctan x| \leqslant \dfrac{\pi}{2}$,即 $\arctan x$ 是有界函数,由定理 4 可知,$\dfrac{1}{x} \arctan x$ 是当 $x \to \infty$ 时的无穷小. 即

$$\lim_{x \to \infty} \frac{\arctan x}{x} = 0$$

例 3 求 $\lim\limits_{x \to 1}(x-1)\cos\left[\dfrac{1}{2}\ln(x^2+x)\right]$.

解 因为

$$\lim_{x \to 1}(x-1) = 0$$

又

$$\left|\cos\left[\frac{1}{2}\ln(x^2+x)\right]\right| \leqslant 1$$

即 $\cos\left[\frac{1}{2}\ln(x^2+x)\right]$ 是有界函数,因此

$$\lim_{x\to 1}(x-1)\cos\left[\frac{1}{2}\ln(x^2+x)\right]=0$$

下面介绍另一类常用变量,即所谓的无穷大量.

1.4.2 无穷大量

在前面,已经多次提到"无穷大"这个概念,这里对这一变化状态给出确切的定义.

我们知道,当 $x\to\square$ 时,对应函数的绝对值 $|f(x)|$ 无限增大,就称函数 $f(x)$ 为当 $x\to\square$ 时的无穷大量.

设 M 为任意取定的大正数 M,则不等式 $|f(x)|>M$ 表示函数的绝对值 $|f(x)|$ 可以超过预先任意给定的大正数 M,因此由 M 的任意性可知,不等式 $|f(x)|>M$ 表示函数的绝对值无限增大. 再结合无穷大对应的极限过程的精确描述,由此得到下面的定义.

定义 2 若对于任意的大正数 M,总存在 $\delta>0$,当 $0<|x-x_0|<\delta$ 时,有 $|f(x)|>M$ 成立,则称函数 $f(x)$ 为当 $x\to x_0$ 时的无穷大量,简称无穷大.

但为了方便叙述函数的这一性态,我们也称**这时函数的"极限"是无穷大**,并记作 $\lim_{x\to x_0}f(x)=\infty$.

对其他极限过程的无穷大有类似的定义,请读者自己给出.

需要指出,无穷大是函数极限不存在的一种情形. 同时要注意,当函数 $f(x)$ 为当 $x\to\square$ 时的无穷大时,由于 $|f(x)|$ 可以无限大,因此无穷大一定是无界函数,但无界函数不一定是无穷大. 另外还要指出无穷大不是数,而是对应特定变化过程时的函数或变量,不能与很大的数(几亿,万亿等)混为一谈.

例如:当 $x\to 0$ 时,函数 $f(x)=\frac{1}{x}\sin\frac{1}{x}$ 无界但不是无穷大量.

> **说明**:由于取 $x=\dfrac{1}{2n\pi+\dfrac{\pi}{2}}\to 0$ 时,对应函数值 $f\left(\dfrac{1}{2n\pi+\dfrac{\pi}{2}}\right)=2n\pi+\dfrac{\pi}{2}$,这时对应函数值随 n 的增大而无限增大,因此 $x\to 0$ 时,$f(x)=\dfrac{1}{x}\sin\dfrac{1}{x}$ 是无界函数.

由于取 $x=\dfrac{1}{n\pi}\to 0$ 时,对应函数值 $f\left(\dfrac{1}{n\pi}\right)=0$,这时对应函数值随 n 的增大总

等于零,因此当 $x \to 0$ 时,无论选取多大的正数 M,总有无数的 $x \to 0$ 点 $\left(\text{如 } x = \dfrac{1}{n\pi} \to 0\right)$ 对应的函数值总是等于 0,因而它们对应的函数值就不满足不等式 $|f(x)| > M$,因而函数 $f(x) = \dfrac{1}{x}\sin\dfrac{1}{x}$ 当 $x \to 0$ 时不是无穷大量.

综上分析可知:函数 $f(x) = \dfrac{1}{x}\sin\dfrac{1}{x}$ 当 $x \to 0$ 时无界但不是无穷大量.

1.4.3 无穷大量与无穷小量之间的关系

在同一变化过程中,无穷大量与无穷小量有如下的密切关系.

定理 5　在自变量的同一变化过程中,若 $f(x)$ 为无穷大,则 $\dfrac{1}{f(x)}$ 为无穷小;若 $f(x)$ 为无穷小且 $f(x) \neq 0$,则 $\dfrac{1}{f(x)}$ 为无穷大.

证明略.

习题 1.4

1. 根据定义证明下列函数是 $x \to 0$ 时的无穷小:

(1) $1 - \cos x$.　　　　　　　　(2) $\sqrt{1+x} - 1$.

2. 根据定义证明下列数列是 $n \to \infty$ 时的无穷大:

(1) $\{3n\}$.　　　　　　　　　　(2) $\left\{\dfrac{n^2}{n+1}\right\}$.

3. 求函数 $y = \dfrac{x}{x+1}$ 当 $x \to \infty$ 时的极限,并说明理由.

4. 说明自变量 x 在怎样的变化过程中,下列函数为无穷小:

(1) $y = \dfrac{1}{x^3}$.　　　　　　　　(2) $y = x - 1$.

(3) $y = e^x$.　　　　　　　　　(4) $y = e^{\frac{1}{x}}$.

5. 说明自变量 x 在怎样的变化过程中,下列函数为无穷大:

(1) $y = \dfrac{1}{x^3}$.　　　　　　　　(2) $y = x - 1$.

(3) $y = e^x$.　　　　　　　　　(4) $y = e^{\frac{1}{x}}$.

6. 利用无穷小的性质求下列极限:

(1) $\lim\limits_{x \to 0}\left(x^2 \cdot \sqrt{\left|\sin\dfrac{1}{x}\right|}\right)$.　　(2) $\lim\limits_{n \to \infty}\dfrac{\sin n\pi}{n^2}$.

(3) $\lim\limits_{x\to 0} x\sin\dfrac{1}{x}$. (4) $\lim\limits_{n\to\infty}[(\sqrt{n+1}-\sqrt{n})\cdot\operatorname{arccot}(2n)]$.

7. 两个无穷小的商是否一定为无穷小？两个无穷大的和是否一定为无穷大？举例说明你的结论.

1.5 极限运算法则

极限的定义只能用来理论推导与证明极限,而不能用来计算极限,本节将利用无穷小的性质先建立极限的运算法则,然后运用这些法则求一些极限.

在下面的讨论中,有关定理的证明仅以 $x\to x_0$ 的情形为例给出.其他变化过程的证明由读者自证.

1.5.1 极限的四则运算法则

定理 1 设 $\lim\limits_{x\to\square}f(x)=A, \lim\limits_{x\to\square}g(x)=B$,则

(1) $\lim\limits_{x\to\square}[f(x)\pm g(x)]=\lim\limits_{x\to\square}f(x)\pm\lim\limits_{x\to\square}g(x)(=A\pm B)$. (1-9)

(2) $\lim\limits_{x\to\square}[f(x)\cdot g(x)]=\lim\limits_{x\to\square}f(x)\cdot\lim\limits_{x\to\square}g(x)(=AB)$. (1-10)

(3) 如果 $B\neq 0$,则 $\lim\limits_{x\to\square}\dfrac{f(x)}{g(x)}=\dfrac{\lim\limits_{x\to\square}f(x)}{\lim\limits_{x\to\square}g(x)}\left(=\dfrac{A}{B}\right)$. (1-11)

证 (1) 因为
$$\lim\limits_{x\to\square}f(x)=A,\quad \lim\limits_{x\to\square}g(x)=B$$
所以当 $x\to\square$ 时, $f(x)-A$ 与 $g(x)-B$ 均为无穷小,因而这两个无穷小的代数和
$$[f(x)-A]\pm[g(x)-B]=[f(x)\pm g(x)]-[A\pm B]$$
仍是当 $x\to\square$ 时的无穷小,因此
$$\lim\limits_{x\to\square}[f(x)\pm g(x)]=A\pm B=\lim\limits_{x\to\square}f(x)\pm\lim\limits_{x\to\square}g(x)$$

(2) 由题设,可令
$$f(x)-A=\alpha(x),\quad g(x)-B=\beta(x)\quad(\text{这里}\lim\limits_{x\to\square}\alpha(x)=0,\lim\limits_{x\to\square}\beta(x)=0)$$
则
$$f(x)\cdot g(x)=[A+\alpha(x)]\cdot[B+\beta(x)]$$
$$=AB+[A\cdot\beta(x)+B\cdot\alpha(x)+\alpha(x)\cdot\beta(x)]$$
由无穷小的性质可知,上式中的函数 $A\cdot\beta(x)+B\cdot\alpha(x)+\alpha(x)\cdot\beta(x)$ 是 $x\to\square$ 时的无穷小,因此
$$\lim\limits_{x\to\square}[f(x)\cdot g(x)]=AB=\lim\limits_{x\to\square}f(x)\cdot\lim\limits_{x\to\square}g(x)$$

(3) 当 $B\neq 0$ 时,因为

$$\frac{f(x)}{g(x)} - \frac{A}{B} = \frac{A+\alpha(x)}{B+\beta(x)} - \frac{A}{B} = \frac{B\alpha(x) - A\beta(x)}{B[B+\beta(x)]}$$

由无穷小的性质可知,上式分子中的函数 $B\alpha(x) - A\beta(x)$ 是 $x \to \Box$ 时的无穷小,而

$$\lim_{x \to \Box} B[B+\beta(x)] = B^2 > 0$$

因此取 $\varepsilon = \frac{B^2}{2}$,当 $x \to \Box$ 时,有

$$|B[B+\beta(x)] - B^2| < \frac{B^2}{2}$$

即

$$\frac{B^2}{2} < B[B+\beta(x)] < \frac{3B^2}{2}$$

即

$$\frac{2}{3B^2} < \left|\frac{1}{B[B+\beta(x)]}\right| < \frac{2}{B^2}$$

由此可知,当 $x \to \Box$ 时,$\frac{1}{B[B+\beta(x)]}$ 是局部有界的.

所以 $\frac{B\alpha(x) - A\beta(x)}{B[B+\beta(x)]}$ 是一个当 $x \to \Box$ 时的无穷小,即

$$\lim_{x \to \Box} \left[\frac{f(x)}{g(x)} - \frac{A}{B}\right] = 0$$

即

$$\lim_{x \to \Box} \frac{f(x)}{g(x)} = \frac{A}{B} = \frac{\lim_{x \to \Box} f(x)}{\lim_{x \to \Box} g(x)}$$

定理 1 中的式 (1-9) 与 (1-10) 可以推广到有限个函数相加、相减及相乘的情形.

推论 1 设当 $x \to \Box$ 时,函数 $f_1(x), f_2(x), \cdots, f_n(x)(n \in \mathbf{N}^+)$ 的极限都存在,则

(1) $\lim\limits_{x \to \Box}[f_1(x) \pm f_2(x) \pm \cdots \pm f_n(x)] = \lim\limits_{x \to \Box} f_1(x) \pm \lim\limits_{x \to \Box} f_2(x) \pm \cdots \pm \lim\limits_{x \to \Box} f_n(x)$. (1-12)

(2) $\lim\limits_{x \to \Box}[f_1(x) \cdot f_2(x) \cdot \cdots \cdot f_n(x)] = \lim\limits_{x \to \Box} f_1(x) \cdot \lim\limits_{x \to \Box} f_2(x) \cdot \cdots \cdot \lim\limits_{x \to \Box} f_n(x)$. (1-13)

推论 2 设 $\lim\limits_{x \to \Box} f(x)$ 存在,则

(1) $\lim\limits_{x \to \Box}[Cf(x)] = C \lim\limits_{x \to \Box} f(x)$ (C 为常数). (1-14)

(2) $\lim\limits_{x \to \Box}[f(x)]^n = [\lim\limits_{x \to \Box} f(x)]^n$. (1-15)

注意:上面所有的结论对数列极限也同样成立.

由 1.3 节的例 8 可知

$$\lim_{x \to x_0} \sin x = \sin x_0 \qquad (1-16)$$

$$\lim_{x \to x_0} \cos x = \cos x_0 \qquad (1-17)$$

再根据定理 1 中极限的商的运算法则可得(当 x_0 在相应三角函数的定义域内时)

$$\lim_{x \to x_0} \tan x = \tan x_0 \qquad (1-18)$$

$$\lim_{x \to x_0} \cot x = \cot x_0 \qquad (1-19)$$

$$\lim_{x \to x_0} \sec x = \sec x_0 \qquad (1-20)$$

$$\lim_{x \to x_0} \csc x = \csc x_0 \qquad (1-21)$$

例 1 求 $\lim\limits_{x \to 1}(x^2 - 5x + 1)$.

解 $\lim\limits_{x \to 1}(x^2 - 5x + 1) = (\lim\limits_{x \to 1} x)^2 - 5\lim\limits_{x \to 1} x + 1 = 1 - 5 + 1 = -3.$

例 2 令 $P_n(x) = a_0 + a_1 x + \cdots + a_{n-1} x^{n-1} + a_n x^n$ (n 为正整数),求 $\lim\limits_{x \to x_0} P_n(x)$.

解
$$\lim_{x \to x_0} P_n(x) = \lim_{x \to x_0}(a_0 + a_1 x + \cdots + a_{n-1} x^{n-1} + a_n x^n)$$
$$= \lim_{x \to x_0} a_0 + a_1 \lim_{x \to x_0} x + \cdots + a_{n-1}\left(\lim_{x \to x_0} x\right)^{n-1} + a_n\left(\lim_{x \to x_0} x\right)^n$$
$$= a_0 + a_1 x_0 + \cdots + a_{n-1} x_0^{n-1} + a_n x_0^n$$
$$= P_n(x_0)$$

由例 2 可知,任何多项式函数在有限点处的极限都等于该点处的函数值.

例 3 求 $\lim\limits_{x \to 2}\dfrac{x^4 - 1}{x^3 - 5x + 1}$.

解 由例 2 的结论,可知
$$\lim_{x \to 2}(x^4 - 1) = 16 - 1 = 15$$
$$\lim_{x \to 2}(x^3 - 5x + 1) = 8 - 10 + 1 = -1 \neq 0$$

由极限的运算法则,可得

$$\lim_{x \to 2} \frac{x^4 - 1}{x^3 - 5x + 1} = \frac{\lim\limits_{x \to 2}(x^4 - 1)}{\lim\limits_{x \to 2}(x^3 - 5x + 1)} = -15$$

一般地,设 $P(x), Q(x)$ 均为多项式函数,则

$$\lim_{x \to x_0} P(x) = P(x_0), \quad \lim_{x \to x_0} Q(x) = Q(x_0)$$

当 $Q(x_0) \neq 0$ 时,有

$$\lim_{x \to x_0} \frac{P(x)}{Q(x)} = \frac{\lim\limits_{x \to x_0} P(x)}{\lim\limits_{x \to x_0} Q(x)} = \frac{P(x_0)}{Q(x_0)} \qquad (1-22)$$

但当 $Q(x_0) = 0$ 时,上式不成立.

下面讨论 $Q(x_0) = 0$ 时, 求 $\lim\limits_{x \to x_0} \dfrac{P(x)}{Q(x)}$ 的方法.

例 4 求 $\lim\limits_{x \to 1} \dfrac{x-1}{x^2-1}$.

解 当 $x \to 1$ 时,分母极限为 0,故此极限不能直接用极限的商的运算法则来求. 由于分子极限也为 0,显然这时分子与分母有公因式 $(x-1)$,我们知道函数在 $x \to x_0$ 时的极限与它在 $x = x_0$ 处是否有意义无关,因此在求 $x \to x_0$ 的极限时,不妨设 $x \neq x_0$,即 $x - x_0 \neq 0$. 这样,求极限时可约去公因式 $(x - x_0)$,从而化为能用极限的商的运算法则来求的极限,即

$$\lim_{x \to 1} \frac{x-1}{x^2-1} = \lim_{x \to 1} \frac{1}{x+1} = \frac{1}{2}$$

由例 4 可知,当 $x \to x_0$ 时分母、分子的极限都是 0,把这样的极限称为 $\dfrac{0}{0}$ 型. 对于 $\dfrac{0}{0}$ 型的极限,可以先对函数恒等变形并分解因式,消去公因式后再求余式的极限. 在该类极限中,公因式一般多为极限为零的因式,我们常把极限为零的因式称为零因子,把这种消去公共零因子后再求余式的极限的方法称为消去零因子法. 该方法适用于 $\dfrac{0}{0}$ 型的极限中.

例 5 求 $\lim\limits_{x \to 1} \dfrac{2x-1}{x^2-4x+3}$.

解 因为分母极限 $\lim\limits_{x \to 1}(x^2-4x+3) = 0$,故不能用极限的商的运算法则,但由于其分子极限 $\lim\limits_{x \to 1}(2x-1) = 1 \neq 0$,故可先求其倒数函数的极限,即

$$\lim_{x \to 1} \frac{x^2-4x+3}{2x-1} = \frac{0}{1} = 0$$

再利用无穷小的倒数为无穷大,得

$$\lim_{x \to 1} \frac{2x-1}{x^2-4x+3} = \infty$$

例 6 求 $\lim\limits_{x \to 1} \dfrac{x^2-1}{\sqrt{1+2x} - \sqrt{4-x}}$.

解 这是 $\dfrac{0}{0}$ 型极限,由于含有无理式,一般先将该无理式进行有理化,再利用消去零因子法求极限. 即

$$\lim_{x \to 1} \frac{x^2-1}{\sqrt{1+2x} - \sqrt{4-x}} = \lim_{x \to 1} \frac{(x-1)(x+1)(\sqrt{1+2x} + \sqrt{4-x})}{(1+2x)-(4-x)}$$

$$= \lim_{x \to 1} \frac{(x+1)(\sqrt{1+2x} + \sqrt{4-x})}{3}$$

$$= \frac{(1+1)(\sqrt{3}+\sqrt{3})}{3} = \frac{4\sqrt{3}}{3}$$

上述有理化方法也是求含有无理式极限的常用技巧.

例 7 设 n 次多项式函数 $P_n(x) = a_0 + a_1 x + a_2 x^2 + \cdots + a_n x^n$，且 $a_n \neq 0$，求 $\lim\limits_{x \to \infty} P_n(x)$.

解 由于 $\lim\limits_{x \to \infty} x^k = \infty (k > 0)$，属于极限不存在的情形，故 $\lim\limits_{x \to \infty} P_n(x)$ 不能用运算法则求，由

$$\frac{1}{P_n(x)} = \frac{1}{a_0 + a_1 x + \cdots + a_n x^n} = \frac{1}{x^n} \cdot \frac{1}{a_n + a_{n-1}\frac{1}{x} + \cdots + a_1 \frac{1}{x^{n-1}} + a_0 \frac{1}{x^n}}$$

由于

$$\lim_{x \to \infty} \frac{1}{x^k} = 0 \quad (k = 1, 2, \cdots, n)$$

则

$$\lim_{x \to \infty} \frac{1}{a_n + a_{n-1}\frac{1}{x} + \cdots + a_1 \frac{1}{x^{n-1}} + a_0 \frac{1}{x^n}} = \frac{1}{a_n}$$

因此

$$\lim_{x \to \infty} \frac{1}{P_n(x)} = \lim_{x \to \infty} \left(\frac{1}{x^n} \cdot \frac{1}{a_n + a_{n-1}\frac{1}{x} + \cdots + a_1 \frac{1}{x^{n-1}} + a_0 \frac{1}{x^n}} \right) = 0$$

所以

$$\lim_{x \to \infty} P_n(x) = \infty \tag{1-23}$$

例 8 求 $\lim\limits_{x \to \infty} \frac{2x^3 + x}{x^3 - x^2 + 3}$.

解 当 $x \to \infty$ 时，分子、分母都是无穷大，把这样的极限称为 $\frac{\infty}{\infty}$ 型. 对于 $\frac{\infty}{\infty}$ 型的极限不能直接运用极限的运算法则，这时通常可以将分子、分母同除以 x（x 为该极限中的"∞"项）的最高次幂，由此式中各项的极限就都存在了. 然后就可以利用极限的运算法则求解了. 即

$$\lim_{x \to \infty} \frac{2x^3 + x}{x^3 - x^2 + 3} = \lim_{x \to \infty} \frac{2 + \frac{1}{x^2}}{1 - 1 \cdot \frac{1}{x} + 3 \cdot \frac{1}{x^3}} = 2$$

例 9 求 $\lim\limits_{x \to \infty} \frac{3x^2 - 1}{6x^4 - 2x^2 + 5}$.

解 $\lim\limits_{x\to\infty}\dfrac{3x^2-1}{6x^4-2x^2+5}=\lim\limits_{x\to\infty}\dfrac{3\cdot\dfrac{1}{x^2}-\dfrac{1}{x^4}}{6-2\cdot\dfrac{1}{x^2}+5\cdot\dfrac{1}{x^4}}=\dfrac{0}{6}=0$

例 10 求 $\lim\limits_{x\to\infty}\dfrac{x^4+1}{5x^3-3x+2}$.

解 因为

$$\lim_{x\to\infty}\dfrac{5x^3-3x+2}{x^4+1}=\lim_{x\to\infty}\dfrac{5\cdot\dfrac{1}{x}-3\cdot\dfrac{1}{x^3}+2\cdot\dfrac{1}{x^4}}{1+\dfrac{1}{x^4}}=\dfrac{0}{1}=0$$

所以

$$\lim_{x\to\infty}\dfrac{x^4+1}{5x^3-3x+2}=\infty$$

从例 8、9、10 中可以看出,当 $x\to\infty$ 时,多项式之比的极限为 $\dfrac{\infty}{\infty}$ 型,它们的极限与多项式的次数有关,具体有如下结论:

一般地,设 n,m 为两个自然数,且 $a_m\neq 0, b_n\neq 0$,则

$$\lim_{x\to\infty}\dfrac{a_0+a_1x+\cdots+a_mx^m}{b_0+b_1x+\cdots+b_nx^n}=\begin{cases}\dfrac{a_m}{b_n}, & m=n\\ 0, & m<n\\ \infty, & m>n\end{cases}$$

例 11 求 $\lim\limits_{x\to 2}\left(\dfrac{1}{x-2}-\dfrac{12}{x^3-8}\right)$.

解 因为 $\lim\limits_{x\to 2}\dfrac{1}{x-2}=\infty,\lim\limits_{x\to 2}\dfrac{12}{x^3-8}=\infty$,把这样的极限称为 $\infty-\infty$ 型. 对于 $\infty-\infty$ 型的极限不能直接运用极限的差的运算法则,常先对函数进行恒等变形(如先通分,再分解因式,并消去公因式等),再运用极限的运算法则求极限,即

$$\lim_{x\to 2}\left(\dfrac{1}{x-2}-\dfrac{12}{x^3-8}\right)=\lim_{x\to 2}\dfrac{x^2+2x+4-12}{(x-2)(x^2+2x+4)}=\lim_{x\to 2}\dfrac{(x+4)(x-2)}{(x-2)(x^2+2x+4)}$$

$$=\lim_{x\to 2}\dfrac{x+4}{x^2+2x+4}=\dfrac{1}{2}$$

例 12 求 $\lim\limits_{n\to\infty}\left(\dfrac{1+2+\cdots+n}{n+2}-\dfrac{n}{2}\right)$.

解 当 $n\to\infty$ 时,式子 $\dfrac{1+2+\cdots+n}{n+2}$ 的项数趋于无穷多,不能直接用运算法则,这时可对该式先恒等变形,化为关于 n 的初等函数后,再求极限. 即

$$\lim_{n\to\infty}\left(\frac{1+2+\cdots+n}{n+2}-\frac{n}{2}\right)=\lim_{n\to\infty}\left[\frac{\frac{n}{2}(n+1)}{n+2}-\frac{n}{2}\right]=\lim_{n\to\infty}\frac{-n}{2(n+2)}$$
$$=\lim_{n\to\infty}\frac{-1}{2\left(1+\frac{2}{n}\right)}=-\frac{1}{2}$$

1.5.2 复合函数的极限运算法则

定理 2 设 $y=f(u)$ 与 $u=\varphi(x)$ 的复合函数 $f[\varphi(x)]$ 在点 x_0 的某去心邻域内有定义,若 $\lim\limits_{x\to x_0}\varphi(x)=a$,且在点 x_0 的某去心邻域内 $\varphi(x)\neq a$,又 $\lim\limits_{u\to a}f(u)=A$,则复合函数 $f[\varphi(x)]$ 的极限 $\lim\limits_{x\to x_0}f[\varphi(x)]$ 也存在,且

$$\lim_{x\to x_0}f[\varphi(x)]=\lim_{u\to a}f(u)=A \tag{1-24}$$

*证 由于 $\lim\limits_{u\to a}f(u)=A$,故 $\forall \varepsilon>0$,$\exists \eta>0$,当 u 满足 $0<|u-a|<\eta$ 时,有不等式

$$|f(u)-A|<\varepsilon$$

又由于 $\lim\limits_{x\to x_0}\varphi(x)=a$,则对上面的 $\eta>0$,$\exists \delta_1>0$,当 x 满足 $0<|x-x_0|<\delta_1$ 时,有

$$|\varphi(x)-a|<\eta$$

再由题设可知,$\exists \delta_2>0$,当 x 满足 $0<|x-x_0|<\delta_2$ 时,有 $\varphi(x)\neq a$,即有

$$0<|\varphi(x)-a|$$

取 $\delta=\min\{\delta_1,\delta_2\}$,则当 x 满足 $0<|x-x_0|<\delta$ 时,上面两个不等式同时成立,即有

$$0<|\varphi(x)-a|<\eta$$

即

$$0<|u-a|<\eta$$

因此

$$|f(u)-A|<\varepsilon$$

即有

$$|f[\varphi(x)]-A|<\varepsilon$$

故

$$\lim_{x\to x_0}f[\varphi(x)]=A$$

证毕.

在定理 2 中,若把 $\lim\limits_{x\to x_0}\varphi(x)=a$ 换成 $\lim\limits_{x\to x_0}\varphi(x)=\infty$ 或 $\lim\limits_{x\to\infty}\varphi(x)=\infty$,而把

$\lim\limits_{u \to a} f(u) = A$ 换成 $\lim\limits_{u \to \infty} f(u) = A$,结论也成立.

定理2的含义是:在相应的条件下,求 $\lim\limits_{x \to x_0} f[\varphi(x)]$ 可化为求 $\lim\limits_{u \to a} f(u)$,这里 $u = \varphi(x), a = \lim\limits_{x \to x_0} \varphi(x)$.

例 13 求 $\lim\limits_{x \to \sqrt{\frac{\pi}{2}}} \sin x^2$.

解 令 $u = x^2$,因为 $\lim\limits_{x \to \sqrt{\frac{\pi}{2}}} x^2 = \frac{\pi}{2}$,则

$$\lim\limits_{x \to \sqrt{\frac{\pi}{2}}} \sin x^2 = \lim\limits_{u \to \frac{\pi}{2}} \sin u = 1$$

利用复合函数的运算性质可以得到幂指函数的极限公式如下:

设

$$\lim\limits_{x \to x_0} f(x) = a \quad (a > 0), \quad \lim\limits_{x \to x_0} g(x) = b$$

则

$$\lim\limits_{x \to x_0} [f(x)]^{g(x)} = a^b = \left[\lim\limits_{x \to x_0} f(x)\right]^{\lim\limits_{x \to x_0} g(x)}$$

证

$$\lim\limits_{x \to x_0} [f(x)]^{g(x)} = \lim\limits_{x \to x_0} e^{g(x) \cdot \ln f(x)}$$

由于

$$\lim\limits_{x \to x_0} g(x) \cdot \ln f(x) = b \ln a = \ln a^b$$

则

$$\lim\limits_{x \to x_0} e^{g(x) \cdot \ln f(x)} = e^{\ln a^b} = a^b$$

则有

$$\lim\limits_{x \to x_0} [f(x)]^{g(x)} = a^b = \left[\lim\limits_{x \to x_0} f(x)\right]^{\lim\limits_{x \to x_0} g(x)}$$

说明: 这里用到的两个结论 $\lim\limits_{x \to x_0} \ln x = \ln x_0$ 及 $\lim\limits_{x \to x_0} e^x = e^{x_0}$ 将在1.8节中给出证明.

习题 1.5

1. 计算下列极限:

(1) $\lim\limits_{x \to 1}(2x^2 + 2x - 3)$.

(2) $\lim\limits_{x \to 2} \dfrac{x^2 + 5}{x - 3}$.

(3) $\lim\limits_{x \to 2} \dfrac{x^2 - 4}{2x + 1}$.

(4) $\lim\limits_{x \to 1} \dfrac{x^3 - 1}{x^2 - 1}$.

(5) $\lim\limits_{x\to 1}\dfrac{x^2+x-2}{x^2-4x+3}.$

(6) $\lim\limits_{x\to 2}\dfrac{2x^3+x}{(x-2)^2}.$

(7) $\lim\limits_{h\to 0}\dfrac{(x+h)^2-x^2}{h}.$

(8) $\lim\limits_{x\to 1}\left(\dfrac{2}{1-x^2}-\dfrac{3}{1-x^3}\right).$

2. 求下列各极限：

(1) $\lim\limits_{x\to\infty}(x^4+2x-1).$

(2) $\lim\limits_{x\to\infty}\dfrac{x^2-1}{2x^2-x-1}.$

(3) $\lim\limits_{x\to\infty}\dfrac{2x^3-x-7}{5x^2-4x+1}.$

(4) $\lim\limits_{x\to\infty}\dfrac{x^2+x}{x^4-3x^2+1}.$

(5) $\lim\limits_{x\to\infty}\dfrac{(2x-1)^2\cdot(x-1)^3}{(x+1)^5}.$

(6) $\lim\limits_{x\to\infty}\dfrac{3x-\cos x}{x+2\sin x}.$

(7) $\lim\limits_{n\to\infty}\dfrac{(n+1)(n+2)(n+3)}{5n^3}.$

(8) $\lim\limits_{n\to\infty}\dfrac{1+\frac{1}{2}+\frac{1}{4}+\cdots+\frac{1}{2^n}}{1+\frac{1}{3}+\frac{1}{9}+\cdots+\frac{1}{3^n}}.$

(9) $\lim\limits_{n\to\infty}\left(\dfrac{1}{3}+\dfrac{1}{15}+\cdots+\dfrac{1}{4n^2-1}\right).$

(10) $\lim\limits_{n\to\infty}\dfrac{(-2)^n+3^n}{(-2)^{n+1}+3^{n+1}}.$

3. 求下列各极限：

(1) $\lim\limits_{x\to 2}(2x-1)^{\frac{6}{x}}.$

(2) $\lim\limits_{x\to 1}\dfrac{\sqrt{5x-4}-\sqrt{x}}{x-1}.$

(3) $\lim\limits_{x\to 0}\dfrac{x}{\sqrt{2+x}-\sqrt{2-x}}.$

(4) $\lim\limits_{x\to\infty}(\sqrt{x+2}-\sqrt{x+1}).$

4. 已知 $\lim\limits_{n\to\infty}\dfrac{an^2-bn+1}{n+1}=3$，求常数 a,b 的值.

1.6 极限存在准则及两个重要极限

上一节我们讨论了可以利用运算法则求极限，但前提是各项极限都必须存在，也就是说要预先判别各项极限的存在性，只有在判定各项极限都存在的情况下极限运算法则才有意义. 因此在数学中, 存在性问题总是居于重要地位. 那么如何判别极限的存在性呢? 极限定义的作用在这方面是非常小的, 本节将介绍依靠函数或数列本身内在性质来判定极限存在的两个准则, 并利用它们推出两个重要极限.

1.6.1 准则 Ⅰ(夹逼准则)

准则 Ⅰ 若函数 $f(x),g(x),h(x)$ 在点 x_0 的某去心邻域内满足条件：
(1) $g(x)\leqslant f(x)\leqslant h(x)$,

(2) $\lim\limits_{x \to x_0} g(x) = \lim\limits_{x \to x_0} h(x) = a$,

则 $\lim\limits_{x \to x_0} f(x)$ 存在,且等于 a.

证 由于 $\lim\limits_{x \to x_0} g(x) = a$,因此,对 $\forall \varepsilon > 0, \exists \delta_1 > 0$, 当 x 满足 $0 < |x - x_0| < \delta_1$ 时,有 $|g(x) - a| < \varepsilon$,即

$$a - \varepsilon < g(x) < a + \varepsilon \tag{1-25}$$

又由于 $\lim\limits_{x \to x_0} h(x) = a$,则对上面的 $\varepsilon > 0, \exists \delta_2 > 0$, 当 x 满足 $0 < |x - x_0| < \delta_2$ 时,有 $|h(x) - a| < \varepsilon$,即

$$a - \varepsilon < h(x) < a + \varepsilon \tag{1-26}$$

取 $\delta = \min\{\delta_1, \delta_2\}$,则当 x 满足 $0 < |x - x_0| < \delta$ 时,(1-25)、(1-26) 两式同时成立,再由条件(1),有

$$a - \varepsilon < g(x) \leqslant f(x) \leqslant h(x) < a + \varepsilon$$

即

$$|f(x) - a| < \varepsilon$$

所以

$$\lim\limits_{x \to x_0} f(x) = a$$

这个准则也适用于自变量的其他变化过程. 对于数列极限也同样成立.

例 1 证明 $\lim\limits_{x \to 0} \dfrac{\sin x}{x} = 1$.

证 在单位圆中,设 $\angle AOM = x$,且 $0 < x < \dfrac{\pi}{2}$,由于在单位圆中的弧度用 x 表示,则有向线段 $BM = \sin x$, $TA = \tan x$,弧 $\stackrel{\frown}{AM} = x$(图 1-23),由于

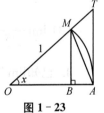

图 1-23

$$\triangle OAM \text{ 的面积} < \text{扇形 } OAM \text{ 的面积} < \triangle OAT \text{ 的面积}$$

即

$$\frac{1}{2}\sin x < \frac{x}{2} < \frac{1}{2}\tan x$$

当 $0 < x < \dfrac{\pi}{2}$ 时,$\sin x > 0$,用 $\dfrac{1}{2}\sin x$ 除上式各项,不等式化为

$$\cos x < \frac{\sin x}{x} < 1$$

又由于 $\cos(-x) = \cos x$, $\dfrac{\sin(-x)}{-x} = \dfrac{\sin x}{x}$,因此式子 $\cos x < \dfrac{\sin x}{x} < 1$ 当 $-\dfrac{\pi}{2} < x < 0$ 时也成立,故上式在 $0 < |x| < \dfrac{\pi}{2}$ 时成立. 又已知

1 函数的极限与连续

$$\lim_{x \to 0} \cos x = 1, \quad \lim_{x \to 0} 1 = 1$$

由夹逼准则,可得

$$\lim_{x \to 0} \frac{\sin x}{x} = 1$$

该极限在极限理论与计算中都有重要应用,所以称该极限为**重要极限一**.

例 2 计算 $\lim\limits_{x \to 0} \dfrac{\tan x}{x}$.

解 $\lim\limits_{x \to 0} \dfrac{\tan x}{x} = \lim\limits_{x \to 0} \left(\dfrac{\sin x}{x} \cdot \dfrac{1}{\cos x} \right) = \lim\limits_{x \to 0} \dfrac{\sin x}{x} \cdot \lim\limits_{x \to 0} \dfrac{1}{\cos x} = 1 \cdot 1 = 1$

例 3 $\lim\limits_{x \to 0} \dfrac{1 - \cos x}{x^2}$.

解 $\lim\limits_{x \to 0} \dfrac{1 - \cos x}{x^2} = \lim\limits_{x \to 0} \dfrac{\frac{1}{2} \cdot \sin^2 \frac{x}{2}}{\left(\frac{x}{2} \right)^2} = \dfrac{1}{2} \lim\limits_{\frac{x}{2} \to 0} \left[\dfrac{\sin \frac{x}{2}}{\frac{x}{2}} \right]^2$

$= \dfrac{1}{2} \cdot 1^2 = \dfrac{1}{2}$

例 4 计算 $\lim\limits_{x \to 0} \dfrac{\tan x - \sin x}{x^3}$.

解 $\lim\limits_{x \to 0} \dfrac{\tan x - \sin x}{x^3} = \lim\limits_{x \to 0} \dfrac{\sin x (1 - \cos x)}{\cos x \cdot x^3} = \lim\limits_{x \to 0} \left(\dfrac{1}{\cos x} \cdot \dfrac{\sin x}{x} \cdot \dfrac{1 - \cos x}{x^2} \right)$

$= \lim\limits_{x \to 0} \dfrac{1}{\cos x} \cdot \lim\limits_{x \to 0} \dfrac{\sin x}{x} \cdot \lim\limits_{x \to 0} \dfrac{1 - \cos x}{x^2}$

$= 1 \cdot 1 \cdot \dfrac{1}{2} = \dfrac{1}{2}$

例 5 计算 $\lim\limits_{x \to 0} \dfrac{\sin 3x}{\sin 5x}$.

解 $\lim\limits_{x \to 0} \dfrac{\sin 3x}{\sin 5x} = \lim\limits_{x \to 0} \dfrac{\sin 3x}{3x} \cdot \dfrac{1}{\dfrac{\sin 5x}{5x}} \cdot \dfrac{3}{5} = \dfrac{3}{5}$

例 6 计算 $\lim\limits_{n \to \infty} 3^n \sin \dfrac{\pi}{3^n}$.

解 因为 $\lim\limits_{n \to \infty} \dfrac{\pi}{3^n} = 0$,则

$$\lim_{n \to \infty} 3^n \sin \dfrac{\pi}{3^n} = \lim_{n \to \infty} \dfrac{\sin \dfrac{\pi}{3^n}}{\dfrac{\pi}{3^n}} \cdot \pi = \pi$$

例 7 求 $\lim\limits_{n \to \infty} \left[\dfrac{1}{n^2} + \dfrac{1}{(n+1)^2} + \cdots + \dfrac{1}{(2n)^2} \right]$.

证 因
$$\frac{1}{4n} = \frac{n}{(2n)^2} < \frac{1}{n^2} + \frac{1}{(n+1)^2} + \cdots + \frac{1}{(2n)^2} < \frac{n}{n^2} = \frac{1}{n}$$

又
$$\lim_{n\to\infty}\frac{1}{n}=0,\quad \lim_{n\to\infty}\frac{1}{4n}=0$$

由夹逼准则,得
$$\lim_{n\to\infty}\left[\frac{1}{n^2}+\frac{1}{(n+1)^2}+\cdots+\frac{1}{(2n)^2}\right]=0$$

1.6.2 准则 Ⅱ(单调有界准则)

定义 1 称满足条件 $x_n \leqslant x_{n+1}$(或 $x_n \geqslant x_{n+1}$)$(n=1,2,\cdots)$ 的数列 $\{x_n\}$ 为单调增加(或减少)数列.

单调增加数列与单调减少数列统称为**单调数列**.

对于数列 $\{x_n\}$,若存在两个数 M_1, M_2(设 $M_1 < M_2$),使得 $\forall x_n$ 都满足不等式
$$M_1 \leqslant x_n \leqslant M_2$$
则称 $\{x_n\}$ 为**有界数列**,M_1 为其下界,M_2 为其上界.

由极限性质可知,收敛数列必定有界,但有界的数列不一定收敛,例如有界数列 $\{1-(-1)^n\}$ 是发散的. 如果有界数列要收敛,则它的点在数轴上必须密集在某个数的周围,或向某个数无限接近,再结合单调数列的特点,我们得到判别数列极限存在性的另一个准则.

准则 Ⅱ 单调有界数列必有极限.

准则 Ⅱ 的证明超出本书要求,所以从略,我们从直观上给出如下的几何解释,以帮助读者理解.

由于数列 $\{x_n\}$ 是单调有界的,因此它在数轴上对应的点 x_n 只可能沿数轴在一个有限的区间 $(-M, M)$ 内向左或向右向单方向移动.

不妨设 $\{x_n\}$ 是有界的单调增加数列,最小的上界为 $a(a \leqslant M)$,则对应的项 x_n 在数轴上都落在点 a 的左侧且不断从 a 的左边向点 a 移动,当 n 越大,对应的项 x_n 增加的幅度只能越来越小,并从点 a 的左侧无限逼近它的最小上界 a,因而 a 就是 $\{x_n\}$ 的极限. 即
$$x_n \to a(n \to \infty)$$

同理可推得,如果数列 $\{x_n\}$ 为单调减少且有下界,则该数列必有极限(极限为该数列的最大下界). 由此可知,单调有界数列必有极限,即准则 Ⅱ 成立.

准则 Ⅱ 可推广到如 $x \to +\infty, x \to -\infty, x \to x_0^+, x \to x_0^-$ 等变化过程对应的单侧极限的情形中,但不能推广到诸如 $x \to x_0, x \to \infty$ 等变化过程对应的双侧极限的

情形中.

下面利用准则 II 讨论数列极限 $\lim\limits_{n\to\infty}\left(1+\dfrac{1}{n}\right)^n$.

考察数列

$$\{x_n\} = \left\{\left(1+\dfrac{1}{n}\right)^n\right\} \quad (n=1,2,3,\cdots)$$

先证 $\{x_n\}$ 单调增加：

由二项式定理

$$\begin{aligned}
x_n &= \left(1+\dfrac{1}{n}\right)^n \\
&= 1 + n\cdot\dfrac{1}{n} + \dfrac{n(n-1)}{2!}\cdot\dfrac{1}{n^2} + \dfrac{n(n-1)(n-2)}{3!}\cdot\dfrac{1}{n^3} \\
&\quad + \cdots + \dfrac{n(n-1)(n-2)\cdots 2\cdot 1}{n!}\cdot\left(\dfrac{1}{n}\right)^n \\
&= 1 + 1 + \dfrac{1}{2!}\left(1-\dfrac{1}{n}\right) + \dfrac{1}{3!}\left(1-\dfrac{1}{n}\right)\left(1-\dfrac{2}{n}\right) \\
&\quad + \cdots + \dfrac{1}{n!}\left(1-\dfrac{1}{n}\right)\left(1-\dfrac{2}{n}\right)\cdots\left(1-\dfrac{n-1}{n}\right)
\end{aligned}$$

$$\begin{aligned}
x_{n+1} &= \left(1+\dfrac{1}{n+1}\right)^{n+1} \\
&= 1 + (n+1)\cdot\dfrac{1}{(n+1)} + \dfrac{(n+1)n}{2!}\cdot\left(\dfrac{1}{n+1}\right)^2 \\
&\quad + \cdots + \dfrac{(n+1)n(n-1)\cdots 2}{n!}\cdot\left(\dfrac{1}{n+1}\right)^n \\
&\quad + \dfrac{(n+1)n(n-1)\cdots 2\cdot 1}{(n+1)!}\cdot\left(\dfrac{1}{n+1}\right)^{n+1} \\
&= 1 + 1 + \dfrac{1}{2!}\left(1-\dfrac{1}{n+1}\right) + \dfrac{1}{3!}\left(1-\dfrac{1}{n+1}\right)\left(1-\dfrac{2}{n+1}\right) \\
&\quad + \cdots + \dfrac{1}{n!}\left(1-\dfrac{1}{n+1}\right)\left(1-\dfrac{2}{n+1}\right)\cdots\left(1-\dfrac{n-1}{n+1}\right) \\
&\quad + \dfrac{1}{(n+1)!}\left(1-\dfrac{1}{n+1}\right)\left(1-\dfrac{2}{n+1}\right)\cdots\left(1-\dfrac{n}{n+1}\right)
\end{aligned}$$

比较 x_n 与 x_{n+1} 的展开式，注意到

$$\dfrac{1}{2!}\left(1-\dfrac{1}{n}\right) < \dfrac{1}{2!}\left(1-\dfrac{1}{n+1}\right)$$

$$\dfrac{1}{3!}\left(1-\dfrac{1}{n}\right)\left(1-\dfrac{2}{n}\right) < \dfrac{1}{3!}\left(1-\dfrac{1}{n+1}\right)\left(1-\dfrac{2}{n+1}\right)$$

$$\cdots$$

即除前两项相同外，从第三项开始 x_{n+1} 的每一项都大于 x_n 的相应项，且 x_{n+1} 比 x_n

最后还多了一个正项(最后一项),因此
$$x_n < x_{n+1} \quad (n=1,2,3,\cdots)$$
即 $\{x_n\}$ 单调增加.

下面再证 $\{x_n\}$ 上有界:

由 x_n 的展开式可知
$$x_n = \left(1+\frac{1}{n}\right)^n < 1+1+\frac{1}{1\cdot 2}+\frac{1}{2\cdot 3}+\cdots+\frac{1}{(n-1)\cdot n}$$
$$= 1+1+1-\frac{1}{2}+\frac{1}{2}-\frac{1}{3}+\cdots+\frac{1}{n-1}-\frac{1}{n} = 3-\frac{1}{n} < 3$$

即 $\{x_n\}$ 上有界.

因此该数列 $\{x_n\}$ 单调增加且有上界,由准则 Ⅱ 可知,极限 $\lim\limits_{n\to\infty}\left(1+\frac{1}{n}\right)^n$ 存在,将该极限用字母 e 表示,即
$$\lim_{n\to\infty}\left(1+\frac{1}{n}\right)^n = e$$

可证明 e 是一个无理数,且 $2 < e < 3$,它的值为 $e = 2.718\,281\,828\,459\,045\cdots$
利用夹逼准则及上述极限还可进一步推广到更一般的函数极限形式:
$$\lim_{x\to\infty}\left(1+\frac{1}{x}\right)^x = e$$

由于该极限在数学理论和工程技术中都有重要应用,所以也称该极限为**重要极限二**.

若作代换 $x=\frac{1}{t}$,则 $x\to\infty$ 相当于 $t\to 0$,所以上式又可写为
$$\lim_{t\to 0}(1+t)^{\frac{1}{t}} = e$$

因此重要极限二在应用中有如下三种常用的形式:
$$\lim_{n\to\infty}\left(1+\frac{1}{n}\right)^n = e, \quad \lim_{x\to\infty}\left(1+\frac{1}{x}\right)^x = e, \quad \lim_{x\to 0}(1+x)^{\frac{1}{x}} = e$$

例 8 求 $\lim\limits_{n\to\infty}\left(\dfrac{n+1}{n}\right)^{1+3n}$.

解 $\lim\limits_{n\to\infty}\left(\dfrac{n+1}{n}\right)^{1+3n} = \lim\limits_{n\to\infty}\left(1+\dfrac{1}{n}\right)\cdot\lim\limits_{n\to\infty}\left(\left(1+\dfrac{1}{n}\right)^n\right)^3$
$= 1\cdot e^3 = e^3$

例 9 求 $\lim\limits_{x\to\infty}\left(\dfrac{x}{x-1}\right)^{2x}$.

解 $\lim\limits_{x\to\infty}\left(\dfrac{x}{x-1}\right)^{2x} = \lim\limits_{x\to\infty}\left(1+\dfrac{1}{x-1}\right)^{2(x-1)+2}$

$$= \left[\lim_{x\to\infty}\left(1+\frac{1}{x-1}\right)^{(x-1)}\right]^2 \cdot \lim_{x\to\infty}\left(1+\frac{1}{x-1}\right)^2$$
$$= e^2 \cdot 1 = e^2$$

例 10 求 $\lim\limits_{t\to\infty}\left(1+\dfrac{2}{t}\right)^{5t}$.

解
$$\lim_{t\to\infty}\left(1+\frac{2}{t}\right)^{5t} = \lim_{t\to\infty}\left(1+\frac{2}{t}\right)^{\frac{t}{2}\cdot 2\cdot 5} = \lim_{x\to\infty}\left[\left(1+\frac{2}{x}\right)^{\frac{x}{2}}\right]^{10}$$
$$= \left[\lim_{x\to\infty}\left(1+\frac{2}{x}\right)^{\frac{x}{2}}\right]^{10} = e^{10}$$

一般地,若 $\lim\limits_{x\to a}f(x)=1,\lim\limits_{x\to a}g(x)=\infty$,则称 $\lim\limits_{x\to a}[f(x)]^{g(x)}$ 为 1^∞ 型极限,对于 1^∞ 型极限常利用重要极限二来求.

例 11 设 $a>0, x_0>0, x_{n+1}=\dfrac{1}{2}\left(x_n+\dfrac{a}{x_n}\right)(n=0,1,2,\cdots)$,证明数列 $\{x_n\}$ 收敛,并求这个极限.

证 首先证明该数列是单调有界的:
$$x_{n+1} = \frac{1}{2}\left(x_n+\frac{a}{x_n}\right) \geqslant \sqrt{x_n\frac{a}{x_n}} = \sqrt{a}$$

故 $\{x_n\}$ 有下界. 又
$$\frac{x_{n+1}}{x_n} = \frac{1}{2}\left(1+\frac{a}{x_n^2}\right) \leqslant \frac{1}{2}\left(1+\frac{a}{(\sqrt{a})^2}\right) = 1$$

所以 $\{x_n\}$ 单调下降且有下界,则 $\{x_n\}$ 有极限.

设 $\lim\limits_{n\to\infty}x_n = l$,对递推公式 $x_{n+1} = \dfrac{1}{2}\left(x_n+\dfrac{a}{x_n}\right)$ 两边取 $n\to\infty$ 时的极限,得
$$l = \frac{1}{2}\left(l+\frac{a}{l}\right)$$

解得:$l = \sqrt{a}(l = -\sqrt{a}$ 舍去$)$,即
$$\lim_{n\to\infty}x_n = \sqrt{a}$$

习题 1.6

1. 填空.

(1) $\lim\limits_{x\to\frac{\pi}{2}}\dfrac{\sin x}{x} = $ _____.

(2) $\lim\limits_{x\to\infty}\dfrac{\sin x}{x} = $ _____.

(3) $\lim\limits_{x\to 0}x\cdot\sin\dfrac{1}{x} = $ _____.

(4) $\lim\limits_{x\to\infty}x\cdot\sin\dfrac{1}{x} = $ _____.

(5) $\lim\limits_{x\to\infty}\left(1+\dfrac{1}{x}\right)^{\frac{x}{2}} = $ _____.   (6) $\lim\limits_{x\to 0}(1-x)^{\frac{1}{x}} = $ _____.

2. 计算下列极限：

(1) $\lim\limits_{x\to 0}\dfrac{\tan 3x}{x}$.

(2) $\lim\limits_{x\to 0}\dfrac{\sin tx}{x}(t\neq 0)$.

(3) $\lim\limits_{x\to 0}\dfrac{\sin 2x}{\sin 5x}$.

(4) $\lim\limits_{x\to 0}\dfrac{\tan x}{\sin 2x}$.

(5) $\lim\limits_{x\to 0}\dfrac{\tan x^2 \cdot \sin\dfrac{1}{x}}{x}$.

(6) $\lim\limits_{x\to 0}\dfrac{1-\cos 2x}{x\sin x}$.

(7) $\lim\limits_{x\to 0}\dfrac{\sqrt{1+x}-\sqrt{1-x}}{\sin x}$.

(8) $\lim\limits_{x\to 0}\dfrac{\sqrt{2+\tan x}-\sqrt{2+\sin x}}{x^3}$.

3. 计算下列极限：

(1) $\lim\limits_{x\to\infty}\left(\dfrac{1+x}{x}\right)^{2x}$.

(2) $\lim\limits_{x\to 0}(1+2x)^{\frac{1}{x}}$.

(3) $\lim\limits_{x\to\infty}\left(\dfrac{x^2-1}{x^2+1}\right)^{x^2}$.

(4) $\lim\limits_{n\to\infty}\left(1+\dfrac{2}{3^n}\right)^{3^n}$.

4. 设数列 $x_n = n\cdot\left(\dfrac{1}{n^2+\pi}+\dfrac{1}{n^2+2\pi}+\cdots+\dfrac{1}{n^2+n\pi}\right)$，求 $\lim\limits_{n\to\infty}x_n$.

5. 计算 $\lim\limits_{n\to\infty}\left(\dfrac{1}{\sqrt{n^4+n}}+\dfrac{2}{\sqrt{n^4+2n}}+\cdots+\dfrac{n}{\sqrt{n^4+n^2}}\right)$.

6. 计算 $\lim\limits_{x\to\infty}\dfrac{[x]}{x}$.

7. 利用单调有界准则证明下列数列 $\{x_n\}$ 收敛，并求极限 $\lim\limits_{n\to\infty}x_n$：

(1) $x_1 = \sqrt{2}, x_{n+1} = \sqrt{2+x_n}\,(n=2,3,\cdots)$.

(2) $-1 < x_0 < 0, x_{n+1} = x_n^2 + 2x_n\,(n=1,2,\cdots)$.

1.7 无穷小量的比较

我们已经知道两个无穷小量的和、差、积仍为无穷小，但两个无穷小量的商的情形就较为复杂，例如下面几个简单的无穷小量的商的极限：

$$\lim\limits_{x\to 0}\dfrac{x^2}{x} = \lim\limits_{x\to 0}x = 0,\quad \lim\limits_{x\to 0}\dfrac{x^2}{x^3} = \lim\limits_{x\to 0}\dfrac{1}{x} = \infty,\quad \lim\limits_{x\to 0}\dfrac{1-\cos x}{x^2} = \dfrac{1}{2}$$

从上面三个极限中就看出：虽然当 $x\to 0$ 时，$x^3, x^2, x, 1-\cos x$ 都是无穷小，但它们比值的极限却有着各自不同的情形，分析这些情形产生的原因，发现是由于各个无穷小趋于零的快慢程度不同而造成的. 就上面的例子来说，在 $x\to 0$ 的过程中，

$x^2 \to 0$ 的速度比 $x \to 0$ 要快,$x^2 \to 0$ 的速度比 $x^3 \to 0$ 要慢,而 $1-\cos x \to 0$ 的速度与 $x^2 \to 0$ 差不多,保持了倍数关系. 事实上,两个无穷小的比较反映了两个无穷小趋于零的相对快慢程度,在高等数学中占有重要地位. 下面我们利用两个无穷小的商的极限引入无穷小量阶的概念.

定义 1 设 α,β 是同一变化过程中的两个无穷小,

(1) 若 $\lim \dfrac{\alpha}{\beta} = 0$,则称在此变化过程中,$\alpha$ 为 β 的高阶无穷小,记作 $\alpha = o(\beta)$ ($x \to \square$ 或 $n \to \infty$).

(2) 若 $\lim \dfrac{\alpha}{\beta} = \infty$,则称在此变化过程中,$\alpha$ 为 β 的低阶无穷小.

(3) 若 $\lim \dfrac{\alpha}{\beta} = c$ (c 为常数且 $c \neq 0$),则称在此变化过程中,α 是 β 的同阶无穷小;特别地,当 $c=1$ 时,称在此变化过程中,α 与 β 是等价无穷小,记作 $\alpha \sim \beta$ ($x \to \square$ 或 $n \to \infty$).

(4) 若 $\lim \dfrac{\alpha}{\beta^k} = c$ ($c \neq 0, k > 0$),则称在此变化过程中,α 为 β 的 k 阶无穷小.

一般地,当讨论无穷小 α 的阶数时,若极限过程为 $x \to 0$,则常取 $\beta = x$;当 $x \to \infty$ 时,则常取 $\beta = \dfrac{1}{x}$;当 $x \to x_0$ 时,则常取 $\beta = x - x_0$.

例如,由于
$$\lim_{x \to 0} \frac{\sin^3 x}{x} = \lim_{x \to 0} \left(\frac{\sin x}{x}\right)^3 x^2 = 1 \times 0 = 0$$
因此当 $x \to 0$ 时,$\sin^3 x$ 是 x 的高阶无穷小,即 $\sin^3 x = o(x) (x \to 0)$.

因为
$$\lim_{n \to \infty} \frac{\dfrac{1}{n}}{\dfrac{1}{n^2}} = \lim_{n \to \infty} n = \infty$$

所以当 $n \to \infty$ 时,$\dfrac{1}{n}$ 是 $\dfrac{1}{n^2}$ 的低阶无穷小.

因为 $\lim\limits_{x \to 0} \dfrac{1-\cos x}{x^2} = \dfrac{1}{2}$,所以当 $x \to 0$ 时,$1-\cos x$ 与 x^2 是同阶无穷小.

因为 $\lim\limits_{x \to 0} \dfrac{\sin x}{x} = 1$,所以当 $x \to 0$ 时,$\sin x$ 与 x 是等价无穷小,即 $\sin x \sim x (x \to 0)$.

例 1 验证函数 $\sqrt{2+x} - \sqrt{2-x}$ 在 $x \to 0$ 时是无穷小,并求其阶数.

解 由于
$$\lim_{x \to 0}(\sqrt{2+x} - \sqrt{2-x}) = \lim_{x \to 0} \frac{2x}{(\sqrt{2+x} + \sqrt{2-x})} = \frac{0}{2\sqrt{2}} = 0$$

故函数 $\sqrt{2+x} - \sqrt{2-x}$ 在 $x \to 0$ 时是无穷小,又

$$\lim_{x \to 0} \frac{\sqrt{2+x} - \sqrt{2-x}}{x} = \lim_{x \to 0} \frac{2x}{x(\sqrt{2+x} + \sqrt{2-x})}$$

$$= \lim_{x \to 0} \frac{2}{(\sqrt{2+x} + \sqrt{2-x})} = \frac{\sqrt{2}}{2},$$

所以 $x \to 0$ 时,$\sqrt{2+x} - \sqrt{2-x}$ 是关于 x 的一阶无穷小.

下面着重讨论等价无穷小的几个重要性质.

性质 1 在某一变化过程中,α 与 β 是等价无穷小的充分必要条件为

$$\alpha = \beta + o(\beta) \quad (x \to \Box \text{ 或 } n \to \infty \text{ 时})$$

证 下面仅以 $x \to x_0$ 的情形为例.

必要性 设 $\alpha \sim \beta (x \to x_0)$,则

$$\lim_{x \to x_0} \frac{\alpha - \beta}{\beta} = \lim_{x \to x_0} \left(\frac{\alpha}{\beta} - 1 \right) = 1 - 1 = 0$$

即

$$\alpha - \beta = o(\beta) \quad (x \to x_0)$$

因此

$$\alpha = \beta + o(\beta) \quad (x \to x_0)$$

充分性 设 $\alpha = \beta + o(\beta)(x \to x_0)$,则

$$\lim_{x \to x_0} \frac{\alpha}{\beta} = \lim_{x \to x_0} \frac{\beta + o(\beta)}{\beta} = \lim_{x \to x_0} \left(1 + \frac{o(\beta)}{\beta} \right) = 1 + 0 = 1$$

则

$$\alpha \sim \beta \quad (x \to x_0)$$

综上

$$\alpha \sim \beta \quad (x \to x_0) \Leftrightarrow \alpha = \beta + o(\beta) \quad (x \to x_0)$$

证毕.

例如,当 $x \to 0$ 时,由于 $x + x^2 = x + o(x)$,因此 $x + x^2 \sim x (x \to 0)$;当 $x \to 0$ 时,由于 $\sin x \sim x$,因此 $\sin x = x + o(x)(x \to 0)$.

性质 2 当 $x \to 0$ 时,有如下几组常用的等价无穷小:

$$\sin x \sim x; \qquad \tan x \sim x; \qquad \arcsin x \sim x;$$

$$\arctan x \sim x; \qquad 1 - \cos x \sim \frac{x^2}{2}; \qquad \ln(1+x) \sim x;$$

$$e^x - 1 \sim x; \qquad a^x - 1 \sim x \ln a; \qquad (1+x)^\alpha - 1 \sim \alpha x.$$

证 下面仅证其中三个. 由于

$$\lim_{x \to 0} \frac{\arctan x}{x} \xrightarrow{\text{令 } t = \arctan x} \lim_{t \to 0} \frac{t}{\tan t} = \lim_{t \to 0} \frac{t}{\sin t} \cdot \lim_{t \to 0} \cos t = 1$$

$$\lim_{x\to 0}\frac{\ln(1+x)}{x} = \lim_{x\to 0}\ln(1+x)^{\frac{1}{x}} = \ln[\lim_{x\to 0}(1+x)^{\frac{1}{x}}] = \ln e = 1$$

$$\lim_{x\to 0}\frac{e^x-1}{x} \xrightarrow{\diamondsuit\, t = e^x - 1} \lim_{t\to 0}\frac{t}{\ln(1+t)} = 1$$

因此,当 $x \to 0$ 时

$$\arctan x \sim x, \quad \ln(1+x) \sim x, \quad e^x - 1 \sim x$$

其他由读者自证.

性质 3 设当 $x \to \Box$ 时,$\alpha(x) \sim \alpha'(x)$,$\beta(x) \sim \beta'(x)$,$f(x)$ 为已知函数,且 $\lim\limits_{x\to\Box}\dfrac{\alpha'(x)}{\beta'(x)}f(x)$ 存在(或为 ∞),则

$$\lim_{x\to\Box}\frac{\alpha(x)}{\beta(x)}f(x) = \lim_{x\to\Box}\frac{\alpha'(x)}{\beta'(x)}f(x)$$

证 $\lim\limits_{x\to\Box}\dfrac{\alpha(x)}{\beta(x)}f(x) = \lim\limits_{x\to\Box}\left[\dfrac{\alpha(x)}{\alpha'(x)} \cdot \dfrac{\beta'(x)}{\beta(x)} \cdot \dfrac{\alpha'(x)}{\beta'(x)}f(x)\right] = \lim\limits_{x\to\Box}\dfrac{\alpha'(x)}{\beta'(x)}f(x)$

证毕. 同理可证如下类似结论:

性质 3' 当 $x \to \Box$ 时,$\alpha(x) \sim \alpha'(x)$,$f(x)$ 为已知函数,且 $\lim\limits_{x\to\Box}\alpha'(x)f(x)$ 存在 (或为 ∞),则

$$\lim_{x\to\Box}\alpha(x)f(x) = \lim_{x\to\Box}\alpha'(x)f(x)$$

证明由读者自证.

例 2 计算 $\lim\limits_{x\to 0}\dfrac{\sin 2x}{\tan 3x}$.

解 因为 $x \to 0$ 时,$\sin 2x \sim 2x$,$\tan 3x \sim 3x$,所以

$$\lim_{x\to 0}\frac{\sin 2x}{\tan 3x} = \lim_{x\to 0}\frac{2x}{3x} = \frac{2}{3}$$

例 3 计算 $\lim\limits_{x\to 0}\dfrac{\arcsin 2x}{x^2 + 2x}$.

解 因为 $x \to 0$ 时,$\arcsin 2x \sim 2x$,$x^2 + 2x = 2x + o(2x) \sim 2x$,所以

$$\lim_{x\to 0}\frac{\arcsin 2x}{x^2 + 2x} = \lim_{x\to 0}\frac{2x}{2x} = 1$$

例 4 计算 $\lim\limits_{x\to 0}\dfrac{\sqrt{1+2x^2}-1}{x\ln(1+x)}$.

解 因为 $x \to 0$ 时,$\sqrt{1+2x^2}-1 \sim \dfrac{1}{2}(2x^2)$,$\ln(1+x) \sim x$,所以

$$\lim_{x\to 0}\frac{\sqrt{1+2x^2}-1}{x\ln(1+x)} = \lim_{x\to 0}\frac{\frac{1}{2}\cdot 2x^2}{x^2} = 1$$

例 5 计算 $\lim\limits_{x\to 0}(\cos x)^{x^{-2}}$.

解 因为 $x \to 0$ 时,$1-\cos x \sim \dfrac{1}{2}x^2$,故

$$\lim_{x \to 0}(\cos x)^{x^{-2}} = \lim_{x \to 0}(1+\cos x-1)^{\frac{1}{\cos x-1} \cdot \frac{\cos x-1}{x^2}} = \lim_{x \to 0}\{[(1+\cos x-1)^{\frac{1}{\cos x-1}}]^{\frac{\cos x-1}{x^2}}\}$$

$$= e^{\lim\limits_{x \to 0} \frac{\cos x-1}{x^2}} = e^{\lim\limits_{x \to 0} \frac{-\frac{1}{2}x^2}{x^2}} = e^{-\frac{1}{2}}.$$

注意,利用无穷小代换时只能对函数中的乘积因子进行,对于其加减因式则不能进行无穷小代换,否则就会出错. 例如对于极限 $\lim\limits_{x \to 0}\dfrac{\tan x - \sin x}{x^3}$,如果直接进行 $\tan x \sim x$,$\sin x \sim x$ 的代换,则

$$\lim_{x \to 0}\frac{\tan x - \sin x}{x^3} = \lim_{x \to 0}\frac{x-x}{x^3} = 0.$$

而由上一节的例题可知其等于 $\dfrac{1}{2}$,显然上面的做法是错的. 事实上有

$$\lim_{x \to 0}\frac{\tan x - \sin x}{x^3} = \lim_{x \to 0}\frac{\tan x(1-\cos x)}{x^3} = \lim_{x \to 0}\frac{x \cdot \frac{1}{2}x^2}{x^3} = \frac{1}{2}.$$

习题 1.7

1. 当 $x \to -1$ 时,无穷小 $1+x$ 与 $1-x^2$ 是否为同阶无穷小?是否为等价无穷小?

2. 在指定的变化过程中,求下列无穷小的阶数:

(1) $x \to 0$ 时,$\sin x^3$.   (2) $x \to 1$ 时,$x^3 - 3x + 2$.

3. 证明:当 $x \to 0$ 时,有

(1) $\sec x - 1 \sim \dfrac{1}{2}x^2$.   (2) $\sqrt{\tan x + 1} - \sqrt{\sin x + 1} \sim \dfrac{1}{4}x^2$.

4. 利用等价无穷小,计算下列极限:

(1) $\lim\limits_{x \to 0}\dfrac{\sin x^3}{\sin^3 x}$.

(2) $\lim\limits_{x \to 0}\dfrac{\ln(1-\sin x)}{e^{3x}-1}$.

(3) $\lim\limits_{x \to 0}\dfrac{\tan 3x}{2x}$.

(4) $\lim\limits_{x \to 0}\dfrac{\sqrt{1+\sin^2 x}-1}{x\tan x}$.

(5) $\lim\limits_{x \to 0}\dfrac{1-\cos 2x}{x\ln(1+x)}$.

(6) $\lim\limits_{x \to 0}\dfrac{\sin mx - \sin nx}{\sin x}$ ($m, n \in \mathbf{N}^+$).

(7) $\lim\limits_{x \to 0}\dfrac{\arctan 2x}{\ln(1+\sin x)}$.

(8) $\dfrac{\tan x - \sin x}{\sin x^3}$.

5. 证明无穷小的等价关系具有下列性质:

(1) $\alpha \sim \alpha$(自反性).

(2) 若 $\alpha \sim \beta$,则 $\beta \sim \alpha$(对称性).

(3) 若 $\alpha \sim \beta, \beta \sim \gamma$,则 $\gamma \sim \alpha$(传递性).

1.8 函数的连续性

很多函数曲线在某个区间上是连绵不断的,函数的这一特点具有普遍意义,在数学上形象地称之为函数的连续性,本节利用极限来研究函数的这一基本性态.

1.8.1 函数连续性的概念

我们观察到许多曲线的图形在一定的范围内是连续不间断的,其直观的概念是能够在笔不提起的情况下一笔画出一个函数的图形. 自然界中的许多现象如空气、水的流动,气温高低变化等也都是连续变化着的. 在数学上,称这些现象具有连续性. 下面讨论一元函数的连续性.

为了准确地用数学语言描述函数的这种性态,先介绍增量(改变量)的概念.

1) 增量

若变量 u 从始点 u_1 变化到终点 u_2,则称 $u_2 - u_1$ 为变量 u 的增量(或改变量),记作 Δu,即

$$\Delta u = u_2 - u_1 \quad (\text{或} u_2 = u_1 + \Delta u)$$

当 u 的值变大、变小或不变时,对应的 Δu 分别为正数、负数、0(图 1-24).

图 1-24

设函数 $y = f(x)$ 在 $U(x_0)$ 内有意义,自变量 x 的始点为 x_0,并在 x_0 处有增量 Δx,则 x 从 x_0 变到了 $x_0 + \Delta x$,相应地,函数 y 从 $f(x_0)$ 变到了 $f(x_0 + \Delta x)$,这时函数的增量为

$$\Delta y = f(x_0 + \Delta x) - f(x_0)$$

2) 函数在点 x_0 处的连续性

容易观察到,如果曲线 $y = f(x)$ 在定义域内的点 x_0 处的图形没有断开,这时 $f(x)$ 在 x_0 处就有一个共同的特点:当自变量的改变量无限小时,相应函数值的改变量也无限小. 例如关于细金属丝的长度,当温度 T 的增量 ΔT 很微小时,其相应的长度 l 的增量 Δl 也很微小,而且 $|\Delta l|$ 可以小于预先任意指定的程度,只要 $|\Delta T|$ 充分小. 即当 $\Delta T \to 0$ 时,$\Delta l \to 0$,我们将具有这种特性的点 x_0 称为函数的连续点.

根据以上分析,给出函数在一点连续的定义如下.

定义 1 设 $f(x)$ 在点 x_0 的某邻域 $U(x_0)$ 内有定义，若当自变量 x 的增量 $\Delta x = x - x_0$ 趋向于零时，对应函数的增量 $\Delta y = f(x_0 + \Delta x) - f(x_0)$ 也趋向于零，即

$$\lim_{\Delta x \to 0} \Delta y = 0$$

则称函数 $y = f(x)$ 在点 x_0 处连续.

由于

$$\Delta x = x - x_0, \quad \Delta y = f(x) - f(x_0)$$

则

$$\lim_{\Delta x \to 0} \Delta y = 0 \Leftrightarrow \lim_{x \to x_0} f(x) = f(x_0)$$

故定义 1 与下面的的定义等价.

定义 1′ 设 $f(x)$ 在点 x_0 的某邻域 $U(x_0)$ 内有定义，若 $f(x)$ 在点 x_0 处满足

$$\lim_{x \to x_0} f(x) = f(x_0)$$

则称函数 $y = f(x)$ 在点 x_0 处连续.

由以上定义可知，函数 $f(x)$ 在点 x_0 处连续必须同时满足下列三个条件:

① $y = f(x)$ 在 $U(x_0, \delta)$ 内有定义；

② 极限 $\lim_{x \to x_0} f(x)$ 存在；

③ $\lim_{x \to x_0} f(x) = f(x_0)$.

根据左、右极限的定义，得到函数左、右连续的定义.

定义 2 设函数 $y = f(x)$ 在区间 $(x_0 - \delta, x_0]$ 上有定义，若有 $\lim_{x \to x_0^-} f(x) = f(x_0)$，则称 $f(x)$ 在点 x_0 处左连续；设函数 $y = f(x)$ 在区间 $[x_0, x_0 + \delta)$ 上有定义，若 $\lim_{x \to x_0^+} f(x) = f(x_0)$，则称 $f(x)$ 在点 x_0 处右连续.

由极限存在的充要条件可知：函数 $f(x)$ 在点 x_0 处连续的充要条件为 $f(x)$ 在点 x_0 处右连续且左连续.

例 1 设 $f(x) = \begin{cases} -x+1, & x < 1 \\ -x+3, & x \geqslant 1 \end{cases}$，讨论 $f(x)$ 在点 $x = 1$ 处的连续性.

解 由于 $f(1) = 2$，而

$$\lim_{x \to 1^-} f(x) = \lim_{x \to 1^-}(-x+1) = 0, \quad \lim_{x \to 1^+} f(x) = \lim_{x \to 1^+}(-x+3) = 2$$

故 $f(x)$ 在点 $x = 1$ 处右连续但不左连续，故 $f(x)$ 在点 $x = 1$ 处不连续.

3) 函数在区间上的连续性

定义 3 若函数 $y = f(x)$ 在区间上每一点都连续，则称函数 $y = f(x)$ 在该区间上连续. 如果区间包括端点，那么函数在右端点处的连续是指左连续，在左端点处的连续是指右连续.

若函数 $f(x)$ 在其定义域上的每一点处都连续，则称 $f(x)$ 为定义域上的连续

函数,简称连续函数.

例如对于多项式函数 $p_n(x) = a_n x^n + a_{n-1} x^{n-1} + \cdots + a_0$,由于 $\lim\limits_{x \to x_0} p_n(x) = p_n(x_0)(\forall x_0 \in \mathbf{R})$,故多项式函数在 $\mathbf{R}$ 内连续.

又如三角函数 $y = \sin x, y = \cos x$,由于
$$\lim_{x \to x_0} \sin x = \sin x_0, \quad \lim_{x \to x_0} \cos x = \cos x_0 \quad (\forall x_0 \in \mathbf{R})$$
故它们也均在 $\mathbf{R}$ 内连续.

在几何上,连续函数的图形是一条连绵不断的曲线.

1.8.2 函数的间断点

有的曲线在定义域上不是处处连续的,而会在某些点处断开,例如函数 $y = \dfrac{1}{x}$,它在 $x = 0$ 时无定义,其图形在该点处断开;又如函数 $y = \tan x$,它在 $x = k\pi + \dfrac{\pi}{2}(k = \pm 1, \pm 2, \cdots)$ 时无定义,其图形在这些点处断开;又如取整函数 $y = [x]$,它在整数点处都有定义,但其图形在这些点处都是断开的. 观察发现曲线上断开的这些点处都具有如下特征:函数在该点的邻近有定义,但在该点处不连续. 将这类点称为函数的间断点.

定义 4 设函数 $f(x)$ 在点 x_0 的某去心邻域 $\overset{\circ}{U}(x_0)$ 内有定义,但在点 x_0 处不连续,则称 x_0 为函数 $f(x)$ 的不连续点或间断点.

根据函数 $f(x)$ 在点 x_0 处连续的定义可知,当 $f(x)$ 具有如下三种情形之一:
① 在 x_0 的邻近有定义,但在 x_0 处无定义;
② 在 x_0 处有定义,但 $\lim\limits_{x \to x_0} f(x)$ 不存在;
③ 在 x_0 处有定义,且 $\lim\limits_{x \to x_0} f(x) \neq f(x_0)$.

此时点 x_0 就是函数 $f(x)$ 的间断点.

为了便于应用,需要对函数 $f(x)$ 的间断点进行分类. 根据函数在其间断点处左、右极限的存在性,通常可以将函数的间断点分成如下两种情形.

1) $\lim\limits_{x \to x_0^+} f(x)$ 与 $\lim\limits_{x \to x_0^-} f(x)$ 均存在

如果函数在间断点 x_0 处的左、右极限均存在,则称 x_0 为函数的第一类间断点. 在第一类间断点中又有如下的两种情形.

(1) $\lim\limits_{x \to x_0^+} f(x) \neq \lim\limits_{x \to x_0^-} f(x)$ 的情形

如果在第一类间断点处函数的左右极限存在但不相等,则称这类间断点为**函数的跳跃型间断点**.

例 2 讨论函数

$$f(x) = \begin{cases} x-1, & x \leqslant 0 \\ x+1, & x > 0 \end{cases}$$

在 $x=0$ 处的连续性.

解 由于
$$\lim_{x \to 0^-} f(x) = \lim_{x \to 0^-}(x-1) = -1, \quad \lim_{x \to 0^+} f(x) = \lim_{x \to 0^+}(x+1) = 1$$
即
$$\lim_{x \to x_0^+} f(x) \neq \lim_{x \to x_0^-} f(x)$$

因此 $\lim_{x \to 0} f(x)$ 不存在,即 $f(x)$ 在 $x=0$ 处不连续.

上面例 2 中函数 $y=f(x)$ 的图形在 $x=0$ 处产生了间断且跳跃的现象. $f(x)$ 在 $x=0$ 处产生这种间断的原因是 $f(x)$ 在 $x=0$ 处的左、右极限不相等,故 $x=0$ 为函数的跳跃型间断点(如图 1-25 所示).

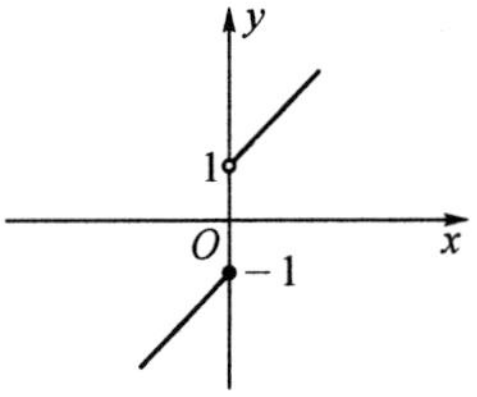

(2) $\lim_{x \to x_0} f(x)$ 存在的情形

如果在第一类间断点处函数的左、右极限存在且相等,即极限存在,则称这类间断点为**函数的可去型间断点**.

图 1-25

例 3 讨论函数
$$f(x) = \begin{cases} x, & x \neq 1 \\ \dfrac{1}{2}, & x = 1 \end{cases}$$

在 $x=1$ 处的连续性.

解 $f(x)$ 在 $x=1$ 处有定义,$f(1)=\dfrac{1}{2}$,且
$$\lim_{x \to 1} f(x) = \lim_{x \to 1} x = 1$$
但由于
$$\lim_{x \to 1} f(x) = 1 \neq f(1)$$

故 $f(x)$ 在 $x=1$ 处间断(如图 1-26 所示).

在例 3 中函数虽然在 $x=1$ 处间断,但若把 $x=1$ 的定义去掉,重新改变函数 $f(x)$ 在 $x=1$ 处的定义为 $f(1)=1$,改变定义后的 $f(x)$ 就在 $x=1$ 处连续了,故 $x=1$ 为函数 $f(x)$ 的第一类可去型间断点.

例 4 讨论函数 $f(x) = \dfrac{x^2-4}{x+2}$ 在 $x=-2$ 处的连续性.

解 $f(x)$ 在 $x=-2$ 处无定义,故 $x=-2$ 为 $f(x)$ 的间断点. 又

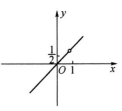

图 1-26

$$\lim_{x \to -2} f(x) = \lim_{x \to -2} \frac{x^2-4}{x+2} = \lim_{x \to -2}(x-2) = -4$$

该函数虽然在 $x=-2$ 处间断,但如果对 $f(x)$ 在 $x=-2$ 处,补充定义 $f(-2)=-4$,使

$$f(x) = \begin{cases} \dfrac{x^2-4}{x+2}, & x \neq -2 \\ -4, & x = -2 \end{cases}$$

那么 $f(x)$ 在 $x=-2$ 处就连续了. 故 $x=-2$ 为函数 $f(x)$ 的第一类可去型间断点.

从例3及例4可以看到,虽然 $\lim\limits_{x \to x_0} f(x) = A$,但 $A \neq f(x_0)$ 或 $f(x)$ 在 x_0 处无定义,所以 x_0 为 $f(x)$ 的间断点. 对于这类间断点,都可以通过改变或补充定义的形式使改变后的函数在该点连续. 故这类间断点都是函数的可去型间断点.

2) $\lim\limits_{x \to x_0^+} f(x)$ 与 $\lim\limits_{x \to x_0^-} f(x)$ 中至少有一个不存在

如果函数在间断点 x_0 处的左、右极限中至少有一个不存在,则称 x_0 为函数的**第二类间断点**.

第二类间断点有如下的两种情形.

(1) $\lim\limits_{x \to x_0^+} f(x)$ 与 $\lim\limits_{x \to x_0^-} f(x)$ 中至少有一个为 ∞ 的情形

如果函数 $f(x)$ 在间断点 x_0 处的左、右极限中至少有一个为 ∞,这类间断点称为**函数的无穷型间断点**.

例5 讨论函数 $f(x) = \dfrac{1}{x^2}$ 在 $x=0$ 处的连续性.

解 因为 $x=0$ 时,$f(x)$ 无定义,故 $f(x)$ 在 $x=0$ 处间断. 又

$$\lim_{x \to 0} \frac{1}{x^2} = \infty$$

即 $f(x) = \dfrac{1}{x^2}$ 在间断点 $x=0$ 处的极限为 ∞.

因此 $x=0$ 为函数 $f(x)$ 的第二类无穷型间断点.

(2) $\lim\limits_{x \to x_0^+} f(x)$ 与 $\lim\limits_{x \to x_0^-} f(x)$ 中至少有一个不存在(但不趋于无穷大)的情形

如果函数 $f(x)$ 在间断点 x_0 处的左、右极限中至少有一个不存在(但不趋于无穷大),这类间断点称为**函数的振荡型间断点**. 在这类间断点处当 $x \to x_0$ 时,$f(x)$ 的值往往在多个值之间来回摆动,因此这时 $\lim\limits_{x \to x_0^+} f(x)$ 与 $\lim\limits_{x \to x_0^-} f(x)$ 至少有一个不存在,但不等于无穷大.

例6 讨论函数 $f(x) = \cos\dfrac{1}{x}$ 在 $x=0$ 处的连续性.

解 $f(x)$ 在 $x=0$ 处无定义,故 $x=0$ 为 $f(x)$ 的间断点.

又因为当 $x \to 0$ 时，$\cos\dfrac{1}{x}$ 的值在 -1 与 1 之间不断地变化，故 $\lim\limits_{x\to 0}\cos\dfrac{1}{x}$ 不存在（且不为 ∞）.

因此 $x=0$ 为函数 $f(x)=\cos\dfrac{1}{x}$ 的第二类振荡型间断点.

1.8.3 连续函数的运算法则

1) 连续函数的四则运算法则

函数的连续性是由函数的极限来定义的，所以根据极限的四则运算法则，可得下面的连续函数的四则运算法则.

定理 1 若函数 $f(x)$ 与 $g(x)$ 都在点 x_0 处连续，则函数 $f(x)\pm g(x)$，$f(x)\cdot g(x)$ 都在点 x_0 处连续，若再增加条件 $g(x_0)\neq 0$，则 $\dfrac{f(x)}{g(x)}$ 也在点 x_0 处连续.

证 设函数 $f(x),g(x)$ 都在点 x_0 处连续，所以
$$\lim_{x\to x_0}f(x)=f(x_0),\quad \lim_{x\to x_0}g(x)=g(x_0)$$
由极限的加、减、乘运算法则，可得
$$\lim_{x\to x_0}[f(x)\pm g(x)]=f(x_0)\pm g(x_0),\quad \lim_{x\to x_0}[f(x)\cdot g(x)]=f(x_0)\cdot g(x_0)$$
即 $f(x)\pm g(x),f(x)\cdot g(x)$ 都在点 x_0 处连续.

又当 $g(x_0)\neq 0$ 时，由极限的商运算法则，可得
$$\lim_{x\to x_0}\frac{f(x)}{g(x)}=\frac{\lim\limits_{x\to x_0}f(x)}{\lim\limits_{x\to x_0}g(x)}=\frac{f(x_0)}{g(x_0)}$$
从而 $\dfrac{f(x)}{g(x)}$ 在 x_0 处连续. 定理得证.

由于函数 $y=\sin x, y=\cos x$ 均在 **R** 内连续，而
$$\tan x=\frac{\sin x}{\cos x},\quad \cot x=\frac{\cos x}{\sin x},\quad \sec x=\frac{1}{\cos x},\quad \csc x=\frac{1}{\sin x}$$
则三角函数 $\tan x,\cot x,\sec x,\csc x$ 在它们各自相应的定义区间上都是连续的.

综上所述，三角函数 $\sin x,\cos x,\tan x,\cot x,\sec x,\csc x$ 均在它们各自的定义区间上处处连续.

> **说明**：这里的定义区间是指包含在定义域内的区间.

2) 反函数与复合函数的连续性

(1) 反函数的连续性

定理 2 若函数 $y=f(x)$ 在区间 I_x 上严格单调增加（或减少）且连续，则其反

函数 $x = f^{-1}(y)$ 也在对应的区间 $I_y = \{y \mid y = f(x), x \in I_x\}$ 上严格单调增加(或减少)且连续.

证明略.

例如,由于 $y = \sin x$ 在 $\left[-\dfrac{\pi}{2}, \dfrac{\pi}{2}\right]$ 上单调增加且连续,由定理 2,反正弦函数 $y = \arcsin x$ 在闭区间 $[-1,1]$ 上也单调增加且连续;同样的道理,其他反三角函数如 $y = \arccos x$ 在闭区间 $[-1,1]$ 上单调减少且连续,$y = \arctan x$ 在区间 $(-\infty, +\infty)$ 内单调增加且连续,$y = \mathrm{arccot}\, x$ 在区间 $(-\infty, +\infty)$ 内单调减少且连续.

综上所述,三角函数与反三角函数都在其定义区间上连续.

(2) 复合函数的连续性

由复合函数的极限运算法则可推得下面的定理.

定理 3 设 $f[\varphi(x)]$ 在 $\overset{\circ}{U}(x_0)$ 内有定义,函数 $u = \varphi(x)$ 在 x_0 处的极限为 a,且 $y = f(u)$ 在 $u = a$ 处连续,则复合函数 $y = f[\varphi(x)]$ 在 x_0 处有极限,且

$$\lim_{x \to x_0} f[\varphi(x)] = \lim_{u \to a} f(u) = f(a).$$

证明略.

定理 4 设函数 $u = \varphi(x)$ 在 x_0 处连续,且 $u_0 = \varphi(x_0)$,$y = f(u)$ 在 u_0 处连续,则复合函数 $y = f[\varphi(x)]$ 在 x_0 处连续. 即

$$\lim_{x \to x_0} f[\varphi(x)] = f[\varphi(x_0)].$$

证明略.

推论 由有限个连续函数经过层层复合所得到的复合函数仍然是连续函数.

例 7 求 $\lim\limits_{x \to 1} \tan \dfrac{x^3 - 1}{x - 1}$.

解 $y = \tan \dfrac{x^3 - 1}{x - 1}$ 可看成由 $y = \tan u, u = \dfrac{x^3 - 1}{x - 1}$ 复合而成. 因为

$$\lim_{x \to 1} \dfrac{x^3 - 1}{x - 1} = \lim_{x \to 1}(x^2 + x + 1) = 3,$$

而函数 $y = \tan u$ 在 $u = 3$ 处连续,故

$$\lim_{x \to 1} \tan \dfrac{x^3 - 1}{x - 1} = \lim_{u \to 3} \tan u = \tan 3.$$

例 8 讨论函数 $y = \mathrm{e}^{\frac{1}{x}}$ 的连续性.

解 函数 $y = \mathrm{e}^{\frac{1}{x}}$ 可看成由 $y = \mathrm{e}^u$ 及 $u = \dfrac{1}{x}$ 复合而成,$y = \mathrm{e}^u$ 在 $(-\infty, +\infty)$ 内连续,$u = \dfrac{1}{x}$ 在 $(-\infty, 0)$ 及 $(0, +\infty)$ 内均连续,根据定理 4,函数 $y = \mathrm{e}^{\frac{1}{x}}$ 在 $(-\infty, 0)$ 及 $(0, +\infty)$ 内连续.

又 $y = e^{\frac{1}{x}}$ 在 $x = 0$ 处无意义,故 $x = 0$ 为函数 $y = e^{\frac{1}{x}}$ 的间断点,由于
$$\lim_{x \to 0^+} e^{\frac{1}{x}} = +\infty$$
故 $x = 0$ 为函数 $y = e^{\frac{1}{x}}$ 的第二类无穷型间断点.

1.8.4 初等函数的连续性

1) 基本初等函数的连续性

我们知道三角函数与反三角函数均在相应的区间上连续,下面讨论指数函数、对数函数及幂函数的连续性.

例9 证明:指数函数 $y = a^x (a > 0, a \neq 1)$ 在其定义域内处处连续.

证 $\forall x_0 \in \mathbf{R}$,有
$$\lim_{x \to x_0}(a^x - a^{x_0}) = \lim_{x \to x_0} a^{x_0}(a^{x-x_0} - 1) = \lim_{x \to x_0} a^{x_0}(x - x_0)\ln a = 0$$
故
$$\lim_{x \to x_0} a^x = a^{x_0}$$
即指数函数 $y = a^x$ 在其定义域 $\mathbf{R}$ 内处处连续.

由反函数的连续性可知,指数函数的反函数 $y = \log_a x$ 在其定义域 $(0, +\infty)$ 内也连续.

由于 $x^a = e^{a \ln x}$,再由复合函数的连续性可知幂函数 $y = x^a$ 在其定义域内也是连续的.

综上所述,可知五类基本初等函数在它们的定义区间上都是连续的. 再根据连续函数的四则运算及复合运算法则可得如下重要结论:

一切初等函数在其定义区间上处处连续.

利用这一结论,对已知连续性的函数,求极限就变得很简单:若 $f(x)$ 在 x_0 处连续,则
$$\lim_{x \to x_0} f(x) = f(x_0)$$
特别地,当 $f(x)$ 为初等函数,而 x_0 是 $f(x)$ 在定义区间内的点时,有
$$\lim_{x \to x_0} f(x) = f(x_0)$$

例10 求下列极限:

(1) $\lim\limits_{x \to \frac{\pi}{4}} \ln\tan x$.   (2) $\lim\limits_{x \to 2}\left(-1 + \dfrac{4}{x}\right)^x$.

解 (1) 由于函数 $\ln\tan x$ 在 $\dfrac{\pi}{4}$ 处连续,所以
$$\lim_{x \to \frac{\pi}{4}} \ln\tan x = \ln\tan\frac{\pi}{4} = 0$$

(2) 由于函数 $\left(-1+\dfrac{4}{x}\right)^x = e^{x\ln\left(-1+\frac{4}{x}\right)}$，故该函数在 $x=2$ 处连续，所以

$$\lim_{x\to 2}\left(-1+\dfrac{4}{x}\right)^x = 1^2 = 1$$

例 11 设函数 $f(x) = \begin{cases} e^{-x}, & x \geqslant 0 \\ 2x+a, & x < 0 \end{cases}$ 在 $x=0$ 处连续，求 a 的值.

解 由 $f(0) = e^0 = 1$，且

$$\lim_{x\to 0^+} f(x) = \lim_{x\to 0^+} e^{-x} = e^0 = 1, \quad \lim_{x\to 0^-} f(x) = \lim_{x\to 0^-}(2x+a) = a$$

根据 $f(x)$ 在 $x=0$ 处连续，得

$$\lim_{x\to 0^+} f(x) = \lim_{x\to 0^-} f(x) = f(0)$$

解得，$a=1$ 时，$f(x)$ 在 $x=0$ 处连续.

例 12 求函数 $f(x) = \dfrac{2x}{\sin x}$ 的间断点，并判别其类型.

解 由 $\sin x = 0$，解得

$$x = k\pi \quad (k=0, \pm 1, \pm 2, \cdots)$$

当 $x = k\pi (k=0, \pm 1, \pm 2, \cdots)$ 时，$f(x) = \dfrac{2x}{\sin x}$ 无意义，故 $x = k\pi (k=0, \pm 1, \pm 2, \cdots)$ 均为 $f(x) = \dfrac{2x}{\sin x}$ 的间断点.

当 $x=0$ 时，由于

$$\lim_{x\to 0}\dfrac{2x}{\sin x} = 2$$

故 $x=0$ 为 $f(x)$ 的第一类可去型间断点；

当 $x = k\pi (k = \pm 1, \pm 2, \cdots)$ 时，由于

$$\lim_{x\to k\pi}\dfrac{x}{\sin k\pi} = \infty$$

故 $x = k\pi (k = \pm 1, \pm 2, \cdots)$ 为 $f(x)$ 的第二类无穷型间断点.

习题 1.8

1. 判断下列命题是否成立：

(1) 若函数 $f(x)$ 在 x_0 处有定义，且极限 $\lim\limits_{x\to x_0} f(x)$ 存在，则 $f(x)$ 在 x_0 处连续.

(2) 若函数 $f(x)$ 在 x_0 处连续，$g(x)$ 在 x_0 处间断，则函数 $f(x)+g(x)$ 在 x_0 处间断.

(3) 若函数 $f(x)$ 在 $(-\infty, +\infty)$ 内连续，则 $f(x)$ 在任一闭区间 $[a,b]$ 上连续.

(4) 分段函数必存在间断点.

2. 利用函数的连续性求下列极限:

(1) $\lim\limits_{x \to 0} \sqrt{x^2 - 2x + 5}$.　　　　(2) $\lim\limits_{x \to 1} \sin\left(\pi x + \dfrac{\pi}{2}\right)$.

3. 讨论下列函数在指定点处的连续性,若为间断点,则指出间断点的类型:

(1) $f(x) = \begin{cases} \dfrac{\sin x}{x}, & x < 0 \\ x^2 - 1, & x \geqslant 0 \end{cases}$ 在 $x = 0$ 处.

(2) $f(x) = \begin{cases} \cos x, & x \neq \pi \\ -2, & x = \pi \end{cases}$ 在 $x = \pi$ 处.

(3) $y = e^{\frac{1}{x-2}}$ 在 $x = 2$ 处.

4. 求下列函数的间断点,并判别其类型:

(1) $f(x) = \dfrac{x^2 - 1}{x^2 - 3x + 2}$.　　　　(2) $f(x) = \dfrac{\sqrt{1+x} - \sqrt{1-x}}{x(x-1)}$.

(3) $f(x) = \dfrac{\tan x}{x}$.　　　　(4) $f(x) = \sin\dfrac{1}{x-1}$.

5. 设 $f(x) = \begin{cases} a + x^2, & x < 0 \\ 2, & x = 0 \\ \dfrac{\ln(1+bx)}{2x}, & x > 0 \end{cases}$,求 a, b 的值,使 $f(x)$ 在 $x = 0$ 处连续.

6. 设 $f(x) = \begin{cases} \dfrac{\cos x - \cos 2x}{x^2}, & x \neq 0 \\ k, & x = 0 \end{cases}$,当 k 取何值时,$f(x)$ 在 $x = 0$ 处连续?

1.9　闭区间上连续函数的性质

闭区间上的连续函数具有如下几条重要性质,这些性质在几何图形中看来是非常明显的,它们对后面的内容起着很重要的作用.

1.9.1　最大值与最小值存在定理

1) 最大(小)值的概念

定义 1　设函数 $f(x)$ 在区间 I 上有定义,若 $\exists x_0 \in I$, 对 $\forall x \in I$ 都有
$$f(x) \leqslant f(x_0) \quad (\text{或 } f(x) \geqslant f(x_0))$$
则称 $f(x_0)$ 为函数 $f(x)$ 在 I 上的最大值(或最小值),记作
$$f(x_0) = \max_{x \in I} f(x) \quad (\text{或} \min_{x \in I} f(x))$$

例如，$y=1-\sin x$，在闭区间$[0,2\pi]$上有
$$y_{\max}=f\left(\frac{3\pi}{2}\right)=2, \quad y_{\min}=f\left(\frac{\pi}{2}\right)=0$$
而$y=x^2$在开区间$(a,b)(b>a>0)$内既无最大值又无最小值.

2) 最大(小)值存在定理

定理 1 在闭区间上连续的函数必在该区间上取得最大值与最小值.

证明略.

定理1是指，如果函数$f(x)$在闭区间$[a,b]$上连续，则在$[a,b]$上至少存在两点x_1和x_2，使得对$\forall x\in[a,b]$，恒有
$$f(x_1)\leqslant f(x)\leqslant f(x_2)$$
即$f(x_1)$与$f(x_2)$分别是$f(x)$在$[a,b]$上的最小值与最大值(图1-27). 这样的点x_1,x_2在$[a,b]$上一定存在，有可能在(a,b)内，也有可能是闭区间的端点.

必须注意该性质在开区间内不一定成立. 例如定义在区间$\left(\frac{\pi}{6},\frac{\pi}{3}\right)$内的连续函数$y=\tan x$在

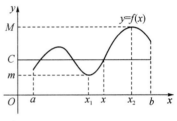

图 1 - 27

$\left(\frac{\pi}{6},\frac{\pi}{3}\right)$内就取不到最大值与最小值，而在$\left[\frac{\pi}{6},\frac{\pi}{3}\right]$上的连续函数$y=\tan x$就有最大值$\sqrt{3}$与最小值$\frac{\sqrt{3}}{3}$.

另外还要注意，若函数在闭区间上有间断点时，也不一定有此性质. 例如，
$$f(x)=\begin{cases}1-x, & 0\leqslant x<1\\1, & x=1\\3-x, & 1<x\leqslant 2\end{cases}$$
显然$f(x)$在闭区间$[0,2]$上有定义，但
$$\lim_{x\to 1^+}f(x)=2, \quad \lim_{x\to 1^-}f(x)=0$$
因此$x=1$为$f(x)$的间断点，事实上，$f(x)$在闭区间$[0,2]$上不存在最大值与最小值(如图1-28所示).

由定理1显然可得到下面的有界性定理.

1.9.2 有界性定理

定理 2 在闭区间上连续的函数在该区间上必有界.

证 设$f(x)$在$[a,b]$上连续，由定理1知道，$f(x)$在

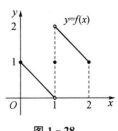

图 1 - 28

$[a,b]$ 上一定能取到最大值 M 与最小值 m，即 $\forall x \in [a,b]$，有
$$m \leqslant f(x) \leqslant M$$
故 $f(x)$ 在 $[a,b]$ 上有界.

1.9.3 零点存在定理与介值定理

若 x_0 满足 $f(x_0) = 0$，则称 x_0 为**函数 $f(x)$ 的一个零点**.

定理 3(零点存在定理) 设函数 $f(x)$ 在闭区间 $[a,b]$ 上连续，如果 $f(x)$ 在区间两端点处的值异号，则必在区间 (a,b) 内取得零值.

证明略.

零点存在定理的意思是：若 $f(x)$ 在闭区间 $[a,b]$ 上连续，且 $f(a)$ 与 $f(b)$ 异号（即 $f(a) \cdot f(b) < 0$），则至少存在一点 $\xi \in (a,b)$，使
$$f(\xi) = 0$$

在几何上，定理 3 表明，如果连续曲线 $y = f(x)$ 的两个端点分别位于 x 轴的上、下两侧，则这段曲线与 x 轴至少有一个交点(图 1-29).

在代数上，如果 $f(x)$ 在闭区间 $[a,b]$ 上连续，且 $f(a) \cdot f(b) < 0$，则方程 $f(x) = 0$ 在开区间 (a,b) 内至少有一个根.

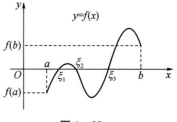

图 1-29

利用这一定理可研究方程 $f(x) = 0$ 的根的范围.

例 1 证明方程 $\sin x - x + 1 = 0$ 在 $(0,\pi)$ 内至少有一个实根.

解 设 $f(x) = \sin x - x + 1$，显然 $f(x)$ 在 $[0,\pi]$ 上连续，又由于
$$f(0) = 1 > 0, \quad f(\pi) = \sin \pi - \pi + 1 = 1 - \pi < 0$$
由零点存在定理可知，$f(x)$ 在 $(0,\pi)$ 内至少有一个零点，即方程 $\sin x - x + 1 = 0$ 在 $(0,\pi)$ 内至少有一个实根.

定理 4(介值定理) 设函数 $f(x)$ 在闭区间 $[a,b]$ 上连续，且 $f(a) \neq f(b)$，则 $f(x)$ 必能取得介于该区间端点处的两个数值 $f(a), f(b)$ 之间的任何值.

介值定理的意思是：若 $f(x)$ 在这区间的两端点处取不同的函数值 $f(a) = A$ 及 $f(b) = B$，则对于介于 A 与 B 之间的任意一个实数 C，在 (a,b) 内至少存在一点 φ，使得 $f(\varphi) = C$.

证 令 $F(x) = f(x) - C$，则 $F(x)$ 在 $[a,b]$ 上连续. 设 $f(a) = A, f(b) = B$，因为 C 介于 A,B 之间，不妨设 $A < B$，则
$$A < C < B$$
故

$$F(a) = A - C < 0, \quad F(b) = B - C > 0$$

由零点存在定理可知,$\exists \xi \in (a,b)$,使得 $F(\xi) = 0$,即
$$f(\xi) = C$$

推论 在闭区间上连续的函数必取得介于最大值与最小值之间的任何值.

该推论由读者自证.

例 2 设非负函数 $f(x)$ 在区间 $[a,b]$ 上连续,$x_1, x_2, \cdots, x_n$ 是 (a,b) 内任意 n 个点,证明:$\exists \xi \in [a,b]$,使得
$$f(\xi) = [f(x_1)f(x_2)\cdots f(x_n)]^{\frac{1}{n}}$$

证 因为 $f(x)$ 在 $[a,b]$ 上连续,且 $f(x) \geqslant 0$,故 $f(x)$ 在 $[a,b]$ 上存在最大值 M 与最小值 m,且 M, m 均大于或等于 0,则
$$m = (m^n)^{\frac{1}{n}} \leqslant [f(x_1)f(x_2)\cdots f(x_n)]^{\frac{1}{n}} \leqslant (M^n)^{\frac{1}{n}} = M$$

由介值定理的推论可知,$\exists \xi \in [a,b]$,使得
$$f(\xi) = [f(x_1)f(x_2)\cdots f(x_n)]^{\frac{1}{n}}$$

习题 1.9

1. 证明方程 $x^5 - 3x - 1 = 0$ 至少有一个介于 1 与 2 之间的实根.

2. 证明方程 $\sin x + x + 1 = 0$ 在开区间 $\left(-\dfrac{\pi}{2}, \dfrac{\pi}{2}\right)$ 内至少有一个实根.

3. 设 $a > 0, b > 0$,证明方程 $x = a\sin x + b$ 至少有一个不超过 $a+b$ 的正根.

4. 设 $f(x)$ 在 $[a,b]$ 上连续,$a < x_1 < x_2 < b$,证明:在 $[x_1, x_2]$ 上必有 ξ,使得
$$f(\xi) = \dfrac{f(x_1) + f(x_2)}{2}$$

总复习题 1

1. 填空题.

(1) 已知 $f\left(1 + \dfrac{1}{x}\right) = \dfrac{2x + 1 - x^2}{x^2}$,则 $f(x) = $ _____.

(2) 设函数 $f(x) = \begin{cases} 1, & |x| \leqslant 1 \\ 0, & x > 1 \end{cases}$,则 $f[f(x)] = $ _____.

(3) $\lim\limits_{x \to \infty} \dfrac{3x^2 + 5}{5x + 3} \sin \dfrac{2}{x} = $ _____.

(4) 当 $x \to 0$ 时,无穷小 $\tan x - \sin x$ 与 x^n 是同阶无穷小,则 $n = $ _____.

(5) $\lim\limits_{x \to \infty} \dfrac{2x^2 + x + 1}{(1-x)^2} = $ _____.

2. 已知 $f(x) = e^{x^2}$, $f[\varphi(x)] = 1-x$, 且 $\varphi(x) \geqslant 0$, 求 $\varphi(x)$ 并写出它的定义域.

3. 求下列极限：

(1) $\lim\limits_{n \to \infty} \left(\dfrac{n-2}{n+1}\right)^n$.

(2) $\lim\limits_{x \to 0}(1+3x)^{\frac{2}{\sin x}}$.

(3) $\lim\limits_{x \to 0} \dfrac{x^2 \sin \dfrac{1}{x}}{\sin x}$.

(4) $\lim\limits_{x \to +\infty} x[\ln(x+1) - \ln x]$.

(5) $\lim\limits_{x \to \infty} \left(\cos \dfrac{a}{x}\right)^{x^2}$.

(6) $\lim\limits_{n \to \infty} \left(1 - \dfrac{1}{2^2}\right)\left(1 - \dfrac{1}{3^2}\right) \cdots \left(1 - \dfrac{1}{n^2}\right)$.

(7) $\lim\limits_{n \to \infty} \left(\dfrac{1}{n^2+n+1} + \dfrac{2}{n^2+n+2} + \cdots + \dfrac{n}{n^2+2n}\right)$.

4. 已知 $\lim\limits_{x \to -1} \dfrac{x^3 - ax^2 - x + 4}{x+1} = l$, 求 a, l.

5. 设 $\lim\limits_{x \to \infty} \left(\dfrac{x+a}{x-a}\right)^x = 8$, 计算 a 的值.

6. 设 $f(x) = \begin{cases} a+bx, & x \leqslant 0 \\ \dfrac{\sin bx}{x}, & x > 0 \end{cases}$, 讨论 $f(x)$ 在 $x=0$ 处连续时, a, b 满足的条件.

7. 设 $f(x) = \begin{cases} e^{\frac{1}{x-1}}, & x > 0 \\ \ln(1-x), & -1 < x \leqslant 0 \end{cases}$, 求 $f(x)$ 的间断点并说明其类型.

8. 设 $f(x) = \dfrac{e^x - a}{x(x-1)}$ 有无穷型间断点 $x=0$ 与可去型间断点 $x=1$, 求 a 的值.

9. 设 $f(x)$ 在 $[0,1]$ 上连续, $0 \leqslant f(x) \leqslant 1$, 证明: $\exists \xi \in [0,1]$, 使 $f(\xi) = \xi$.

2 一元函数微分学

17世纪机械制造、远洋航海、气象观测等大量实际问题激起了科学家们的研究兴趣,其中求变速运动的瞬时速度、曲线在某点的切线等问题的研究导致了微分学的产生,这些问题都归结为研究变量变化的快慢程度即变化率的问题.牛顿、莱布尼兹从不同的问题出发都用极限方法来研究问题,得出导数与微分这两个微分学的基本概念及计算,导数概念揭示了函数在瞬间变化的快慢程度,微分是用来表示函数在局部性质的重要数学工具,利用它们可以解决几何、物理以及工程技术中许多相关问题.本章主要研究一元函数的导数、微分的概念及其运算法则.

2.1 导数的概念

2.1.1 导数的概念

1) 几个实际问题

(1) 平面曲线的切线问题

设点 $M_0(x_0,y_0)$ 与 $M(x,y)$ 分别是平面曲线 $y=f(x)$ 上的一个定点与动点,则割线 MM_0 的斜率为

$$k_{MM_0} = \frac{y-y_0}{x-x_0} = \frac{\Delta y}{\Delta x}$$

根据切线的定义可知,当 $M \to M_0$,即 $\Delta x \to 0$ 时,若 $\lim\limits_{\Delta x \to 0} \frac{\Delta y}{\Delta x}$ 存在,则该极限就等于切线的斜率,即

$$k = \lim_{\Delta x \to 0} \frac{\Delta y}{\Delta x}$$

因此曲线 $y=f(x)$ 在点 $M_0(x_0,y_0)$ 处的切线方程为

$$y - y_0 = k(x - x_0)$$

(2) 变速直线运动的瞬时速度问题

设质点 M 沿某直线作 $s=s(t)$ 的变速直线运动,$s(t)$ 为 t 时刻质点 M 所经过的路程,在时间段 $[t_0,t]$ 内,质点运动的平均速度为

$$\bar{v}(t) = \frac{\Delta s}{\Delta t} = \frac{s(t_0+\Delta t)-s(t_0)}{\Delta t} \quad (\Delta t = t - t_0)$$

当 Δt 越小,$\bar{v}(t)$ 就越接近 t_0 时刻的瞬时速度 $v(t_0)$,所以平均速度的极限就是 t_0 时刻的瞬时速度 $v(t_0)$,即

$$v(t_0) = \lim_{\Delta t \to 0} \frac{\Delta s}{\Delta t} = \lim_{\Delta t \to 0} \frac{s(t_0 + \Delta t) - s(t_0)}{\Delta t}$$

(3) 边际成本问题

设 $C = f(x)$ 表示产品生产或销售的某种成本函数,x 为产品数量,若生产或销售的产品数量从 x_0 增加到 $x_0 + \Delta x$,则相应增加的成本为 $\Delta C = f(x_0 + \Delta x) - f(x_0)$.因此 $\frac{\Delta C}{\Delta x}$ 表示产品数量从 x_0 增加到 $x_0 + \Delta x$ 时的成本提高的平均速度,Δx 越小,则 $\frac{\Delta C}{\Delta x}$ 就越接近 x_0 时刻生产或销售成本提高的瞬时速度,因此

$$\lim_{\Delta x \to 0} \frac{\Delta C}{\Delta x} = \lim_{\Delta x \to 0} \frac{f(x_0 + \Delta x) - f(x_0)}{\Delta x}$$

表示产品数量为 x_0 时,生产或销售成本提高的瞬时速度.其意义即在生产或销售的产品数量为 x_0 时,每增加 1 个产品所需增加的成本,这在经济学中称为**边际成本**.

2) 导数的定义

从以上几个实际问题中可以看出,三类问题的实际意义虽各不相同,但摆脱所有的实际含义后,其数量关系相同,本质上都是求已知函数在一点处的函数增量与自变量增量的比值的极限,此极限表示函数在该点处的瞬时变化率,我们称之为**导数**.

在自然科学与工程技术领域中,还有许多关于瞬时变化率的问题,从这些问题中抽象出它们在数量关系上的共性,得到导数的定义.

定义 1 设函数 $y = f(x)$ 在 x_0 的某个邻域内有定义,当自变量在这个邻域内从 x_0 变到 $x_0 + \Delta x (\Delta x \neq 0)$ 时,相应地函数有增量 $\Delta y = f(x_0 + \Delta x) - f(x_0)$,如果极限 $\lim\limits_{\Delta x \to 0} \frac{\Delta y}{\Delta x}$ 存在,则称函数 $y = f(x)$ 在点 x_0 处可导,并称此极限为函数 $f(x)$ 在 x_0 处的导数,记作 $y'\big|_{x=x_0}$,$f'(x_0)$ 或 $\frac{\mathrm{d}y}{\mathrm{d}x}\big|_{x=x_0}$,即

$$f'(x_0) = \lim_{\Delta x \to 0} \frac{\Delta y}{\Delta x} = \lim_{\Delta x \to 0} \frac{f(x_0 + \Delta x) - f(x_0)}{\Delta x} \quad (2-1)$$

在定义 1 中,若记 $x = x_0 + \Delta x$,则 (2-1) 式可写成

$$f'(x_0) = \lim_{x \to x_0} \frac{f(x) - f(x_0)}{x - x_0} \quad (2-2)$$

当式 (2-1) 或 (2-2) 中的极限不存在时,则称函数 $f(x)$ 在 x_0 处不可导.

若函数 $f(x)$ 在 x_0 处不可导的原因是 $\lim\limits_{\Delta x \to 0} \dfrac{\Delta y}{\Delta x} = \infty$，为了方便起见，也说 $f(x)$ 在 x_0 处的导数为无穷大，记作 $f'(x_0) = \infty$.

由导数定义可知，前面三个实际问题的结果可表示为：

① 曲线 $y = f(x)$ 在点 $(x_0, f(x_0))$ 处的切线的斜率为 $k = f'(x_0)$；

② 变速直线运动 $s = s(t)$ 在时刻 t_0 处的瞬时速度为 $v(t_0) = s'(t_0)$；

③ 生产或销售成本函数为 $C = f(x)$ 时，在生产或销售的产品数为 x_0 时的边际成本为 $f'(x_0)$.

下面利用导数定义讨论一些简单函数的导数或可导性.

例 1 设 $f(x) = x^3$，证明：$\forall x_0 \in \mathbf{R}$，有 $f'(x_0) = 3x_0^2$.

证 $\forall x_0 \in \mathbf{R}$,
$$\Delta y = f(x_0 + \Delta x) - f(x_0) = (x_0 + \Delta x)^3 - x_0^3$$
$$= 3x_0^2 \Delta x + 3x_0 (\Delta x)^2 + (\Delta x)^3$$

所以
$$f'(x_0) = \lim_{\Delta x \to 0} \frac{\Delta y}{\Delta x} = \lim_{\Delta x \to 0} \frac{3x_0^2 \Delta x + 3x_0 (\Delta x)^2 + (\Delta x)^3}{\Delta x}$$
$$= \lim_{\Delta x \to 0} [3x_0^2 + 3x_0 \Delta x + (\Delta x)^2] = 3x_0^2$$

即
$$f'(x_0) = 3x_0^2$$

例 2 讨论函数 $y = \sqrt[3]{x^2}$ 在 $x = 0$ 处的可导性.

解 在 $x = 0$ 处，由于
$$\lim_{\Delta x \to 0} \frac{\Delta y}{\Delta x} = \lim_{\Delta x \to 0} \frac{\sqrt[3]{(\Delta x)^2}}{\Delta x} = \lim_{\Delta x \to 0} \frac{1}{\sqrt[3]{\Delta x}} = \infty$$

所以
$$\left. \frac{\mathrm{d}y}{\mathrm{d}x} \right|_{x=0} = \infty$$

即该函数在 $x = 0$ 处不可导.

下面利用函数左、右极限的定义，得出相应函数的左、右导数的定义.

定义 2 如果右极限
$$\lim_{\Delta x \to 0^+} \frac{\Delta y}{\Delta x} = \lim_{\Delta x \to 0^+} \frac{f(x_0 + \Delta x) - f(x_0)}{\Delta x}$$

存在，则称此右极限为函数 $y = f(x)$ 在 x_0 处的右导数，记作 $f'_+(x_0)$，即
$$f'_+(x_0) = \lim_{\Delta x \to 0^+} \frac{\Delta y}{\Delta x}$$

类似地，如果左极限

$$\lim_{\Delta x \to 0^-} \frac{\Delta y}{\Delta x} = \lim_{\Delta x \to 0^-} \frac{f(x_0 + \Delta x) - f(x_0)}{\Delta x}$$

存在,则称此左极限为**函数** $y = f(x)$ **在** x_0 **处的左导数**,记作 $f'_-(x_0)$,即

$$f'_-(x_0) = \lim_{\Delta x \to 0^-} \frac{\Delta y}{\Delta x}$$

由极限存在的充要条件可知函数 $y = f(x)$ 在 x_0 处可导的充要条件为 $f(x)$ 在 x_0 处的左、右导数存在且相等.

常利用上述充要条件讨论分段函数在分段点处的可导性.

例 3 设 $f(x) = \begin{cases} \dfrac{1}{2}x^2, & x \leqslant 1 \\ x^2 - x + \dfrac{1}{2}, & 1 < x < +\infty \end{cases}$,讨论 $f(x)$ 在 $x = 1$ 处的可导性,若可导,求 $f'(1)$.

解 在 $x = 1$ 处,$f(1) = \dfrac{1}{2}$,由

$$f'_+(1) = \lim_{x \to 1^+} \frac{f(x) - f(1)}{x - 1} = \lim_{x \to 1^+} \frac{x^2 - x + \dfrac{1}{2} - \dfrac{1}{2}}{x - 1} = \lim_{x \to 1^+} x = 1$$

$$f'_-(1) = \lim_{x \to 1^-} \frac{f(x) - f(1)}{x - 1} = \lim_{x \to 1^-} \frac{\dfrac{1}{2}x^2 - \dfrac{1}{2}}{x - 1} = \lim_{x \to 1^-} \frac{1}{2}(x+1) = 1$$

即 $f'_+(1) = f'_-(1) = 1$,故 $f(x)$ 在 $x = 1$ 处可导,且 $f'(1) = 1$.

例 4 讨论函数 $f(x) = |x|$ 在 $x = 0$ 处的可导性.

解 由

$$f'_+(0) = \lim_{\Delta x \to 0^+} \frac{\Delta y}{\Delta x} = \lim_{\Delta x \to 0^+} \frac{|\Delta x|}{\Delta x} = \lim_{\Delta x \to 0^+} \frac{\Delta x}{\Delta x} = 1$$

$$f'_-(0) = \lim_{\Delta x \to 0^-} \frac{\Delta y}{\Delta x} = \lim_{\Delta x \to 0^-} \frac{|\Delta x|}{\Delta x} = \lim_{\Delta x \to 0^-} \frac{-\Delta x}{\Delta x} = -1$$

即

$$f'_+(0) \neq f'_-(0)$$

故 $f(x)$ 在 $x = 0$ 处不可导.

利用函数的导数定义也可以解决一类特殊的函数极限问题.

例 5 设 $f(x)$ 在 x_0 处可导,求 $\lim\limits_{h \to 0} \dfrac{f(x_0 - h) - f(x_0)}{h}$.

解 由题设可知

$$f'(x_0) = \lim_{\Delta x \to 0} \frac{f(x_0 + \Delta x) - f(x_0)}{\Delta x}$$

令 $\Delta x = -h$，则
$$f'(x_0) = \lim_{h \to 0} \frac{f(x_0 - h) - f(x_0)}{-h}$$
所以
$$\lim_{h \to 0} \frac{f(x_0 - h) - f(x_0)}{h} = \lim_{h \to 0} \frac{f(x_0 - h) - f(x_0)}{-h} \cdot (-1) = -f'(x_0)$$

下面给出函数在区间上可导的定义.

定义 3 (1) 如果函数 $f(x)$ 在开区间 (a,b) 内每一点处都可导，则称 $f(x)$ 在 (a,b) 内可导.

(2) 如果 $f(x)$ 在 (a,b) 内可导，且 $f'_+(a)$ 与 $f'_-(b)$ 均存在，则称 $f(x)$ 在闭区间 $[a,b]$ 上可导.

设函数 $f(x)$ 在区间 I 内可导，则对 I 内的每一点 x，都有一个确定的值 $f'(x)$ 与之对应，由此构成了一个新的函数 $f'(x)$，称这个新函数为函数 $f(x)$ 在集合 I 内的导函数(简称导数)，记作 $f'(x)$，$\dfrac{dy}{dx}$，$\dfrac{df}{dx}$ 或 y'.

将式(2-1)中的 x_0 换成 x，便可得导函数的表达式：
$$f'(x) = \lim_{\Delta x \to 0} \frac{\Delta y}{\Delta x} = \lim_{\Delta x \to 0} \frac{f(x + \Delta x) - f(x)}{\Delta x} \tag{2-3}$$

必须指出，上式中 Δx 是求极限时的变量，x 为求该极限时的常数.

由式(2-1)与(2-3)可知，函数 $f(x)$ 在 x_0 处的导数 $f'(x_0)$ 就是导函数 $f'(x)$ 在 $x = x_0$ 处的函数值，即
$$f'(x_0) = f'(x)\Big|_{x = x_0}$$

特别指出的是 $[f(x_0)]' = 0$，不能将 $f'(x_0)$ 与 $[f(x_0)]'$ 相混淆.

一般地，求函数 $y = f(x)$ 的导数步骤为：

① 求函数的增量 $\Delta y = f(x + \Delta x) - f(x)$;

② 求增量比 $\dfrac{\Delta y}{\Delta x}$;

③ 求增量比的极限 $\lim\limits_{\Delta x \to 0} \dfrac{\Delta y}{\Delta x}$.

若该极限 $\left(\lim\limits_{\Delta x \to 0} \dfrac{\Delta y}{\Delta x}\right)$ 存在，则函数 $y = f(x)$ 在 x 处可导，且 $f'(x) = \lim\limits_{\Delta x \to 0} \dfrac{\Delta y}{\Delta x}$；若该极限不存在，则函数 $y = f(x)$ 在 x 处不可导.

例 6 求 $f(x) = C$ (C 为常数) 的导数.

解 $\forall x \in \mathbf{R}$，由于
$$f'(x) = \lim_{\Delta x \to 0} \frac{f(x + \Delta x) - f(x)}{\Delta x} = \lim_{\Delta x \to 0} \frac{C - C}{\Delta x} = 0$$

故
$$(C)' = 0 \tag{2-4}$$

例7 求幂函数 $y = x^\mu$(μ 为常数) 的导数.

解 设 $y = x^\mu$ 的定义域为 D,$\forall x \in D$,由于

$$(x^\mu)' = \lim_{\Delta x \to 0} \frac{(x+\Delta x)^\mu - x^\mu}{\Delta x} = \lim_{\Delta x \to 0} \frac{x^\mu \left[\left(1+\frac{\Delta x}{x}\right)^\mu - 1\right]}{\Delta x}$$

$$= \lim_{\Delta x \to 0} \frac{x^\mu \cdot \mu \cdot \frac{\Delta x}{x}}{\Delta x} = \mu x^{\mu-1}$$

故
$$(x^\mu)' = \mu x^{\mu-1} \tag{2-5}$$

特别地,
$$(x^n)' = n x^{n-1} \quad (n \text{ 为整数})$$

式(2-5) 称为**幂函数的求导公式**,利用其可直接求幂函数的导数,例如:

$$(x^{-1})' = -x^{-2} = -\frac{1}{x^2}, \quad \left[\frac{x\sqrt[3]{x}}{\sqrt{x^3}}\right]' = (x^{-\frac{1}{6}})' = -\frac{1}{6}x^{-\frac{7}{6}}$$

例8 求 $y = \cos x$ 的导数,并求 $y'\left(\frac{\pi}{2}\right)$.

解 $\forall x \in \mathbf{R}$,由

$$\Delta y = \cos(x + \Delta x) - \cos x = -2\sin\frac{2x + \Delta x}{2} \sin\frac{\Delta x}{2}$$

则

$$\lim_{\Delta x \to 0} \frac{\Delta y}{\Delta x} = \lim_{\Delta x \to 0} \frac{-2\sin\left(x + \frac{\Delta x}{2}\right)\sin\frac{\Delta x}{2}}{\Delta x}$$

$$= \lim_{\Delta x \to 0} \left[-\sin\left(x + \frac{\Delta x}{2}\right) \frac{\sin\frac{\Delta x}{2}}{\frac{\Delta x}{2}}\right] = -\sin x$$

即
$$(\cos x)' = -\sin x \tag{2-6}$$

因此
$$y'\left(\frac{\pi}{2}\right) = -\sin\frac{\pi}{2} = -1$$

同理可证:
$$(\sin x)' = \cos x \tag{2-7}$$

例9 求对数函数 $y = \ln x$ 的导数.

解 $\forall x > 0$, 由于

$$\lim_{\Delta x \to 0} \frac{\Delta y}{\Delta x} = \lim_{\Delta x \to 0} \frac{\ln(x+\Delta x) - \ln x}{\Delta x} = \lim_{\Delta x \to 0} \frac{\ln \frac{x+\Delta x}{x}}{\Delta x}$$

$$= \lim_{\Delta x \to 0} \frac{1}{\Delta x} \ln\left(1 + \frac{\Delta x}{x}\right) = \lim_{\Delta x \to 0} \frac{\frac{\Delta x}{x}}{\Delta x} = \frac{1}{x}$$

故

$$(\ln x)' = \frac{1}{x} \tag{2-8}$$

例10 求指数函数 $y = a^x (a > 0, a \neq 1)$ 的导数.

解 $\forall x \in \mathbf{R}$, 由于

$$\lim_{\Delta x \to 0} \frac{\Delta y}{\Delta x} = \lim_{\Delta x \to 0} \frac{a^{x+\Delta x} - a^x}{\Delta x} = \lim_{\Delta x \to 0} \frac{a^x(a^{\Delta x} - 1)}{\Delta x}$$

$$= \lim_{\Delta x \to 0} \frac{a^x(\Delta x \cdot \ln a)}{\Delta x} = a^x \ln a$$

故

$$(a^x)' = a^x \ln a \tag{2-9}$$

特殊地, 取 $a = e$, 有

$$(e^x)' = e^x \tag{2-10}$$

2.1.2 导数的几何意义

由导数的定义并结合平面曲线的切线问题可知, 在几何上, 可导函数 $f(x)$ 的导数 $f'(x)$ 等于曲线 $y = f(x)$ 在点 $M(x,y)$ 处的切线的斜率.

当函数 $f(x)$ 在点 x_0 处可导时, 曲线 $y = f(x)$ 在点 $M_0(x_0, f(x_0))$ 处有切线:

$$y - f(x_0) = f'(x_0)(x - x_0)$$

当函数 $f(x)$ 在点 x_0 处连续且 $f'(x_0) = \infty$ 时, 曲线 $y = f(x)$ 在 x_0 处有一垂直于 x 轴的切线 $x = x_0$; 当函数 $f(x)$ 在点 x_0 处连续但不可导且 $f'(x_0) \neq \infty$ 时, 曲线 $y = f(x)$ 在 x_0 处没有切线.

如由例2可知, 函数 $y = \sqrt[3]{x}$ 在 $x = 0$ 处连续但不可导, 而

$$y'\big|_{x=0} = \infty$$

所以曲线 $y = \sqrt[3]{x}$ 在 $x = 0$ 处有一条垂直于 x 轴的切线 (如图 2-1 所示)

$$x = 0$$

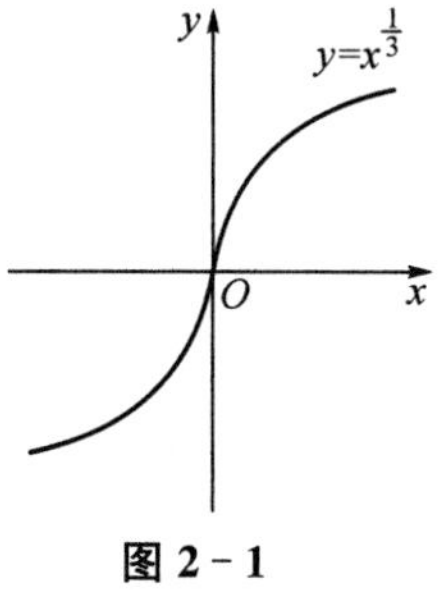

图 2-1

例 11 求曲线 $f(x) = x^3$ 在点 $(1,1)$ 处的切线方程.

解 曲线在点 $(1,1)$ 处的切线斜率为
$$k = f'(1) = 3$$
所以切线方程为
$$y - 1 = 3(x - 1)$$
即
$$y = 3x - 2$$

2.1.3 函数的可导性与连续性之间的关系

由例 4 可知,函数 $f(x) = |x|$ 在 $x = 0$ 处连续但不可导,因此当函数 $f(x)$ 在 x 处连续时未必可导. 但通过下面的证明可知,函数连续是可导的必要条件.

定理 1 若函数 $y = f(x)$ 在 x 处可导,则它在 x 处必连续.

证 因为函数 $y = f(x)$ 在 x 处可导,所以
$$\lim_{\Delta x \to 0} \frac{\Delta y}{\Delta x} = f'(x_0)$$
则
$$\lim_{\Delta x \to 0} \Delta y = \lim_{\Delta x \to 0} \left(\frac{\Delta y}{\Delta x} \cdot \Delta x \right) = \left(\lim_{\Delta x \to 0} \frac{\Delta y}{\Delta x} \right) \cdot (\lim_{\Delta x \to 0} \Delta x) = f'(x_0) \cdot 0 = 0$$
故 $f(x)$ 在 x 处连续.

例 12 设 $f(x) = \begin{cases} x^2 & x \leqslant 1 \\ x, & x > 1 \end{cases}$,讨论 $f(x)$ 在 $x = 1$ 处的连续性与可导性.

解 由于
$$f(1) = 1, \quad \lim_{x \to 1^+} f(x) = \lim_{x \to 1^+} x = 1, \quad \lim_{x \to 1^-} f(x) = \lim_{x \to 1^-} x^2 = 1$$
故
$$\lim_{x \to 1^+} f(x) = \lim_{x \to 1^-} f(x) = f(1)$$
即 $f(x)$ 在 $x = 1$ 处连续. 又由于
$$f'_+(1) = \lim_{\Delta x \to 0^+} \frac{f(1 + \Delta x) - f(1)}{\Delta x} = \lim_{\Delta x \to 0^+} \frac{1 + \Delta x - 1}{\Delta x} = \lim_{\Delta x \to 0^+} \frac{\Delta x}{\Delta x} = 1$$
$$f'_-(1) = \lim_{\Delta x \to 0^-} \frac{f(1 + \Delta x) - f(1)}{\Delta x} = \lim_{\Delta x \to 0^-} \frac{(1 + \Delta x)^2 - 1}{\Delta x} = \lim_{\Delta x \to 0^-} (2 + \Delta x) = 2$$
即 $f'_-(1) \neq f'_+(1)$,故 $f(x)$ 在 $x = 1$ 处不可导.

由例 12 可知:若函数 $y = f(x)$ 在 x 处连续,则它在 x 处未必可导,即定理 1 的逆定理不成立.

注意分段函数的不可导点往往出现在分段点处,讨论分段函数在其分段点处

的可导性时,必须用左、右导数的定义,只有在左、右导数都存在且相等的条件下,函数在此分段点处才可导.

习题 2.1

1. 说明下列式子的含义：
(1) $[f(x_0)]'$. (2) $f'[\varphi(x_0)]$.

2. 设 $f(x) = 2 + 4x^2$,用导数的定义求 $f'(1)$.

3. 设 $f(x) = x(x+1)(x+2)\cdots(x+n)$,用导数的定义求 $f'(0)$.

4. 求曲线 $y = e^x$ 在点 $(0,1)$ 处的切线方程.

5. 在抛物线 $y = x^2$ 上取横坐标为 $x_1 = 1$ 及 $x_2 = 3$ 的两点,作过这两点的割线,问该抛物线上哪一点的切线平行于这条割线？

6. 求曲线 $y = \cos x (0 < x < \pi)$ 的垂直于直线 $\sqrt{2}x - y = 1$ 的切线方程.

7. 设 $f(x)$ 在 x_0 处可导,试求极限 $\lim\limits_{n\to\infty} n\left[f\left(x_0 + \dfrac{3}{n}\right) - f(x_0)\right]$.

8. 设 $f(x) = \begin{cases} 2^x, & x \leqslant 0 \\ \sqrt{x}, & x > 0 \end{cases}$,求 $f'(x)$.

9. 设函数 $f(x) = \begin{cases} x^2, & x \leqslant 1 \\ ax + b, & x > 1 \end{cases}$ 在 $x = 1$ 处可导,求 a, b 的值.

10. 讨论函数 $f(x) = \begin{cases} x^2 \sin \dfrac{1}{x}, & x \neq 0 \\ 0, & x < 0 \end{cases}$ 在 $x = 0$ 处的连续性与可导性.

11. 设 $f(x)$ 在 $x = 0$ 处连续,且 $\lim\limits_{x\to 0} \dfrac{f(x)}{x} = 1$,证明 $f(x)$ 在 $x = 0$ 处可导,并求 $f'(0)$.

2.2 导数的运算法则与基本公式

上一节给出了导数概念,并利用导数的定义求出了部分基本初等函数的导数,然而对一般的函数,若依靠定义求导数是非常不方便甚至是困难的. 导数的计算主要还是要利用导数的运算法则与基本公式,本节及下一节将讨论各类函数的求导法则和方法. 下面先建立导数的运算法则,并在此基础上得到基本初等函数的求导公式.

2.2.1 求导的四则运算法则

求导法则 I 设函数 $u(x), v(x)$ 在 x 处可导,则 $u(x) \pm v(x)$ 及 $u(x) \cdot v(x)$ 也在 x 处可导,且

$$[u(x) \pm v(x)]' = u'(x) \pm v'(x) \qquad (2-11)$$

$$[u(x)v(x)]' = u'(x)v(x) + u(x)v'(x) \qquad (2-12)$$

若再增加条件 $v(x) \neq 0$,则函数 $\dfrac{u(x)}{v(x)}$ 在 x 处也可导,且

$$\left[\frac{u(x)}{v(x)}\right]' = \frac{u'(x)v(x) - u(x)v'(x)}{v^2(x)} \qquad (2-13)$$

证 令 $f(x) = u(x) \pm v(x), g(x) = u(x) \cdot v(x)$,由导数定义与极限的运算法则,得

$$\begin{aligned}
f'(x) &= \lim_{\Delta x \to 0} \frac{f(x + \Delta x) - f(x)}{\Delta x} \\
&= \lim_{\Delta x \to 0} \frac{[u(x + \Delta x) \pm v(x + \Delta x)] - [u(x) \pm v(x)]}{\Delta x} \\
&= \lim_{\Delta x \to 0} \left[\frac{u(x + \Delta x) - u(x)}{\Delta x} \pm \frac{v(x + \Delta x) - v(x)}{\Delta x}\right] \\
&= \lim_{\Delta x \to 0} \frac{u(x + \Delta x) - u(x)}{\Delta x} \pm \lim_{\Delta x \to 0} \frac{v(x + \Delta x) - v(x)}{\Delta x} \\
&= u'(x) \pm v'(x)
\end{aligned}$$

$$\begin{aligned}
g'(x) &= \lim_{\Delta x \to 0} \frac{u(x + \Delta x)v(x + \Delta x) - u(x)v(x)}{\Delta x} \\
&= \lim_{\Delta x \to 0} \frac{u(x + \Delta x)v(x + \Delta x) - u(x)v(x + \Delta x) + u(x)v(x + \Delta x) - u(x)v(x)}{\Delta x} \\
&= \lim_{\Delta x \to 0} \left[\frac{u(x + \Delta x) - u(x)}{\Delta x} v(x + \Delta x)\right] + \lim_{\Delta x \to 0} \left[u(x) \frac{v(x + \Delta x) - v(x)}{\Delta x}\right]
\end{aligned}$$

由于 $v(x)$ 在 x 处可导必连续,则

$$\lim_{\Delta x \to 0} v(x + \Delta x) = v(x)$$

再由极限运算法则与导数定义得

$$g'(x) = u'(x)v(x) + u(x)v'(x)$$

$$\begin{aligned}
\left[\frac{u(x)}{v(x)}\right]' &= \lim_{\Delta x \to 0} \frac{\dfrac{u(x + \Delta x)}{v(x + \Delta x)} - \dfrac{u(x)}{v(x)}}{\Delta x} \\
&= \lim_{\Delta x \to 0} \frac{u(x + \Delta x)v(x) - v(x + \Delta x)u(x)}{v(x + \Delta x)v(x)\Delta x} \\
&= \lim_{\Delta x \to 0} \frac{u(x + \Delta x)v(x) - u(x)v(x) + u(x)v(x) - v(x + \Delta x)u(x)}{v(x + \Delta x)v(x)\Delta x}
\end{aligned}$$

$$= \lim_{\Delta x \to 0}\left[\frac{u(x+\Delta x)-u(x)}{\Delta x} \cdot \frac{v(x)}{v(x+\Delta x)v(x)}\right]$$

$$- \lim_{\Delta x \to 0}\left[\frac{v(x+\Delta x)-v(x)}{\Delta x} \cdot \frac{u(x)}{v(x+\Delta x)v(x)}\right]$$

$$= \frac{u'(x)v(x)}{v^2(x)} - \frac{v'(x)u(x)}{v^2(x)}$$

$$= \frac{u'(x)v(x) - v'(x)u(x)}{v^2(x)}$$

由此得两个函数的商的求导法则:

$$\left[\frac{u(x)}{v(x)}\right]' = \frac{u'(x)v(x) - u(x)v'(x)}{v^2(x)}$$

证毕.

利用常数函数的导数为零,再由求导法则 I 中的式(2-12)可得如下推论.

推论 1 设 $u(x)$ 在 x 处可导,c 为常数,则 $cu(x)$ 在 x 处也可导,且

$$[cu(x)]' = cu'(x) \tag{2-14}$$

另外求导法则 I 中的加法、减法与乘法的运算法则可推广到有限个可导函数的情形.

推论 2 设 $u(x), v(x), w(x)$ 均在 x 处可导,则 $u(x)+v(x)+w(x)$ 与 $u(x)v(x)w(x)$ 在 x 处也可导,且

$$[u(x)+v(x)+w(x)]' = u'(x)+v'(x)+w'(x) \tag{2-15}$$

$$[u(x)v(x)w(x)]' = u'(x)v(x)w(x) + u(x)v'(x)w(x) + u(x)v(x)w'(x) \tag{2-16}$$

例 1 求对数函数 $y = \log_a x$ 的导数.

解 由于 $y = \log_a x = \dfrac{\ln x}{\ln a}$,则

$$y' = \left(\frac{\ln x}{\ln a}\right)' = \frac{1}{\ln a}(\ln x)' = \frac{1}{x \ln a}$$

即

$$(\log_a x)' = \frac{1}{x \ln a} \tag{2-17}$$

例 2 求 $y = \tan x$ 的导数.

解 由商的求导法则,得

$$(\tan x)' = \left(\frac{\sin x}{\cos x}\right)' = \frac{\cos x \cdot \cos x - \sin x \cdot (-\sin x)}{\cos^2 x} = \frac{1}{\cos^2 x} = \sec^2 x$$

即

$$(\tan x)' = \sec^2 x \tag{2-18}$$

同理可得

$$(\cot x)' = -\csc^2 x \quad (2-19)$$

$$(\sec x)' = \tan x \sec x \quad (2-20)$$

$$(\csc x)' = -\cot x \csc x \quad (2-21)$$

例 3 求函数 $y = \sqrt{x} + \ln x - 3^x + \cos\frac{\pi}{3}$ 的导数.

解 由导数加法与减法运算的法则,得

$$y' = (\sqrt{x})' + (\ln x)' - (3^x)' + \left(\cos\frac{\pi}{3}\right)' = \frac{1}{2\sqrt{x}} + \frac{1}{x} - 3^x \ln 3$$

例 4 求 $f(x) = e^x \tan x$ 的导数.

解 由导数乘法运算的法则,得

$$f'(x) = (e^x)' \tan x + e^x (\tan x)' = e^x \tan x + e^x \sec^2 x = e^x (\tan x + \sec^2 x)$$

例 5 求 $y = (x+1)(1-x)(3x+2)$ 的导数.

解 由导数加法、减法与乘法运算的法则,得

$$y' = (x+1)'(1-x)(3x+2) + (x+1)(1-x)'(3x+2) + (x+1)(1-x)(3x+2)'$$
$$= (1-x)(3x+2) - (x+1)(3x+2) + 3(x+1)(1-x)$$
$$= -9x^2 - 4x + 3$$

例 6 求 $y = \dfrac{1+\tan x}{\tan x} + 2\log_3 x - \cos x$ 的导数.

解 $y = \cot x + 1 + 2\log_3 x - \cos x$,由导数加法与减法运算的法则,得

$$y' = -\csc^2 x + \frac{2}{x\ln 3} + \sin x$$

例 7 求 $y = \dfrac{e^x}{2x-3}$ 的导数.

解 由商的求导法则,得

$$y' = \frac{(e^x)'(2x-3) - e^x(2x-3)'}{(2x-3)^2} = \frac{e^x[(2x-3)-2]}{(2x-3)^2} = \frac{e^x(2x-5)}{(2x-3)^2}$$

2.2.2 反函数与复合函数的求导法则

1) 反函数的求导法则

求导法则 Ⅱ 设 $y = f(x)$ 在区间 I_x 内单调、可导,且 $f'(x) \neq 0$,则其函数 $x = \varphi(y)$ 在相应的区间 I_y 内也单调、可导,且 $\varphi'(y) = \dfrac{1}{f'(x)}$.

证 设函数的 $y = f(x)$ 的反函数 $x = \varphi(y)$ 的自变量 y 的增量为 Δy,则相应地 x 的增量为 Δx. 由函数可导必连续的性质及反函数的连续性可得,$x = \varphi(y)$ 在

区间 I_y 内单调、连续,因此当 $\Delta y \to 0$ 时,有 $\Delta x \to 0$. 且当 $\Delta y \neq 0$ 时,有 $\Delta x \neq 0$, 则 $\forall y, y + \Delta y \in I_y$, 设 $\Delta y \neq 0$, 有

$$\varphi'(y) = \lim_{\Delta y \to 0} \frac{\Delta x}{\Delta y} = \lim_{\Delta y \to 0} \frac{1}{\frac{\Delta y}{\Delta x}} = \frac{1}{\lim_{\Delta y \to 0} \frac{\Delta y}{\Delta x}} = \frac{1}{\lim_{\Delta x \to 0} \frac{\Delta y}{\Delta x}} = \frac{1}{f'(x)}$$

证毕.

例 8 求反正弦函数 $y = \arcsin x (|x| < 1)$ 的导数.

解 由于 $x = \sin y$ 在区间 $\left(-\frac{\pi}{2}, \frac{\pi}{2}\right)$ 内单调、可导,且其导数 $\cos y \neq 0$. 因此,其反函数 $y = \arcsin x$ 在相应的区间 $(-1, 1)$ 内单调、可导,且由反函数求导公式得

$$(\arcsin x)' = \frac{1}{(\sin y)'} = \frac{1}{\cos y} = \frac{1}{\sqrt{1 - \sin^2 y}} = \frac{1}{\sqrt{1 - x^2}} \quad (x \in (-1, 1))$$

即

$$(\arcsin x)' = \frac{1}{\sqrt{1 - x^2}} \quad (x \in (-1, 1)) \tag{2-22}$$

同理可得

$$(\arccos x)' = \frac{-1}{\sqrt{1 - x^2}} \quad (x \in (-1, 1)) \tag{2-23}$$

$$(\arctan x)' = \frac{1}{1 + x^2} \quad (x \in \mathbf{R}) \tag{2-24}$$

$$(\text{arccot} x)' = -\frac{1}{1 + x^2} \quad (x \in \mathbf{R}) \tag{2-25}$$

2)复合函数的求导法则

很多情况下还会遇到复合函数的求导问题,下面推导复合函数的求导公式.

求导法则 Ⅲ 设函数 $u = \varphi(x)$ 在 x 处可导,函数 $y = f(u)$ 在相应的点 u 处可导,则复合函数 $y = f[\varphi(x)]$ 在 x 处也可导,且

$$(f[\varphi(x)])' = f'(u)\varphi'(x) \tag{2-26}$$

或

$$\frac{\mathrm{d}y}{\mathrm{d}x} = \frac{\mathrm{d}y}{\mathrm{d}u} \cdot \frac{\mathrm{d}u}{\mathrm{d}x} \tag{2-26'}$$

证 设 x 有增量 Δx, 则相应地 u 有增量 Δu, 复合函数 y 有增量 Δy. 由 $u = \varphi(x)$ 在 x 处可导则必连续可知,当 $\Delta x \to 0$ 时,有 $\Delta u \to 0$. 当 $\Delta u \neq 0$ 时,则

$$\lim_{\Delta x \to 0} \frac{\Delta y}{\Delta x} = \lim_{\Delta x \to 0} \frac{\Delta y}{\Delta u} \cdot \frac{\Delta u}{\Delta x} = \lim_{\Delta x \to 0} \frac{\Delta y}{\Delta u} \cdot \lim_{\Delta x \to 0} \frac{\Delta u}{\Delta x} = \lim_{\Delta u \to 0} \frac{\Delta y}{\Delta u} \cdot \lim_{\Delta x \to 0} \frac{\Delta u}{\Delta x}$$

$$= \frac{\mathrm{d}y}{\mathrm{d}u} \cdot \frac{\mathrm{d}u}{\mathrm{d}x}$$

当 $\Delta u = 0$ 时,则相应地 $\Delta y = 0$,则必有 $\dfrac{dy}{du} = 0$ 及 $\dfrac{du}{dx} = 0$,故 $\dfrac{dy}{dx} = \dfrac{dy}{du} \cdot \dfrac{du}{dx}$ 也成立.

因此复合函数 $y = f[\varphi(x)]$ 在 x 处的求导法则为
$$(f[\varphi(x)])' = f'[\varphi(x)] \cdot \varphi'(x)$$

上式中 $(f[\varphi(x)])'$ 表示复合后的函数 $y = f[\varphi(x)]$ 对自变量 x 的导数,$f'[\varphi(x)]$ 表示函数 $f(u)$ 对 u 的导数.

该求导法则可以推广到有限个函数复合的情形.

推论 3 设函数 $y = f(u), u = \varphi(v), v = \psi(x)$ 复合成函数 $y = f\{\varphi[\psi(x)]\}$,若 $f(u), \varphi(v), \psi(x)$ 均可导,则复合函数 $f\{\varphi[\psi(x)]\}$ 也可导,且有
$$(f\{\varphi[\psi(x)]\})' = f'(u) \cdot \varphi'(v) \cdot \psi'(x) \tag{2-27}$$

或
$$\dfrac{dy}{dx} = \dfrac{dy}{du} \cdot \dfrac{du}{dv} \cdot \dfrac{dv}{dx} \tag{2-27'}$$

上式右端的求导法则,按 $y \to u \to v \to x$ 的顺序,就像一条链子一样,因此通常将复合函数的求导法则 Ⅲ 及推论 3 称为**链式法则**.

例 9 求函数 $y = \ln|x|$ 的导数.

解 $y = \ln|x| = \begin{cases} \ln x, & x > 0 \\ \ln(-x), & x < 0 \end{cases}$

当 $x > 0$ 时,$y' = (\ln x)' = \dfrac{1}{x}$;

当 $x < 0$ 时,$y' = [\ln(-x)]' = \dfrac{1}{-x}(-x)' = \dfrac{1}{x}$.

因此
$$(\ln|x|)' = \dfrac{1}{x} \tag{2-28}$$

上式也是一个常用的公式,必须熟记.

2.2.3 求导的基本公式

利用导数定义及求导法则 Ⅰ、Ⅱ,已经得到了所有基本初等函数的导数公式,习惯上称之为**求导基本公式**(简称**求导公式**),归纳如下:

(1) $(c)' = 0$.

(2) $(x^\mu)' = \mu x^{\mu-1}$.

(3) $(a^x)' = a^x \ln a$. 特别地,$(e^x)' = e^x$.

(4) $(\log_a x)' = \dfrac{1}{x \ln a}$. 特别地,$(\ln x)' = \dfrac{1}{x}$ 及 $(\ln|x|)' = \dfrac{1}{x}$.

(5) $(\sin x)' = \cos x$.

(6) $(\cos x)' = -\sin x$.

(7) $(\tan x)' = \sec^2 x$.

(8) $(\cot x)' = -\csc^2 x$.

(9) $(\sec x)' = \sec x \tan x$.

(10) $(\csc x)' = -\csc x \cot x$.

(11) $(\arcsin x)' = \dfrac{1}{\sqrt{1-x^2}} (-1 < x < 1)$.

(12) $(\arccos x)' = -\dfrac{1}{\sqrt{1-x^2}} (-1 < x < 1)$.

(13) $(\arctan x)' = \dfrac{1}{1+x^2}$.

(14) $(\text{arccot}\, x)' = -\dfrac{1}{1+x^2}$.

2.2.4 初等函数的导数

由于初等函数是由基本初等函数经过有限次四则运算及有限次函数复合而构成的用一个解析式表示的函数,因此结合前面的求导法则与求导公式可推得:初等函数在其定义区间上处处可导,其导函数只要按照函数的结构,利用相应的求导公式或法则就可求出.

例 10 求下列函数的导数:

(1) $y = te^{2t}$. (2) $y = \ln \dfrac{\sqrt{x^2+2}}{\sqrt[3]{3+x}}$.

解 (1) $y' = e^{2t} + t \cdot 2e^{2t} = (1+2t)e^{2t}$.

(2) 由于
$$y = \frac{1}{2}\ln(x^2+2) - \frac{1}{3}\ln(3+x)$$

故
$$y' = \frac{1}{2} \cdot \frac{2x}{(x^2+2)} - \frac{1}{3} \cdot \frac{1}{(3+x)} = \frac{2x^2+9x-2}{3(x+3)(x^2+2)}$$

例 11 设 $F(x) = \begin{cases} x, & 0 < x \leqslant 1 \\ x^2, & 1 < x < 2 \end{cases}$,求 $F'(x)$.

解 当 $x \neq 1$ 时,$F(x)$ 在相应的定义区间上都是初等函数,故利用求导公式可得
$$F'(x) = \begin{cases} 1, & 0 < x < 1 \\ 2x, & 1 < x < 2 \end{cases}$$

由于 $x=1$ 是函数 $f(x)$ 的分界点，且 $f(x)$ 在 $x=1$ 的两侧的表达式不同，所以要利用该点的左、右导数的定义，求得

$$F'_+(1) = \lim_{\Delta x \to 0^+} \frac{(1+\Delta x)^2 - 1}{\Delta x} = \lim_{\Delta x \to 0^+}(2+\Delta x) = 2$$

$$F'_-(1) = \lim_{\Delta x \to 0^-} \frac{(1+\Delta x) - 1}{\Delta x} = 1$$

故 $F'(1)$ 不存在.

综上

$$F'(x) = \begin{cases} 1, & 0 < x < 1 \\ 2x, & 1 < x < 2 \end{cases}$$

例 12 设 $f(x)$ 为可导函数，求函数 $y = f^2(\sin x)$ 的导数.

解 由复合函数的求导法则可得

$$y' = 2f(\sin x)[f(\sin x)]' = 2f(\sin x)f'(\sin x)\sin' x$$
$$= 2f(\sin x)f'(\sin x)\cos x = 2\cos x f(\sin x)f'(\sin x)$$

例 13 设函数 $f(x) = \begin{cases} x^2 + 1, & x \leqslant 0 \\ ax + b, & x > 0 \end{cases}$ 在点 $x = 0$ 处连续且可导，求 a, b 的值.

解 由于 $x = 0$ 是函数 $f(x)$ 的分界点，且 $f(x)$ 在 $x = 0$ 的两侧的表达式不同，所以要利用定义求该点的左、右极限与导数，再考察其连续性与可导性，先考虑 $f(x)$ 在 $x = 0$ 处的连续性，由

$$\lim_{x \to 0^-} f(x) = \lim_{x \to 0^-}(x^2 + 1) = 1, \quad \lim_{x \to 0^+} f(x) = \lim_{x \to 0^+}(ax + b) = b$$

得

$$1 = b$$

再考虑 $f(x)$ 在 $x = 0$ 处的可导性，由

$$f'_-(0) = \lim_{\Delta x \to 0^-} \frac{f(\Delta x) - f(0)}{\Delta x} = \lim_{\Delta x \to 0^-} \frac{(\Delta x)^2 + 1 - 1}{\Delta x} = 0$$

$$f'_+(0) = \lim_{\Delta x \to 0^+} \frac{f(\Delta x) - f(0)}{\Delta x} = \lim_{\Delta x \to 0^+} \frac{a(\Delta x) + b - 1}{\Delta x} = \lim_{\Delta x \to 0^+} \frac{a\Delta x}{\Delta x} = a$$

得

$$0 = a$$

解得 $a = 0, b = 1$.

习题 2.2

1. 填空.

(1) $(\underline{\quad})' = \dfrac{1}{\sqrt{x}}$.

(2) $(\underline{\quad})' = \dfrac{1}{x^2}$.

(3) $(\underline{\quad})' = x\sin x^2$.

(4) $(\underline{\quad})' = e^{2x}$.

2. 求下列函数的导数：

(1) $y = 3x^2 - 2\cos x + 3$.

(2) $y = \dfrac{x^3 + 3x^2 - 2x - 1}{x\sqrt{x}}$.

(3) $y = 5x^3 - 2^x + 3e$.

(4) $y = 2\tan x - \sin\pi + \csc x$.

(5) $y = x^2 \ln x$.

(6) $y = \dfrac{\cos x}{x}$.

(7) $y = \dfrac{2x}{1+x^2} - 2\arctan x$.

(8) $y = (2x+5)^3$.

(9) $y = e^{-3x^2}$.

(10) $y = 4^{\sin x}$.

(11) $y = \ln(x + \sqrt{x^2 - a^2})$.

(12) $y = \dfrac{1-\ln x}{1+\ln x}$.

(13) $y = \ln|x^3 - x^2|$.

(14) $y = \ln \dfrac{e^{2x}}{e^{2x}+1}$.

3. 求下列函数在指定点处的导数：

(1) $y = (x^2 + x + 1)^{100}$, $x = -1$.

(2) $y = \cot\sqrt{1+x^2}$, $x = 0$.

4. 求下列函数的导数（其中 $f(x)$ 为可导函数）：

(1) $y = f^2(e^x)$.

(2) $y = f(x^2)$.

5. 设函数 $\varphi(t) = f(x_0 + at)$，又 $f'(x_0) = a$，求 $\varphi'(0)$.

6. 已知曲线 $y = ax^4 + bx^3 + cx^2 + d$ 与直线 $y = 11x - 5$ 在点 $(1,6)$ 处相切，并经过点 $(-1,8)$，且在点 $(0,3)$ 处有一水平切线. 求 a, b, c, d 的值.

7. 设 $f(x) = 5^{|2-x|}$，求 $f'(x)$.

8. 设函数 $f(x) = \begin{cases} e^{ax}, & x \leqslant 0 \\ b(1-x^2), & x > 0 \end{cases}$ 处处可导，求 a, b 的值.

9. 已知 $f\left(\dfrac{1}{x}\right) = \dfrac{x}{x+1}$，求 $f'(x)$.

2.3　高阶导数

1) 高阶导数的定义

我们知道运动学中变速直线运动中的速度函数 $v(t)$ 是路程函数 $s(t)$ 对时间 t 的导数 $s'(t)$，而加速度 $a(t)$ 是速度函数 $v(t)$ 对时间 t 的导数，即

$$a(t) = v'(t) = [s'(t)]'$$

因此加速度 $a(t)$ 是路程函数 $s(t)$ 对 t 的导数的导数，称为函数 $s(t)$ 对 t 的**二阶导数**。

一般地，函数 $y = f(x)$ 的导数仍是 x 的函数，如果导函数 $y' = f'(x)$ 的导数存在，则称此导函数 $f'(x)$ 的导数为**函数 $y = f(x)$ 的二阶导数**，记作 y''，$f''(x)$，$\dfrac{d^2 y}{dx^2}$ 或 $\dfrac{d^2 f}{dx^2}$。

由导数定义可知

$$f''(x) = \lim_{\Delta x \to 0} \frac{f'(x + \Delta x) - f'(x)}{\Delta x} \tag{2-29}$$

依次类推，如果 $f''(x)$ 的导数存在，就称这个二阶导数的导数为函数 $y = f(x)$ 的三阶导数，记作 y'''，$f'''(x)$ 或 $\dfrac{d^3 y}{dx^3}$。

一般地，如果函数 $y = f(x)$ 的 $(n-1)$ 阶导数的导数存在，就称这个导数为函数 $y = f(x)$ 的 n 阶导数，记作 $y^{(n)}$，$f^{(n)}(x)$ 或 $\dfrac{d^n y}{dx^n}$。

由导数定义可知

$$f^{(n)}(x) = \lim_{\Delta x \to 0} \frac{f^{(n-1)}(x + \Delta x) - f^{(n-1)}(x)}{\Delta x} \tag{2-30}$$

二阶及二阶以上的导数统称为**高阶导数**。

当 $x = x_0$ 时，对应的 n 阶导函数的值记作 $y^{(n)}\big|_{x=x_0}$，$f^{(n)}(x_0)$ 或 $\dfrac{d^n y}{dx^n}\bigg|_{x=x_0}$。

显然，求高阶导数就是对一个函数进行连续多次的求导运算，再运用归纳法就可得出一些常见函数的高阶导数。

例 1　求 n 次多项式函数 $y = a_0 + a_1 x + a_2 x^2 + \cdots + a_n x^n$ 的各阶导数。

解
$$y' = a_1 + 2a_2 x + \cdots + n a_n x^{n-1}$$
$$y'' = 2a_2 + 6a_3 x + \cdots + n(n-1) a_n x^{n-2}$$
$$\cdots$$

每求导一次,多项式的次数就降一次,对原来的多项式进行连续 n 次求导运算后,可得
$$y^{(n)} = n!a_n$$
显然 $y^{(n)}$ 是一个常数,因此
$$y^{(n+1)} = y^{(n+2)} = \cdots = 0$$
即 n 次多项式的一切高过 n 阶的导数都等于零.

例 2 求 $y = a^{bx}$ 的 n 阶导数.

解
$$y' = a^{bx} b \ln a$$
$$y'' = a^{bx} b \ln a \cdot b \ln a = a^{bx} (b \ln a)^2$$
$$\cdots$$
$$y^{(n)} = a^{bx} (b \ln a)^n$$
即
$$(a^{bx})^{(n)} = a^{bx} (b \ln a)^n \qquad (2\text{-}31)$$

特别地,在式(2-31)中取 $b = 1$,有
$$(a^x)^{(n)} = a^x (\ln a)^n \qquad (2\text{-}32)$$

在式(2-31)中取 $a = e$,有
$$(e^{bx})^{(n)} = b^n e^{bx} \qquad (2\text{-}33)$$

再在上式中取 $b = 1$,有
$$(e^x)^{(n)} = e^x. \qquad (2\text{-}34)$$

例 3 求 $y = (1+x)^\mu (\mu \in \mathbf{R})$ 的 n 阶导数.

解 (1) 当 $\mu \notin \mathbf{N}^+$,则
$$y' = \mu(1+x)^{\mu-1}$$
$$y'' = \mu(\mu-1)(1+x)^{\mu-2}$$
$$\cdots$$
$$y^{(n)} = \mu(\mu-1)\cdots(\mu-n+1)(1+x)^{\mu-n}$$

(2) 当 $\mu \in \mathbf{N}^+$,则

当 $n < \mu$ 时,
$$y^{(n)} = \mu(\mu-1)\cdots(\mu-n+1)(1+x)^{\mu-n}$$

当 $n = \mu$ 时,
$$y^{(n)} = n!$$

当 $n > \mu$ 时,
$$y^{(n)} = 0$$

特别地,当 $\mu = -1$ 时,有

$$\left(\frac{1}{1+x}\right)^{(n)} = \frac{(-1)^n n!}{(1+x)^{n+1}} \tag{2-35}$$

例 4 求 $y = \ln(1+x)$ 的 n 阶导数.

解 $y' = \dfrac{1}{1+x}$,再由例 3 中的式(2-35),可得

$$y^{(n)} = \left(\frac{1}{1+x}\right)^{(n-1)} = \frac{(-1)^{n-1}(n-1)!}{(1+x)^n} \tag{2-36}$$

例 5 求 $y = \sin ax$ 的 n 阶导数.

解
$$y' = a\cos ax = a\sin\left(ax + \frac{\pi}{2}\right)$$

$$y'' = a^2\cos\left(ax + \frac{\pi}{2}\right) = a^2\sin\left(ax + 2\cdot\frac{\pi}{2}\right)$$

$$y''' = a^3\cos\left(ax + 2\cdot\frac{\pi}{2}\right) = a^3\sin\left(ax + 3\cdot\frac{\pi}{2}\right)$$

$$\cdots$$

一般地

$$\sin^{(n)}(ax) = a^n \sin\left(ax + n\cdot\frac{\pi}{2}\right) \tag{2-37}$$

类似可得

$$\cos^{(n)}(ax) = a^n \cos\left(ax + n\cdot\frac{\pi}{2}\right) \tag{2-38}$$

利用上述例题中的结论及求高阶导数的方法可求一些简单函数的高阶导数.

例 6 设 $y = e^{2x}$,求 $y^{(n)}$.

解 利用上面式(2-33)的结果可得:

$$y^{(n)} = (e^{2x})^{(n)} = 2^n e^{2x}$$

例 7 设 $f(x) = \cos^2 x$,求 $f^{(n)}(0)$.

解 由 $f'(x) = -2\sin x \cos x = -\sin 2x$,则再对 $f'(x)$ 求 $n-1$ 阶导数,得

$$f^{(n)}(x) = -(\sin 2x)^{(n-1)} = -2^{n-1}\sin\left(2x + \frac{(n-1)\pi}{2}\right)$$

将 $x = 0$ 代入上式,得

$$f^{(n)}(0) = -2^{n-1}\sin\frac{(n-1)\pi}{2}$$

一般函数的高阶导数的表达式是相当繁琐的,为了便于计算高阶导数,下面介绍两个常用的高阶导数的运算法则.

2) 高阶导数的运算法则

(1) 高阶导数的加、减运算法则

设 $u(x)$ 与 $v(x)$ 都在 x 处具有 n 阶导数,则
$$[u(x) \pm v(x)]' = u'(x) \pm v'(x)$$
$$[u(x) \pm v(x)]'' = [u'(x) \pm v'(x)]' = u''(x) \pm v''(x)$$
$$\cdots$$

利用数学归纳法,可得
$$[u(x) \pm v(x)]^{(n)} = u^{(n)}(x) \pm v^{(n)}(x) \tag{2-39}$$
此结论可推广到有限个函数的代数和的情形.

例8 设 $y = \dfrac{1}{x^2 - 2x - 3}$,求 $y^{(n)}$.

解
$$y = \frac{1}{x^2 - 2x - 3} = \frac{1}{4}\left(\frac{1}{x-3} - \frac{1}{x+1}\right)$$
利用式(2-35)的结论以及高阶导数的加法与减法运算法则,得
$$y^{(n)} = \frac{1}{4}\left[\left(\frac{1}{x-3}\right)^{(n)} - \left(\frac{1}{x+1}\right)^{(n)}\right] = \frac{1}{4}\left[\frac{(-1)^n n!}{(x-3)^{n+1}} - \frac{(-1)^n n!}{(x+1)^{n+1}}\right]$$
$$= \frac{(-1)^n n!}{4}\left[\frac{1}{(x-3)^{n+1}} - \frac{1}{(x+1)^{n+1}}\right]$$

(2) 高阶导数的乘法运算法则

设 $u(x)$ 与 $v(x)$ 都在 x 处具有 n 阶导数,则
$$[u(x)v(x)]' = u'(x)v(x) + u(x)v'(x)$$
$$[u(x)v(x)]'' = [u'(x)v(x)]' + [u(x)v'(x)]'$$
$$= u''(x)v(x) + u'(x)v'(x) + u'(x)v'(x) + u(x)v''(x)$$
$$= u''(x)v(x) + 2u'(x)v'(x) + u(x)v''(x),$$
$$[u(x) \cdot v(x)]''' = [u''(x)v(x)]' + 2[u'(x)v'(x)]' + [u(x)v''(x)]'$$
$$= u'''(x)v(x) + u''(x)v'(x) + 2u''(x)v'(x)$$
$$\quad + 2u'(x)v''(x) + u'(x)v''(x) + u(x)v'''(x)$$
$$= u'''(x)v(x) + 3u''(x)v'(x) + 3u'(x)v''(x) + u(x)v'''(x)$$
$$\cdots$$

用数学归纳法可以证明
$$(u \cdot v)^{(n)} = u^{(n)}v + nu^{(n-1)}v' + \frac{n(n-1)}{2}u^{(n-2)}v'' + \cdots$$
$$+ \frac{n(n-1)\cdots(n-k+1)}{k!}u^{(n-k)}v^{(k)} + \cdots + nu'v^{(n-1)} + uv^{(n)}$$
$$= \sum_{k=0}^{n} C_n^k u^{(n-k)} v^{(k)} \tag{2-40}$$

上式是两个函数乘积的 n 阶导数公式,也称为莱布尼兹(Leibniz)公式. 由于其结果中的系数与代数中二项式定理中相应的系数一致,因此常借助二项式定理的

系数与项的规律来帮助记忆莱布尼兹公式.

例9 设 $f(x)=(x^3+2)\mathrm{e}^x$,求 $f^{(20)}(x)$ 及 $f^{(20)}(0)$.

解 令 $u=\mathrm{e}^x, v=x^3+2$,则
$$u^{(k)}=\mathrm{e}^x \quad (k=1,2,\cdots,20)$$
$$v'=3x^2, \quad v''=6x, \quad v'''=6, \quad v^{(k)}=0 \quad (k=4,5,\cdots,20)$$

代入莱布尼兹公式即式(2-40),得
$$\begin{aligned}
f^{(20)}(x) &= [(x^3+2)\mathrm{e}^x]^{(20)} \\
&= (x^3+2)(\mathrm{e}^x)^{(20)} + 20(x^3+2)'(\mathrm{e}^x)^{(19)} + \frac{20\times 19}{2}(x^3+2)''(\mathrm{e}^x)^{(18)} \\
&\quad + \frac{20\times 19\times 18}{3\times 2}(x^3+2)'''(\mathrm{e}^x)^{(17)} \\
&= \mathrm{e}^x(x^3+60x^2+1\,140x+6\,842)
\end{aligned}$$

故
$$f^{(20)}(0)=\mathrm{e}^x(x^3+60x^2+1\,140x+6\,842)\Big|_{x=0}=6\,842$$

习题2.3

1. 求下列函数的二阶导数:

(1) $y=4^{3x-1}$. (2) $y=2x^2+\ln x$.

(3) $y=\ln(x+\sqrt{1+x^2})$. (4) $y=x\mathrm{e}^{x^2}$.

2. 设 $f(x)$ 具有二阶导数,求下列函数 y 的二阶导数 $\dfrac{\mathrm{d}^2 y}{\mathrm{d}x^2}$:

(1) $y=\ln[f(x)]$. (2) $y=f(x^2)$.

3. 验证函数 $y=c_1\mathrm{e}^x+c_2\mathrm{e}^{-x}$($c_1,c_2$ 为常数) 满足关系式 $y''-y=0$.

4. 求下列函数的 n 阶导数:

(1) $y=\dfrac{1}{x^2-3x+2}$. (2) $y=\sin^2 x$.

(3) $y=x^2\ln x$. (4) $y=x^2\mathrm{e}^x$.

2.4 隐函数与参数方程确定的函数的导数

以前我们提到的函数都可以表示成 $y=f(x)$ 的形式,其中函数 $f(x)$ 是由 x 的解析式表示出,称为显函数.除了显函数之外,隐函数、参数方程等也是函数的重要表现形式.隐函数未必能显化,参数方程也未必能消去参数成为显函数.因此它们

的导数仅用前面介绍的求导法则与公式未必能求出. 下面着重讨论隐函数、参数方程确定的函数的求导方法.

2.4.1 隐函数的导数

1) 隐函数求导法

(1) 隐函数的导数

一般地,如果方程 $F(x,y)=0$ 在一定条件下,当 x 在某区间内任取一值时,相应地总有满足这个方程的唯一的 y 值存在,那么,就称**方程 $F(x,y)=0$ 在该区间上确定了一个隐函数** $y=y(x)$.

把一个隐函数化为显函数,称为隐函数的显化. 例如方程 $x^2+2y=1$ 确定的函数可显化为 $y=\frac{1}{2}(1-x^2)$. 但有些隐函数的显化是困难的,甚至是不可能的. 而在实际问题中,往往需要计算隐函数的导数,那么能否对隐函数不显化,而直接从方程 $F(x,y)=0$ 计算该隐函数的导数 $\frac{\mathrm{d}y}{\mathrm{d}x}$ 呢? 下面给出解决这个问题的方法.

设方程 $F(x,y)=0$ 确定了可导函数 $y=y(x)$,因此把它代回原方程中就得到恒等式:

$$F[x,y(x)]=0$$

对上述恒等式的两端求 x 的导数,所得的结果也必然相等,但应注意,方程的左端 $F[x,y(x)]$ 是将 $y=y(x)$ 代入方程 $F(x,y)$ 中的结果,所以求导时其中的 y 要看作 x 的函数,然后用复合函数的求导法去求导,这样就可得到一个含有欲求的导数 $\frac{\mathrm{d}y}{\mathrm{d}x}$ 的等式,从中可解出 $\frac{\mathrm{d}y}{\mathrm{d}x}$. 这就是所谓的隐函数求导法.

例 1 设方程 $\mathrm{e}^{xy}+y^2=\cos x$ 确定 y 为 x 的函数,求 $\frac{\mathrm{d}y}{\mathrm{d}x}$.

解 对方程两边求 x 的导数,得

$$\mathrm{e}^{xy}\left(y+x\frac{\mathrm{d}y}{\mathrm{d}x}\right)+2y\frac{\mathrm{d}y}{\mathrm{d}x}=-\sin x$$

解得

$$\frac{\mathrm{d}y}{\mathrm{d}x}=-\frac{\sin x+y\mathrm{e}^{xy}}{x\mathrm{e}^{xy}+2y}$$

例 2 求曲线 $xy+\mathrm{e}^y=1$ 在点 $(0,0)$ 处的切线方程.

解 方程两边分别对 x 求导,得

$$y+xy'+\mathrm{e}^y\cdot y'=0$$

将 $x=0,y=0$ 代入上式,得

$$k = y'\Big|_{(0,0)} = 0$$

则曲线在$(0,0)$点处的切线方程是

$$y = 0$$

(2) 隐函数的二阶导数

如果需要求隐函数的二阶导数,只要对含有隐函数的一阶导数$\dfrac{\mathrm{d}y}{\mathrm{d}x}$的方程两边再求自变量的导数,便可得到一个含有隐函数的二阶导数$\dfrac{\mathrm{d}^2 y}{\mathrm{d}x^2}$的等式,再将一阶导数$\dfrac{\mathrm{d}y}{\mathrm{d}x}$的表达式代入该方程,就可从中解出$\dfrac{\mathrm{d}^2 y}{\mathrm{d}x^2}$. 这就是隐函数的二阶导数的求法.

例3 设函数$y = y(x)$是由方程$\mathrm{e}^x - \mathrm{e}^y - xy = 0$确定的隐函数,求$\dfrac{\mathrm{d}^2 y}{\mathrm{d}x^2}\Big|_{x=0}$.

解 当$x = 0$时,代入原方程即可求得$y = 0$,在方程两边对x求导,得

$$\mathrm{e}^x - \mathrm{e}^y \frac{\mathrm{d}y}{\mathrm{d}x} - y - x\frac{\mathrm{d}y}{\mathrm{d}x} = 0 \qquad (2-41)$$

再对上式求x的导数,得

$$\mathrm{e}^x - \mathrm{e}^y \left(\frac{\mathrm{d}y}{\mathrm{d}x}\right)^2 - \mathrm{e}^y \frac{\mathrm{d}^2 y}{\mathrm{d}x^2} - 2\frac{\mathrm{d}y}{\mathrm{d}x} - x\frac{\mathrm{d}^2 y}{\mathrm{d}x^2} = 0 \qquad (2-42)$$

将$x = 0, y = 0$代入式(2-41),解得$\dfrac{\mathrm{d}y}{\mathrm{d}x}\Big|_{x=0} = 1$,再将$x = 0, y = 0, \dfrac{\mathrm{d}y}{\mathrm{d}x}\Big|_{x=0} = 1$代入式(2-42),解得

$$\frac{\mathrm{d}^2 y}{\mathrm{d}x^2}\Big|_{x=0} = -2$$

2) 对数求导法

利用隐函数求导法还可以方便地求出由几个因子通过乘、除、乘方、开方所构成的比较复杂的函数(包括幂指函数$y = [f(x)]^{g(x)}$)的导数,具体做法如下:对函数两边先取对数,化乘除为加减,化乘方、开方为乘积,得到包含原来函数的方程,再按隐函数的求导方法求导即可,称这种求导法为**对数求导法**.

例4 设$y = x^x (x > 0)$,求$\dfrac{\mathrm{d}y}{\mathrm{d}x}$.

解 在等式两边取对数,得

$$\ln y = x \ln x$$

对上式两边对x求导,得

$$\frac{1}{y} \cdot y' = \ln x + 1$$

解得
$$\frac{\mathrm{d}y}{\mathrm{d}x} = x^x(\ln x + 1)$$

对数求导法不仅可以用来求幂指函数的导数,从下面的例子可以看到,此方法对求某些仅含有乘、除、乘方、开方运算的函数导数也同样适用.

例 5 求 $y = \sqrt[3]{\dfrac{(x+1)(x-1)}{(x+3)^2}}$ 的导数.

解 在已知函数两边取对数,得
$$\ln y = \frac{1}{3}[\ln|x+1| + \ln|x-1| - 2\ln|x+3|]$$

上式两边对 x 求导,得
$$\frac{1}{y}y' = \frac{1}{3}\left(\frac{1}{x+1} + \frac{1}{x-1} - \frac{2}{x+3}\right)$$

解得
$$y' = \frac{1}{3}\sqrt[3]{\frac{(x+1)(x-1)}{(x+3)^2}}\left(\frac{1}{x+1} + \frac{1}{x-1} - \frac{2}{x+3}\right)$$

2.4.2 参数方程确定的函数的导数

1) 参数方程确定的函数的导数

有时函数由参数方程 $\begin{cases} x = x(t) \\ y = y(t) \end{cases}$ 来表示更方便且简单,如 $\begin{cases} x = R\cos t \\ y = R\sin t \end{cases}$ ($0 \leqslant t \leqslant \pi$) 表示以 R 为半径、原点为圆心的上半圆周曲线 $y = \sqrt{R^2 - x^2}$. 星形线的直角坐标方程为 $x^{\frac{2}{3}} + y^{\frac{2}{3}} = a^{\frac{2}{3}}$,其参数方程为 $\begin{cases} x = a\cos^3 t \\ y = a\sin^3 t \end{cases}$ ($0 \leqslant t \leqslant 2\pi$),显然星形线的参数方程更为简单.

一般地,设参数方程 $\begin{cases} x = x(t) \\ y = y(t) \end{cases}$,若 $t \in (\alpha, \beta)$ 时,$x = x(t), y = y(t)$ 都有连续的导数,且 $x'(t) \neq 0$,可以证明 $x = x(t)$ 必有单值反函数 $t = t(x)$,代入 $y = y(t)$ 中,得 $y = y[t(x)]$,因此在所给条件下,参数方程 $\begin{cases} x = x(t) \\ y = y(t) \end{cases}$ ($t \in (\alpha, \beta)$) 确定了 y 是 x 的函数 $y = y[t(x)]$,它必定可导,由复合函数与反函数的求导法则,求得其导数为

$$\frac{\mathrm{d}y}{\mathrm{d}x} = \frac{\mathrm{d}y}{\mathrm{d}t} \cdot \frac{\mathrm{d}t}{\mathrm{d}x} = \frac{\dfrac{\mathrm{d}y}{\mathrm{d}t}}{\dfrac{\mathrm{d}x}{\mathrm{d}t}} = \frac{y'(t)}{x'(t)} \qquad (2-43)$$

称上式为**参数方程确定的函数的导数公式**.

例 6 求摆线 $\begin{cases} x = a(t-\sin t) \\ y = a(1-\cos t) \end{cases}$ 在 $t = \dfrac{\pi}{2}$ 时的切线方程.

解 将 $t = \dfrac{\pi}{2}$ 代入参数方程中,得 $x = \dfrac{(\pi-2)a}{2}, y = a$. 又

$$y'(x) = \frac{y'(t)}{x'(t)} = \frac{a\sin t}{a(1-\cos t)} = \cot\frac{t}{2}$$

则 $k = y'\left(\dfrac{\pi}{2}\right) = \cot\dfrac{\pi}{4} = 1$,因此摆线在 $t = \dfrac{\pi}{2}$ 时的切线方程为

$$y - a = x - \frac{(\pi-2)a}{2}$$

即

$$x - y + \frac{(4-\pi)a}{2} = 0$$

2) 参数方程确定的函数的二阶导数

显然参数方程 $\begin{cases} x = x(t) \\ y = y(t) \end{cases}$ 的导函数 $\dfrac{\mathrm{d}y}{\mathrm{d}x}$ 仍是参数 t 的函数,因此其导函数 $\dfrac{\mathrm{d}y}{\mathrm{d}x}$ 仍然可用参数方程表示:

$$\begin{cases} x = x(t) \\ \dfrac{\mathrm{d}y}{\mathrm{d}x} = \dfrac{y'(t)}{x'(t)} = F(t) \end{cases}$$

设 $x = x(t), y = y(t)$ 都有连续的二阶导数,且 $x'(t) \neq 0$,则利用参数方程的求导公式可得参数方程确定的函数的二阶导数为:

$$\begin{aligned}\frac{\mathrm{d}^2 y}{\mathrm{d}x^2} &= \frac{F'(t)}{x'(t)} = \frac{\left(\dfrac{y'(t)}{x'(t)}\right)'_t}{x'(t)} = \frac{1}{x'(t)} \cdot \frac{y''(t)x'(t) - y'(t)x''(t)}{(x'(t))^2} \\ &= \frac{y''(t)x'(t) - y'(t)x''(t)}{(x'(t))^3}\end{aligned} \tag{2-44}$$

必须指出式(2-44)虽然可以作为参数方程 $\begin{cases} x = x(t) \\ y = y(t) \end{cases}$ 确定的函数的二阶导数公式,但使用它并不方便,而用参数方程的求导方法求二阶导数如下:

$$\frac{\mathrm{d}^2 y}{\mathrm{d}x^2} = \frac{F'(t)}{x'(t)} = \frac{\left(\dfrac{y'(t)}{x'(t)}\right)'_t}{x'(t)}$$

该方法不仅更为方便,还可以用它求该参数方程确定的函数的更高阶的导数.

例 7 设 $\begin{cases} x = a\cos^3 t \\ y = a\sin^3 t \end{cases}$,求 $\dfrac{\mathrm{d}y}{\mathrm{d}x}, \dfrac{\mathrm{d}^2 y}{\mathrm{d}x^2}$.

解
$$\frac{dy}{dx} = \frac{(a\sin^3 t)'}{(a\cos^3 t)'} = \frac{3a\sin^2 t\cos t}{-3a\cos^2 t\sin t} = -\tan t$$

$$\frac{d^2 y}{dx^2} = \frac{d(-\tan t)}{dt} \cdot \frac{1}{\frac{dx}{dt}} = \frac{-1}{\cos^2 t(-3a\cos^2 t\sin t)} = \frac{1}{3a\cos^4 t\sin t}$$

*2.4.3 相关变化率

在许多实际问题中经常会遇到这样一类问题:在某一变化过程中,变量 x 与 y 都是变量 t 的函数,而 x 与 y 之间又存在某种依赖关系,若 $x = x(t), y = y(t)$ 都可导,则变化率 $\frac{dx}{dt}, \frac{dy}{dt}$ 之间也存在某种依赖关系,这两个相互依赖的变化率称为**相关变化率**.

若已知 x 与 y 的函数关系及其中某一个变量对 t 的变化率,就可以求出另一个变量对 t 的变化率. 具体方法为:根据问题的实际情况建立 x 与 y 的关系等式,对该关系等式求 t 的导数,得到两个相关变化率 $\frac{dx}{dt}$ 与 $\frac{dy}{dt}$ 之间的方程,再利用其中已知的变化率求出另一个变化率.

例8 设有一个球体,其半径以 0.01 m/s 的速度增加,当其半径达到 2 m 时,求体积及表面积的增加速率.

解 设球的半径为 R,则体积为
$$V = \frac{4}{3}\pi R^3$$
表面积为
$$S = 4\pi R^2$$
分别对上面两式的两边求时间 t 的导数,得
$$\frac{dV}{dt} = 4\pi R^2 \cdot R'(t), \quad \frac{dS}{dt} = 8\pi R \cdot R'(t)$$
将 $R'(t_0) = 0.01 \text{ m/s}, R(t_0) = 2 \text{ m}$ 代入上面两式中,得
$$\frac{dV}{dt} = 4\pi \times 2^2 \times 0.01 = 0.16\pi (\text{m}^3/\text{s})$$
$$\frac{dS}{dt} = 8\pi \times 2 \times 0.01 = 0.16\pi (\text{m}^2/\text{s})$$
故球体的体积增加速率为 $0.16\pi (\text{m}^3/\text{s})$,表面积增加速率为 $0.16\pi (\text{m}^2/\text{s})$.

习题 2.4

1. 求下列方程所确定的隐函数 $y=y(x)$ 的导数 y' 或在指定点处的导数：

   (1) $x^2+y^2-xy=1$.
   (2) $y=\sin(x+y)$.
   (3) $y\sin x-\cos(x-y)=0, y'\big|_{(0,\frac{\pi}{2})}$.
   (4) $\arctan\dfrac{y}{x}=\ln\sqrt{x^2+y^2}$.

2. 用对数求导法求下列函数的导数：

   (1) $y=\dfrac{\mathrm{e}^{2x}(x+3)}{\sqrt{(x-4)(x+5)}}$.
   (2) $y=x^{\cos 2x}\ (x>0)$.

3. 求下列参数方程所确定的函数的导数 $\dfrac{\mathrm{d}y}{\mathrm{d}x}$ 或在指定点处的导数：

   (1) $\begin{cases}x=at^2\\ y=bt^3\end{cases}$.
   (2) $\begin{cases}x=t-\arctan t\\ y=\ln(1+t^2)\end{cases}, \dfrac{\mathrm{d}y}{\mathrm{d}x}\bigg|_{t=1}$.

4. 设由方程 $y=1+x\mathrm{e}^y$ 确定函数 $y=y(x)$，求 $\dfrac{\mathrm{d}^2 y}{\mathrm{d}x^2}$.

5. 设由方程 $\mathrm{e}^y-\mathrm{e}^{-x}+xy=0$ 确定函数 $y=y(x)$，求 $y'(0)$ 及 $y''(0)$.

6. 求由下列参数方程所确定的函数的二阶导数 $\dfrac{\mathrm{d}^2 y}{\mathrm{d}x^2}$：

   (1) $\begin{cases}x=\dfrac{t^2}{2}\\ y=1-t\end{cases}$.
   (2) $\begin{cases}x=3\mathrm{e}^{-t}\\ y=2\mathrm{e}^t\end{cases}$.
   (3) $\begin{cases}x=2\ln(\cot t)\\ y=\tan t\end{cases}$.

   (4) $\begin{cases}x=f'(t)\\ y=tf'(t)-f(t)\end{cases}$ ($f''(t)$ 存在且不为零).

7. 求曲线 $\begin{cases}x=\sin t\\ y=\cos 2t\end{cases}$ 在 $t=\dfrac{\pi}{4}$ 的对应点处的切线方程与法线方程.

8. 在曲线 $x^2+2xy+y^2-4x-5y+3=0$ 上求一点，使曲线在该点的切线与直线 $2x+3y=0$ 平行，并求出该切线的方程.

9. 已知曲线 $\begin{cases}x=t^2+at+b\\ y=c\mathrm{e}^t-\mathrm{e}\end{cases}$ 在 $t=1$ 时过原点，且曲线在原点的切线平行于直线 $2x-y+1=0$，求 a,b,c 的值.

10. 若曲线 $y=f(x)$ 与 $y=\sin x$ 在原点相切（有公共的切线），求 $\lim\limits_{n\to\infty}\sqrt{nf\left(\dfrac{2}{n}\right)}$.

*11. 一气球以 $40\ \mathrm{cm}^3/\mathrm{s}$ 的速度充气，当球半径为 $10\ \mathrm{cm}$ 时，求球半径的增长率.

2.5 函数的微分及其应用

某些实际问题中,有时需要讨论自变量发生微小改变时所产生的函数增量的计算问题.微分提供了函数增量的一种简便而有效的近似算法,为我们研究函数在一点处的形态提供了重要工具,因而微分也是微分学中重要的基本概念之一.

2.5.1 微分的概念

先考察一个实例.

例 1 有一块正方形金属薄片,因环境温度发生了微小的的变化,其边长从 x_0 变为 $x_0 + \Delta x$,问薄片的面积将改变多少?

解 设金属薄片的边长为 x,则其面积 $A = x^2$,当边长在 x_0 处改变了 Δx 时,对应面积的改变量为

$$\Delta A = (x_0 + \Delta x)^2 - x_0^2 = 2x_0 \Delta x + (\Delta x)^2$$

从上式可看出,ΔA 由两部分组成,一部分是 Δx 的线性函数 $2x_0 \Delta x$,即图 2-2 中带有斜阴影线的两个矩形面积之和;另一个是 $(\Delta x)^2$,即图 2-2 中带有交叉斜线的小正方形的面积. 当 $|\Delta x|$ 很小时,$2x_0 \Delta x$ 是 ΔA 的主要部分,而当 $\Delta x \to 0$ 时,$(\Delta x)^2$ 是比 Δx 高阶的无穷小. 可见,用 $2x_0 \Delta x$ 作为 ΔA 的近似值时,其误差达到 $(\Delta x)^2$,它是 $o(\Delta x)$,因此

$$\Delta A \approx 2x_0 \Delta x$$

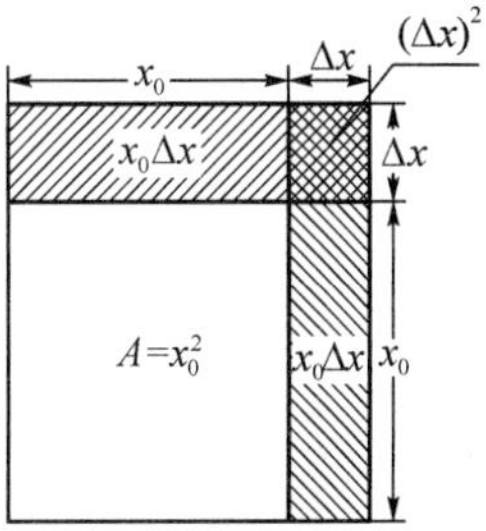

图 2-2

为了方便,数学上把这个近似代替函数改变量 ΔA 的线性部分 $2x_0 \Delta x$ 称为该函数的微分. 由此给出如下函数微分的定义.

定义 1 设 $y = f(x)$ 在 x_0 的某邻域 $U(x_0)$ 内有定义,Δx 为自变量 x 的增量,且 $x_0 + \Delta x \in U(x_0)$,若相应函数的增量 $\Delta y = f(x_0 + \Delta x) - f(x_0)$ 可表示为

$$\Delta y = A(x_0)\Delta x + o(\Delta x) \tag{2-45}$$

其中 $A(x_0)$ 是与 Δx 无关的常量,则称函数 $y = f(x)$ 在点 x_0 可微,其中的关于 Δx 的线性部分 $A(x_0)\Delta x$ 称为函数 $y = f(x)$ 在 x_0 处的微分,记作 $\mathrm{d}y \big|_{x=x_0}$. 即

$$\mathrm{d}y \big|_{x=x_0} = A(x_0)\Delta x$$

下面利用函数在点 x_0 处可微及可导的定义推出函数可微的等价条件以及微分公式.

定理 1 函数 $y = f(x)$ 在 x_0 处可微的充要条件是 $y = f(x)$ 在 x_0 处可导,且

$$\mathrm{d}y\Big|_{x=x_0} = f'(x_0)\Delta x$$

证 (1) 先证充分性.

设函数 $y = f(x)$ 在点 x_0 处可导,即

$$f'(x_0) = \lim_{\Delta x \to 0} \frac{f(x_0 + \Delta x) - f(x_0)}{\Delta x}$$

则

$$\frac{f(x_0 + \Delta x) - f(x_0)}{\Delta x} = f'(x_0) + \alpha(\Delta x) \quad (\text{其中} \lim_{\Delta x \to 0}\alpha(\Delta x) = 0)$$

由此

$$\Delta y = f(x_0 + \Delta x) - f(x_0) = f'(x_0)\Delta x + \Delta x \cdot \alpha(\Delta x)$$

上式中 $f'(x_0)$ 是与 Δx 无关的一个量,且 $\Delta x \cdot \alpha(\Delta x) = o(\Delta x)$,故 $y = f(x)$ 在点 x_0 处可微,且

$$\mathrm{d}y\Big|_{x=x_0} = f'(x_0)\Delta x$$

(2) 再证必要性.

设函数 $y = f(x)$ 在点 x_0 处可微,则存在与 Δx 无关的量 A,使

$$\Delta y = A\Delta x + o(\Delta x)$$

故

$$\frac{\Delta y}{\Delta x} = A + \frac{o(\Delta x)}{\Delta x}$$

则有

$$\lim_{\Delta x \to 0} \frac{\Delta y}{\Delta x} = A$$

即 $y = f(x)$ 在点 x_0 处可导,且 $f'(x_0) = A$. 因而有

$$\mathrm{d}y\Big|_{x=x_0} = f'(x_0)\Delta x$$

证毕.

对于函数 $y = x$,由于 $y' = 1$,则其微分为 $\mathrm{d}x = \Delta x$,因此常把 $\mathrm{d}x$ 称为自变量 x 的微分,因此函数 $y = f(x)$ 的微分公式常写为

$$\mathrm{d}y = f'(x)\mathrm{d}x \qquad (2-46)$$

例如,函数 $y = \sin x$ 的微分为

$$\mathrm{d}y = \cos x \mathrm{d}x$$

需要指出,在微分公式(2-46)中,$\mathrm{d}y, f'(x), \mathrm{d}x$ 是三个具有独立意义的量,因此由微分公式(2-46)可得

$$f'(x) = \frac{\mathrm{d}y}{\mathrm{d}x}$$

上式将导数 $f'(x)$ 看作微分 dy 与 dx 的商,所以导数也称为**微商**.

应当注意,微分与导数虽然有等价关系,却是有区别的:导数是函数在一点处的变化率,而微分是函数在一点处的自变量的增量所引起的函数的改变量的近似值;另外导数的值只与 x 有关,而微分的值与 x 和 Δx 都有关.

设 $y=f(x)$ 在 x 的集合 I 内每一点都可导,我们结合导数的基本公式,再利用微分与导数的关系式(2-46),就可得到求微分的基本公式.为了便于对照,表 2-1 中列出了基本初等函数的导数与微分公式.

表 2-1　基本初等函数的导数与微分公式

导数公式	微分公式
$(x^\mu)' = \mu x^{\mu-1}$	$d(x^\mu) = \mu x^{\mu-1} dx$
$(\sin x)' = \cos x$	$d(\sin x) = \cos x dx$
$(\cos x)' = -\sin x$	$d(\cos x) = -\sin x dx$
$(\tan x)' = \sec^2 x$	$d(\tan x) = \sec^2 x dx$
$(\cot x)' = -\csc^2 x$	$d(\cot x) = -\csc^2 x dx$
$(\sec x)' = \sec x \tan x$	$d(\sec x) = \sec x \tan x dx$
$(\csc x)' = -\csc x \cot x$	$d(\csc x) = -\csc x \cot x dx$
$(a^x)' = a^x \ln a$	$d(a^x) = a^x \ln a dx$
$(e^x)' = e^x$	$d(e^x) = e^x dx$
$(\log_a^x)' = \dfrac{1}{x \ln a}$	$d(\log_a^x) = \dfrac{1}{x \ln a} dx$
$(\ln \mid x \mid)' = \dfrac{1}{x}$	$d(\ln \mid x \mid) = \dfrac{1}{x} dx$
$(\arcsin x)' = \dfrac{1}{\sqrt{1-x^2}}$	$d(\arcsin x) = \dfrac{1}{\sqrt{1-x^2}} dx$
$(\arccos x)' = -\dfrac{1}{\sqrt{1-x^2}}$	$d(\arccos x) = -\dfrac{1}{\sqrt{1-x^2}} dx$
$(\arctan x)' = \dfrac{1}{1+x^2}$	$d(\arctan x) = \dfrac{1}{1+x^2} dx$
$(\text{arccot} x)' = -\dfrac{1}{1+x^2}$	$d(\text{arccot} x) = -\dfrac{1}{1+x^2} dx$

由定理 1 及公式(2-46)可知求微分的步骤为:先求函数的导数 $f'(x)$,再写出其微分为

$$dy = f'(x) dx$$

例 2　求 $y = x^3$,当 $x = 4, \Delta x = 0.01$ 时的微分.

解 由于 $y' = 3x^2$,故
$$dy = 3x^2 \cdot \Delta x$$
将 $x = 4, \Delta x = 0.01$ 代入上式得
$$dy \Big|_{\substack{x=4 \\ \Delta x = 0.01}} = 3 \times 4^2 \times 0.01 = 0.48$$

例3 求函数 $y = e^{\sin\frac{1}{x}}$ 的微分.

解 由于 $y' = e^{\sin\frac{1}{x}} \cos\frac{1}{x} \cdot \left(-\frac{1}{x^2}\right) = -\frac{1}{x^2} e^{\sin\frac{1}{x}} \cos\frac{1}{x}$,故
$$dy = -\frac{1}{x^2} e^{\sin\frac{1}{x}} \cos\frac{1}{x} dx$$

2.5.2 微分的几何意义

在曲线 $y = f(x)$ 上取相邻两点 $M_0(x_0, y_0)$,$N(x_0 + \Delta x, y_0 + \Delta y)$,过 M_0 作曲线的切线 M_0T,设切线 M_0T 的倾角为 α(图2-3),则在 $M_0(x_0, y_0)$ 处有
$$\tan\alpha = f'(x_0)$$
$$M_0Q = \Delta x$$
$$QN = \Delta y$$
因此
$$QP = M_0Q \cdot \tan\alpha = \Delta x \cdot \tan\alpha = f'(x_0)\Delta x$$
即
$$dy = QP$$

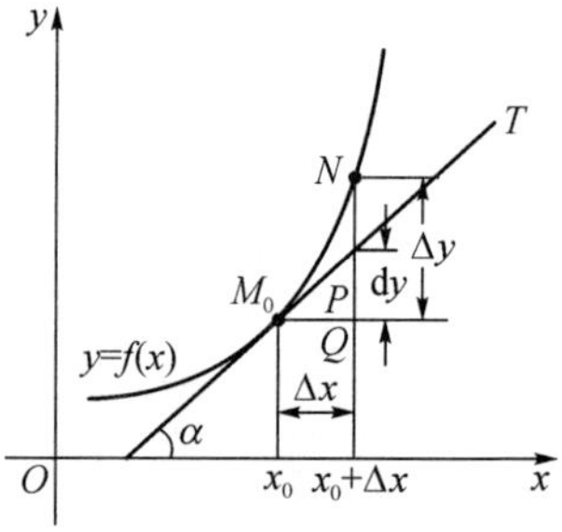

图2-3

从图2-3中可知,Δy 是曲线上纵坐标的增量,dy 是切线上纵坐标的增量,可见微分的几何意义是:微分 dy 表示曲线 $y = f(x)$ 在点 M_0 处的切线上当 x 有增量 Δx 时,切线纵坐标的增量.

由微分的意义 $\Delta y \approx dy$ 可知,对于可微函数 $y = f(x)$,当 $|\Delta x|$ 很小时,用微分表示函数增量的绝对误差 $|\Delta y - dy|$ 也很小. 因此,微分的意义在于在 M_0 点邻近,可用切线段来近似代替曲线段,即局部线性化. 因此微分的思想简单地说就是"以直代曲".

2.5.3 微分的运算法则

由函数的和、差、积、商的求导法则,结合公式(2-46)可推得相应的微分运算法则,为了便于对照,列于表2-2中.

2 一元函数微分学

表 2-2 函数的求导法则与微分法则

函数和、差、积、商的求导法则	函数和、差、积、商的微分法则
$(u \pm v)' = u' \pm v'$	$\mathrm{d}(u \pm v) = \mathrm{d}u \pm \mathrm{d}v$
$(uv)' = u'v + uv'$	$\mathrm{d}(uv) = v\mathrm{d}u + u\mathrm{d}v$
$(Cu)' = Cu'$	$\mathrm{d}(Cu) = C\mathrm{d}u$
$\left(\dfrac{u}{v}\right)' = \dfrac{u'v - uv'}{v^2} \quad (v \neq 0)$	$\mathrm{d}\left(\dfrac{u}{v}\right) = \dfrac{v\mathrm{d}u - u\mathrm{d}v}{v^2} \quad (v \neq 0)$

下面仅以乘积的微分法则为例加以证明.

由函数微分公式(2-46),有

$$\mathrm{d}(uv) = (uv)'\mathrm{d}x = (u'v + uv')\mathrm{d}x = u'\mathrm{d}x \cdot v + u \cdot v'\mathrm{d}x = v\mathrm{d}u + u\mathrm{d}v$$

因此
$$\mathrm{d}(uv) = v\mathrm{d}u + u\mathrm{d}v$$

其他法则均可类似证明. 请读者自证.

下面讨论复合函数的微分.

设函数 $y = f(u)$ 可微,则 $\mathrm{d}y = f'(u)\mathrm{d}u$.

若上式中 u 是中间变量,函数 $u = \varphi(x)$ 可微,则复合函数 $y = f[\varphi(x)]$ 也可微,其微分

$$\mathrm{d}y = (f[\varphi(x)])'\mathrm{d}x = f'[\varphi(x)] \cdot \varphi'(x) \cdot \mathrm{d}x = f'(u)\mathrm{d}u$$

可见,当 u 是中间变量时,$\mathrm{d}y$ 也可表达为 $f'(u)\mathrm{d}u$,与 u 是自变量时,在形式上是相同的. 这个性质称为微分形式的不变性. 它在微分的运算中很有用:在计算复合函数的微分时,可以把复合函数 $f[\varphi(x)]$ 中的 $\varphi(x)$ 当作一个整体变量直接对它求导,然后再求出 $\varphi(x)$ 的微分即可. 例如

$$\mathrm{d}(\sin 2x) = (\cos 2x)\mathrm{d}(2x) = 2\cos 2x\,\mathrm{d}x$$

例 4 求 $y = \operatorname{arccot} \dfrac{1+x}{1-x}$ 的微分.

解 解法 1:$\mathrm{d}y = \left(\operatorname{arccot} \dfrac{1+x}{1-x}\right)'\mathrm{d}x = -\dfrac{1}{1 + \left(\dfrac{1+x}{1-x}\right)^2}\left(\dfrac{1+x}{1-x}\right)'\mathrm{d}x$

$= -\dfrac{1}{1+x^2}\mathrm{d}x$

解法 2:$\mathrm{d}y = \mathrm{d}\left(\operatorname{arccot} \dfrac{1+x}{1-x}\right) = -\dfrac{1}{1 + \left(\dfrac{1+x}{1-x}\right)^2}\mathrm{d}\left(\dfrac{1+x}{1-x}\right) = -\dfrac{1}{1+x^2}\mathrm{d}x$

例 5 求 $y = x^2\ln x$ 的微分.

解 解法 1:$\mathrm{d}y = (x^2\ln x)'\mathrm{d}x = (2x\ln x + x)\mathrm{d}x$

解法 2：$dy = d(x^2 \ln x) = d(x^2) \cdot \ln x + x^2 \cdot d(\ln x) = \left(2x\ln x + \dfrac{1}{x}\right)dx$

2.5.4 微分在近似计算中的应用

设 $y = f(x)$ 在 x_0 处可微，当 $f'(x_0) \neq 0$，且 $|\Delta x|$ 很小时，则 $\Delta y \approx dy$，即

$$\Delta y = f(x_0 + \Delta x) - f(x_0) \approx f'(x_0)\Delta x \tag{2-47}$$

记作 $x = x_0 + \Delta x$，则

$$f(x) \approx f(x_0) + f'(x_0)\Delta x \tag{2-48}$$

在工程技术中，经常利用上面两个微分近似公式来计算由于自变量发生微小变化而引起变化的函数的改变量与函数值相应的近似值。

例 6 求当 x 由 $45°$ 变到 $45°20'$ 时，函数 $y = \sec x$ 的增量的近似值。

解 利用微分近似公式(2-47)计算

$$\Delta y \approx dy = \sec x \tan x \Delta x$$

将 $x = 45° = \dfrac{\pi}{4}$，$\Delta x = 20' = \dfrac{1}{3} \cdot \dfrac{\pi}{180}$ 代入上式，得

$$\Delta y \approx \sec\dfrac{\pi}{4}\tan\dfrac{\pi}{4}\Delta x = \sqrt{2} \times \dfrac{1}{3} \times \dfrac{\pi}{180} \approx 0.008\,2$$

例 7 求 $\sqrt[4]{1.02}$ 的近似值。

解 利用近似公式(2-48)计算，取

$$f(x) = \sqrt[4]{x}, \quad x_0 = 1, \quad \Delta x = 0.02$$

则

$$f(1) = 1, \quad f'(x) = \dfrac{1}{4}x^{-\frac{3}{4}}, \quad f'(1) = \dfrac{1}{4}$$

故

$$\sqrt[4]{1.02} \approx f(1) + f'(1)\Delta x = 1 + \dfrac{1}{4} \cdot 0.02 = 1.005$$

特殊地，在公式 $f(x_0 + \Delta x) \approx f(x_0) + f'(x_0)\Delta x$ 中取 $x_0 = 0, \Delta x = x$ 有

$$f(x) \approx f(0) + f'(0)x \tag{2-49}$$

将式(2-49)用到许多常用函数上，可得到一系列常用的近似公式，例如，当 $|x|$ 较小时有

$$\sqrt[n]{1+x} \approx 1 + \dfrac{1}{n}x, \quad \ln(1+x) \approx x, \quad e^x \approx 1 + x$$

$$\sin x \approx x, \quad \tan x \approx x$$

等等，请读者自证。

习题 2.5

1. 计算下列函数的微分：
(1) $y = x\ln x - x^2$.
(2) $y = \tan^2(1 + 2x^2)$.
(3) $y = e^{-ax}\sin bx$.
(4) $y = \ln^2(1-x)$.
(5) 由方程 $x\sin y + y^2 e^x = 0$ 确定的隐函数 $y = y(x)$.
(6) 由参数方程 $\begin{cases} x = a(t - \sin t) \\ y = a(1 - \cos t) \end{cases}$ (a 为常数) 确定的函数 $y = y(x)$.

2. 设函数 $y = x^3$，计算在 $x = 2$ 处，Δx 分别等于 -0.1、0.01 时的增量 Δy 及微分 dy.

3. 填空.
(1) $d(\quad\quad) = 2dx$.
(2) $d(\quad\quad) = \cos x dx$.
(3) $d(\quad\quad) = \sec^2 3x dx$.
(4) $d(\quad\quad) = e^{-2x} dx$.

4. 在半径为 3 m 的球体表面镀一层银，若镀层的厚度为 0.1 cm，问大约需要多少银（用体积表示）？

5. 利用 $f(x_0 + \Delta x) \approx f(x_0) + f'(x_0)\Delta x$，推导出下列近似公式：
(1) 当 $|x|$ 很小时，$\sin x \approx x$.
(2) 当 $|x|$ 很小时，$e^x \approx 1 + x$.

6. 利用微分计算下列数值的近似值：
(1) $\arctan 1.02$.
(2) $e^{1.01}$.

总复习题 2

1. 填空与选择.
(1) 若 $f(x)$ 为可导的偶函数，且 $f'(x_0) = a$，则 $f'(-x_0) = $ _____.
(2) 若 $f(x) = \lim\limits_{t\to\infty} x\left(1 + \dfrac{1}{t}\right)^{2xt}$，则 $f'(x) = $ _____.
(3) 设 $f(x)$ 可导，则 $\lim\limits_{\Delta x \to 0} \dfrac{f^2(x + \Delta x) - f^2(x)}{\Delta x} = $ 　　　　　( )
(A) 0　　　(B) $[f'(x)]^2$　　　(C) $2f'(x)$　　　(D) $2f(x)f'(x)$.
(4) 设 $f(x)$ 可导，$y = f(\sin x)$，则 $dy = $ 　　　　　( )
(A) $f'(\sin x) d\sin x$
(B) $f'(\sin x) dx$
(C) $[f(\sin x)]' d\sin x$
(D) 以上都不对

(5) 下列函数中在点 $x=0$ 处可导的是 ( )

(A) $\sqrt[3]{x}$ (B) $e^{-x}\sqrt{x^2}$ (C) $|x|$ (D) x^2

2. 求下列函数的导数：

(1) $y=\sin x \cdot \ln x^2$.   (2) $y=\arctan\dfrac{1+x}{1-x}$.

3. 求方程 $xy-2^x+2^y=0$ 确定的隐函数的导数 $\dfrac{dy}{dx}$.

4. 试求曲线 $x^2+xy+2y^2-28=0$ 在点 $(2,3)$ 处的切线与法线方程.

5. 求下列函数的一阶、二阶导数：

(1) 设 $x^3-\sin y-x^2 e^y=0$，求 $y''(0,0)$.

(2) 设 $\begin{cases} x=\ln\sqrt{1+t^2} \\ y=\arctan t \end{cases}$，求 $\dfrac{dy}{dx}$, $\dfrac{d^2y}{dx^2}$.

6. 已知 $f'(e^x)=x(x>0)$，求 $f''(x)$.

7. 设 $f(x)=\begin{cases} x^k\sin\dfrac{1}{x}, & x\neq 0 \\ 0, & x=0 \end{cases}$，试问：$k$ 取何值时，$f''(0)$ 存在？

8. 求下列函数的 $n(n\geq 2)$ 阶导数：

(1) $y=\dfrac{x^2}{1-x}$.   (2) $y=x^2\sin x$.

*9. 向深 8 cm、上顶直径为 8 cm 的空正圆锥体容器中注水，其速率为 4 cm³/min，当水深为 5 cm 时，问水面上升的速率为多少？

3 微分中值定理与导数的应用

上一章已经讨论了导数与微分的概念并解决了其计算问题,利用它们解决问题的方法称为微分法,本章将利用微分法进一步研究函数的一些重要性态.为此,先介绍微分学的基本理论——微分中值定理,它是导数应用的理论基础,然后在此基础上讨论函数本身的一些重要性质(如单调性、凹凸性、极值等).

3.1 微分中值定理

为了便于利用导数研究函数的一些重要性质,我们需要寻找差商与导数之间的直接关系,而不是它们之间的极限关系,这个直接关系就是微分中值定理,它是用微分法来研究函数本身性质的重要工具,也是解决实际问题的理论基础.微分中值定理有三种表现形式,下面首先介绍特殊形态下的形式——罗尔(Rolle)定理,再由它推出一般形态下的形式——拉格朗日(Lagrange)中值定理和柯西(Cauchy)中值定理.

3.1.1 罗尔定理

从几何上可以看到:在对于两端高度相等的连续光滑曲线上,必存在一条水平的切线(如图 3-1 所示),这便是罗尔定理.为了罗尔定理证明的需要,下面先给出极值的定义和极值点的一条基本性质——费马定理.

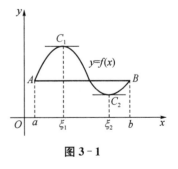

图 3-1

定义 1 设 $f(x)$ 在点 x_0 的某邻域内有定义,若 $\forall x \in \mathring{U}(x_0,\delta)$,恒有 $f(x) < f(x_0)$(或 $f(x) > f(x_0)$),则称 $f(x_0)$ 为 $f(x)$ 的一个极大值(或极小值),函数的极大值与极小值统称为函数的极值,使函数取得极值的点 x_0 称为函数的极值点.

下面给出极值点的一个必要条件.

定理 1(费马定理) 设函数 $f(x)$ 在 (a,b) 内可导,x_0 为 $f(x)$ 在 (a,b) 内的一个极大(极小)值点,则 $f'(x_0) = 0$.

证 设 x_0 为 $f(x)$ 在 (a,b) 内的一个极大值点,取 $x_0 + \Delta x \in (a,b)$,则

$$f(x_0 + \Delta x) - f(x_0) \leqslant 0$$

因此

$$\lim_{\Delta x \to 0^+} \frac{f(x_0 + \Delta x) - f(x_0)}{\Delta x} \leqslant 0 \tag{3-1}$$

$$\lim_{\Delta x \to 0^-} \frac{f(x_0 + \Delta x) - f(x_0)}{\Delta x} \geqslant 0 \tag{3-2}$$

由题设,$f(x)$ 在 x_0 点处可导,则

$$f'(x_0) = \lim_{\Delta x \to 0^+} \frac{f(x_0 + \Delta x) - f(x_0)}{\Delta x} = \lim_{\Delta x \to 0^-} \frac{f(x_0 + \Delta x) - f(x_0)}{\Delta x}$$

再根据(3-1)、(3-2) 两式,得

$$f'(x_0) = 0$$

同理可证,当 $f(x)$ 在 x_0 点处取得极小值时,也有 $f'(x_0) = 0$.

综上结论成立.

该定理表明:可导函数 $f(x)$ 在点 x_0 处取得极值的必要条件是 $f'(x_0) = 0$.

定理 2(罗尔定理) 设函数 $y = f(x)$ 满足:

① 在闭区间$[a,b]$ 上连续;

② 在开区间(a,b) 内可导;

③ 且 $f(a) = f(b)$,

则至少在(a,b) 内存在一点 ξ,使得

$$f'(\xi) = 0$$

证 因为 $y = f(x)$ 在$[a,b]$ 上连续,所以由闭区间上连续函数的性质可知,函数 $y = f(x)$ 在$[a,b]$ 上必存在最大值 M 与最小值 m.

(1) 若 $M = m$,则在闭区间$[a,b]$ 上,有

$$M = m = f(a) = f(b) = f(x)$$

因此 $\forall x \in (a,b)$,恒有 $f(x) \equiv M$,故

$$f'(x) = 0$$

结论成立.

(2) 若 $M \neq m$,由于 $f(a) = f(b)$,因此 M 与 m 中至少有一个在区间(a,b) 内取得.不妨设最大值 M 在区间(a,b) 内的 ξ 点处取得,即 $f(\xi) = M$,则 $f(\xi)$ 为 $f(x)$ 在(a,b) 内的一个极值点,又 $f(x)$ 在(a,b) 内可导,由费马定理可知:

$$f'(\xi) = 0$$

故结论成立.

证毕.

必须指出:罗尔定理仅给出了 ξ 的存在性,指出了 ξ 的一个大概范围为 $\xi \in (a,b)$,并没有给出 ξ 的准确位置.

罗尔定理的几何意义(图3-1)为:两端点值相等的连续光滑曲线弧段上,至少有一点的切线平行于 x 轴(或弧上至少有一条水平切线).

例1 对函数 $y = x^2 - 2x + 1$ 在闭区间 $[0,2]$ 上验证罗尔定理.

解 由于函数 $y = x^2 - 2x + 1$ 在闭区间 $[0,2]$ 上连续、可导,又
$$y(0) = y(2) = 1$$
因此函数 y 在闭区间 $[0,2]$ 上满足罗尔定理的三个条件.

事实上,$y' = 2x - 2$,当 $\xi = 1$ 时,有
$$f'(\xi) = 0$$
显然 $\xi \in (0,2)$,因此,罗尔定理对函数 $y = x^2 - 2x + 1$ 在闭区间 $[0,2]$ 上成立.

利用罗尔定理可以讨论方程 $f'(x) = 0$ 的根的存在性以及证明一类形如 "$f'(\xi) = 0$" 的存在性命题,下面举例说明.

例2 证明方程 $4ax^3 + 3bx^2 + 2cx - a - b - c = 0$ 至少有一个正根,其中 a,b,c 是任意常数.

证 构造函数
$$f(x) = ax^4 + bx^3 + cx^2 - (a+b+c)x$$
显然 $f(x)$ 在闭区间 $[0,1]$ 上连续,又在 $(0,1)$ 内可导,且 $f(0) = 0 = f(1)$,根据罗尔定理可知,存在 $\xi \in (0,1)$,使得 $f'(\xi) = 0$,即
$$4a\xi^3 + 3b\xi^2 + 2c\xi - a - b - c = 0$$
结论得证.

例3 设函数 $f(x)$ 与 $g(x)$ 均在 $[a,b]$ 上连续,在 (a,b) 内可导,且
$$f(b) - f(a) = g(b) - g(a)$$
试证:在 (a,b) 内至少存在一点 c,使得 $f'(c) = g'(c)$.

证 令 $F(x) = f(x) - g(x)$,由题意可知,$F(x)$ 在 $[a,b]$ 上连续,在 (a,b) 内可导,又由
$$f(b) - f(a) = g(b) - g(a)$$
得
$$f(b) - g(b) = f(a) - g(a)$$
即
$$F(b) = F(a)$$
由罗尔定理可知,$\exists c \in (a,b)$,使得 $F'(c) = 0$ 成立,即
$$f'(c) = g'(c)$$

3.1.2 拉格朗日中值定理

取消罗尔定理中关于"函数在两端点处的函数值必须相等"的条件,就可得到

一般情形下的微分中值定理,也称为拉格朗日中值定理.

定理 3(拉格朗日中值定理) 若 $y=f(x)$ 在 $[a,b]$ 上连续,在 (a,b) 内可导,则 $\exists \xi \in (a,b)$,使得

$$f'(\xi) = \frac{f(b)-f(a)}{b-a}$$

证 设辅助函数

$$F(x) = f(x) - \frac{f(b)-f(a)}{b-a}x$$

则定理 2 的结论可写成

$$\left[f(x) - \frac{f(b)-f(a)}{b-a}x\right]'\bigg|_{x=\xi} = F'(\xi) = 0$$

下面验证函数 $F(x)$ 在 $[a,b]$ 上满足罗尔定理的三个条件.

由于 $f(x)$ 在 $[a,b]$ 上连续,在 (a,b) 内可导,故 $F(x)$ 在 $[a,b]$ 上连续,在 (a,b) 内可导. 又

$$F(a) = f(a) - \frac{f(b)-f(a)}{b-a} \cdot a = \frac{bf(a)-af(b)}{b-a}$$

$$F(b) = f(b) - \frac{f(b)-f(a)}{b-a} \cdot b = \frac{bf(a)-af(b)}{b-a}$$

即

$$F(a) = F(b)$$

所以 $F(x)$ 在 $[a,b]$ 上满足罗尔定理的三个条件. 因此,由罗尔定理可知,$\exists \xi \in (a,b)$,使得 $F'(\xi) = 0$,即

$$f'(\xi) = \frac{f(b)-f(a)}{b-a} \tag{3-3}$$

证毕.

上面的式(3-3)也常常写成

$$f(b) - f(a) = f'(\xi)(b-a) \tag{3-4}$$

若设 $a = x_0, b = x_0 + \Delta x$,则式(3-3)可以表达为

$$f(x_0 + \Delta x) - f(x_0) = f'(x_0 + \theta \Delta x) \cdot \Delta x \quad (0 < \theta < 1) \tag{3-5}$$

或

$$\Delta y = f'(x_0 + \theta \Delta x) \cdot \Delta x \quad (0 < \theta < 1) \tag{3-6}$$

拉格朗日中值定理实际上是罗尔定理的推广形式,也是微分学中十分重要的定理,因此又称为**微分中值定理**. 由于式(3-6)的表达形式为增量形式,拉格朗日中值定理也称为有限增量公式.

由于 $\dfrac{f(b)-f(a)}{b-a}$ 表示曲线两端连线的斜率,故拉格朗日中值定理的几何意义

是:若连续曲线段$\overparen{AB}$上各点都有不垂直于x轴的切线,则在曲线上必存在一点C,该点处的切线平行于曲线两端的连线段$\overline{AB}$(图3-2).

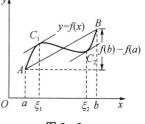

图 3-2

与罗尔定理一样,拉格朗日中值定理只确定了中值ξ的存在性,对于不同的函数,ξ的具体位置一般是不同的. 当定理中的条件不成立时,结论就不一定成立.

推论 若函数$f(x)$在区间I上的导数恒为0,则$f(x)$在I上是一个常数函数.

证 设$\forall x_1, x_2 \in I$,且$x_1 < x_2$,由题设可知,$f(x)$在$[x_1, x_2]$上连续,在(x_1, x_2)内可导,则$f(x)$在$[x_1, x_2]$上可应用拉格朗日中值定理,即$\exists \xi \in (x_1, x_2)$,使得

$$f(x_2) - f(x_1) = f'(\xi)(x_2 - x_1)$$

由题设可知$f'(\xi) = 0$,故

$$f(x_2) - f(x_1) = 0$$

再由x_1, x_2的任意性可知,$f(x)$在I上的函数值总是相等的,即为常数.

例4 证明:$x \in [0, 1]$时,恒有$\arcsin x + \arcsin \sqrt{1-x^2} = \dfrac{\pi}{2}$

证 令$f(x) = \arcsin x + \arcsin \sqrt{1-x^2}$,则$f(x)$在$[0, 1]$上连续,在$(0, 1)$内可导,又

$$f'(x) = \frac{1}{\sqrt{1-x^2}} + \frac{1}{\sqrt{1-(\sqrt{1-x^2})^2}} \frac{-2x}{2\sqrt{1-x^2}} = 0$$

由推论可知:当$x \in [0, 1]$时,$f(x) = \arcsin x + \arcsin \sqrt{1-x^2} = C$,又

$$f(0) = \arcsin 0 + \arcsin 1 = \frac{\pi}{2}$$

故

$$\arcsin x + \arcsin \sqrt{1-x^2} = \frac{\pi}{2}$$

例5 证明:当$x > 0$时,不等式$\dfrac{x}{1+x} < \ln(1+x) < x$成立.

证 令$f(x) = \ln(1+x)$,则$f(x)$在$[0, x]$($x > 0$)上连续、可导,且

$$f'(x) = \frac{1}{1+x}$$

由拉格朗日中值定理可知,存在一个$\xi \in (0, x)$,使得

$$\ln(1+x) - \ln(1+0) = \frac{1}{1+\xi}(x-0)$$

由于

$$\frac{1}{1+x} < \frac{1}{1+\xi} < 1$$

所以

$$\frac{x}{1+x} < \ln(1+x) < x$$

3.1.3 柯西中值定理

我们还可以将拉格朗日中值定理推广到用参数方程表示的函数的情形中.

若拉格朗日中值定理中的曲线段$\overset{\frown}{AB}$是用参数方程$\begin{cases} X = g(x) \\ Y = f(x) \end{cases}, x \in [a,b]$表示的,这里$x$为参数,则曲线上点$(X,Y)$处的切线的斜率为

$$\frac{dy}{dx} = \frac{f'(x)}{g'(x)}$$

两端点的连线段$\overline{AB}$的斜率为

$$\frac{f(b)-f(a)}{g(b)-g(a)}$$

则由拉格朗日中值定理可知,在曲线上必存在一点C,该点处的切线平行于曲线段两端点的连线段$\overline{AB}$.假定点C对应的参数$x = \xi$,则

$$\frac{f(b)-f(a)}{g(b)-g(a)} = \frac{f'(\xi)}{g'(\xi)}$$

相应的微分中值定理如下.

柯西中值定理 设$f(x),g(x)$都在$[a,b]$上连续,在(a,b)内可导,且$g'(x) \neq 0$,则$\exists \xi \in (a,b)$,使

$$\frac{f'(\xi)}{g'(\xi)} = \frac{f(b)-f(a)}{g(b)-g(a)}$$

柯西中值定理也可利用罗尔定理来证明,请读者自证.

取$g(x) = x$时,柯西中值定理就是拉格朗日中值定理.所以拉格朗日中值定理是柯西中值定理的特殊形式.

例6 设函数$f(x)$在$[a,b]$上连续,在(a,b)内可导,且$0 < a < b$,证明:$\exists \xi \in (a,b)$,使得

$$f(b) - f(a) = \xi f'(\xi) \ln \frac{b}{a}$$

成立.

证 由于$\ln \frac{b}{a} = \ln b - \ln a$,故设$g(x) = \ln x$,则$f(x)$与$g(x)$都在$[a,b]$上连续,在$(a,b)$内可导,且$g'(x) = \frac{1}{x} \neq 0$,由柯西中值定理可知,$\exists \xi \in (a,b)$,使得

$$\frac{f(b)-f(a)}{\ln b-\ln a}=\frac{f'(\xi)}{\frac{1}{\xi}}$$

即

$$f(b)-f(a)=\xi f'(\xi)\ln\frac{b}{a}$$

成立.

习题 3.1

1. 对下列函数在指定的区间上验证罗尔定理条件是否满足?结论是否成立?
   (1) $y=\sin^2 x$ 在区间 $\left[\frac{\pi}{6},\frac{5\pi}{6}\right]$ 上.
   (2) $y=|x|$ 在区间 $[-1,2]$ 上.

2. 不求函数 $f(x)=x(x-1)(x-2)(x-3)(x-4)$ 的导数,说明方程 $f'(x)=0$ 有几个实根,并指出实根所在的区间.

3. 设 $f(x)$ 在 $[0,\pi]$ 上可导,试证:在 $(0,\pi)$ 内至少存在一点 ξ,使 $f'(\xi)\sin\xi+f(\xi)\cos\xi=0$.

4. 设函数 $f(x)$ 内具有二阶导数,且 $f(x_1)=f(x_2)=f(x_3)$,其中 $a<x_1<x_2<x_3<b$,证明:至少存在一个 $\xi\in(x_1,x_3)$,使得 $f''(\xi)=0$.

5. 证明: $x\in[-1,1]$ 时,有恒等式: $\arcsin x+\arccos x=\frac{\pi}{2}$.

6. 设 $f(x),g(x)$ 在区间 (a,b) 内可导,且 $f'(x)=g'(x)$,证明: $\forall x\in(a,b)$,恒有
$$f(x)-g(x)=C \quad (其中C为常数)$$

7. 设 $a>b>0$,证明:
$$\frac{a-b}{a}<\ln\frac{a}{b}<\frac{a-b}{b}$$

8. 证明不等式: $|\sin x-\sin y|\leqslant|x-y|$.

9. 设 $f(x)$ 在 $[a,b]$ 上连续,在 (a,b) 内可导,且 $b>a>0$. 求证: $\exists\xi\in(a,b)$,使 $2\xi[f(b)-f(a)]=(b^2-a^2)f'(\xi)$

3.2 洛必达法则

导数在研究函数中的一个重要应用是求未定式的极限.

如果当 $x\to a$ (或 $x\to\infty$) 时, $\frac{f(x)}{g(x)}$ 中的两个函数 $f(x),g(x)$ 都趋于零或都趋

于无穷大,这时它们商的极限 $\lim\limits_{\substack{x\to a\\(x\to\infty)}}\dfrac{f(x)}{g(x)}$ 可能存在,也可能不存在,通常称这样的极限为 $\dfrac{0}{0}$ 型或 $\dfrac{\infty}{\infty}$ 型未定式. 例如, $\lim\limits_{x\to 0}\dfrac{1-\cos x}{x}$ 是 $\dfrac{0}{0}$ 型的, $\lim\limits_{x\to+\infty}\dfrac{\ln(1+x)}{x}$ 是 $\dfrac{\infty}{\infty}$ 型的. 这里 $\dfrac{0}{0},\dfrac{\infty}{\infty}$ 只是两个记号,并没有运算意义. 显然这两类未定式的极限都不能直接用商的极限运算法则求,本节由柯西中值定理推出一套利用导数求这类极限的简便方法,该方法就是所谓的洛必达法则.

3.2.1 $\dfrac{0}{0}$ 型未定式

先给出两个无穷小之比的极限的洛必达法则.

定理 1(洛必达法则) 如果函数 $f(x),g(x)$ 满足:

① $\lim\limits_{x\to x_0}f(x)=\lim\limits_{x\to x_0}g(x)=0$;

② 在 x_0 的某个去心邻域内, $f'(x),g'(x)$ 都存在,且 $g'(x)\neq 0$;

③ $\lim\limits_{x\to x_0}\dfrac{f'(x)}{g'(x)}$ 存在(或为无穷大),

则

$$\lim_{x\to x_0}\frac{f(x)}{g(x)}=\lim_{x\to x_0}\frac{f'(x)}{g'(x)} \qquad (3-7)$$

证 因为极限 $\lim\limits_{x\to x_0}\dfrac{f(x)}{g(x)}$ 与函数 $f(x),g(x)$ 在 $x=x_0$ 处的值无关,所以不妨重新定义 $f(x_0)=g(x_0)=0$,则在 $x=x_0$ 处重新定义后的函数 $f(x),g(x)$ 在 x_0 处连续,设 x 是 x_0 的去心邻域内的任一点,再由条件①、②可知,在 $x=x_0$ 处重新定义后的函数 $f(x),g(x)$ 在以 x_0,x 为端点的闭区间上,满足柯西中值定理的条件,故

$$\frac{f(x)}{g(x)}=\frac{f(x)-f(x_0)}{g(x)-g(x_0)}=\frac{f'(\xi)}{g'(\xi)}$$

其中 ξ 介于 x_0 与 x 之间. 对上式求 $x\to x_0$ 时的极限,由于当 $x\to x_0$ 时,必有 $\xi\to x_0$,再由条件③,得

$$\lim_{x\to x_0}\frac{f(x)}{g(x)}=\lim_{\xi\to x_0}\frac{f'(\xi)}{g'(\xi)}=\lim_{x\to x_0}\frac{f'(x)}{g'(x)}$$

定理 1 说明,当 $\lim\limits_{x\to x_0}\dfrac{f'(x)}{g'(x)}$ 存在时, $\lim\limits_{x\to x_0}\dfrac{f(x)}{g(x)}$ 也存在,且等于 $\lim\limits_{x\to x_0}\dfrac{f'(x)}{g'(x)}$;当 $\lim\limits_{x\to x_0}\dfrac{f'(x)}{g'(x)}$ 为无穷大时, $\lim\limits_{x\to x_0}\dfrac{f(x)}{g(x)}$ 也为无穷大,这种在一定条件下利用公式(3-7)来求极限的方法称为**洛必达(L'Hospital)法则**.

必须指出,若 $\lim\limits_{x\to x_0}\dfrac{f'(x)}{g'(x)}$ 仍为 $\dfrac{0}{0}$ 型,且 $f'(x),g'(x)$ 仍能满足定理 1 中的条件 ①、②、③,则对 $f'(x),g'(x)$ 可继续用洛必达法则,得

$$\lim_{x\to x_0}\frac{f(x)}{g(x)}=\lim_{x\to x_0}\frac{f'(x)}{g'(x)}=\lim_{x\to x_0}\frac{f''(x)}{g''(x)}$$

且可以此类推下去.

例 1　计算 $\lim\limits_{x\to 0}\dfrac{1-\cos x}{x^2}$.

解　$\lim\limits_{x\to 0}\dfrac{1-\cos x}{x^2}=\lim\limits_{x\to 0}\dfrac{\sin x}{2x}=\dfrac{1}{2}$.

例 2　计算 $\lim\limits_{x\to 0}\dfrac{x-\sin x}{x-\tan x}$.

解

$$\lim_{x\to 0}\frac{x-\sin x}{x-\tan x}=\lim_{x\to 0}\frac{1-\cos x}{1-\sec^2 x}=\lim_{x\to 0}\frac{1-\cos x}{-\tan^2 x}$$

$$=\lim_{x\to 0}\frac{\dfrac{1}{2}x^2}{-x^2}=-\frac{1}{2}$$

例 3　计算 $\lim\limits_{x\to 0}\dfrac{\cos x-\sqrt{1+x}}{x^2}$.

解

$$\lim_{x\to 0}\frac{\cos x-\sqrt{1+x}}{x^2}=\lim_{x\to 0}\frac{-\sin x-\dfrac{1}{2\sqrt{1+x}}}{2x}$$

$$=\infty\quad\left(\text{由于}\lim_{x\to 0}\frac{2x}{-\sin x-\dfrac{1}{2\sqrt{1+x}}}=0\right)$$

例 4　计算 $\lim\limits_{x\to 1}\dfrac{x^3-3x+2}{x^3-x^2-x+1}$.

解

$$\lim_{x\to 1}\frac{x^3-3x+2}{x^3-x^2-x+1}=\lim_{x\to 1}\frac{3x^2-3}{3x^2-2x-1}=\lim_{x\to 1}\frac{6x}{6x-2}$$

$$=\frac{6}{6-2}=\frac{3}{2}$$

必须指出,满足定理 1 的条件的 $\dfrac{0}{0}$ 型未定式可用洛必达法则求解,并可连续多次应用,直到不符合定理 1 的条件为止;当不是未定式的极限时就不能用洛必达法则求解.另外用该法则求极限时,可综合运用以前学过的方法,使计算过程更简单.

例 5　计算 $\lim\limits_{x\to 0}\dfrac{x^2\cos\dfrac{1}{x}}{\tan x}$.

解 $\lim\limits_{x\to 0}\dfrac{x^2\cos\dfrac{1}{x}}{\tan x}=\lim\limits_{x\to 0}\dfrac{x}{\tan x}\cdot\lim\limits_{x\to 0}x\cos\dfrac{1}{x}=1\times 0=0$

注 该题不能用洛必达法则求解,因为用洛必达法则计算时,

$$\lim_{x\to 0}\frac{x^2\cos\dfrac{1}{x}}{\tan x}=\lim_{x\to 0}\frac{2x\cos\dfrac{1}{x}-x^2\sin\dfrac{1}{x}\left(-\dfrac{1}{x^2}\right)}{\sec^2 x}$$

$$=\lim_{x\to 0}\cos^2 x\cdot\lim_{x\to 0}\left(2x\cos\dfrac{1}{x}+\sin\dfrac{1}{x}\right)$$

由于极限 $\lim\limits_{x\to 0}\sin\dfrac{1}{x}$ 不存在,故不能用洛必达法则求该极限,即这时洛必达法则失效.

从例 5 可知,洛必达法则的条件是充分的而不是必要的,当 $\lim\limits_{x\to x_0}\dfrac{f'(x)}{g'(x)}$ 不存在(不包括 ∞)时,虽不能应用洛必达法则求解,但这时极限 $\lim\limits_{x\to x_0}\dfrac{f(x)}{g(x)}$ 仍可能存在,不过应使用其他方法求解.

对 $x\to\infty$ 时的 $\dfrac{0}{0}$ 型未定式,也有类似的洛必达法则.

只要令 $x=\dfrac{1}{t}$,则当 $x\to\infty$ 时,有 $t\to 0$,则

$$\lim_{x\to\infty}\frac{f(x)}{g(x)}=\lim_{t\to 0}\frac{f\left(\dfrac{1}{t}\right)}{g\left(\dfrac{1}{t}\right)}=\lim_{t\to 0}\frac{f'\left(\dfrac{1}{t}\right)\left(-\dfrac{1}{t^2}\right)}{g'\left(\dfrac{1}{t}\right)\left(-\dfrac{1}{t^2}\right)}$$

$$=\lim_{t\to 0}\frac{f'\left(\dfrac{1}{t}\right)}{g'\left(\dfrac{1}{t}\right)}=\lim_{x\to\infty}\frac{f'(x)}{g'(x)}$$

由此可得如下定理.

定理 2 如果函数 $f(x),g(x)$ 满足:

① $\lim\limits_{x\to\infty}f(x)=\lim\limits_{x\to\infty}g(x)=0$;

② $\exists X$,当 $|x|>X$ 时,$f'(x),g'(x)$ 都存在,且 $g'(x)\neq 0$;

③ $\lim\limits_{x\to\infty}\dfrac{f'(x)}{g'(x)}$ 存在(或为无穷大),

则

$$\lim_{x\to\infty}\frac{f(x)}{g(x)}=\lim_{x\to\infty}\frac{f'(x)}{g'(x)} \qquad(3-8)$$

需要指出的是应用定理 2 时有与应用定理 1 同样的注意事项.

例 6 计算 $\lim\limits_{x \to +\infty} \dfrac{\dfrac{\pi}{2} - \arctan x}{\dfrac{1}{x}}$.

解 $\lim\limits_{x \to +\infty} \dfrac{\dfrac{\pi}{2} - \arctan x}{\dfrac{1}{x}} = \lim\limits_{x \to +\infty} \dfrac{-\dfrac{1}{1+x^2}}{-\dfrac{1}{x^2}} = \lim\limits_{x \to +\infty} \dfrac{x^2}{1+x^2} = 1$

3.2.2 $\dfrac{\infty}{\infty}$ 型未定式

对于 $x \to x_0$(或 $x \to \infty$)时 $\dfrac{\infty}{\infty}$ 型未定式,也有类似的洛必达法则.

定理 3 如果函数 $f(x), g(x)$ 满足:

① $\lim\limits_{\substack{x \to x_0 \\ (x \to \infty)}} f(x) = \lim\limits_{\substack{x \to x_0 \\ (x \to \infty)}} g(x) = \infty$;

② $f'(x), g'(x)$ 在 $\mathring{U}(x_0, \delta)$ 内(或 $|x| > X$)时都存在,且 $g'(x) \neq 0$;

③ $\lim\limits_{\substack{x \to x_0 \\ (x \to \infty)}} \dfrac{f'(x)}{g'(x)}$ 存在(或为无穷大),

则

$$\lim\limits_{\substack{x \to x_0 \\ (x \to \infty)}} \dfrac{f(x)}{g(x)} = \lim\limits_{\substack{x \to x_0 \\ (x \to \infty)}} \dfrac{f'(x)}{g'(x)} \qquad (3-9)$$

证明略.

例 7 计算 $\lim\limits_{x \to +\infty} \dfrac{x}{\ln x}$.

解 $\lim\limits_{x \to +\infty} \dfrac{x}{\ln x} = \lim\limits_{x \to +\infty} \dfrac{1}{\dfrac{1}{x}} = \lim\limits_{x \to +\infty} x = \infty$

例 8 计算 $\lim\limits_{x \to 0^+} \dfrac{\ln \sin x}{\ln \sin 2x}$.

解 $\lim\limits_{x \to 0^+} \dfrac{\ln \sin x}{\ln \sin 2x} = \lim\limits_{x \to 0^+} \dfrac{\sin 2x \cdot \cos x}{\sin x \cdot 2\cos 2x} = \lim\limits_{x \to 0^+} \dfrac{2x \cdot \cos x}{x \cdot 2\cos 2x} = 1$

例 9 计算 $\lim\limits_{x \to +\infty} \dfrac{x^n}{e^{2x}}$($n$ 为正整数).

解 $\lim\limits_{x \to +\infty} \dfrac{x^n}{e^{2x}} = \lim\limits_{x \to +\infty} \dfrac{nx^{n-1}}{2e^{2x}} = \lim\limits_{x \to +\infty} \dfrac{n(n-1)x^{n-2}}{2^2 e^{2x}} = \cdots = \lim\limits_{x \to +\infty} \dfrac{n!}{2^n e^{2x}} = 0$

3.2.3 其他类型未定式

关于 $0 \cdot \infty$、$\infty - \infty$、0^0、1^∞、∞^0 这些未定式的极限,一般可以用代数的方法,即恒等变形,先将它们化为 $\dfrac{0}{0}$ 型或 $\dfrac{\infty}{\infty}$ 型未定式,再用洛必达法则求解.

一般地,若 $f(x) \to 0$,$g(x) \to \infty$,则极限 $\lim\limits_{\substack{x \to x_0 \\ (x \to \infty)}} [f(x) \cdot g(x)]$ 称为 $0 \cdot \infty$ 型未定式,这时可利用恒等变形

$$f(x) \cdot g(x) = \frac{f(x)}{\frac{1}{g(x)}} \quad \left(\text{或} \frac{g(x)}{\frac{1}{f(x)}}(f(x) \neq 0)\right)$$

将 $0 \cdot \infty$ 型化为 $\frac{0}{0}$ 型或 $\frac{\infty}{\infty}$ 型未定式.

若 $f(x) \to \infty$,$g(x) \to \infty$,则极限 $\lim\limits_{\substack{x \to x_0 \\ (x \to \infty)}} [f(x) - g(x)]$ 称为 $\infty - \infty$ 型未定式,这时可利用通分,将它们化为 $\frac{0}{0}$ 型或 $\frac{\infty}{\infty}$ 型未定式.

采用类似方法可定义幂指函数的未定式.

幂指函数的未定式一般是指极限 $\lim\limits_{\substack{x \to x_0 \\ (x \to \infty)}} [f(x)^{g(x)}]$ 为 0^0 或 1^∞ 或 ∞^0 型的三种未定式. 对这类极限可先取对数,将其化为 $0 \cdot \infty$ 型未定式,再求解. 具体方法如下:

设 $y = f(x)^{g(x)}$,对 $y = f(x)^{g(x)}$ 的两边取对数,得:$\ln y = g(x) \cdot \ln f(x)$,即化为 $0 \cdot \infty$ 型未定式. 这时利用 $0 \cdot \infty$ 型未定式后,再化为 $\frac{0}{0}$ 型或 $\frac{\infty}{\infty}$ 型的极限即可用洛必达法则求解. 若求得其极限为

$$\lim\limits_{\substack{x \to x_0 \\ (x \to \infty)}} \ln y = \lim\limits_{\substack{x \to x_0 \\ (x \to \infty)}} [g(x) \cdot \ln f(x)] = A \quad (\text{或} +\infty \text{ 或} -\infty)$$

则有

$$\lim\limits_{\substack{x \to x_0 \\ (x \to \infty)}} f(x)^{g(x)} = \lim\limits_{\substack{x \to x_0 \\ (x \to \infty)}} y = \lim\limits_{\substack{x \to x_0 \\ (x \to \infty)}} e^{\ln y} = e^A \quad (\text{或} +\infty \text{ 或 } 0) \quad (3-10)$$

例 10 计算 $\lim\limits_{x \to \frac{\pi}{6}} \sin\left(\frac{\pi}{6} - x\right) \tan 3x$.

解
$$\lim_{x \to \frac{\pi}{6}} \sin\left(\frac{\pi}{6} - x\right) \tan 3x = \lim_{x \to \frac{\pi}{6}} \frac{\sin\left(\frac{\pi}{6} - x\right)}{\cos 3x} \sin 3x$$

$$= \lim_{x \to \frac{\pi}{6}} \frac{\sin\left(\frac{\pi}{6} - x\right)}{\cos 3x} \cdot \lim_{x \to \frac{\pi}{6}} \sin 3x$$

$$= \lim_{x \to \frac{\pi}{6}} \frac{-\cos\left(\frac{\pi}{6} - x\right)}{-3\sin 3x} = \frac{1}{3}$$

例 11 计算 $\lim\limits_{x \to 0} \left(\frac{1}{x^2} - \frac{1}{x\tan x}\right)$.

解 原式 $= \lim\limits_{x \to 0} \dfrac{\tan x - x}{x^2 \tan x} = \lim\limits_{x \to 0} \dfrac{\tan x - x}{x^3} = \lim\limits_{x \to 0} \dfrac{\sec^2 x - 1}{3x^2}$

$$= \lim_{x \to 0} \frac{\tan^2 x}{3x^2} = \frac{1}{3}.$$

例 12 计算 $\lim\limits_{x \to 0^+} x^x$.

解 令 $y = x^x$,两边取对数得
$$\ln y = x \cdot \ln x$$

由于
$$\lim_{x \to 0^+} \ln y = \lim_{x \to 0^+} (x \cdot \ln x) = \lim_{x \to 0^+} \frac{\ln x}{\frac{1}{x}} = \lim_{x \to 0^+} \frac{\frac{1}{x}}{-\frac{1}{x^2}} = \lim_{x \to 0^+} (-x) = 0$$

所以
$$\lim_{x \to 0^+} x^x = \lim_{x \to 0^+} y = \lim_{x \to 0^+} e^{\ln y} = e^0 = 1$$

习题 3.2

1. 用洛必达法则求下列极限:

(1) $\lim\limits_{x \to \pi} \dfrac{\sin 2x}{\sin 3x}$.

(2) $\lim\limits_{x \to 0} \dfrac{x + \sin 3x}{\tan 2x}$.

(3) $\lim\limits_{x \to 2} \dfrac{\sqrt[3]{x} - \sqrt[3]{2}}{x - 2}$.

(4) $\lim\limits_{x \to 3} \dfrac{x^4 - 81}{x(x-3)}$.

(5) $\lim\limits_{x \to 0} \dfrac{e^x - 1}{xe^x + e^x - 1}$.

(6) $\lim\limits_{x \to 0} \dfrac{\tan x - x}{x^3}$.

(7) $\lim\limits_{x \to 0} x^2 e^{\frac{1}{x^2}}$.

(8) $\lim\limits_{x \to 0} \left(\dfrac{1}{x} - \dfrac{1}{\sin x} \right)$.

(9) $\lim\limits_{x \to 0} \left(\dfrac{1}{x} - \dfrac{1}{e^x - 1} \right)$.

(10) $\lim\limits_{x \to 0^+} x^{\sin x}$.

(11) $\lim\limits_{x \to 0} \left(\dfrac{2}{\pi} \arccos x \right)^{\frac{1}{x}}$.

(12) $\lim\limits_{x \to 0^+} \left(\dfrac{1}{x} \right)^{\tan x}$.

2. 验证极限 $\lim\limits_{x \to \infty} \dfrac{x + \sin x}{x}$ 存在,但不能用洛必达法则求出.

3. 设 $f(x)$ 连续且存在二阶导数,且 $\lim\limits_{x \to 0} \dfrac{f(x)}{x} = 0, f''(0) = 4$,试利用洛必达法则验证:
$$\lim_{x \to 0} \left[1 + \frac{f(x)}{x} \right]^{\frac{1}{x}} = e^2$$

3.3 泰勒公式

3.3.1 泰勒多项式

我们经常需要计算一个函数 $f(x)$ 在某点的邻域内的函数值,如果它是一个多项式函数,那么它在某点的值的计算就比较简单,只须进行有限次加、减、乘三种算术运算即可. 但是,对其他类型的函数甚至最简单的基本初等函数如 $\sin x$, e^x, $\ln x$ 等,要精确计算它们的值就不那么简单了. 人们自然要提出这样的问题:对于一般的函数 $f(x)$,是否能用多项式函数来近似,而使误差满足所需要的精确度呢?从而使原本复杂的函数计算变得简单易行. 下面我们来讨论这个问题.

上一章的微分应用中我们曾利用微分(即一次多项式)近似代替函数 $f(x)$,当函数 $f(x)$ 在 x_0 处可导,且 $f'(x_0) \neq 0$,$|x-x_0|$ 很小时,有

$$f(x) \approx f(x_0) + f'(x_0)(x-x_0) \qquad (3-11)$$

显然式(3-11)右端是一个一次多项式,记作 $P_1(x)$,即

$$P_1(x) = f(x_0) + f'(x_0)(x-x_0)$$

易知 $P_1(x)$ 满足:

$$P_1(x_0) = f(x_0), \quad P'_1(x_0) = f'(x_0)$$

且误差为 $f(x) - P_1(x) = o(x-x_0)$,即用一次多项式 $P_1(x)$ 来近似代替 $f(x)$ 时,其误差是比 $(x-x_0)$ 高阶的无穷小量.

可以设想,如果我们用一个适当高次的多项式 $P_n(x)$ 来逼近 $f(x)$,其误差是否可能更小?

设多项式

$$P_n(x) = a_0 + a_1(x-x_0) + a_2(x-x_0)^2 + \cdots + a_n(x-x_0)^n \qquad (3-12)$$

满足下列 $n+1$ 个条件:

$$P_n(x_0) = f(x_0), \quad 且 \ P_n^{(k)}(x_0) = f^{(k)}(x_0) (k=1,2,\cdots,n) \qquad (3-13)$$

从几何上看,条件组式(3-13)表示多项式函数 $y=P_n(x)$ 的图形与曲线 $y=f(x)$ 不仅有公共点 $M_0(x_0, f(x_0))$,且在 M_0 处有相同的切线、相同的凹凸方向与弯度等. 这样的 $P_n(x)$ 逼近 $f(x)$ 的效果应该比 $P_1(x)$ 要好得多. 下面根据条件组式(3-13),求出 $P_n(x)$ 的系数 $a_k (k=0,1,2,\cdots,n)$.

对式(3-12)给出的 $P_n(x)$,分别求一阶、二阶 $\cdots$ n 阶导数,有

$$P'_n(x) = a_1 + 2a_2(x-x_0) + \cdots + na_n(x-x_0)^{n-1}$$

$$P''_n(x) = 2!a_2 + 3 \cdot 2a_3(x-x_0) + \cdots + n(n-1)a_n(x-x_0)^{n-2}$$

$$\cdots$$

$$P_n^{(n)}(x) = n!a_n$$

将 $x=x_0$ 代入上列各式,得

$$P_n(x_0)=a_0, \quad P_n'(x_0)=a_1, \quad P_n''(x_0)=2!a_2, \quad \cdots, \quad P_n^{(n)}(x_0)=n!a_n$$

根据条件组式(3-13),解得

$$a_0=f(x_0), \quad a_1=f'(x_0), \quad a_2=\frac{1}{2!}f''(x_0), \quad \cdots, \quad a_n=\frac{1}{n!}f^{(n)}(x_0)$$

(3-14)

由此可得:当 $f(x)$ 在 x_0 处有 n 阶导数时,满足条件组式(3-13)的 n 次多项式 $P_n(x)$ 是存在的,其系数由式(3-14)确定,由此得

$$P_n(x) = f(x_0) + f'(x_0)(x-x_0) + \frac{f''(x_0)}{2!}(x-x_0)^2 + \cdots + \frac{f^{(n)}(x_0)}{n!}(x-x_0)^n$$

(3-15)

称式(3-15)为 $f(x)$ 在 x_0 处的 **n 阶泰勒(Taylor)多项式**,式(3-14)为泰勒多项式的系数公式. 假设用 $P_n(x)$ 近似表达 $f(x)$ 时的误差为 $R_n(x)$,则

$$\begin{aligned}f(x) &= P_n(x) + R_n(x) \\ &= f(x_0) + f'(x_0)(x-x_0) + \frac{f''(x_0)}{2!}(x-x_0)^2 \\ &\quad + \cdots + \frac{f^{(n)}(x_0)}{n!}(x-x_0)^n + R_n(x)\end{aligned}$$

误差项 $R_n(x)$ 也称为余项.

关于 $f(x)$,$P_n(x)$ 与余项 $R_n(x)$ 之间的关系,有下面的泰勒中值定理.

3.3.2 泰勒中值定理

定理(泰勒中值定理) 设函数 $f(x)$ 在含有 x_0 的某个开区间 (a,b) 内具有直到 $n+1$ 阶的导数,则 $\forall x \in (a,b)$,有

$$\begin{aligned}f(x) = f(x_0) + f'(x_0)(x-x_0) + \frac{f''(x_0)}{2!}(x-x_0)^2 \\ + \cdots + \frac{f^{(n)}(x_0)}{n!}(x-x_0)^n + R_n(x)\end{aligned} \quad (3-16)$$

其中

$$R_n(x) = \frac{f^{(n+1)}(\xi)}{(n+1)!}(x-x_0)^{n+1} \quad (3-17)$$

这里 ξ 是介于 x_0 与 x 之间的某个值.

证 由题意可知

$$R_n(x) = f(x) - P_n(x)$$

且 $R_n(x)$ 在 (a,b) 内具有直到 $(n+1)$ 阶的导数,由于

$$P_n^{(k)}(x_0) = f^{(k)}(x_0) \quad (k=0,1,2,\cdots,n)$$

故
$$R_n(x_0) = R'_n(x_0) = R''_n(x_0) = \cdots = R_n^{(n)}(x_0) = 0$$

只需证
$$R_n(x) = \frac{f^{(n+1)}(\xi)}{(n+1)!}(x-x_0)^{n+1} \quad (\xi 介于 x_0 和 x 之间)$$

下面对函数 $R_n(x)$ 及 $(x-x_0)^{n+1}$ 在以 x_0, x 为端点的区间上连续应用 $(n+1)$ 次柯西中值定理,有

$$\frac{R_n(x)}{(x-x_0)^{n+1}} = \frac{R_n(x) - R_n(x_0)}{(x-x_0)^{n+1} - 0} = \frac{R'_n(\xi_1)}{(n+1)\cdot(\xi_1-x_0)^n} \quad (\xi_1 介于 x_0 与 x 之间)$$

$$= \frac{R'_n(\xi_1) - R'_n(x_0)}{(n+1)\cdot[(\xi_1-x_0)^n - 0]} = \frac{R''_n(\xi_2)}{(n+1)\cdot n(\xi_2-x_0)^{n-1}}$$

(ξ_2 介于 x_0 与 x 之间)

$$= \cdots$$

$$= \frac{R_n^{(n)}(\xi_n) - R_n^{(n)}(x_0)}{(n+1)n\cdots 2[(\xi_n-x_0)-0]} = \frac{R_n^{(n+1)}(\xi)}{(n+1)!}$$

其中 ξ 介于 x_0 与 ξ_n 之间,因而也介于 x_0 与 x 之间,所以

$$R_n(x) = \frac{R_n^{(n+1)}(\xi)}{(n+1)!}(x-x_0)^{n+1}$$

又
$$R_n^{(n+1)}(\xi) = f^{(n+1)}(\xi) - P_n^{(n+1)}(\xi) = f^{(n+1)}(\xi) \quad (因为 P_n^{(n+1)}(\xi)=0)$$

所以
$$R_n(x) = \frac{f^{(n+1)}(\xi)}{(n+1)!}(x-x_0)^{n+1}$$

定理证毕.

称式(3-16)为函数 $f(x)$ 按 $x-x_0$ 的幂展开的 n 阶泰勒公式,称式(3-17)中的余项形式为**拉格朗日型余项**. 由于 ξ 介于 x 与 x_0 之间,所以 ξ 也可表示为
$$\xi = x_0 + \theta(x-x_0) \quad (0<\theta<1)$$

取 $x_0=0$,可得 $f(x)$ 按 x 的幂展开的 n 阶泰勒公式:
$$f(x) = f(0) + f'(0)x + \frac{f''(0)}{2!}x^2 + \cdots + \frac{f^{(n)}(0)}{n!}x^n + \frac{f^{(n+1)}(\theta x)}{(n+1)!}x^{n+1} \quad (0<\theta<1)$$
(3-18)

称式(3-18)为函数 $f(x)$ 的带拉格朗日型余项的 n 阶麦克劳林(Maclaurin)公式. 取 $n=0$,泰勒公式(3-16)成为拉格朗日中值公式:
$$f(x) = f(x_0) + f'(\xi)(x-x_0) \quad (\xi 介于 x_0 与 x 之间)$$

因此拉格朗日中值定理是泰勒中值定理当 $n=0$ 时的特殊形式.

易知当 $x \to x_0$ 时,误差 $|R_n(x)|$ 是比 $(x-x_0)^n$ 高阶的无穷小,即
$$|R_n(x)| = o[(x-x_0)^n]$$
称上面的余项公式为佩亚诺(Peano)型余项.

当不需要精确表达余项时,n 阶泰勒公式常写成
$$f(x) = f(x_0) + f'(x_0)(x-x_0) + \frac{f''(x_0)}{2!}(x-x_0)^2$$
$$+ \cdots + \frac{f^{(n)}(x_0)}{n!}(x-x_0)^n + o[(x-x_0)^n] \quad (3-19)$$
称式(3-19)为函数 $f(x)$ 在 x_0 处的带佩亚诺(Peano)型余项的 n 阶泰勒公式.

在式(3-19)中,取 $x_0 = 0$,得
$$f(x) = f(0) + f'(0)x + \frac{f''(0)}{2!}x^2 + \cdots + \frac{f^{(n)}(0)}{n!}x^n + o(x^n) \quad (3-20)$$
称式(3-20)为函数 $f(x)$ 的带佩亚诺型余项的 n 阶麦克劳林公式.

例1 将 $f(x) = \tan x$ 在 $x_0 = \frac{\pi}{4}$ 处展开成三阶泰勒公式,求出余项的表达式,并指明展开式成立的范围.

解
$$f(x) = \tan x, \quad f\left(\frac{\pi}{4}\right) = 1$$
$$f'(x) = \sec^2 x, \quad f'\left(\frac{\pi}{4}\right) = 2$$
$$f''(x) = 2\sec^2 x \cdot \tan x, \quad f''\left(\frac{\pi}{4}\right) = 4$$
$$f'''(x) = 2\sec^2 x \cdot (3\tan^2 x + 1), \quad f'''\left(\frac{\pi}{4}\right) = 16$$
$$f^{(4)}(x) = 8\tan x \cdot \sec^2 x \cdot (3\sec^2 x - 1)$$

所以
$$\tan x = 1 + 2\left(x - \frac{\pi}{4}\right) + 2\left(x - \frac{\pi}{4}\right)^2 + \frac{8}{3}\left(x - \frac{\pi}{4}\right)^3 + R_3(x)$$

其中余项
$$R_3(x) = \frac{f^{(4)}(\xi)}{4!}\left(x - \frac{\pi}{4}\right)^4$$
$$= \frac{1}{3}\tan\xi \cdot \sec^2\xi \cdot (3\sec^2\xi - 1)\left(x - \frac{\pi}{4}\right)^4 \quad (\xi \text{ 在 } x \text{ 与 } \frac{\pi}{4} \text{ 之间})$$

因为 $\tan x$ 在 $\left(-\frac{\pi}{2} + k\pi, \frac{\pi}{2} + k\pi\right)$ 内任意阶可导(k 为整数),其中含 $x_0 = \frac{\pi}{4}$ 的区间是 $\left(-\frac{\pi}{2}, \frac{\pi}{2}\right)$,故上述展开式中 x 的取值范围为 $\left(-\frac{\pi}{2}, \frac{\pi}{2}\right)$.

作为泰勒中值定理的一个直接应用,可以按照预先给定的精度计算函数 $f(x)$ 在某点的函数值的近似值.

例2 写出函数 $f(x) = e^x$ 的带拉格朗日型余项的 n 阶麦克劳林公式,并计算 e 的近似值,使误差小于 10^{-7}.

解 因为
$$f(x) = f^{(k)}(x) = e^x \quad (k = 0, 1, 2, \cdots, n+1)$$

所以
$$f(0) = f'(0) = \cdots = f^{(n)}(0) = 1$$

代入式(3-18),得 e^x 的带拉格朗日型余项的 n 阶麦克劳林公式
$$e^x = 1 + x + \frac{x^2}{2!} + \cdots + \frac{x^n}{n!} + \frac{e^{\theta x}}{(n+1)!} x^{n+1} \quad (0 < \theta < 1)$$

令 $x = 1$,得
$$e = 1 + 1 + \frac{1}{2!} + \cdots + \frac{1}{n!} + \frac{e^\theta}{(n+1)!} \quad (0 < \theta < 1)$$

误差
$$R_n = \frac{e^\theta}{(n+1)!} < \frac{e}{(n+1)!} < \frac{3}{(n+1)!} \quad (\text{因为 } e^\theta < e < 3)$$

取 $n = 10$,得
$$e \approx 1 + 1 + \frac{1}{2!} + \frac{1}{3!} + \cdots + \frac{1}{10!} \approx 2.718\,281\,8$$

误差
$$R_n(x) \leqslant \frac{3}{11!} < 10^{-7}$$

例3 求 $f(x) = \ln(1+x)$ 的麦克劳林展开式.

解 在 $x > -1$ 时,
$$f'(x) = (1+x)^{-1}$$
$$f''(x) = (-1)(1+x)^{-2}$$
$$\cdots$$
$$f^{(n)}(x) = (-1)^{n-1}(n-1)!(1+x)^{-n}$$

故
$$f(0) = 0$$
$$f^{(n)}(0) = (-1)^{n-1}(n-1)! \quad (n = 1, 2, \cdots) \quad (\text{规定 } 0! = 1)$$

所以
$$\ln(1+x) = x - \frac{1}{2}x^2 + \frac{1}{3}x^3 - \cdots + \frac{(-1)^{n-1}}{n}x^n$$
$$+ \frac{(-1)^n}{n+1} \cdot \frac{1}{(1+\theta x)^{n+1}} x^{n+1} \quad (0 < \theta < 1)$$

例 4 求 $f(x) = \sin x$ 的麦克劳林展开式.

解 在 $x \in (-\infty, +\infty)$ 时,
$$f(x) = \sin x, f^{(n)}(x) = \sin\left(x + \frac{n\pi}{2}\right) \quad (n = 1, 2, \cdots)$$

即
$$f^{(n)}(0) = \sin\frac{n\pi}{2} = \begin{cases} 0, & n = 2k \\ (-1)^k, & n = 2k+1 \end{cases} \quad (k = 0, 1, 2, \cdots)$$

所以
$$\sin x = x - \frac{1}{3!}x^3 + \frac{1}{5!}x^5 - \cdots + \frac{(-1)^k}{(2k+1)!}x^{2k+1}$$
$$+ \frac{\sin\left(\theta x + \frac{2k+2}{2}\pi\right)}{(2k+2)!}x^{2k+2} \quad (0 < \theta < 1)$$

当取 $k = 0$ 时,得 $\sin x$ 的一次近似式为
$$\sin x \approx x$$
此时误差为
$$|R_1(x)| = \left|\frac{\sin(\theta x + \pi)}{2!}x^2\right| \leqslant \frac{x^2}{2} \quad (0 < \theta < 1)$$

当取 $k = 1$ 时,得 $\sin x$ 的三次近似式为
$$\sin x \approx x - \frac{1}{6}x^3$$
此时误差为
$$|R_3(x)| = \left|\frac{\sin\left(\theta x + \frac{4}{2}\pi\right)}{4!}x^4\right| \leqslant \frac{x^4}{24} \quad (0 < \theta < 1)$$

当取 $k = 2$ 时,得 $\sin x$ 的五次近似式为
$$\sin x \approx x - \frac{1}{6}x^3 + \frac{1}{120}x^5$$
此时误差为
$$|R_5(x)| = \left|\frac{\sin\left(\theta x + \frac{6}{2}\pi\right)}{6!}x^6\right| \leqslant \frac{x^6}{720} \quad (0 < \theta < 1)$$

图 3-3 是 $\sin x$ 及以上三个近似多项式的图形,读者可以进行比较.

类似地,还可得到
$$\cos x = 1 - \frac{x^2}{2!} + \frac{x^4}{4!} - \cdots + (-1)^m \frac{1}{(2m)!}x^{2m}$$
$$+ R_{2m+1}(x)$$

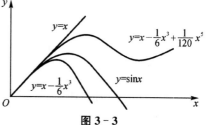

图 3-3

其中

$$R_{2m+1}(x) = \frac{\cos[\theta x + (m+1)\pi]}{(2m+2)!}x^{2m+2} \quad (0 < \theta < 1)$$

习题 3.3

1. 写出 $f(x) = \dfrac{1}{3-x}$ 在 $x_0 = 1$ 处的三阶泰勒公式.
2. 将 $f(x) = x^5 - 2x^2 + 3x - 5$ 展开成 $(x-1)$ 的 n 阶泰勒公式.
3. 求 $f(x) = x\mathrm{e}^{-x}$ 的带佩亚诺型余项的 n 阶麦克劳林公式.
4. 利用泰勒公式计算 $\ln 1.2$ 的近似值(取 $n = 5$).

3.4 函数的单调性与曲线的凹凸性

本节将利用微分中值定理给出判断函数的单调性与曲线的凹凸性的方法,这些方法与初等数学方法相比,既简单又具有一般性的特征.

3.4.1 函数的单调性

函数的单调性是函数的主要性质之一,下面利用导数来研究函数的单调性的判别方法.

从图 3-4(a) 中可看出,当沿着单调增加函数的曲线从左向右移动时,曲线逐渐上升,它的切线的倾斜角 α 总是锐角,即这时斜率 $f'(x) > 0$;从图 3-4(b) 中可看出,当沿着单调减少函数的曲线从左向右移动时,曲线逐渐下降,其切线的倾斜角 α 总是钝角,即这时斜率 $f'(x) < 0$.

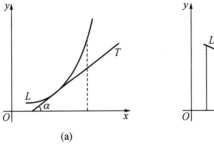
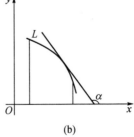

图 3-4

从上面的几何直观中可得出:当函数在区间内是单调增加函数时,它在该区间内的导数恒为正;当函数在区间内是单调减少函数时,其导数在该区间内恒为负.

由此我们猜想能否利用导数的符号来判别函数的单调性呢?根据微分中值定理,容易得到如下定理.

定理 1 设函数 $f(x)$ 在闭区间 $[a,b]$ 上连续,在开区间 (a,b) 内可导,那么

(1) 若在 (a,b) 内 $f'(x)>0$,则函数 $f(x)$ 在 $[a,b]$ 上严格单调增加.

(2) 若在 (a,b) 内 $f'(x)<0$,则函数 $f(x)$ 在 $[a,b]$ 上严格单调减少.

证 (1) $\forall x_1,x_2\in(a,b)$,不妨设 $x_1<x_2$,由题设可知 $f(x)$ 在 $[x_1,x_2]$ 上连续、可导,即满足拉格朗日中值定理的条件,故 $\exists \xi\in(x_1,x_2)\subset(a,b)$,使
$$f(x_2)-f(x_1)=f'(\xi)(x_2-x_1) \quad (x_1<\xi<x_2)$$
由题设中条件(1)可知,$f'(\xi)>0$,故
$$f(x_2)-f(x_1)>0$$
所以函数 $f(x)$ 在 $[a,b]$ 上严格单调增加.

(2) 同理可证,当 $f'(x)<0$ 时,$f(x)$ 在 $[a,b]$ 上严格单调减少.

从证明过程中容易看出:如果定理 1 中的闭区间换成了其他各种区间(包括无穷区间),那么结论也成立. 另外必须指出,如果连续函数的可导性仅在有限个点处不成立,这时定理 1 的结论仍成立.

利用定理 1 可判别函数的单调性并确定其单调区间.

例 1 讨论函数 $f(x)=\dfrac{1}{3}x^3-x^2+\dfrac{1}{3}$ 的单调性.

解 $f(x)$ 在 $(-\infty,+\infty)$ 内连续且可导,对 $f(x)$ 求导,得
$$f'(x)=x^2-2x=x(x-2)$$
由 $f'(x)=x(x-2)=0$,解得 $x_1=0,x_2=2$,x_1,x_2 将 $f(x)$ 的定义域 $(-\infty,+\infty)$ 分成了三个部分区间,在每个部分区间上讨论函数的导数符号并根据导数符号判别其单调性.

当 $x\in(-\infty,0)$ 时,由于 $f'(x)>0$,故这时 $f(x)$ 严格单调增加;当 $x\in(0,2)$ 时,由于 $f'(x)<0$,故这时 $f(x)$ 严格单调减少;当 $x\in(2,+\infty)$ 时,由于 $f'(x)>0$,故这时 $f(x)$ 严格单调增加.

综上所述,$f(x)$ 在区间 $(-\infty,0]$ 及 $[2,+\infty)$ 上严格单调增加,在区间 $(0,2)$ 内严格单调减少.

例 2 讨论函数 $f(x)=x^3$ 的单调性.

解 $f(x)$ 在 $(-\infty,+\infty)$ 内连续且可导,对 $f(x)$ 求导,得
$$f'(x)=3x^2$$
可见,除了点 $x=0$ 使 $f'(x)=0$ 外,在其余各点处均有 $f'(x)>0$,因此函数 $f(x)$ 在区间 $(-\infty,+\infty)$ 内严格单调增加(图 3-5).

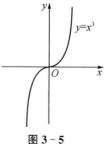

图 3-5

例 3 确定函数 $f(x) = \sqrt[3]{x(x-1)^2}$ 的单调区间.

解 $f(x)$ 在 $(-\infty, +\infty)$ 内连续,对 $f(x)$ 求导,得

$$f'(x) = \frac{1}{3}x^{-\frac{2}{3}}(x-1)^{\frac{2}{3}} + \frac{2}{3}x^{\frac{1}{3}}(x-1)^{-\frac{1}{3}} = \frac{3x-1}{3x^{\frac{2}{3}}(x-1)^{\frac{1}{3}}}$$

由 $f'(x) = 0$,解得 $x = \frac{1}{3}$;由 $f'(x)$ 不存在,解得 $x = 0, x = 1$.

因此 $x = \frac{1}{3}, x = 0, x = 1$ 将 $(-\infty, +\infty)$ 分成四个部分区间,显然 $f'(x)$ 的正负性取决于因式 $(3x-1)$ 与 $(x-1)$.下面列表讨论 $f'(x)$ 在各部分区间内的符号(表 3-1).

表 3-1

x	$(-\infty, 0)$	0	$\left(0, \frac{1}{3}\right)$	$\frac{1}{3}$	$\left(\frac{1}{3}, 1\right)$	1	$(1, +\infty)$
$f'(x)$	+	不存在	+	0	−	不存在	+
$f(x)$	↗		↗		↘		↗

由表 3-1 可见,函数 $f(x)$ 单调增加的区间为 $\left(-\infty, \frac{1}{3}\right]$ 与 $[1, +\infty)$,单调减少的区间为 $\left[\frac{1}{3}, 1\right]$.

一般地,若函数 $f(x)$ 在定义区间上连续,且除去有限个导数不存在的点外,$f(x)$ 的导数均存在,这时可用导数为零的点和导数不存在的点将函数的定义区间划分成若干个部分区间,在各部分区间内 $f'(x)$ 保持固定的符号,因而根据这些符号就可确定 $f(x)$ 在每个部分区间上的单调性.利用函数的单调性还可证明一些不等式.

一般地,如果 $f(x)$ 在 (a,b) 上恒有 $f'(x) \geqslant 0$,则由定理 1,可判定 $f(x)$ 在 $[a,b]$ 上单调增加,则当 $f(a) \geqslant 0$ 时,就有 $f(x) > f(a) \geqslant 0 (x \in (a,b))$,从而可证得不等式 $f(x) > 0$ 成立.

例 4 证明:当 $x \neq 0$ 时,$\mathrm{e}^x \geqslant 1 + x$.

证 设 $f(x) = \mathrm{e}^x - (1+x)$,则函数 $f(x)$ 在定义域 $(-\infty, +\infty)$ 上连续、可导,且 $f(0) = 0$,因此只需证明:当 $x \neq 0$ 时,有 $f(x) > 0$ 即可.

对 $f(x)$ 求导得:$f'(x) = \mathrm{e}^x - 1$,由 $f'(x) = 0$,解得 $x = 0$,故当 $x < 0$ 时,$f'(x) < 0$,因此 $f(x)$ 在 $(-\infty, 0)$ 内严格单调递减,则当 $x < 0$ 时,有

$$f(x) > f(0) = 0$$

即

$$f(x) > 0$$

当 $x>0$ 时,$f'(x)>0$,因此 $f(x)$ 在 $(0,+\infty)$ 内严格单调递增,则当 $x>0$ 时,有
$$f(x)>f(0)=0$$
即
$$f(x)>0$$

综上可得:当 $x\neq 0$ 时恒有 $f(x)>0$,即 $x\neq 0$ 时,$e^x>1+x$.

3.4.2 曲线的凹凸性与拐点

在讨论函数的特性或者描述函数的图形时,仅了解其单调性是不够的. 例如在图 3-6 中有两条曲线弧 $\overset{\frown}{AB}$ 与 $\overset{\frown}{CD}$,它们都是单调上升的曲线,但图形却有着显著的不同,$\overset{\frown}{AB}$ 是向下凹陷的,$\overset{\frown}{CD}$ 是向上凸起的,它们的凹凸性不同. 那么图形的凹凸性有什么本质属性,又如何来判别呢?

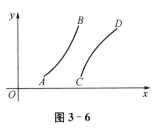

图 3-6

1) 曲线的凹凸性

从几何上看到,在凹陷的弧上(图 3-7),任意两点的连线段总位于这两点间的弧段的上方,每一点处的切线总位于曲线的下方;而在向上凸起的曲线上,其情形正好相反(图 3-8). 对于曲线的这种凹陷、凸起的图形性质,称之为**曲线的凹凸性**.

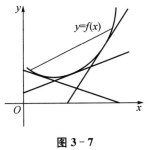

图 3-7

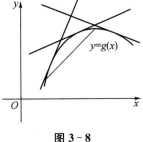

图 3-8

定义 1 设 $f(x)$ 在区间 (a,b) 内连续,设 x_1,x_2 为 (a,b) 内的任意两点,如果

(1) 恒有 $f\left(\dfrac{x_1+x_2}{2}\right)<\dfrac{f(x_1)+f(x_2)}{2}$,则称 $f(x)$ 在 (a,b) 内的图形是(向上)凹的(或凹弧).

(2) 恒有 $f\left(\dfrac{x_1+x_2}{2}\right)>\dfrac{f(x_1)+f(x_2)}{2}$,则称 $f(x)$ 在 (a,b) 内的图形是(向上)凸的(或凸弧).

从图 3-7 与图 3-8 可看出,当曲线处处有切线时,凹(凸)弧的切线的斜率随着

自变量 x 的逐渐增大而变大(小). 如果函数 $y = f(x)$ 是二阶可导的, 这一特性(导数 $f'(x)$ 的单调性)可由 $f''(x)$ 的符号来判别, 由此可得判断曲线凹凸性的一个方法.

定理 2 设 $f(x)$ 在 $[a,b]$ 内连续, 在 (a,b) 内具有一阶和二阶导数, 那么

(1) 若在 (a,b) 内恒有 $f''(x) > 0$, 则 $f(x)$ 在 $[a,b]$ 上的图形是凹的.

(2) 若在 (a,b) 内恒有 $f''(x) < 0$, 则 $f(x)$ 在 $[a,b]$ 上的图形是凸的.

证 (1) 设 $\forall x_1, x_2 \in (a,b)$, 且 $x_1 < x_2$, 记 $x_0 = \dfrac{x_1 + x_2}{2}, h = \dfrac{x_2 - x_1}{2}$. 则
$$x_1 = x_0 - h, \quad x_2 = x_0 + h$$
由拉格朗日中值定理, 得
$$f(x_0) - f(x_0 - h) = f'(x_0 - \theta_1 h) \cdot h \quad (0 < \theta_1 < 1)$$
$$f(x_0 + h) - f(x_0) = f'(x_0 + \theta_2 h) \cdot h \quad (0 < \theta_2 < 1)$$
将上面两式相减, 得
$$f(x_0 + h) + f(x_0 - h) - 2f(x_0) = [f'(x_0 + \theta_2 h) - f'(x_0 - \theta_1 h)] \cdot h$$
对 $f'(x)$ 在区间 $[x_0 - \theta_1 h, x_0 + \theta_2 h]$ 上应用拉格朗日中值定理, 得
$$f'(x_0 + \theta_2 h) - f'(x_0 - \theta_1 h) = f''(\xi)(\theta_1 + \theta_2)h$$
其中 $x_0 - \theta_1 h < \xi < x_0 + \theta_2 h$. 由于 $f''(\xi) > 0$, 得
$$f(x_0 + h) + f(x_0 - h) - 2f(x_0) = f''(\xi) \cdot (\theta_1 + \theta_2)h^2 > 0$$
即
$$f(x_2) + f(x_1) - 2f\left(\dfrac{x_1 + x_2}{2}\right) > 0$$
即
$$\dfrac{f(x_1) + f(x_2)}{2} > f\left(\dfrac{x_1 + x_2}{2}\right)$$
从而 $f(x)$ 的图形在 $[a,b]$ 上是凹的.

(2) 同理可证: 当 $f''(x) < 0$ 时, $f(x)$ 的图形在 $[a,b]$ 上是凸的.

此定理也适用于任意区间上的情形. 由定理 2 可知, 利用二阶导数的符号可求得函数的凹凸区间并判别其凹凸性.

例 5 求曲线 $y = x^3$ 的凹凸区间并判别其凹凸性.

解 $y' = 3x^2, y'' = 6x$, 由 $y'' = 6x = 0$ 解得 $x = 0$.

当 $x > 0$ 时, $y'' = 6x > 0$, 故曲线在 $[0, +\infty)$ 上是凹的; 当 $x < 0$ 时, $y'' = 6x < 0$, 曲线在 $(-\infty, 0]$ 上是凸的. 由此可知曲线 $y = x^3$ 的凹区间为 $[0, +\infty)$, 凸区间为 $(-\infty, 0]$.

2) 拐点

从例 5 中可知, 曲线 $y = x^3$ 在点 $x = 0$ 处, $y'' = 0$, 且曲线经过点 $x = 0$ 的左、

右两侧时,图形由凸弧变成凹弧.所以点(0,0)为曲线的一个凹凸弧形的分界点,也叫拐点.

定义 2 设曲线 $y=f(x)$ 在 $U(x_0)$ 内连续,若在点 x_0 的左、右两侧邻近,曲线由凹弧变为凸弧或由凸弧变为凹弧,则称点 $(x_0,f(x_0))$ 为该曲线的拐点.

如果函数 $y=f(x)$ 在 $\overset{\circ}{U}(x_0)$ 内具有二阶导数,且 $f''(x_0)=0$ 或 $f''(x_0)$ 不存在,而 $f''(x)$ 在 x_0 的左右两侧邻近的符号相反,则说明函数 $f(x)$ 在点 $(x_0,f(x_0))$ 的左右两侧凹凸性不同,故点 $(x_0,f(x_0))$ 就是曲线 $y=f(x)$ 的一个拐点.

由此可得,利用函数 $f(x)$ 二阶导数的符号来判别该函数的凹凸区间与拐点的具体步骤为:

(1) 求函数的定义区间.

(2) 求 $f''(x)$,并在该区间内求出使 $f''(x)=0$ 的点与 $f''(x)$ 不存在的点.

(3) 用上面的点将定义区间分成若干个部分区间,考察函数在这些部分区间上 $f''(x)$ 的符号.

(4) 利用 $f''(x)$ 的符号,再根据定理2及定义2可以求得曲线的凹凸区间及拐点.

例 6 求曲线 $y=\dfrac{1}{3}(x-1)^{\frac{3}{2}}-\dfrac{1}{8}x^2$ 的凹凸区间和拐点.

解 函数的定义区间为 $[1,+\infty)$,$\forall x \in (1,+\infty)$,有

$$y'=\frac{1}{2}(x-1)^{1/2}-\frac{1}{4}x, \quad y''=\frac{1-\sqrt{x-1}}{4\sqrt{x-1}}$$

由上式可知,$x_1=2$ 时,$y''=0$.列表表示如下:

表 3-2

x	$(1,2)$	2	$(2,+\infty)$
y''	$+$	0	$-$
y	⌣	拐点	⌢

由表3-2可知,曲线的凸区间为 $[2,+\infty)$,曲线的凹区间为 $[1,2]$.又 $x_1=2$,$y(2)=-\dfrac{1}{6}$;故点 $\left(2,-\dfrac{1}{6}\right)$ 是曲线的拐点.

例 7 问 a,b 为何值时,点 $(1,3)$ 是曲线 $y=ax^4+bx^3$ 的拐点?并求此时曲线的凹凸区间.

解 $y''=12ax^2+6bx$

由于点 $(1,3)$ 在该曲线上,将点 $(1,3)$ 代入该曲线方程中得

$$a+b=3$$

又点 $(1,3)$ 为曲线的拐点,故 $y''\big|_{x=1} = 12a+6b = 0$,解得 $a=-3, b=6$. 此时 $y'' = -36x^2 + 36x = 36(x-x^2)$,由 $y'' = 36(x-x^2) = 0$,解得 $x_1 = 0, x_2 = 1$. 列表表示如下.

表 3-3

x	$(-\infty, 0)$	0	$(0,1)$	1	$(1,+\infty)$
y''	$-$	不存在	$+$	0	$-$
y	⌢	拐点	⌣	拐点	⌢

由表 3-3 可知,曲线的凸区间为 $(-\infty, 0]$ 与 $[1,+\infty)$,曲线的凹区间为 $[0,1]$. 利用凹凸性可以证明一类特殊的不等式.

例 8 证明: $\tan x + \tan y > 2\tan\dfrac{x+y}{2}$ $\left(0 < x < y < \dfrac{\pi}{2}\right)$.

证 取 $f(t) = \tan t$ $\left(0 < t < \dfrac{\pi}{2}\right)$,则

$$f'(t) = \sec^2 t$$

$$f''(t) = 2\sec t \sec t \tan t = 2\sec^2 t \tan t > 0$$

所以在 $\left(0, \dfrac{\pi}{2}\right)$ 上,曲线 $f(t) = \tan t$ 是凹的. 因此当 $0 < x < y < \dfrac{\pi}{2}$ 时,有

$$\dfrac{1}{2}(\tan x + \tan y) > \tan\dfrac{x+y}{2}$$

即

$$\tan x + \tan y > 2\tan\dfrac{x+y}{2}$$

习题 3.4

1. 确定下列函数的单调区间:

   (1) $y = x^3 - 3x^2 - 9x + 14$.
   (2) $y = \sqrt{2x - x^2}$.
   (3) $y = 2x^3 - 2x^2 + 5$.
   (4) $y = (x-2)^{\frac{5}{3}} \cdot (x+1)^{-\frac{2}{3}}$.

2. 证明下列不等式:

   (1) $x > 1$ 时, $2\sqrt{x} > 3 - \dfrac{1}{x}$.

   (2) $x > 0$ 时, $\ln(1+x) < x$.

(3) $0 < x < \dfrac{\pi}{2}$ 时,$\tan x > x + \dfrac{1}{3}x^3$.

3. 求下列曲线的凹凸区间与拐点:

(1) $y = x^3 + 3x^2 - 1$.   (2) $y = \ln(1+x^2)$.

(3) $y = e^{\arctan x}$.   (4) $y = xe^{-x}$.

4. 求曲线 $y = x^3 - 3x^2 + 24x - 19$ 在拐点处的切线方程和法线方程.

5. 设曲线 $y = k(x^2-3)^2$ 的拐点处的法线通过原点,求 k 的值.

6. 试确定常数 a,b,使 $(1,2)$ 是曲线 $y = ax^3 + bx^2 + 1$ 的拐点.

7. 利用函数图形的凹凸性,证明下列不等式:

(1) $x\ln x + y\ln y > (x+y)\ln\dfrac{x+y}{2}$,其中 $x>0, y>0$.

(2) $\dfrac{e^x + e^y}{2} > e^{\frac{x+y}{2}}$,其中 $x>0, y>0, x \neq y$.

3.5 函数的极值及最大值与最小值

在许多实际问题中,经常需要考察函数在局部的极值以及在指定区间上的最大值、最小值. 为此,先讨论函数的极值问题.

3.5.1 函数的极值

定义 1   凡是满足方程 $f'(x) = 0$ 的点 x 称为函数 $f(x)$ 的驻点.

根据导数的几何意义,在曲线 $y = f(x)$ 上驻点处的切线是水平的.

在图 3-9 中,考察函数 $f(x)$ 在 $[a,b]$ 上的极值与最值,发现:函数 $f(x)$ 在点 x_1, x_2, x_3 处取得极大值,函数 $f(x)$ 在 x'_1, x'_2, x'_3 处取得极小值;其最大值为 $f(b)$,最小值为 $f(x'_2)$. 观察该图还发现:函数在一个区间内可以有若干个极大值与极小值,函数在点 x_2 处的极大值 $f(x_2)$ 比在 x'_3 处的极小值 $f(x'_3)$ 还要小,这是因为我们讨论的函数极值是局部概念,只将它与该点左、右邻近的函数值比较,而最大值与最小值是在指定的某一区间上来考察的,是整体的、全局的最值.

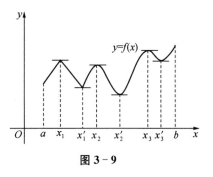

图 3-9

函数的极值未必是指定区间上的最值. 下面先讨论连续函数极值点的求法.

从图 3-9 中可以看出,在极值点处要么函数的导数为零(如 x_2, x'_2, x_3, x'_3),要么其导数不存在(如 x_1, x'_1). 因此函数在导数为零与导数不存在的点处都可能取得极值.

由 3.1 节中的费马定理可知,可导函数在极值点处的导数必为零,故有如下定理.

定理1(必要条件) 设函数 $f(x)$ 在 x_0 处可导,且在 x_0 处取得极值,那么函数 $f(x)$ 在 x_0 处的导数 $f'(x_0) = 0$.

由定理1可知,在可导的前提下,极值点必是驻点,但驻点未必都是极值点. 例如函数 $y = x^3$,当 $x = 0$ 时,$y' = 3x^2 = 0$,因此 $x = 0$ 是函数 $y = x^3$ 的驻点,但 $y = x^3$ 是单调函数,故 $x = 0$ 不是该函数的极值. 因此 $f'(x_0) = 0$ 仅是一个可导函数 $f(x)$ 在 x_0 取得极值的必要条件,而非充分条件. 因此定理1的另一个意思是说:可导函数的极值点必须从驻点中去寻求.

应当指出,在导数不存在的点处,函数也可能取得极值,例如函数 $f(x) = |x|$ 在 $x = 0$ 处连续但不可导,然而 $x = 0$ 是它的一个极小值.

综上所述,连续函数的极值点只可能是其驻点与不可导点,但它们未必是极值点. 因此,把函数在定义区间内的驻点与不可导点统称为函数的可能极值点.

观察图 3-9,可见函数的极值点必是其单调增加与单调减少区间的交界点. 由此得到利用导数符号判定函数的极值的方法(也称为极值存在的充分条件).

定理2(极值存在的充分条件一) 设函数 $f(x)$ 在 x_0 的某邻域 $U(x_0, \delta)$ 内连续,且 $f'(x_0) = 0$ 或 $f'(x_0)$ 不存在,而在其去心邻域 $\mathring{U}(x_0, \delta)$ 内 $f(x)$ 可导,如果

(1) 当 $x \in (x_0 - \delta, x_0)$ 时 $f'(x) > 0$,$x \in (x_0, x_0 + \delta)$ 时 $f'(x) < 0$,那么 $f(x)$ 在 x_0 处取得极大值 $f(x_0)$.

(2) 当 $x \in (x_0 - \delta, x_0)$ 时 $f'(x) < 0$,$x \in (x_0, x_0 + \delta)$ 时 $f'(x) > 0$,那么 $f(x)$ 在 x_0 处取得极小值 $f(x_0)$.

(3) 当 $x \in \mathring{U}(x_0, \delta)$ 内时,$f'(x)$ 恒为正或恒为负,那么 $f(x)$ 在 x_0 处不取得极值.

证 (1) 当 $x \in (x_0 - \delta, x_0)$ 时,由于 $x < x_0$,$f'(x) > 0$,故在 x_0 的左侧邻近,$f(x)$ 是单调增加的,即有 $f(x) < f(x_0)$;当 $x \in (x_0, x_0 + \delta)$ 时,由于 $x > x_0$,$f'(x) < 0$,则在 x_0 的右侧邻近,$f(x)$ 是单调减少的,故有 $f(x) < f(x_0)$. 故 x 在 x_0 的左、右两侧邻近时,恒有 $f(x) < f(x_0)$ 成立,即 $f(x_0)$ 为 $f(x)$ 的一个极大值.

(2),(3) 同理可证.

证毕.

定理2告诉我们一个判定连续函数的可能极值点是否为极值点的方法,即只需看这些点的左、右两侧邻近的导数符号是否改变,导数符号改变的点就是极值点,在该点左、右两侧导数符号左正右负的点为极大值点,左负右正的点为极小值点,两侧邻近导数符号不改变的点就不是极值点.

因此定理2是判别函数的驻点与不可导点是否为极值点的常用方法.

例1 求函数 $y = x^{\frac{1}{3}}(1-x)^{\frac{2}{3}}$ 的单调区间与极值.

解 $y' = \dfrac{1-3x}{3x^{\frac{2}{3}}(1-x)^{\frac{1}{3}}}$, 由 $y'=0$, 解得 $x_1 = \dfrac{1}{3}$; 由 y' 不存在, 解得 $x_2 = 0$, $x_3 = 1$. 列表表示如下.

表 3-4

x	$(-\infty, 0)$	0	$\left(0, \dfrac{1}{3}\right)$	$\dfrac{1}{3}$	$\left(\dfrac{1}{3}, 1\right)$	1	$(1, +\infty)$
y'	+	不存在	+	0	−	不存在	+
y	↗		↗	极大	↘	极小	↗

由表3-4可知:函数的单调增加区间为$(-\infty, 0]$、$\left[0, \dfrac{1}{3}\right]$与$[1, +\infty)$, 单调减少区间为$\left[\dfrac{1}{3}, 1\right]$. 在 $x=0$ 的两侧邻近都有 $y'>0$, 即 y' 在 $x=0$ 的两侧邻近不变号, 因此 $x=0$ 不是 y 的极值点; 在 $x=\dfrac{1}{3}$ 的两侧邻近 y' 的符号左正右负, 故 $x=\dfrac{1}{3}$ 是 y 的极大值点, 且极大值 $y\left(\dfrac{1}{3}\right) = \dfrac{\sqrt[3]{4}}{3}$; 在 $x=1$ 的两侧邻近 y' 的符号左负右正, 因此 $x=1$ 是 y 的极小值点, 且极小值 $y(1) = 0$.

从上例可知,求极值的步骤可分为三步:

(1) 求函数的导数.

(2) 求导数的零点(即驻点)与不可导点即可疑极值点.

(3) 确定可疑极值点的左、右两侧邻近的导数符号,从而判断并求出函数的极值.

当函数在其驻点处的二阶导数易于计算且不为零时,有更简便的求极值的方法.

定理3(极值存在的充分条件二) 设 $f(x)$ 在 x_0 处具有二阶导数, 且 $f'(x_0) = 0$, $f''(x_0) \neq 0$, 则:

(1) 当 $f''(x_0) < 0$ 时,函数 $f(x)$ 在 x_0 处取得极大值.

(2) 当 $f''(x_0) > 0$ 时,函数 $f(x)$ 在 x_0 处取得极小值.

证 (1) 因为 $f''(x_0) < 0$, 由二阶导数定义及定理条件得

$$f''(x_0) = \lim_{x \to x_0} \frac{f'(x) - f'(x_0)}{x - x_0} = \lim_{x \to x_0} \frac{f'(x)}{x - x_0} < 0$$

由极限的局部保号性可知, $\exists \mathring{U}(x_0, \delta)$, 使得 $\forall x \in \mathring{U}(x_0, \delta)$ 时有

$$\frac{f'(x)}{x - x_0} < 0$$

则当 x 渐渐增大经过点 x_0 时,$x-x_0$ 由负变正,故 $f'(x)$ 相应地由正变负,由定理 2 可知,这时 $f(x_0)$ 为极大值.

(2) 同理可证,当 $f''(x_0)>0$ 时,$f(x)$ 在 x_0 处取得极小值.

需要指出的是:在应用定理 3 时,首先要注意检验条件"x_0 是 $f(x)$ 的驻点"是否成立;其次对于驻点 x_0,若有 $f''(x_0)=0$,则 x_0 可能是极大值点,也可能是极小值点,还可能不是极值点. 例如,对于函数 $y=-x^4$,$y=x^4$ 与 $y=x^3$,由于它们在 $x=0$ 处都有 $y'(0)=0$,$y''(0)=0$,因此都不能用定理 3 来判别,而根据定理 2 可知,这三个函数在 $x=0$ 处分别取得极大值、极小值和不取得极值.

例 2 求 $f(x)=x^3-3x^2-9x+5$ 的极值.

解 显然 $f(x)$ 在 $(-\infty,+\infty)$ 处处连续、可导,有
$$f'(x)=3x^2-6x-9=3(x-3)(x+1)$$
由 $f'(x)=0$,解得 $x_1=-1$,$x_2=3$. 又
$$f''(x)=6x-6=6(x-1)$$
且
$$f''(-1)=-12<0,\quad f''(3)=12>0$$
由定理 3 可知,$f(-1)=10$ 是 $f(x)$ 的极大值,$f(3)=-22$ 是 $f(x)$ 的极小值.

例 3 设 $y=f(x)$ 由方程 $2y^3-2y^2+2xy-x^2=1$ 所确定,求函数 $y=f(x)$ 的极值.

解 原方程两边对 x 求导并整理,得
$$3y^2y'-2yy'+xy'+y-x=0$$
令 $y'=0$,解得 $y=x$,将它代入原方程中,得
$$2x^3-x^2-1=0$$
即
$$(x-1)(2x^2+x+1)=0$$
解得 $x=1$,对应 $y=1$,则 $(1,1)$ 为 $y=f(x)$ 的驻点.

在方程 $3y^2y'-2yy'+xy'+y-x=0$ 的两边再对 x 求导并整理,得
$$(3y^2-2y+x)y''+2(3y-1)(y')^2+2y'-1=0$$
把 $x=1$,$y=1$ 及 $y'\big|_{(1,1)}=0$ 代入上式,解得 $y''\big|_{(1,1)}=\dfrac{1}{2}>0$,所以 $y=f(x)$ 在驻点 $x=1$ 处有极小值 $y=1$.

3.5.2 函数的最大值与最小值

1) 连续函数在闭区间上的最大值与最小值

由连续函数的性质可知,闭区间上连续的函数必存在最大值与最小值. 该最大

值与最小值可能出现在区间的端点,也可能出现在区间的内部,若出现在区间的内部,则它必定是函数的极值.因此,要求函数在闭区间上的最大值与最小值,只要把区间内的所有极值以及端点处的函数值都求出来,则它们中的最大值与最小值,分别就是函数在闭区间上的最大值与最小值.因此求函数 $f(x)$ 在闭区间 $[a,b]$ 上的最大值与最小值的步骤为:

(1) 求出导数的零点(即驻点)以及导数不存在的点.

(2) 求出驻点与不可导点处对应的函数值,及端点处的函数值 $f(a),f(b)$.

(3) 将上述函数值进行比较,它们中的最大值与最小值分别就是函数 $f(x)$ 在闭区间上的最大值与最小值.

例 4 求 $y = x^3 + \dfrac{3}{2}x^2 - 6x + 1$ 在闭区间 $[0,4]$ 上的最大值与最小值.

解 显然函数 $y = x^3 + \dfrac{3}{2}x^2 - 6x + 1$ 在闭区间 $[0,4]$ 上连续,故它在 $[0,4]$ 上必有最大值与最小值,求导得

$$y' = 3x^2 + 3x - 6 = 3(x+2)(x-1)$$

由 $y' = 0$,得 $x_1 = -2$(不在讨论的区间内,舍去),$x_2 = 1$,算得

$$y(1) = -\frac{5}{2}, y(0) = 1, y(4) = 65$$

因此,在区间 $[0,4]$ 上,函数在 $x = 4$ 处取得最大值 65,在 $x = 1$ 处取得最小值 $-\dfrac{5}{2}$.

例 5 从北到南的一条高铁经过相距为 200 km 的 A、B 两城,某工厂位于 B 城正东 20 km 处,拟从高铁沿路上某点处修建高铁站,并从该高铁站修一条公路到工厂(图 3-10).若每吨货物的高铁运费为 3 元/km,公路运费为 5 元/km,问高铁站点应设在何处,可使从 A 城到工厂的运费最省?

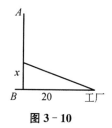

图 3-10

解 设高铁站点取在铁路上距 B 城 x km 处,则每吨货物的运费

$$W = 3(200-x) + 5\sqrt{20^2 + x^2} \quad (x \in [0,200])$$

$$\frac{dW}{dx} = -3 + \frac{5x}{\sqrt{400+x^2}}$$

由 $\dfrac{dW}{dx} = 0$,解得驻点 $x = 15$.

又

$$W(15) = 680, \quad W(0) = 700, \quad W(200) = 1\,005$$

因此,当 $x = 15$ 时,$W(x)$ 取得最小值.即公路的起点应取在铁路线上离 B 城 15 km

处,可使运费最省.

2) 连续函数在开区间内的最大值与最小值

在开区间 (a,b) 内连续的函数不一定能在该区间内取得最大值与最小值. 例如函数 $y=x^2$ 在区间 $(-1,2)$ 内的 $x=0$ 处取得最小值 0, 但无最大值; 而在区间 $(1,2)$ 内函数 $y=x^2$ 既无最大值也无最小值.

特殊地,在实际问题中,如果函数在 (a,b) 内部只有一个驻点,而从实际意义分析中可判断出函数在 (a,b) 内有最大(或最小)值存在,则这个驻点就是所要求的最大(或最小)值点.

例 6 制造容积为 5π m³ 的圆柱形密闭锅炉,要使用料(表面积)最省,问锅炉的底半径与高应是多少?

解 设圆柱形密闭锅炉的底半径为 $R(\mathrm{m})$, 高为 $h(\mathrm{m})$, 则其表面积
$$S = 2\pi Rh + 2\pi R^2 \quad (R \in (0, +\infty))$$
由 $V = \pi R^2 h = 5\pi$, 得 $h = \dfrac{5}{R^2}$. 将它代入上式得
$$S = 2\pi R \cdot \frac{5}{R^2} + 2\pi R^2 = \frac{10\pi}{R} + 2\pi R^2$$
$$\frac{\mathrm{d}S}{\mathrm{d}R} = -\frac{10\pi}{R^2} + 4\pi R$$
由 $\dfrac{\mathrm{d}S}{\mathrm{d}R} = 0$, 解得唯一的驻点 $R_0 = \dfrac{1}{2}\sqrt[3]{20}$. 又由于制造固定容积的圆柱形密闭锅炉时,一定存在一个底半径,使锅炉的表面积最小. 因此,当 $R_0 = \dfrac{1}{2}\sqrt[3]{20}$ 时, $S(R)$ 在该点取得最小值. 此时,相应的高
$$h_0 = \frac{5}{R^2} = \sqrt[3]{20} = 2R_0$$
即当圆柱形密闭锅炉的高与底直径都等于 $\sqrt[3]{20}$ m 时,表面积最小,从而使用料最省.

习题 3.5

1. 求下列函数的极值:
   (1) $y = (2x+3)^2 (x-1)^3$.
   (2) $y = x^2 \mathrm{e}^{-x^2}$.
   (3) $y = (2x-5)^2 \cdot \sqrt[3]{x^2}$.
   (4) $y = (x^2-1)^2 + 1$.

2. a 取何值时, $x = \dfrac{\pi}{3}$ 是 $f(x) = a\sin x + \dfrac{1}{3}\sin 3x$ 的极值点? 是极大值还是极小值, 并求此极值.

3. 已知函数 $y = ax^3 + bx^2 + cx + d$ 在 $x = 0$ 点取得极大值 1，在 $x = 2$ 点取得极小值为零，试确定 a, b, c, d 的值.

4. 设函数 $y = f(x)$ 由方程 $x^3 - 3xy^2 + 2y^3 = 32$ 确定，求 $f(x)$ 的极值.

5. 求下列函数在指定区间上的最大值与最小值：

(1) $y = x^4 - 8x^2 + 2$ 在 $[-1, 3]$.

(2) $y = x + \sqrt{1-x}$，在 $[0, 1]$.

(3) $y = x^{\frac{2}{3}} - (x^2 - 1)^{\frac{1}{3}}$ 在 $[-2, 2]$.

6. 将边长为 a 的正方形铁皮在四角处剪去相同的小正方块，然后折起各边焊成一个的无盖盒（图 3-11），问剪去的小正方块的边长为多少时，可使无盖盒的容积最大？

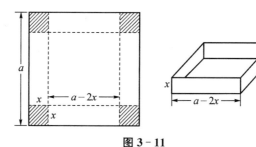

图 3-11

7. 用仪器测量某种零件的长度 n 次，所得数据为 $x_1, x_2, \cdots, x_n$，证明：用 $\bar{x} = \dfrac{1}{n}(x_1 + x_2 + \cdots + x_n)$ 作为该零件的长度，可使平方和 $(x - x_1)^2 + (x - x_2)^2 + \cdots + (x - x_n)^2$ 达到最小（这个量 $\bar{x}$ 称为"最可靠值"）.

8. 求曲线 $xy = 1$ 在第一象限内的切线方程，使切线在两坐标轴上的截距之和最小.

9. 设 $f(x) = x + a\cos x (a > 1)$ 在 $(0, 2\pi)$ 内有极小值 0，求 $f(x)$ 在 $(0, 2\pi)$ 内的极大值.

3.6 函数图形的描绘

3.6.1 曲线的渐近线

定义 若曲线 $y = f(x)$ 上的动点沿曲线运动到无穷远处时，此动点与某一定直线 l 的距离趋近于零，则称此直线 l 为该曲线 $y = f(x)$ 的一条渐近线.

渐近线表示了曲线无限延伸的方向与趋势. 一般地，渐近线可分铅直渐近线、水平渐近线和斜渐近线三类，下面依次讨论它们的求法.

1) 铅直渐近线

如果当 $x \to x_0$(或 $x \to x_0^+$ 或 $x \to x_0^-$)时,$f(x) \to \infty$,即
$$\lim_{x \to x_0} f(x) = \infty \quad (\text{或} \lim_{x \to x_0^+} f(x) = \infty \text{ 或} \lim_{x \to x_0^-} f(x) = \infty)$$
则直线 $x = x_0$ 是曲线 $y = f(x)$ 的一条铅直渐近线(图 3-12).

例如,对曲线 $y = \mathrm{e}^{\frac{1}{x}}$,当 $x \to 0^+$ 时,$y = \mathrm{e}^{\frac{1}{x}} \to +\infty$,所以直线 $x = 0$ 为曲线 $y = \mathrm{e}^{\frac{1}{x}}$ 的一条铅直渐近线.

又如曲线 $y = \dfrac{1}{x+1}$,当 $x \to -1$ 时,$y \to \infty$,所以 $x = -1$ 为该曲线的一条铅直渐近线.

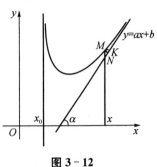

图 3-12

2) 斜渐近线

设直线 $y = ax + b\left(\text{其倾斜角 } \alpha \neq \dfrac{\pi}{2}\right)$ 为曲线 $y = f(x)$ 的一条斜渐近线(图 3-12).曲线上的点 M 与直线 $y = ax + b$ 的距离为 $|MK|$,由渐近线的定义可知
$$\lim_{x \to \infty} |MK| = 0$$
在 $\mathrm{Rt}\triangle MKN$ 中,$|MN| = \dfrac{|MK|}{\cos \alpha}$,因此,$\lim\limits_{x \to \infty} |MN| = 0$,由
$$MN = f(x) - (ax + b)$$
所以
$$\lim_{x \to \infty}[f(x) - (ax + b)] = 0 \tag{3-21}$$
由此,曲线 $y = f(x)$ 的斜渐近线的存在及求法问题归结为确定 a, b 的值,使它满足式(3-21).为此将式(3-21) 化为
$$\lim_{x \to \infty} x \left[\dfrac{f(x)}{x} - a - \dfrac{b}{x} \right] = 0$$
从而
$$\lim_{x \to \infty} \left[\dfrac{f(x)}{x} - a - \dfrac{b}{x} \right] = 0$$
即
$$a = \lim_{x \to \infty} \dfrac{f(x)}{x} \tag{3-22}$$
将式(3-22) 代入式(3-21) 中,得
$$b = \lim_{x \to \infty}[f(x) - ax] \tag{3-23}$$

从而可求得曲线 $y=f(x)$ 的斜渐近线为 $y=ax+b$.

特别地,若 $a=0$,则 $b=\lim\limits_{x\to\infty}f(x)$,这时 $y=b$ 为曲线 $y=f(x)$ 的一条**水平渐近线**.

综上所述,可得渐近线的求法如下:

(1) 若 $\lim\limits_{x\to x_0}f(x)=\infty$(或 $\lim\limits_{x\to x_0^+}f(x)=\infty$ 或 $\lim\limits_{x\to x_0^-}f(x)=\infty$),则直线 $x=x_0$ 是曲线 $y=f(x)$ 的一条铅直渐近线.

(2) 若 $\lim\limits_{x\to\infty}f(x)=b$,则直线 $y=b$ 是曲线 $y=f(x)$ 的一条水平渐近线.

(3) 若 $\lim\limits_{x\to\infty}\dfrac{f(x)}{x}=a$ 且 $\lim\limits_{x\to\infty}[f(x)-ax]=b$,则直线 $y=ax+b$ 是曲线 $y=f(x)$ 的一条斜渐近线.

例 1 求曲线 $y=\dfrac{2x^2+x}{x^2-1}$ 的渐近线.

解 因为 $\lim\limits_{x\to\infty}\dfrac{2x^2+x}{x^2-1}=2$,所以 $y=2$ 是该曲线的一条水平渐近线.

因为 $\lim\limits_{x\to 1}\dfrac{2x^2+x}{x^2-1}=\infty$,又函数 y 是偶函数,所以 $x=\pm 1$ 是曲线的两条铅直渐近线.

例 2 求曲线 $y=\dfrac{x^2}{x-2}$ 的渐近线.

解 因为 $\lim\limits_{x\to 2}\dfrac{x^2}{x-2}=\infty$,所以直线 $x=2$ 为该曲线的一条铅直渐近线.

因为
$$a=\lim_{x\to\infty}\frac{y}{x}=\lim_{x\to\infty}\frac{x}{x-2}=1$$

这时
$$b=\lim_{x\to\infty}(y-ax)=\lim_{x\to\infty}\left(\frac{x^2}{x-2}-x\right)=\lim_{x\to\infty}\frac{2x}{x-2}=2$$

所以该曲线的斜渐近线为 $y=x+2$.

3.6.2 函数图形的描绘

要比较准确地描绘出一般函数的图形,仅用描点作图是不够的,为了提高作图的准确性,可将前面讨论的函数性态应用到曲线的作图上,即先利用函数的一阶、二阶导数,分析函数的单调性、极值、凹凸性与拐点等整体性态,并求出曲线的渐近线,然后再描点作图,称这种作图的方法为**分析作图法**.其一般步骤如下:

(1) 确定 $f(x)$ 的定义域、间断点,并讨论函数的奇偶性、周期性.

(2) 在定义区间内求函数 $f(x)$ 的一阶、二阶导数为零或不存在的点,并用这些点将定义域划分成若干个部分小区间.

(3) 在每个小区间内确定一阶、二阶导数的符号,由此确定函数在这些区间内的单调性和凹凸性并求得函数的极值点与拐点,将这些性质都利用表格的形式表示出来.

(4) 求出曲线 $y = f(x)$ 的渐近线.

(5) 计算若干关键点(与坐标轴交点、极值点、拐点等)的函数值.

(6) 综合上面讨论的图像性质,再描点作图.

例 3 描绘函数 $y = \dfrac{1}{\sqrt{2\pi}} e^{-\frac{x^2}{2}}$ 的图形.

解 函数 $y = \dfrac{1}{\sqrt{2\pi}} e^{-\frac{x^2}{2}}$ 的定义域为 $(-\infty, +\infty)$,且处处连续,由于它是偶函数,所以只需在 $[0, +\infty)$ 内讨论其性态.

$$y' = -\frac{1}{\sqrt{2\pi}} x e^{-\frac{x^2}{2}}, \quad y'' = \frac{x^2 - 1}{\sqrt{2\pi}} e^{-\frac{x^2}{2}}$$

由 $y' = 0$,得 $x_1 = 0$;由 $y'' = 0$,得 $x_2 = 1$. 将函数 y 的性态列于表 3-5.

表 3-5

x	0	$(0,1)$	1	$(1,+\infty)$
y'	0	$-$		$-$
y''	$-$	$-$	0	$+$
y	极大值点	↘	拐点	↘

由极限

$$\lim_{x \to \infty} \frac{1}{\sqrt{2\pi}} e^{-\frac{x^2}{2}} = 0$$

可知,曲线有水平渐近线 $y = 0$. 又

$$y(0) = \frac{1}{\sqrt{2\pi}} = 0.399, \quad y(1) = \frac{1}{\sqrt{2\pi e}} = 0.242, \quad y(2) = \frac{1}{\sqrt{2\pi} e^2} = 0.054$$

得到图上的 3 个点,结合渐近线和表 3-5 中函数的性态,在 $[0,1)$ 和 $(1, +\infty)$ 上描出函数的图形,最后作它的关于 y 轴的对称图形,从而得到函数的整个图形,如图 3-13 所示.

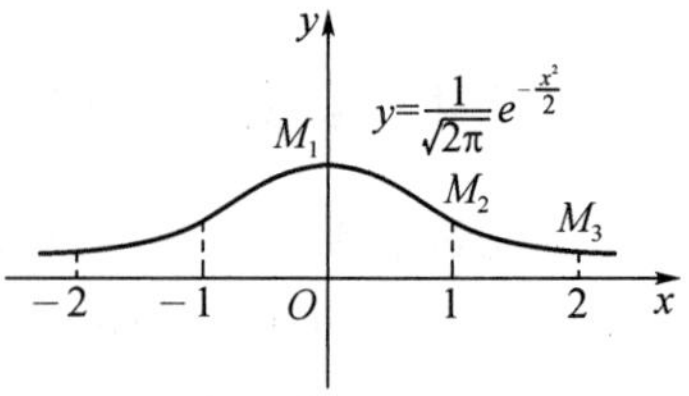

图 3-13

例 4 讨论函数 $y = x - 1 + \dfrac{1}{x-1}$ 的性态并作图.

解 此函数是 $(-\infty,1) \cup (1,+\infty)$ 内的非奇非偶非周期的连续函数, $x=1$ 时函数无意义.

$$y' = 1 - \frac{1}{(x-1)^2} = \frac{x(x-2)}{(x-1)^2}, \quad y'' = \frac{2}{(x-1)^3}$$

求得: $x=0$ 及 $x=2$ 时, $y'=0$, y'' 无零点.

综上, 函数的性态可如表 3-6 所示.

表 3-6

x	$(-\infty,0)$	0	$(0,1)$	1	$(1,2)$	2	$(2,+\infty)$
y'	+	0	−	不存在	−	0	+
y''	−	−	−	不存在	+	+	+
y	↗	极大值	↘	无意义	↘	极小值	↗

由于 $\lim\limits_{x \to 1}\left(x-1+\dfrac{1}{x-1}\right) = \infty$, 故曲线有铅直渐近线 $x=1$. 又

$$a = \lim_{x \to \infty} \frac{y(x)}{x} = \lim_{x \to \infty}\left(\frac{x-1}{x} + \frac{1}{x(x-1)}\right) = 1$$

$$b = \lim_{x \to \infty}[y(x) - x] = \lim_{x \to \infty}\left[-1 + \frac{1}{x-1}\right] = -1$$

故曲线有斜渐近线 $y = x - 1$, 又

$y(-1) = -\dfrac{5}{2}, \quad y(0) = -2, \quad y\left(\dfrac{1}{2}\right) = \dfrac{-5}{2}, \quad y\left(\dfrac{3}{2}\right) = \dfrac{5}{2}, \quad y(2) = 2, \quad y(3) = \dfrac{5}{2}$

综上函数性态并描点得函数的图形如图 3-14 所示.

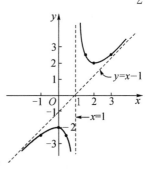

图 3-14

习题 3.6

1. 求下列曲线的渐近线:

   (1) $y = \left(\dfrac{1+x}{1-x}\right)^4$.

   (2) $y = \dfrac{(x-1)^3}{(x+1)^2}$.

2. 描绘下列函数的图形:

   (1) $f(x) = \dfrac{1}{3}x^3 - x^2 + 2$.　　(2) $y = \dfrac{x}{1+x^2}$.

3.7 曲率

在许多日常生活与生产实践中,经常会遇到有关曲线的弯曲程度的问题,如当我们骑自行车在急转弯时,身体的倾斜度要比大转弯时来得大,这时因为急转弯时车子经过的路线比大转弯时来得更为"弯曲",所受的向心力较大的缘故. 所以在设计铁路或公路的弯道时,必须考虑弯道处的弯曲程度,建筑工程中使用的弓形梁的受力强度也与弯道处的弯曲程度有关. 它们都对应同一个数学问题,即光滑曲线 $y=f(x)$ 的弯曲程度. 为此本节先介绍曲线弧长的微分,然后再讨论曲线的弯曲程度.

3.7.1 弧微分

如果函数 $y=f(x)$ 在区间 (a,b) 内有连续的导数,这时切线沿曲线是连续变化的,称这种曲线 $y=f(x)$ 是 (a,b) 内的光滑曲线. 理论上可以证明:光滑曲线弧是可以求长度的.

在 (a,b) 内光滑曲线 $y=f(x)$ 上取定一点 $M_0(x_0,y_0)$ 作为度量曲线弧长的基点(图 3-15),并规定沿 x 增大的方向为曲线的正方向(弧长增加的方向),对曲线上任意的点 $M(x,y)$,规定有向弧段 $\widehat{M_0M}$ 的值 $s(x)$(也称弧函数 $s(x)$)如下:$s(x)$ 的绝对值等于弧 $\widehat{M_0M}$ 的长度,当有向弧段 $\widehat{M_0M}$ 的方向与曲线的正向一致时 $s(x)>0$,相反时 $s(x)<0$. 由此得到一个定义在区间 (a,b) 内的弧函数 $s(x)$,若也用 $\widehat{M_0M}$ 表示弧 $\widehat{M_0M}$ 的长度,则

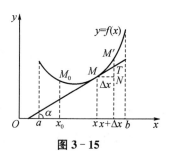

图 3-15

$$s(x) = \begin{cases} \widehat{M_0M}, & x \geqslant x_0 \\ -\widehat{M_0M}, & x < x_0 \end{cases}$$

显然 $s(x)$ 是 x 的单调增加函数. 下面给出弧函数 $s(x)$ 的导数及微分公式.

设点 x 与 $x+\Delta x$ 在区间 (a,b) 内,它们对应曲线 $y=f(x)$ 上相应的两点 $M(x,f(x))$ 与 $M'(x+\Delta x, f(x+\Delta x))$,则函数 $y=f(x)$ 相应的增量是 Δy,弧函数 $s(x)$ 相应的增量 $\Delta s = \widehat{MM'}$. 由于 $s(x)$ 是 x 的单调增加函数,因此

$$\frac{\Delta s}{\Delta x} = \left|\frac{\Delta s}{\Delta x}\right| = \left|\frac{\widehat{MM'}}{\Delta x}\right| = \left|\frac{\widehat{MM'}}{\overline{MM'}}\right| \cdot \left|\frac{\overline{MM'}}{\Delta x}\right| = \left|\frac{\widehat{MM'}}{\overline{MM'}}\right| \sqrt{1+\left(\frac{\Delta y}{\Delta x}\right)^2}$$

(3-24)

令 $\Delta x \to 0$,则 $M' \to M$. 由于 $\lim\limits_{M' \to M}\left|\dfrac{\widehat{MM'}}{MM'}\right| = 1$, $\lim\limits_{\Delta x \to 0}\dfrac{\Delta y}{\Delta x} = y'$,因此对式(3 - 24)求 $\Delta x \to 0$ 时的极限,可得

$$\frac{\mathrm{d}s}{\mathrm{d}x} = \lim_{\Delta x \to 0} \frac{\Delta s}{\Delta x} = \lim_{\Delta x \to 0} \sqrt{1 + \left(\frac{\Delta y}{\Delta x}\right)^2} = \sqrt{1 + y'^2}$$

则

$$\mathrm{d}s = \sqrt{1 + y'^2}\, \mathrm{d}x \tag{3-25}$$

式(3 - 25)称为曲线 $y = f(x)$ 的弧微分公式. 由式(3 - 25)可得

$$(\mathrm{d}s)^2 = (\mathrm{d}x)^2 + (\mathrm{d}y)^2 \tag{3-26}$$

式(3 - 26)中的三个微分的绝对值构成了图 3 - 16 中的直角三角形 MNT 的三条边,因此称 MNT 为微分三角形. 弧微分是微分三角形的有向斜边(在切线 MT 上而不是在弦 MM' 上)的值. 若设切线 MT 的倾斜角为 $\alpha\left(|\alpha| < \dfrac{\pi}{2}\right)$,由微分三角形 MNT 可得

$$\cos\alpha = \frac{\mathrm{d}x}{\mathrm{d}s}, \quad \sin\alpha = \frac{\mathrm{d}y}{\mathrm{d}s}$$

当 α 为负角时,以上两个等式也成立.

由式(3 - 25)可推得常用曲线方程对应的弧微分公式:

(1) 若光滑曲线的方程为 $y = f(x)$,则 $\mathrm{d}s = \sqrt{1 + y'^2}\, \mathrm{d}x$.

(2) 若光滑曲线的方程为 $x = g(y)$,则 $\mathrm{d}s = \sqrt{1 + x'^2}\, \mathrm{d}y$.

(3) 若光滑曲线的参数方程为 $\begin{cases} x = x(t) \\ y = y(t) \end{cases}$,则 $\mathrm{d}s = \sqrt{x_t'^2 + y_t'^2}\, \mathrm{d}t$.

(4) 若光滑曲线的极坐标方程为 $\rho = \rho(\theta)$,则 $\mathrm{d}s = \sqrt{\rho^2(\theta) + \rho'^2(\theta)}\, \mathrm{d}\theta$.

例 1 求曲线 $y = x^3$ 的弧微分.

解 因为 $y' = 3x^2$,所以

$$\mathrm{d}s = \sqrt{1 + y'^2}\, \mathrm{d}x = \sqrt{1 + 9x^4}\, \mathrm{d}x$$

例 2 求旋轮线 $x = a(t - \sin t), y = a(1 - \cos t)\,(a > 0)$ 的弧微分.

解 因为

$$x_t' = a(1 - \cos t), \quad y_t' = a\sin t$$

所以

$$\mathrm{d}s = \sqrt{x_t'^2 + y_t'^2}\, \mathrm{d}t = \sqrt{a^2(1-\cos t)^2 + a^2\sin^2 t}\, \mathrm{d}t$$

$$= a\sqrt{2(1-\cos t)}\, \mathrm{d}t = 2a\left|\sin\frac{t}{2}\right|\mathrm{d}t$$

3.7.2 曲率与曲率半径

下面研究曲线各部分的弯曲程度. 观察下面的两张图(图3-16(a)和(b)).

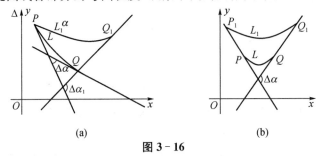

图 3-16

在图 3-16(a) 中，曲线 L 与 L_1 为平面上两条连续光滑的曲线，在 L 与 L_1 上分别取长度都等于 Δs 的弧段 $\overparen{PQ}$ 与 $\overparen{PQ_1}$，在曲线 L 上动点沿弧 $\overparen{PQ}$ 从点 P 移动到点 Q 时，其切线也连续转动，设其倾斜角的改变量(即弧段 $\overparen{PQ}$ 两端切线的夹角)为 $\Delta \alpha$，同样设曲线 L_1 上动点沿弧 $\overparen{PQ_1}$ 从点 P 移动到点 Q_1 时，其切线的倾角的改变量(即弧段 $\overparen{PQ_1}$ 两端切线的夹角)为 $\Delta \alpha_1$，从图 3-16(a) 可看出，弧段 $\overparen{PQ}$ 的长度 $= \overparen{PQ_1}$ 的长度，但 $\Delta \alpha < \Delta \alpha_1$，而显然弧 $\overparen{PQ}$ 的弯曲程度比 $\overparen{PQ_1}$ 的弯曲程度小，这说明曲线的弯曲程度与其切线的倾角的改变量 $\Delta \alpha$ 成正比.

从图 3-16(b) 上可看出，当 L 与 L_1 上的动点处的切线转过同样的角度 $\Delta \alpha$ 时，弧长较短的 $\overparen{PQ}$ 的弯曲程度比弧长较长的 $\overparen{P_1Q_1}$ 的弯曲程度大，这说明曲线的弯曲程度与弧段的长度 Δs 成反比.

在光滑的曲线 L 上取点 M 与 M' (图 3-17)，过 M 与 M' 分别作曲线的切线，设切线转过的角度为 $\Delta \alpha$，弧长 $\overparen{MM'}$ 为 Δs，用比值 $\left|\dfrac{\Delta \alpha}{\Delta s}\right|$ 表示弧段 $\overparen{MM'}$ 的平均弯曲程度，称为弧段 $\overparen{MM'}$ 的平均曲率，记作

$$\overline{K} = \left|\frac{\Delta \alpha}{\Delta s}\right|$$

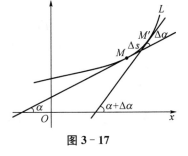

图 3-17

下面给出曲线 L 在点 M 处的曲率的定义.

定义 1 设 M, M' 为光滑曲线 L 上的两点，$\overparen{MM'} = \Delta s$，从点 M 沿曲线 L 到 M' 时其切线转过的角度为 $\Delta \alpha$，当 $\Delta s \to 0$ 时，如果弧段 $\overparen{MM'}$ 的平均曲率的极限存在，则称此极限为曲线 L 在点 M 处的曲率，记作 K，即

$$K = \lim_{\Delta s \to 0} \left| \frac{\Delta \alpha}{\Delta s} \right|$$

当导数 $\dfrac{\mathrm{d}\alpha}{\mathrm{d}s}$ 存在时,则

$$K = \left| \frac{\mathrm{d}\alpha}{\mathrm{d}s} \right|$$

对于直线来说,由于其切线与该直线本身重合,切线的倾角 α 不变,即 $\Delta\alpha = 0$,从而直线上任意点处的曲率都等于零,这与"直线是不弯曲的"这一事实相一致.

例3 求半径为 R 的圆的曲率.

解 设 M 为该圆周上的任意一点,M' 为圆周上与 M 邻近的点,圆弧 $\widehat{MM'}$ 对应的中心角记作 $\Delta\alpha$,则 $\Delta s = \widehat{MM'} = R\Delta\alpha$,从而 $\dfrac{\Delta\alpha}{\Delta s} = \dfrac{1}{R}$. 由曲率的定义

$$K = \frac{1}{R}$$

故圆上任一点处的曲率都等于其半径的倒数. 这也就是说圆上每一点的弯曲程度都一样. 这与圆给我们的直观感觉相一致.

下面根据曲率的定义来推导一般曲线上点的曲率的计算公式.

设曲线的直角坐标方程是 $y = f(x)$,函数 $f(x)$ 具有二阶导数. 由于曲线 $y = f(x)$ 在点 M 处的切线的斜率为

$$y' = \tan\alpha$$

对上式求 x 的导数,得

$$y'' = \sec^2\alpha \cdot \frac{\mathrm{d}\alpha}{\mathrm{d}x} = (1 + y'^2)\frac{\mathrm{d}\alpha}{\mathrm{d}x}$$

解得

$$\mathrm{d}\alpha = \frac{y''}{1 + y'^2}\mathrm{d}x$$

又弧微分

$$\mathrm{d}s = \sqrt{1 + y'^2}\,\mathrm{d}x$$

于是有

$$\frac{\mathrm{d}\alpha}{\mathrm{d}s} = \frac{y''}{(1 + y'^2)^{\frac{3}{2}}}$$

从而得曲率的计算公式为

$$K = \frac{|y''|}{(1 + y'^2)^{\frac{3}{2}}} \tag{3-27}$$

如果曲线 C 由参数方程 $\begin{cases} x = \varphi(t) \\ y = \psi(t) \end{cases}$ 给出,则可由参数式函数的求导法,求出

$$y'_x = \frac{\psi'(t)}{\varphi'(t)}, \quad y''_x = \frac{\psi''(t)\varphi'(t) - \varphi''(t)\psi'(t)}{(\varphi'(t))^3}$$

将它们代入式(3-27),得曲线的曲率:

$$K = \left| \frac{\frac{\psi''(t)\varphi'(t) - \varphi''(t)\psi'(t)}{(\varphi'(t))^3}}{\left(1 + \frac{\psi'^2(t)}{\varphi'^2(t)}\right)^{\frac{3}{2}}} \right| = \left| \frac{\psi''(t)\varphi'(t) - \varphi''(t)\psi'(t)}{(\psi'^2(t) + \varphi'^2(t))^{\frac{3}{2}}} \right| \quad (3-28)$$

例 4 求双曲线 $xy = 4$ 在点 $M(2,2)$ 处的曲率.

解 由 $xy = 4$,得 $y = \frac{4}{x}$,则

$$y' = -\frac{4}{x^2}, \quad y'' = 8x^{-3}$$

在点 $M(2,2)$ 处, $y' = -1, y'' = 1$.

代入曲率公式(3-27),得

$$K\big|_{(2,2)} = \frac{|y''|}{(1+y'^2)^{\frac{3}{2}}}\big|_{(2,2)} = \left|\frac{1}{2^{\frac{3}{2}}}\right| = \frac{\sqrt{2}}{4}$$

例 5 计算椭圆 $x = a\cos t, y = b\sin t$ 在 $t = \frac{\pi}{4}$ 处的曲率.

解 因为

$$x' = -a\sin t, \quad x'' = -a\cos t, \quad y' = b\cos t, \quad y'' = -b\sin t$$

代入曲率的计算公式(3-28),得

$$K = \left| \frac{ab\sin^2 t + ab\cos^2 t}{((-a\sin t)^2 + (b\cos t)^2)^{\frac{3}{2}}} \right| = \frac{ab}{(a^2\sin^2 t + b^2\cos^2 t)^{\frac{3}{2}}}$$

将 $t = \frac{\pi}{4}$ 代入上式,得

$$K = \frac{ab}{\left(a^2 \cdot \frac{1}{2} + b^2 \cdot \frac{1}{2}\right)^{\frac{3}{2}}} = \frac{2\sqrt{2}\,ab}{(a^2 + b^2)^{\frac{3}{2}}}$$

当曲线上某点处的曲率为 K 时,常常可以借助半径为 $\frac{1}{K}$ 的圆形象地表示曲线在该点的弯曲程度.

定义 2 曲线上某点 M 处的曲率 K 的倒数 $\frac{1}{K}$ 称为曲线在点 M 处的曲率半径,记作 R,即

$$R = \frac{1}{K} = \frac{(1+y'^2)^{\frac{3}{2}}}{|y''|}$$

定义 3 设曲线 $y=f(x)$ 在点 $M(x,y)$ 处的曲率为 K. 在点 M 处的曲线的法线上,在凹的一侧取一点 $M_0(x_0,y_0)$,使 $|MM_0|=\dfrac{1}{K}=R$. 以 R 为半径,$M_0(x_0,y_0)$ 为圆心作一个圆,则称此圆为曲线 $y=f(x)$ 在点 $M(x,y)$ 处的曲率圆,$M_0(x_0,y_0)$ 称为曲线在点 $M(x,y)$ 处的曲率中心(图 3-18).

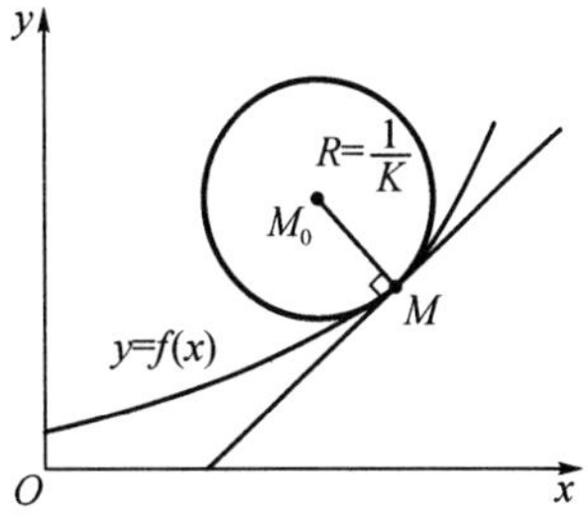

图 3-18

由上述定义可知,如果设曲线 $y=f(x)$ 在 $M_0(x_0,y_0)$ 处的曲率圆方程为
$$(x-\alpha)^2+(y-\beta)^2=R^2$$
则可求得该曲率圆的圆心为
$$\begin{cases}\alpha=x_0-\dfrac{y'(1+y'^2)}{y''}\\ \beta=y_0+\dfrac{1+y'^2}{y''}\end{cases} \quad (3-29)$$

例 6 求曲线 $xy=4$ 在点 $M(2,2)$ 处的曲率圆.

解 由例 4 求得,在 $M(2,2)$ 处,$y'=-1$,$y''=1$,$R=2\sqrt{2}$,又由式(3-29)求得
$$\alpha=2-\dfrac{-1(1+1)}{1}=4,\quad \beta=2+\dfrac{(1+1)}{1}=4$$
故所求的曲率圆方程为
$$(x-4)^2+(y-4)^2=8$$

显然曲线与曲率圆有密切的关系:曲线与曲率圆在 M_0 处有公共的切线、相同的曲率、相同的凹凸性. 故曲率圆在切点处与曲线极为接近,所以曲率圆也叫密切圆.

在实际问题中,常用曲率圆在点 M 邻近的一段圆弧近似替代该点邻近的曲线弧使问题简单化.

例 7 设有一金属工件的内表面截线为曲线 $y=\dfrac{1}{2}x^2$,要将其内侧表面打磨光滑,问应该选用多大直径的砂轮效率最高?

解 在打磨时,如果砂轮直径过大,将会使加工点附近部分磨得过多,如果砂轮直径过小,则显然会增加打磨时间. 故最合适的选择是:选曲率半径最小值对应的半径为砂轮的半径.

由于 $y'=x$,$y''=1$,故曲线上任一点处的曲率为 $K=\dfrac{1}{(1+x^2)^{\frac{3}{2}}}$,曲率半径为

$$R = \frac{1}{K} = (1+x^2)^{\frac{3}{2}}$$

故当 $x=0$ 时,该曲线的曲率半径取最小值,$R_{\min}=1$(长度单位).因此选用的砂轮直径最大不能超过 $2R_{\min}=2$(长度单位),此时效率最高.

例 8 在修建铁路时,需要把铁轨由直线段转向半径为 R 的圆弧路段,为了避免离心率的突变,确保快速行进中的列车在转弯处平稳运行,要求轨道曲线有连续变化的曲率.因此需要在直线路段到圆弧路段之间衔接一段叫作缓和曲线的弯道 $\overparen{OA}$(见图 3-19),以便铁轨的曲率从零连续地递增到 $\frac{1}{R}$. 讨论缓和曲线的方程.

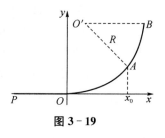

图 3-19

解 在原点处的曲率为零的最简多项式为三次曲线,且其曲率从零连续地递增,因此在工程设计中通常采用三次抛物线作为铁路或公路的缓和曲线.

图 3-19 中 $\overline{PO}$ 为直轨,$\overparen{AB}$ 为圆弧路轨,而 $\overparen{OA}$ 为缓和曲线,根据实际经验其方程选用 $y = \frac{ax^3}{R}$ ($a>0$ 为待定系数).

下面选定 a 使曲线 $y = \frac{ax^3}{R}$ 从原点 O 到点 A 这一段曲线弧的曲率从 0 增大到 $\frac{1}{R}$.

记点 A 的横坐标为 x_0,$|\overparen{OA}|=l$,又 $y' = \frac{3ax^2}{R}$,$y'' = \frac{6ax}{R}$,并令 $K|_A = \frac{1}{R}$. 故由曲率公式得

$$\frac{1}{R} = K\Big|_A = \frac{\left|\frac{6ax_0}{R}\right|}{\left(1+\frac{9a^2x_0^4}{R^2}\right)^{\frac{3}{2}}}$$

现实中 R 要比 l 大很多,于是 $x_0 \approx l$,$\frac{3ax_0^2}{R} \approx 0$,于是 $\frac{1}{R} \approx \frac{6al}{R}$.

所以可取 $a \approx \frac{1}{6l}$,从而所求的缓和曲线方程为 $y \approx \frac{x^3}{6lR}$.

习题 3.7

1. 求下列曲线的弧微分:

(1) $y = \ln\sin x$.

(2) $y = x^2 + 1$.

(3) 求第一象限内星形线 $x = a\cos^3 t, y = a\sin^3 t \left(0 \leqslant t \leqslant \dfrac{\pi}{2}\right)$ 的弧微分.

2. 求下列曲线在给定点处的曲率及曲率半径:

(1) $y^2 = 4x$ 在点 $M(1,2)$ 处. (2) $y = \cos x$ 在点 $M(0,1)$ 处.

(3) $y = x^2 - 4x + 3$ 在点 $M_0(2,1)$ 处. (4) 曲线 $x = t^2, y = t^3$ 在点 $B(1,1)$ 处.

3. 求抛物线 $y = x^2$ 在顶点 $O(0,0)$ 处的曲率圆.

4. 试问对数曲线 $y = \ln x$ 上哪一点处的曲率半径最小?并求该点处的曲率半径.

总复习题 3

1. 填空与选择.

(1) 设点 $A(1,1)$ 是曲线 $x^2 y + \alpha x + \beta y = 0$ 的拐点,则 $\alpha =$ _____,$\beta =$ _____.

(2) 函数 $y = e^x + e^{-x}$ 的单调增加区间是_____.

(3) 已知函数 $y = xe^{ax}(a \neq 0)$ 的唯一极值点为 $x = -\dfrac{1}{3}$,则 $a =$ _____.

(4) 函数 $y = x^4 - 8x^2 + 2(-1 \leqslant x \leqslant 3)$ 的最小值为_____.

(5) 曲线 $y = x^2 e^{-x}$ ( )

(A) 无渐近线 (B) 有水平渐近线和铅直渐近线

(C) 仅有水平渐近线 (D) 仅有铅直渐近线

2. 证明方程 $x^{101} + x^{51} + x - 1 = 0$ 有且仅有一个实根.

3. 证明函数 $f(x) = (x-a)\ln[\sin(b-x)+1](a < b)$ 的导数在区间 (a,b) 内必存在零点.

4. 证明下列不等式

(1) 当 $x > 0$ 时,$x - \dfrac{x^2}{2} < \ln(1+x) < x$.

(2) 当 $x < 0$ 时,$\dfrac{1}{x+1} < \ln(x+1) - \ln x < \dfrac{1}{x}$.

5. 求下列极限：

(1) $\lim\limits_{x\to-\infty}(\sqrt{x^2+x+1}-\sqrt{x^2-x})$.

(2) $\lim\limits_{x\to 0}\dfrac{\ln(1+x^2)}{\sec x-\cos x}$.

(3) $\lim\limits_{x\to 0}\dfrac{x-\sin x}{x^2\ln(1+x)}$.

(4) $\lim\limits_{x\to+\infty}\left(\dfrac{2}{\pi}\arctan x\right)^x$.

(5) $\lim\limits_{x\to\infty}x^2\left(1-x\sin\dfrac{1}{x}\right)$.

(6) $\lim\limits_{x\to\infty}\left[x-x^2\ln\left(1+\dfrac{1}{x}\right)\right]$.

6. 求函数 $y=\dfrac{x^3+4}{x^2}$ 的单调区间、极值点、凹凸区间、拐点及渐近线.

7. 设 $f(x)$ 在 $(-\infty,+\infty)$ 上可微, 函数 $\varphi(x)=\dfrac{f(x)}{x}$ 在 $x=a(a\neq 0)$ 点有极值, 证明: 曲线 $y=f(x)$ 在点 $(a,f(a))$ 处的切线过原点.

8. 求椭圆 $x^2-xy+y^2=3$ 上纵坐标最大和最小的点.

4 不定积分

微分的基本问题是研究如何从已知函数求出它的导函数,那么与之相反的问题是:求一个未知函数,使其导函数恰好是某一已知函数,这就是微分的逆运算——不定积分运算.本章主要讨论不定积分的概念、性质和基本积分法.

4.1 不定积分的概念与性质

4.1.1 原函数

定义 1 设函数 $f(x)$ 是定义在区间 I 上的已知函数,若存在函数 $F(x)$,满足对 $\forall x \in I$,恒有
$$F'(x) = f(x) \quad (\text{或 } dF(x) = f(x)dx)$$
则称函数 $F(x)$ 为 $f(x)$(或 $f(x)dx$)在区间 I 上的一个原函数.

例如,因 $\left(\dfrac{x^5}{5}\right)' = x^4$,故 $\dfrac{x^5}{5}$ 是 x^4 在 $\mathbf{R}$ 上的一个原函数. 又如,$\arctan x - 1$ 与 $\arctan x + 2$ 都是 $\dfrac{1}{1+x^2}$ 在 $\mathbf{R}$ 上的原函数,容易看出 $\arctan x + C$ 都是 $\dfrac{1}{1+x^2}$ 的原函数.

可见,研究原函数首先要解决下面两个主要问题.

(1) 满足何种条件的函数必定存在原函数?

(2) 如果已知某个函数的原函数存在,那么原函数是否唯一?如果不唯一,原函数之间有什么关系?

定理 1(原函数存在定理) 若函数 $f(x)$ 在区间 I 上连续,则在区间 I 上存在可导函数 $F(x)$,使对 $\forall x \in I$,都有 $F'(x) = f(x)$.

简单地说就是:连续函数一定有原函数.(证明见下一章)

定理 2 设 $F(x)$ 是 $f(x)$ 在区间 I 上的一个原函数,则

(1) $F(x) + C$ 也是 $f(x)$ 的原函数,其中 C 为任意常数.

(2) 若 $G(x)$ 也为 $f(x)$ 在区间 I 上的原函数,则 $G(x) = F(x) + C$.

证 (1) 由于 $F'(x) = f(x)$,则 $(F(x) + C)' = F'(x) + C' = f(x)$,所以 $F(x) + C$ 也是 $f(x)$ 的原函数.

(2) 因为 $F'(x) = f(x), G'(x) = f(x)$,所以 $(F(x) - G(x))' = F'(x) - G'(x) = 0$,从而 $G(x) = F(x) + C$.

由此,一方面如果 $f(x)$ 存在一个原函数 $F(x)$,则 $F(x) + C$ 都是 $f(x)$ 的原函数,另一方面 $f(x)$ 的全体原函数所组成的集合是函数族 $\{F(x) + C \mid C$ 为任意常数$\}$.当 C 为取定常数时,$F(x) + C$ 表示 $f(x)$ 的一个原函数.

4.1.2 不定积分

定义 2 若 $F(x)$ 是 $f(x)$ 在区间 I 上的一个原函数,则称 $F(x) + C$ 为 $f(x)$ 在区间 I 上的不定积分,记作 $\int f(x) \mathrm{d}x$,即

$$\int f(x) \mathrm{d}x = F(x) + C$$

其中 C 为任意常数,记号"$\int$"称为积分号,$f(x)$ 称为被积函数,$f(x)\mathrm{d}x$ 称为被积表达式,x 称为积分变量.

由定义 2 可知,求 $\int f(x) \mathrm{d}x$ 的关键就是求出 $f(x)$ 的一个原函数,不定积分与原函数是总体与个体的关系.由此,本节开头所举的两个例子可写作

$$\int x^4 \mathrm{d}x = \frac{x^5}{5} + C, \quad \int \frac{1}{1+x^2} \mathrm{d}x = \arctan x + C$$

从不定积分的定义即可知下述关系:

$$\left[\int f(x) \mathrm{d}x\right]' = f(x)$$

或

$$\mathrm{d}\left[\int f(x) \mathrm{d}x\right] = f(x) \mathrm{d}x$$

又由于 $F(x)$ 是 $F'(x)$ 的一个原函数,所以

$$\int F'(x) \mathrm{d}x = F(x) + C$$

或

$$\int \mathrm{d}[F(x)] = F(x) + C$$

由此可见,微分运算(以记号"d"表示)与求不定积分的运算(以记号"$\int$"表示)是互逆的,当记号"$\int$"与"d"连在一起时,或者互相抵消,或者抵消后差一个常数.

不定积分的几何意义:若 $F(x)$ 是 $f(x)$ 的一个原函数,则称 $F(x)$ 的图形为

$f(x)$ 的一条积分曲线. 于是，$f(x)$ 的不定积分在几何上表示 $f(x)$ 的某一积分曲线沿纵轴方向任意平移所得的一切积分曲线组成的曲线族(图 4-1).

例 1 求 $\int x^3 \mathrm{d}x$.

解 由 $\left(\dfrac{x^4}{4}\right)' = x^3$，得 $\dfrac{x^4}{4}$ 是 x^3 的一个原函数，所以

$$\int x^3 \mathrm{d}x = \frac{x^4}{4} + C$$

例 2 求 $\int \dfrac{1}{x} \mathrm{d}x$.

解 由导数基本公式可知：$(\ln|x|)' = \dfrac{1}{x}$，所以

$$\int \frac{1}{x} \mathrm{d}x = \ln|x| + C$$

例 3 求 $\int 3^{-x} \mathrm{e}^x \mathrm{d}x$.

解 因为 $\left[\dfrac{(3^{-1}\mathrm{e})^x}{\ln(3^{-1}\mathrm{e})}\right]' = (3^{-1}\mathrm{e})^x$，所以

$$\int 3^{-x} \mathrm{e}^x \mathrm{d}x = \frac{3^{-x} \mathrm{e}^x}{\ln(3^{-1}\mathrm{e})} + C = \frac{3^{-x} \mathrm{e}^x}{1 - \ln 3} + C$$

例 4 某产品的产量变化率是时间 t 的函数 $f(t) = t^2 + 1$，已知当时间 $t = 0$ 时，产量为 0，试求该产品的产量函数.

解 设产量函数为 $F = F(t)$，由题意知 $F'(t) = f(t) = t^2 + 1$，由于 $\left(\dfrac{1}{3}t^3 + t\right)' = t^2 + 1$，则

$$F(t) = \int f(t) \mathrm{d}t = \int (t^2 + 1) \mathrm{d}t = \frac{1}{3} t^3 + t + C$$

将 $F(0) = 0$ 代入上式，解得 $C = 0$.

所以，此产品的产量函数为 $F(t) = \dfrac{1}{3} t^3 + t$.

4.1.3 基本积分公式

由积分运算与微分运算的互逆关系及基本初等函数的求导公式，可相应得到如下的 13 个基本积分公式.

(1) $\int k \mathrm{d}x = kx + C$ （k 是常数）. (2) $\int x^\mu \mathrm{d}x = \dfrac{x^{\mu+1}}{\mu+1} + C$ （$\mu \neq -1$）.

(3) $\int \frac{1}{x} dx = \ln|x| + C.$ (4) $\int e^x dx = e^x + C.$

(5) $\int a^x dx = \frac{a^x}{\ln a} + C$ $(a > 0, a \neq 1).$ (6) $\int \cos x dx = \sin x + C.$

(7) $\int \sin x dx = -\cos x + C.$ (8) $\int \sec^2 x dx = \int \frac{1}{\cos^2 x} dx = \tan x + C.$

(9) $\int \csc^2 x dx = \int \frac{1}{\sin^2 x} dx = -\cot x + C.$ (10) $\int \sec x \tan x dx = \sec x + C.$

(11) $\int \csc x \cot x dx = -\csc x + C.$ (12) $\int \frac{1}{\sqrt{1-x^2}} dx = \arcsin x + C.$

(13) $\int \frac{1}{1+x^2} dx = \arctan x + C.$

4.1.4 不定积分的性质

性质1 设函数 $f(x)$ 的原函数存在,k 为非零常数,则
$$\int k f(x) dx = k \int f(x) dx$$

证 因为 $\left(k \int f(x) dx \right)' = k \left(\int f(x) dx \right)' = k f(x)$,所以
$$\int k f(x) dx = k \int f(x) dx$$

类似可证明不定积分有下列性质.

性质2 设函数 $f(x)$ 与 $g(x)$ 的原函数均存在,则
$$\int [f(x) \pm g(x)] dx = \int f(x) dx \pm \int g(x) dx$$

性质2可推广到有限个函数的情形.

利用不定积分的性质和基本积分公式可以求一些简单函数的不定积分.

对于不定积分运算需要指出,虽然每个积分号都含有任意常数,但任意常数之和仍是任意常数,所以遇到几个任意常数时只要写一个任意常数即可.

例5 求 $\int \sqrt{x}(x^2 + x) dx.$

解 $\int \sqrt{x}(x^2 + x) dx = \int \left(x^{\frac{5}{2}} + x^{\frac{3}{2}} \right) dx = \int x^{\frac{5}{2}} dx + \int x^{\frac{3}{2}} dx$
$= \frac{2}{7} x^{\frac{7}{2}} + \frac{2}{5} x^{\frac{5}{2}} + C$

例6 求 $\int \frac{x^2}{1+x^2} dx.$

解 $\int \frac{x^2}{1+x^2} dx = \int \frac{(1+x^2)-1}{1+x^2} dx = \int \left(1 - \frac{1}{1+x^2} \right) dx = x - \arctan x + C$

积分运算中会对某些分式函数的分子进行"插项",这种通过"插项"进而分项的方法经常被应用.

例 7 求 $\int \dfrac{x-4}{\sqrt{x}-2}\mathrm{d}x$.

解 $\int \dfrac{x-4}{\sqrt{x}-2}\mathrm{d}x = \int \dfrac{(\sqrt{x}+2)(\sqrt{x}-2)}{(\sqrt{x}-2)}\mathrm{d}x = \int (\sqrt{x}+2)\mathrm{d}x$
$= \dfrac{2}{3}x^{\frac{3}{2}}+2x+C$

例 8 求 $\int (\tan^2 x + \sec^2 x)\mathrm{d}x$.

解 用三角恒等式 $\tan^2 x = \sec^2 x - 1$ 把被积函数统一化为 $\sec^2 x$ 的函数,再积分,即

$$\int (\tan^2 x + \sec^2 x)\mathrm{d}x = \int (\sec^2 x - 1 + \sec^2 x)\mathrm{d}x = \int (2\sec^2 x - 1)\mathrm{d}x$$
$$= 2\tan x - x + C$$

例 9 求 $\int \dfrac{1}{1-\cos 2x}\mathrm{d}x$.

解 $\int \dfrac{1}{1-\cos 2x}\mathrm{d}x = \int \dfrac{1}{2\sin^2 x}\mathrm{d}x = \dfrac{1}{2}\int \csc^2 x\,\mathrm{d}x = -\dfrac{1}{2}\cot x + C$

例 10 求 $\int \dfrac{x^3+x^2+3x+1}{x^3+x}\mathrm{d}x$.

解 分子分母都是三次多项式函数,被积函数为假分式,需先分解为多项式与真分式的和,再逐项积分,即

$$\int \dfrac{x^3+x^2+3x+1}{x^3+x}\mathrm{d}x = \int \dfrac{x^3+x+x^2+1+2x}{x^3+x}\mathrm{d}x = \int \left(1+\dfrac{1}{x}+\dfrac{2}{x^2+1}\right)\mathrm{d}x$$
$$= x + \ln|x| + 2\arctan x + C$$

例 11 若 $f(x)$ 的一个原函数是 2^x,求 $\int f'(x)\mathrm{d}x$.

解 因为 2^x 是 $f(x)$ 的原函数,故 $f(x) = (2^x)' = 2^x \ln 2$,所以
$$\int f'(x)\mathrm{d}x = f(x) + C = 2^x \ln 2 + C$$

需要指出的是,在计算不定积分时有时会得到实质一致而形式不同的结果,例如:$\int \dfrac{\mathrm{d}x}{1+x^2} = \arctan x + C$ 与 $\int \dfrac{\mathrm{d}x}{1+x^2} = -\mathrm{arccot}\,x + C$ 都是正确的.

要验证不定积分结果正确与否,只要验证等式右端的导数是否等于被积函数.这是我们证明不定积分恒等式、验证不定积分计算正确与否的常用方法.

习题 4.1

1. 判断下列计算结果是否正确：

   (1) $\int \dfrac{(\arctan x)^2}{1+x^2}\mathrm{d}x = \dfrac{1}{3}(\arctan x)^3 + C.$

   (2) $\int \dfrac{1}{1+\mathrm{e}^x}\mathrm{d}x = \ln(1+\mathrm{e}^x) + C.$

2. 若 $\int f(x)\mathrm{d}x = x^2\mathrm{e}^{2x} + c$，则 $f(x) =$ _____.

3. 求下列不定积分：

   (1) $\int \sqrt{x\sqrt{x\sqrt{x}}}\,\mathrm{d}x.$　　　　　　(2) $\int \dfrac{1-x^2}{x\sqrt{x}}\mathrm{d}x.$

   (3) $\int \mathrm{e}^x\left(1+\dfrac{2\mathrm{e}^{-x}}{\sqrt{1-x^2}}\right)\mathrm{d}x.$　　(4) $\int \dfrac{1+2x^2}{x^2(1+x^2)}\mathrm{d}x.$

   (5) $\int \dfrac{\sqrt{1+x^2}}{\sqrt{1-x^4}}\mathrm{d}x.$　　　　　(6) $\int 4^x\mathrm{e}^{x-4}\mathrm{d}x.$

   (7) $\int \dfrac{\cos 2x}{\cos x + \sin x}\mathrm{d}x.$　　　　(8) $\int \cos^2\dfrac{x}{2}\mathrm{d}x.$

4. 一曲线过点 $(1,2)$，且在曲线上的任意点处的切线的斜率为 $\dfrac{1}{x}$，求该曲线方程.

5. 设 $f(x)$ 的导函数为 $\sin x$，求 $\int f(x)\mathrm{d}x$.

6. 一物体由静止开始运动，经 t s 后速度是 $3t^2\,(\mathrm{m/s})$，问：

   (1) 在 3 s 后物体离开出发点的距离是多少？

   (2) 物体走完 360 m 需要多少时间？

4.2　不定积分的换元积分法

利用基本积分公式与不定积分性质所能计算的不定积分是非常有限的. 上一节介绍了一些简单的不定积分的计算，它们可以通过恒等变形转化成基本积分公式中出现的被积函数的代数和，再运用基本积分公式进行逐项积分. 事实上转化的另一种重要方法和手段是"换元". 本节介绍由复合函数求导法则逆推而得到的换元积分法，它是积分学中最基本、最常用的方法之一. 换元积分法通常分成两类：第一类换元积分法和第二类换元积分法.

4.2.1 第一类换元积分法

我们知道,如果 $f(u)$ 具有原函数 $F(u)$,即 $F'(u) = f(u)$,则有 $\int f(u)\mathrm{d}u = F(u)+C$. 当 u 又是另一变量 x 的函数,即 $u = \varphi(x)$,且设 $\varphi(x)$ 可微,那么根据复合函数微分法,有

$$\{F[\varphi(x)]\}' = F'[\varphi(x)]\varphi'(x) = f[\varphi(x)]\varphi'(x)$$

由不定积分定义就得到

$$\int f[\varphi(x)]\varphi'(x)\mathrm{d}x = F[\varphi(x)]+C = \left[\int f(u)\mathrm{d}u\right]_{u=\varphi(x)}$$

另一方面,由一阶微分的形式不变性可知,不论 u 为自变量还是中间变量,都有

$$\mathrm{d}F(u) = f(u)\mathrm{d}u$$

两边取积分得到

$$\int f(u)\mathrm{d}u = F(u)+C$$

若此时令 $u = \varphi(x)$,则上式变为

$$\int f[\varphi(x)]\varphi'(x)\mathrm{d}x = \left[\int f(u)\mathrm{d}u\right]_{u=\varphi(x)} = F[\varphi(x)]+C$$

由此得到不定积分的第一类换元积分法.

定理 1 设 $f(u)$ 为连续函数,$u = \varphi(x)$ 具有连续的导数,且 $\int f(u)\mathrm{d}u = F(u)+C$,则

$$\int f[\varphi(x)]\varphi'(x)\mathrm{d}x = \int f[\varphi(x)]\mathrm{d}\varphi(x) = F[\varphi(x)]+C \tag{4-1}$$

证 因为

$$(F[\varphi(x)])' = F'[\varphi(x)] \cdot \varphi'(x) = f[\varphi(x)] \cdot \varphi'(x)$$

故

$$\int f[\varphi(x)]\varphi'(x)\mathrm{d}x = F[\varphi(x)]+C$$

定理 1 表明,若不定积分 $\int g(x)\mathrm{d}x$ 的被积函数 $g(x)$ 不能直接利用基本积分公式计算,但被积表达式能整理成 $f[\varphi(x)]\varphi'(x)\mathrm{d}x$,且 $f(u)$ 能够直接积分,此时可按下列步骤求不定积分:

$$\int g(x)\mathrm{d}x \xrightarrow{\text{恒等变形}} \int f[\varphi(x)]\varphi'(x)\mathrm{d}x \xrightarrow{\text{换元}u=\varphi(x)} \int f(u)\mathrm{d}u$$
$$\xrightarrow{\text{积分}} F(u)+C \xrightarrow{\text{回代}} F[\varphi(x)]+C$$

这样求不定积分的方法称为第一类换元法. 定理 1 极大地扩充了基本公式的运用范围.

例如,观察 $\int \cos 2x\mathrm{d}x$ 知,该积分不能直接计算,可将被积函数变形为 $\cos 2x =$

$\cos 2x \cdot (2x)' \cdot \dfrac{1}{2}$,则

$$\int \cos 2x \,\mathrm{d}x \xrightarrow{\text{恒等变形}} \dfrac{1}{2}\int \cos 2x \cdot (2x)' \,\mathrm{d}x \xrightarrow{\text{换元}\, u = 2x} \dfrac{1}{2}\int \cos u \,\mathrm{d}u$$

$$\xrightarrow{\text{积分}} \dfrac{1}{2}\sin u + C \xrightarrow{\text{回代}} \dfrac{1}{2}\sin 2x + C$$

由于被积函数表达式 $g(x)\mathrm{d}x$ 一般并不是拆成式(4-1)左边的形式 $f(\varphi(x))\varphi'(x)\mathrm{d}x$,所以问题的关键是要"凑出"$\varphi'(x)\mathrm{d}x = \mathrm{d}\varphi(x) = \mathrm{d}u$,使被积表达式 $g(x)\mathrm{d}x$ 变成 $f(u)\mathrm{d}u$($\int f(u)\mathrm{d}u$ 可利用基本积分公式积出),因此第一类换元积分法也称为"凑微分法".

例1 求 $\int \mathrm{e}^{3t}\,\mathrm{d}t$.

解 由 $\mathrm{e}^{3t} = \dfrac{1}{3} \cdot \mathrm{e}^{3t} \cdot (3t)'$,则

$$\int \mathrm{e}^{3t}\,\mathrm{d}t \xrightarrow{\text{恒等变形}} \dfrac{1}{3}\int \mathrm{e}^{3t}(3t)'\,\mathrm{d}t \xrightarrow{\text{换元}\,u=3t} \dfrac{1}{3}\int \mathrm{e}^u\,\mathrm{d}u \xrightarrow{\text{积分}} \dfrac{1}{3}\mathrm{e}^u + C \xrightarrow{\text{回代}} \dfrac{1}{3}\mathrm{e}^{3t} + C$$

例2 求 $\int \dfrac{1}{\sqrt[3]{5-3x}}\,\mathrm{d}x$.

解 $\int \dfrac{1}{\sqrt[3]{5-3x}}\,\mathrm{d}x \xrightarrow{\text{恒等变形}} -\dfrac{1}{3}\int \dfrac{1}{\sqrt[3]{5-3x}}(5-3x)'\,\mathrm{d}x \xrightarrow{\text{换元}\,u=5-3x}$

$-\dfrac{1}{3}\int u^{-\frac{1}{3}}\,\mathrm{d}u \xrightarrow{\text{积分}} -\dfrac{1}{2}u^{\frac{2}{3}} + C \xrightarrow{\text{回代}} -\dfrac{1}{2}(5-3x)^{\frac{2}{3}} + C$

注 在对变量代换比较熟练后,可省写中间变量 u.

例3 求 $\int \dfrac{\cos\sqrt{t}}{\sqrt{t}}\,\mathrm{d}t$.

解 因为 $\mathrm{d}(\sqrt{t}) = \dfrac{1}{2\sqrt{t}}\,\mathrm{d}t$,凑出 $\mathrm{d}(\sqrt{t})$ 即可积分.

$$\int \dfrac{\cos\sqrt{t}}{\sqrt{t}}\,\mathrm{d}t = 2\int \cos\sqrt{t}\,\mathrm{d}(\sqrt{t}) = 2\sin\sqrt{t} + C$$

例4 求 $\int \dfrac{1}{x\ln x}\,\mathrm{d}x$.

解 $\int \dfrac{1}{x\ln x}\,\mathrm{d}x = \int \dfrac{1}{\ln x}\,\mathrm{d}(\ln x) = \ln(\ln x) + C$

第一类换元积分法(凑微分法)是积分计算中用得较多的方法,熟记常用的凑微分公式有助于灵活使用凑微分法.下面介绍几个常用的凑微分公式供参考.

(1) $f(ax+b)\,\mathrm{d}x = \dfrac{1}{a}f(ax+b)\,\mathrm{d}(ax+b)\quad (a \neq 0)$.

(2) $x\mathrm{d}x = \dfrac{1}{2}\mathrm{d}(x^2)$.

(3) $\dfrac{\mathrm{d}x}{\sqrt{x}} = 2\mathrm{d}(\sqrt{x})$.

(4) $\dfrac{\mathrm{d}x}{x^2} = -\mathrm{d}\left(\dfrac{1}{x}\right)$.

(5) $\mathrm{e}^x\mathrm{d}x = \mathrm{d}(\mathrm{e}^x)$.

(6) $\cos x\mathrm{d}x = \mathrm{d}(\sin x)$.

(7) $\sec x\tan x\mathrm{d}x = \mathrm{d}(\sec x)$.

(8) $\sec^2 x\mathrm{d}x = \mathrm{d}(\tan x)$.

(9) $\dfrac{\mathrm{d}x}{\sqrt{1-x^2}} = \mathrm{d}(\arcsin x)$.

例 5 求 $\int x\cos(x^2)\mathrm{d}x$.

解 $\int x\cos(x^2)\mathrm{d}x = \dfrac{1}{2}\int \cos x^2 \mathrm{d}x^2 = \dfrac{1}{2}\sin x^2 + C$

例 6 求 $\int \cos^2(\omega t)\sin(\omega t)\mathrm{d}t$.

解 $\int \cos^2(\omega t)\sin(\omega t)\mathrm{d}t = \dfrac{1}{\omega}\int \cos^2(\omega t)\sin(\omega t)\mathrm{d}\omega t = -\dfrac{1}{\omega}\int \cos^2(\omega t)\mathrm{d}\cos(\omega t)$

$= -\dfrac{1}{3\omega}\cos^3(\omega t) + C$

例 7 求 $\int \dfrac{1+\cos x}{x+\sin x}\mathrm{d}x$.

解 $\int \dfrac{1+\cos x}{x+\sin x}\mathrm{d}x = \int \dfrac{\mathrm{d}(x+\sin x)}{x+\sin x} = \ln|x+\sin x| + C$

例 8 求 $\int \tan x\mathrm{d}x$.

解 $\int \tan x\mathrm{d}x = \int \dfrac{\sin x}{\cos x}\mathrm{d}x = -\int \dfrac{\mathrm{d}\cos x}{\cos x} = -\ln|\cos x| + C = \ln|\sec x| + C$

同理有

$$\int \cot x\mathrm{d}x = \int \dfrac{\cos x}{\sin x}\mathrm{d}x = \int \dfrac{\mathrm{d}\sin x}{\sin x} = \ln|\sin x| + C$$

例 9 求 $\int \sec x\mathrm{d}x$.

解 $\int \sec x\mathrm{d}x = \int \dfrac{\sec^2 x + \sec x\tan x}{\sec x + \tan x}\mathrm{d}x = \int \dfrac{\mathrm{d}(\sec x + \tan x)}{\sec x + \tan x}$

$= \ln|\sec x + \tan x| + C$

同理得
$$\int \csc x \, dx = \ln|\csc x - \cot x| + C \quad (\text{试一试})$$

例 10 求 $\int \dfrac{dx}{x^2 - 1} (a \neq 0)$.

解 $\int \dfrac{dx}{x^2 - 1} = \dfrac{1}{2} \int \left(\dfrac{1}{x-1} - \dfrac{1}{x+1} \right) dx = \dfrac{1}{2} \ln \left| \dfrac{x-1}{x+1} \right| + C$

一般地，
$$\int \dfrac{dx}{x^2 - a^2} = \dfrac{1}{2a} \int \left(\dfrac{1}{x-a} - \dfrac{1}{x+a} \right) dx = \dfrac{1}{2a} \ln \left| \dfrac{x-a}{x+a} \right| + C \quad (a \neq 0)$$

类似有
$$\int \dfrac{dx}{a^2 - x^2} = \dfrac{1}{2a} \ln \left| \dfrac{a+x}{a-x} \right| + C$$

例 11 求 $\int \dfrac{1}{\sqrt{a^2 - x^2}} dx (a > 0)$.

解 $\int \dfrac{1}{\sqrt{a^2 - x^2}} dx = \int \dfrac{1}{\sqrt{1 - \left(\dfrac{x}{a}\right)^2}} d\left(\dfrac{x}{a}\right) = \arcsin \dfrac{x}{a} + C$

例 12 求 $\int \dfrac{1}{a^2 + x^2} dx (a > 0)$.

解 $\int \dfrac{1}{a^2 + x^2} dx = \int \dfrac{\dfrac{1}{a}}{1 + \left(\dfrac{x}{a}\right)^2} d\left(\dfrac{x}{a}\right) = \dfrac{1}{a} \arctan \dfrac{x}{a} + C$

例 13 求 $\int \cos^3 x \, dx$.

解 $\int \cos^3 x \, dx = \int \cos^2 x \cdot \cos x \, dx = \int \cos^2 x \, d\sin x = \int (1 - \sin^2 x) d\sin x$

$\qquad = \sin x - \dfrac{1}{3} \sin^3 x + C$

注 当被积函数含有 $\sin x$ 或 $\cos x$ 的奇次项时，通常拆开奇次项用来凑微分.

例 14 求 $\int \cos^2(\omega t + \varphi) dt$.

解 $\int \cos^2(\omega t + \varphi) dt = \int \dfrac{1 + \cos 2(\omega t + \varphi)}{2} dt$

$\qquad = \int \dfrac{1}{2} dt + \dfrac{1}{4\omega} \int \cos 2(\omega t + \varphi) d2(\omega t + \varphi)$

$\qquad = \dfrac{1}{2} t + \dfrac{1}{4\omega} \sin 2(\omega t + \varphi) + C$

注 当被积函数是关于 $\sin x$ 或 $\cos x$ 的偶次项时，通常使用降幂公式，然后凑微分.

例 15 求 $\int \sin 5x \sin 7x \mathrm{d}x$.

解 由积化和差公式 $\sin A \sin B = -\dfrac{1}{2}[\cos(A+B) - \cos(A-B)]$ 得：

$$\sin 5x \sin 7x = -\dfrac{1}{2}(\cos 12x - \cos 2x)$$

于是，

$$\int \sin 5x \sin 7x \mathrm{d}x = \int \dfrac{1}{2}(\cos 2x - \cos 12x)\mathrm{d}x = \dfrac{1}{4}\int \cos 2x \mathrm{d}2x - \dfrac{1}{24}\int \cos 12x \mathrm{d}(12x)$$

$$= \dfrac{1}{4}\sin 2x - \dfrac{1}{24}\sin 12x + C$$

类似方法可用于求形如 $\int \sin mx \cos nx \mathrm{d}x$，$\int \cos mx \cos nx \mathrm{d}x$，$\int \sin mx \sin nx \mathrm{d}x$ 的积分.

例 16 求 $\int \tan^3 x \sec x \mathrm{d}x$.

解
$$\int \tan^3 x \sec x \mathrm{d}x = \int \tan^2 x \cdot \tan x \sec x \mathrm{d}x = \int \tan^2 x \mathrm{d}\sec x$$

$$= \int (\sec^2 x - 1)\mathrm{d}\sec x = \int \sec^2 x \mathrm{d}\sec x - \int \mathrm{d}\sec x$$

$$= \dfrac{1}{3}\sec^3 x - \sec x + C$$

应用第一类换元积分法时关键在于选取适当的变量代换 $u = \varphi(x)$ 以将被积函数变换成容易积分的函数，而 $u = \varphi(x)$ 的选取没有固定的模式，这需要读者熟记基本积分公式和凑微分形式，并通过适当的练习积累积分经验才能灵活运用.

4.2.2 第二类换元积分法

有些不定积分 $\int f(x)\mathrm{d}x$ 难以用凑微分的方法来积分，比如 $\int \dfrac{\mathrm{d}x}{1+\sqrt[3]{x}}$，$\int \dfrac{\mathrm{d}x}{\sqrt{x^2+a^2}}(a \neq 0)$ 等. 但此时若作适当的 $x = \varphi(t)$ 变换后，$\int f(x)\mathrm{d}x \rightarrow \int f(\varphi(t))\varphi'(t)\mathrm{d}t$ 会变得容易积分，这种换元积分的方法称为第二类换元积分法，具体叙述如下.

定理 2 设 $x = \varphi(t)$ 有连续的导函数，且 $\varphi'(t) \neq 0$，又设 $\int f(\varphi(t))\varphi'(t)\mathrm{d}t =$

$F(t)+C$,则有
$$\int f(x)\mathrm{d}x = \left[\int f(\varphi(t))\varphi'(t)\mathrm{d}t\right]_{t=\varphi^{-1}(x)} = F(\varphi^{-1}(x))+C$$
其中 $t = \varphi^{-1}(x)$ 是 $x = \varphi(t)$ 的反函数.

证 只需证明两个不定积分有相同的原函数即可.

因为 $F(t)$ 是 $f(\varphi(t))\varphi'(t)$ 的原函数,记 $\Phi(x) = F(\varphi^{-1}(x))$,则
$$\Phi'(x) = \frac{\mathrm{d}F}{\mathrm{d}t}\frac{\mathrm{d}t}{\mathrm{d}x} = f(\varphi(t))\varphi'(t) \cdot \frac{1}{\varphi'(t)} = f(\varphi(t)) = f(x)$$
即 $\Phi(x)$ 为 $f(x)$ 的原函数,于是定理得证.

利用第二类换元法解题的一般步骤为:
$$\int f(x)\mathrm{d}x \xrightarrow{\text{换元 } x = \varphi(t)} \int f[\varphi(t)]\varphi'(t)\mathrm{d}t \xrightarrow{\text{积分}} F(t)+C \xrightarrow{\text{回代}} F[\varphi^{-1}(x)]+C$$

第一类和第二类换元积分法都是依据同一个公式 $\int f(x)\mathrm{d}x = \int f[\varphi(t)]\varphi'(t)\mathrm{d}t$,它们的基本思想是一致的,都是通过变量代换把较复杂的不定积分化成容易解决的不定积分,两者仅仅是方向不同.

常用的第二类换元法有三角代换、根式代换与倒代换,下面通过例题依次介绍.

1) 三角代换

例 17 求 $\int \sqrt{a^2-x^2}\,\mathrm{d}x \, (a>0)$.

解 令 $x = a\sin t \left(-\frac{\pi}{2} \leqslant t \leqslant \frac{\pi}{2}\right)$,则
$$\sqrt{a^2-x^2} = \sqrt{a^2-a^2\sin^2 t} = a\,|\cos t| = a\cos t, \quad \mathrm{d}x = a\cos t\,\mathrm{d}t,$$
于是
$$\int \sqrt{a^2-x^2}\,\mathrm{d}x = a^2\int \cos^2 t\,\mathrm{d}t = \frac{a^2}{2}\int(1+\cos 2t)\mathrm{d}t = \frac{a^2}{2}\left(t+\frac{1}{2}\sin 2t\right)+C$$
$$= \frac{a^2}{2}(t+\sin t\cos t)+C$$

为了把最后一式还原为 x 的表达式,可以将 t 看成锐角,根据 $\sin t = \frac{x}{a}$ 作辅助直角三角形(图 4-2)得到
$$t = \arcsin\frac{x}{a}, \quad \cos t = \frac{\sqrt{a^2-x^2}}{a}$$

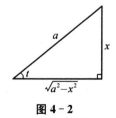

图 4-2

因此
$$\int \sqrt{a^2-x^2}\,\mathrm{d}x = \frac{a^2}{2}\arcsin\frac{x}{a} + \frac{x}{2}\sqrt{a^2-x^2}+C$$

例 18 求 $\int \dfrac{\mathrm{d}x}{\sqrt{x^2+a^2}}(a>0)$.

解 令 $x=a\tan t\left(-\dfrac{\pi}{2}<t<\dfrac{\pi}{2}\right)$,则

$$\sqrt{x^2+a^2}=a\sec t,\quad \mathrm{d}x=a\sec^2 t\mathrm{d}t$$

于是

$$\int \dfrac{\mathrm{d}x}{\sqrt{x^2+a^2}}=\int \dfrac{a\sec^2 t}{a\sec t}\mathrm{d}t=\int\sec t\mathrm{d}t=\ln|\sec t+\tan t|+C_1$$

根据 $\dfrac{x}{a}=\tan t$,作辅助直角三角形(图 4-3),有

$$\sec t=\dfrac{\sqrt{x^2+a^2}}{a}$$

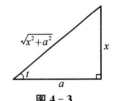

图 4-3

因此

$$\int \dfrac{\mathrm{d}x}{\sqrt{x^2+a^2}}=\ln\left|\dfrac{x+\sqrt{x^2+a^2}}{a}\right|+C_1=\ln|x+\sqrt{x^2+a^2}|+C$$

其中 $C=C_1-\ln a$.

例 19 求 $\int \dfrac{\mathrm{d}x}{\sqrt{x^2-a^2}}(a>0)$.

解 被积函数的定义域为 $(-\infty,-a)\cup(a,+\infty)$.

当 $x\in(a,+\infty)$ 时,令 $x=a\sec t\left(0<t<\dfrac{\pi}{2}\right)$,则 $\sqrt{x^2-a^2}=a\tan t$,$\mathrm{d}x=a\sec t\tan t\mathrm{d}t$,于是

$$\int \dfrac{\mathrm{d}x}{\sqrt{x^2-a^2}}=\int\sec t\mathrm{d}t=\ln|\sec t+\tan t|+C_1$$

根据 $\sec t=\dfrac{x}{a}$ 作辅助直角三角形(图 4-4),有 $\tan t=\dfrac{\sqrt{x^2-a^2}}{a}$,因此

$$\int \dfrac{\mathrm{d}x}{\sqrt{x^2-a^2}}=\ln\dfrac{|x+\sqrt{x^2-a^2}|}{a}+C_1$$

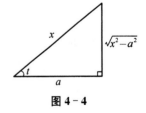

图 4-4

$$=\ln|x+\sqrt{x^2-a^2}|+C\quad (C=C_1-\ln a)$$

当 $x\in(-\infty,-a)$ 时,令 $x=-u$,于是 $u>a>0$,且有

$$\int \dfrac{\mathrm{d}x}{\sqrt{x^2-a^2}}=-\int\dfrac{\mathrm{d}u}{\sqrt{u^2-a^2}}=-\ln|u+\sqrt{u^2-a^2}|+C_2$$

$$=-\ln|-x+\sqrt{x^2-a^2}|+C_2$$

$$= \ln|x+\sqrt{x^2-a^2}|+C_2-\ln a^2$$
$$= \ln|x+\sqrt{x^2-a^2}|+C$$

故当 $|x|>a$ 时,总有 $\int \dfrac{\mathrm{d}x}{\sqrt{x^2-a^2}} = \ln|x+\sqrt{x^2-a^2}|+C.$

从以上三例可以看出,被积函数中含有 $\sqrt{a^2-x^2}$, $\sqrt{x^2+a^2}$, $\sqrt{x^2-a^2}$ ($a>0$) 时,常常可分别令 $x=a\sin t\left(|t|\leqslant \dfrac{\pi}{2}\right)$, $x=a\tan t\left(|t|<\dfrac{\pi}{2}\right)$, $x=a\sec t\left(0<t<\dfrac{\pi}{2},\dfrac{\pi}{2}<t<\pi\right)$ 等三角函数代换化去根式,将无理函数转化为三角有理函数的积分,以上所用的三角函数代换统称为三角代换.

2) 根式代换

例20 求 $\int \dfrac{\mathrm{d}x}{1+\sqrt{x}}$.

解 令 $\sqrt{x}=t$,则 $x=t^2$, $\mathrm{d}x=2t\mathrm{d}t$,于是
$$\int \dfrac{\mathrm{d}x}{1+\sqrt{x}} = \int \dfrac{2t}{1+t}\mathrm{d}t = 2\int\left(1-\dfrac{1}{1+t}\right)\mathrm{d}t = 2(t-\ln|1+t|)+C$$
$$= 2(\sqrt{x}-\ln|1+\sqrt{x}|)+C$$

例21 求 $\int \dfrac{1}{x}\sqrt{\dfrac{1+x}{x}}\mathrm{d}x(x>0)$.

解 令 $\sqrt{\dfrac{x+1}{x}}=t$,则 $x=\dfrac{1}{t^2-1}$, $\mathrm{d}x=-\dfrac{2t}{(t^2-1)^2}\mathrm{d}t$,于是
$$\int \dfrac{1}{x}\sqrt{\dfrac{1+x}{x}}\mathrm{d}x = -2\int \dfrac{t^2}{t^2-1}\mathrm{d}t = -2\int\left(1+\dfrac{1}{t^2-1}\right)\mathrm{d}t = -2t-\ln\left|\dfrac{t-1}{t+1}\right|+C$$
$$= -2\sqrt{1+\dfrac{1}{x}}-2\ln(\sqrt{1+x}-\sqrt{x})+C$$

对形如 $R(x,\sqrt[n]{ax+b})$ (a,b 为常数) 型函数的积分,可作变量代换 $\sqrt[n]{ax+b}=t$,把无理函数转化为有理函数 $R(x,t)$ 的积分,其中 $R(x,t)$ 表示 x 和 t 两个变量的有理式.

对形如 $R\left(x,\sqrt[n]{\dfrac{ax+b}{cx+d}}\right)$ (a,b,c,d 为常数) 型函数的积分,可作变量代换 $\sqrt[n]{\dfrac{ax+b}{cx+d}}=t$,转化为函数 $R(x,t)$ 的积分,其中 $R(x,t)$ 仍表示 x 和 t 两个变量的有理式.

例22 求 $\int \sqrt{1+\mathrm{e}^x}\mathrm{d}x$.

解 令 $\sqrt{1+e^x} = t$,则 $x = \ln(t^2-1)$, $dx = \dfrac{2t}{t^2-1}dt$,于是

$$\int \sqrt{1+e^x}\,dx = \int t \cdot \dfrac{2t}{t^2-1}dt = 2\left(t + \dfrac{1}{2}\ln\left|\dfrac{t-1}{t+1}\right|\right) + C$$

$$= 2\left(\sqrt{1+e^x} + \dfrac{1}{2}\ln\dfrac{\sqrt{1+e^x}-1}{\sqrt{1+e^x}+1}\right) + C$$

3) 倒代换

例 23 求 $\int \dfrac{1}{x^4(1+x^2)}dx$.

解 当被积函数中分母的次数较高时,可以作代换 $x = \dfrac{1}{t}$(倒代换),即令 $x = \dfrac{1}{t}$,则 $dx = -\dfrac{1}{t^2}dt$. 于是

$$\int \dfrac{1}{x^4(1+x^2)}dx = -\int \dfrac{t^4}{t^2+1}dt = -\int \dfrac{t^4-1+1}{t^2+1}dt = -\int\left(t^2-1+\dfrac{1}{t^2+1}\right)dt$$

$$= -\dfrac{t^3}{3} + t - \arctan t + C = -\dfrac{1}{3x^3} + \dfrac{1}{x} - \arctan\dfrac{1}{x} + C$$

在本节的例题中,有几个积分经常用到. 它们通常也被当作公式使用. 因此,除了前面介绍的基本积分公式外,再补充下面几个基本积分公式(其中常数 $a > 0$).

(1) $\int \tan x\,dx = -\ln|\cos x| + C$.

(2) $\int \cot x\,dx = \ln|\sin x| + C$.

(3) $\int \sec x\,dx = \ln|\sec x + \tan x| + C$.

(4) $\int \csc x\,dx = \ln|\csc x - \cot x| + C$.

(5) $\int \dfrac{1}{a^2+x^2}dx = \dfrac{1}{a}\arctan\dfrac{x}{a} + C$.

(6) $\int \dfrac{1}{x^2-a^2}dx = \dfrac{1}{2a}\ln\left|\dfrac{x-a}{x+a}\right| + C$,及 $\int \dfrac{dx}{a^2-x^2} = \dfrac{1}{2a}\ln\left|\dfrac{a+x}{a-x}\right| + C$.

(7) $\int \dfrac{1}{\sqrt{a^2-x^2}}dx = \arcsin\dfrac{x}{a} + C$.

(8) $\int \sqrt{a^2-x^2}\,dx = \dfrac{x}{2}\sqrt{a^2-x^2} + \dfrac{a^2}{2}\arcsin\dfrac{x}{a} + C$.

(9) $\int \dfrac{1}{\sqrt{x^2+a^2}}dx = \ln(x + \sqrt{x^2+a^2}) + C$.

(10) $\int \dfrac{1}{\sqrt{x^2-a^2}}\mathrm{d}x = \ln|x+\sqrt{x^2-a^2}|+C.$

例 24 求 $\int \dfrac{1}{\sqrt{-\dfrac{1}{2}+x+x^2}}\mathrm{d}x.$

解 $\int \dfrac{1}{\sqrt{-\dfrac{1}{2}+x+x^2}}\mathrm{d}x = \int \dfrac{1}{\sqrt{\left(x+\dfrac{1}{2}\right)^2-\left(\dfrac{\sqrt{3}}{2}\right)^2}}\mathrm{d}x$

$$= \ln\left(x+\dfrac{1}{2}+\sqrt{-\dfrac{1}{2}+x+x^2}\right)+C$$

变量代换是数学中常用的思想和方法,换元积分法的关键也同样是作变量代换.变量代换的实质是对应,通过对应将不便计算的不定积分类型转化为便于计算的积分类型.

习题 4.2

1. 填空,使下列各等式成立:

(1) $3\mathrm{d}x = \mathrm{d}(\quad)$.   (2) $\dfrac{1}{\sqrt{x}}\mathrm{d}x = \mathrm{d}(\quad)$.

(3) $x^3\mathrm{d}x = \mathrm{d}(\quad)$.   (4) $\mathrm{e}^{2x}\mathrm{d}x = \mathrm{d}(\quad)$.

(5) $\sin(\omega t+\varphi)\mathrm{d}t = \mathrm{d}(\quad)$.   (6) $\dfrac{\mathrm{d}x}{1+9x^2} = \mathrm{d}(\quad)$.

(7) $\dfrac{\mathrm{d}x}{\cos^2 2x} = \mathrm{d}(\quad)$.   (8) $\dfrac{1}{x}\mathrm{d}x = \mathrm{d}(\quad)$.

2. 求下列不定积分:

(1) $\int (2x+3)^2\mathrm{d}x.$ (2) $\int \dfrac{1}{3-2x}\mathrm{d}x.$

(3) $\int \dfrac{x}{\sqrt{1+x^2}}\mathrm{d}x.$ (4) $\int x^2\sqrt{5+x^3}\mathrm{d}x.$

(5) $\int \dfrac{1}{\sqrt{x}(1+x)}\mathrm{d}x.$ (6) $\int \dfrac{\ln^2 x}{x(1+\ln^2 x)}\mathrm{d}x.$

(7) $\int \dfrac{1}{x^2}\mathrm{e}^{\frac{-1}{x}}\mathrm{d}x.$ (8) $\int \dfrac{1}{\sqrt{x}+1}\mathrm{d}x.$

(9) $\int \dfrac{\mathrm{d}x}{\sin x \cos x}.$ (10) $\int \tan^{10} x \sec^2 x \mathrm{d}x.$

(11) $\int \sin^2 x \mathrm{d}x.$ (12) $\int \dfrac{\sin x}{\cos^3 x}\mathrm{d}x.$

(13) $\int \dfrac{dx}{(\arcsin x)^2 \sqrt{1-x^2}}.$ (14) $\int \sin 2x \cos 3x \, dx.$

(15) $\int \dfrac{\sqrt{x^2-9}}{x} dx.$ (16) $\int \dfrac{e^{2x}}{e^x+1} dx.$

(17) $\int \dfrac{1}{\sqrt{x}+\sqrt[3]{x}} dx.$ (18) $\int \dfrac{dx}{x(x^6+4)}.$

3. 求一个函数 $f(x)$, 满足 $f'(x)=\dfrac{1}{\sqrt{1+x}}$, 且 $f(0)=1$.

4. 设 $f'(\sin^2 x)=\cos 2x+\tan^2 x$, 当 $0<x<1$ 时, 求 $f(x)$.

5. 求下列不定积分:

(1) $\int \dfrac{\cos x}{\sin^3 x - \sin x} dx.$ (2) $\int \dfrac{1}{x}\sqrt{\dfrac{1+x}{x}} dx.$

(3) $\int \dfrac{\ln \tan x}{\cos x \sin x} dx.$ (4) $\int \dfrac{dx}{2x^2-1}.$

4.3 不定积分的分部积分法

上节我们在复合函数求导法则的基础上, 给出了转化不定积分的重要方法——换元积分法. 但有很多积分如 $\int x e^x dx, \int x^2 \cos x \, dx$ 等利用换元积分仍然无法积出. 本节将在函数乘积的求导公式的基础上, 推导出转化不定积分的另一重要方法——分部积分法.

设函数 $u=u(x), v=v(x)$ 具有连续的导数, 那么两个函数乘积的求导公式为
$$(uv)'=u'v+uv'$$
移项得
$$uv'=(uv)'-u'v$$
对上式两边积分得
$$\int uv' dx = uv - \int u'v \, dx \qquad (4-2)$$
或
$$\int u \, dv = uv - \int v \, du \qquad (4-3)$$
公式(4-2)或(4-3)称为不定积分的分部积分公式.

$\int u \, dv$ 难以积分, 而 $\int v \, du$ 较易积分, 则利用该公式可将计算 $\int u \, dv$ 转化为计算 $\int v \, du$, 起到了化难为易的作用. 具体应用分部积分法时, 首先应该把被积函数写成

u 和 $\mathrm{d}v$ 的乘积,怎样取 u 和 $\mathrm{d}v$ 是问题的关键.一般说来,选取 u 和 $\mathrm{d}v$ 时应考虑如下两点:① v 易于求出;② $\int v\mathrm{d}u$ 要比 $\int u\mathrm{d}v$ 容易求出.

下面通过例题说明如何运用这个重要公式.

例 1 求 $\int x\cos x\mathrm{d}x$.

解 这个积分用换元积分法不易求得结果,现在试用分部积分法来求.但是怎样选取 u 和 $\mathrm{d}v$ 呢?因为 $x' = 1$ 会使函数降次,而 $(\cos x)' = -\sin x$ 未使函数有任何简化.因此,不妨设 $x = u, \cos x\mathrm{d}x = \mathrm{d}v$,则 $\mathrm{d}u = \mathrm{d}x, v = \sin x$,由分部积分公式得

$$\int x\cos x\mathrm{d}x = \int x\mathrm{d}\sin x = x\sin x - \int \sin x\mathrm{d}x = x\sin x + \cos x + C$$

在本例中,若设 $\cos x = u, x\mathrm{d}x = \mathrm{d}v$,则 $\mathrm{d}u = -\sin x\mathrm{d}x, v = \frac{1}{2}x^2$,于是

$$\int x\cos x\mathrm{d}x = \int \cos x\mathrm{d}\left(\frac{1}{2}x^2\right) = \frac{1}{2}x^2\cos x + \int \frac{1}{2}x^2\sin x\mathrm{d}x$$

而积分 $\int \frac{1}{2}x^2\sin x\mathrm{d}x$ 较 $\int x\cos x\mathrm{d}x$ 更不易积出,因此例 1 中 u 应取 x,而不是 $\cos x$.

例 2 求 $\int x^2\ln x\mathrm{d}x$.

解 因为 $(\ln x)' = \frac{1}{x}$,使超越函数变为代数函数;而 $(x^2)' = 2x$ 未能简化函数类型,只降了一次.因此,不妨设 $\ln x = u, x^2\mathrm{d}x = \mathrm{d}v$,则 $\mathrm{d}u = \frac{1}{x}\mathrm{d}x, v = \frac{1}{3}x^3$,于是

$$\int x^2\ln x\mathrm{d}x = \int \ln x\mathrm{d}\left(\frac{1}{3}x^3\right) = \frac{1}{3}x^3\ln x - \int \frac{1}{3}x^3 \cdot \frac{1}{x}\mathrm{d}x$$

$$= \frac{1}{3}x^3\ln x - \frac{1}{3}\int x^2\mathrm{d}x = \frac{1}{3}x^3\ln x - \frac{1}{9}x^3 + C$$

$$= \frac{x^3}{3}\left(\ln x - \frac{1}{3}\right) + C$$

注 解题熟练以后,u 和 v 常省略不写,直接套用式(4-2)计算.

例 3 求 $\int x^2\mathrm{e}^x\mathrm{d}x$.

解 $\int x^2\mathrm{e}^x\mathrm{d}x = \int x^2\mathrm{d}(\mathrm{e}^x) = x^2\mathrm{e}^x - \int \mathrm{e}^x\mathrm{d}x^2 = x^2\mathrm{e}^x - 2\int x\mathrm{e}^x\mathrm{d}x$

$$= x^2\mathrm{e}^x - 2\int x\mathrm{d}\mathrm{e}^x = x^2\mathrm{e}^x - 2\left(x\mathrm{e}^x - \int \mathrm{e}^x\mathrm{d}x\right)$$

$$= x^2\mathrm{e}^x - 2(x\mathrm{e}^x - \mathrm{e}^x) + C = x^2\mathrm{e}^x - 2x\mathrm{e}^x + 2\mathrm{e}^x + C$$

例 4 求 $\int \arctan x \, dx$.

解 $\int \arctan x \, dx = x \arctan x - \int x \, d(\arctan x) = x \arctan x - \int \frac{x}{1+x^2} dx$

$= x \arctan x - \frac{1}{2} \int \frac{1}{1+x^2} d(1+x^2)$

$= x \arctan x - \frac{1}{2} \ln(1+x^2) + C$

读者试一试计算积分 $\int \arcsin x \, dx$, $\int x \arctan x \, dx$.

通常被积函数为两种不同类型函数的乘积,特别是含指数函数、对数函数、三角函数或反三角函数与幂函数的乘积时,考虑用分部积分法. u 选取的一般顺序为"反、对、幂、三、指". 特殊情况,如 $\int \arctan x \, dx$, $\int \ln x \, dx$ 等,被积函数仅有一个函数式,则取 $dv = dx$,仍用分部积分法处理.

例 5 求 $\int e^x \cos x \, dx$.

解 设 $\int e^x \cos x \, dx = I$,则

$I = \int \cos x \, de^x = \left(e^x \cos x - \int e^x d\cos x \right) = e^x \cos x + \int e^x \sin x \, dx$

$= e^x \cos x + \int \sin x \, de^x = e^x \cos x + \left(e^x \sin x - \int e^x d\sin x \right)$

$= e^x \cos x + \left(e^x \sin x - \int e^x \cos x \, dx \right) = e^x \sin x + e^x \cos x - I$

即

$$I = e^x \sin x + e^x \cos x - I \qquad (4-4)$$

它是关于 I 的一个方程,由于 I 包含了任意常数,由式(4-4)解得 I 时务必加上任意常数 C. 即

$$I = \frac{1}{2} e^x (\sin x + \cos x) + C$$

注 (1) 若被积函数是指数函数与正(余)弦函数的乘积,u, dv 可随意选取,但在两次分部积分中,必须选择同类型的 u. 读者可试一下每次积分时都是选取 e^x 为 u.

(2) 两次分部积分后,又出现原题中的不定积分,但此时积分前的系数不同,因此经过移项就不难求得结果.

例 6 求 $I = \int \sec^3 x \, dx$.

解 因为
$$I = \int \sec x \, \mathrm{d}\tan x = \sec x \tan x - \int \tan x \, \mathrm{d}\sec x$$
$$= \sec x \tan x - \int \tan^2 x \sec x \, \mathrm{d}x$$
$$= \sec x \tan x - \int \sec^3 x \, \mathrm{d}x + \int \sec x \, \mathrm{d}x$$
$$= \sec x \tan x - I + \ln|\sec x + \tan x|$$

所以
$$I = \frac{1}{2}\sec x \tan x + \frac{1}{2}\ln|\sec x + \tan x| + C$$

分部积分法还可以用于求某些不定积分的递推公式.

例7 设 $I_n = \int \tan^n x \, \mathrm{d}x (n \geqslant 2)$,证明 $I_n = \frac{1}{n-1}\tan^{n-1} x - I_{n-2}$.

证 $I_n = \int \tan^{n-2} x \tan^2 x \, \mathrm{d}x = \int \tan^{n-2} x (\sec^2 x - 1) \, \mathrm{d}x$
$$= \int \tan^{n-2} x \, \mathrm{d}\tan x - \int \tan^{n-2} x \, \mathrm{d}x = \frac{1}{n-1}\tan^{n-1} x - I_{n-2}$$

例8 设 $f(x)$ 的一个原函数为 e^{-x^2},求 $\int xf'(x) \, \mathrm{d}x$.

解 此类问题虽然可求出 $f'(x)$,但由 $f'(x)$ 得到 $f(x)$ 更为方便,因而首先考虑分部积分法,取 $u = x, f'(x)\mathrm{d}x = \mathrm{d}v$,得到 $\mathrm{d}u = \mathrm{d}x, v = f(x)$.

于是
$$\int xf'(x) \, \mathrm{d}x = \int x \, \mathrm{d}f(x) = xf(x) - \int f(x) \, \mathrm{d}x$$

因为 $f(x)$ 的一个原函数为 e^{-x^2},所以 $f(x) = (\mathrm{e}^{-x^2})' = -2x\mathrm{e}^{-x^2}$. 故
$$\int xf'(x) \, \mathrm{d}x = -2x^2 \mathrm{e}^{-x^2} - \mathrm{e}^{-x^2} + C$$

在计算不定积分时,一定要注重对被积函数的观察和分析,在一个不定积分的计算过程中往往会用到几种方法. 对被积函数进行恰当的转化是计算的关键,恒等变形、分项、换元以及分部积分等都是重要的转化手段.

例9 求 $\int \mathrm{e}^{\sqrt[3]{x}} \, \mathrm{d}x$.

解 令 $t = \sqrt[3]{x}$,则 $x = t^3, \mathrm{d}x = 3t^2 \mathrm{d}t$,于是
$$\int \mathrm{e}^{\sqrt[3]{x}} \, \mathrm{d}x = \int \mathrm{e}^t 3t^2 \, \mathrm{d}t = 3\int t^2 \, \mathrm{d}\mathrm{e}^t = 3t^2 \mathrm{e}^t - 3\int 2t\mathrm{e}^t \, \mathrm{d}t$$
$$= 3t^2 \mathrm{e}^t - 6\int t \, \mathrm{d}\mathrm{e}^t = 3t^2 \mathrm{e}^t - 6\left(t\mathrm{e}^t - \int \mathrm{e}^t \, \mathrm{d}t\right)$$

$$= 3t^2 e^t - 6(te^t - e^t) + C$$
$$= 3e^{\sqrt[3]{x}}(\sqrt[3]{x^2} - 2\sqrt[3]{x} + 2) + C$$

习题 4.3

1. 求下列不定积分：

(1) $\int xe^x dx$.   (2) $\int x^2 \cos x dx$.

(3) $\int x \cdot 2^x dx$.   (4) $\int x\cos 2x dx$.

(5) $\int \ln(1+x) dx$.   (6) $\int \arcsin x dx$.

(7) $\int \dfrac{\ln x}{x^2} dx$.   (8) $\int \dfrac{x}{\cos^2 x} dx$.

2. 计算下列不定积分：

(1) $\int e^{-x} \cos x dx$.   (2) $\int \cos(\ln x) dx$.

(3) $\int x\ln(1+x^2) dx$.   (4) $\int e^{\sin x} \dfrac{x\cos^3 x - \sin x}{\cos^2 x} dx$.

3. 已知 $f(x)$ 的一个原函数是 $\dfrac{\cos x}{x}$，求 $\int xf'(x) dx$.

4. 已知 $f(\ln x) = \dfrac{\ln(1+x)}{x}$，求 $\int f(x) dx$.

4.4 有理函数和可化为有理函数的积分

前面讨论了不定积分的两种基本转化方法——换元积分法与分部积分法. 下面按照函数类型讨论几种比较简单的特殊类型函数的积分，包括有理函数的积分、三角函数有理式的积分等.

4.4.1 有理函数的积分

两个多项式的商

$$f(x) = \frac{P_n(x)}{Q_m(x)} = \frac{a_0 x^n + a_1 x^{n-1} + a_2 x^{n-2} + \cdots + a_{n-1} x + a_n}{b_0 x^m + b_1 x^{m-1} + b_2 x^{m-2} + \cdots + b_{m-1} x + b_m} \quad (4-5)$$

称为有理函数，其中 n 和 m 是非负整数，且 $a_0 \neq 0, b_0 \neq 0$.

当 $n \geqslant m \geqslant 1$ 时，称式(4-5)所表示的函数为**有理假分式函数**；当 $n < m$ 时，

称式(4-5)所表示的函数为**有理真分式函数**. 当 $f(x)$ 是假分式时,利用多项式的除法,可将它化为一个多项式与一个真分式的和. 例如,

$$\frac{x^4+x+1}{x^2+1}=(x^2-1)+\frac{x+2}{x^2+1}$$

因此有理函数的积分问题可归结为求真分式的积分问题.

1) 有理函数的分解

定理 1 设有真分式(4-5)式,若

$$Q_m(x)=b_0(x-a)^\alpha\cdots(x-b)^\beta(x^2+px+q)^\lambda\cdots(x^2+rx+s)^\mu$$

其中 $\alpha,\cdots,\beta,\lambda,\cdots,\mu\in\mathbf{N}^+,p^2-4q<0,\cdots,r^2-4s<0$,则真分式 $\dfrac{P_n(x)}{Q_m(x)}$ 可以分解成如下部分分式之和:

$$\begin{aligned}\frac{P_n(x)}{Q_m(x)}=&\frac{A_\alpha}{(x-a)^\alpha}+\frac{A_{\alpha-1}}{(x-a)^{\alpha-1}}+\cdots+\frac{A_1}{x-a}+\cdots\\&+\frac{B_\beta}{(x-b)^\beta}+\frac{B_{\beta-1}}{(x-b)^{\beta-1}}+\cdots+\frac{B_1}{x-b}+\cdots\\&+\frac{M_\lambda x+N_\lambda}{(x^2+px+q)^\lambda}+\frac{M_{\lambda-1}x+N_{\lambda-1}}{(x^2+px+q)^{\lambda-1}}+\cdots+\frac{M_1 x+N_1}{x^2+px+q}+\cdots\\&+\frac{R_\mu x+S_\mu}{(x^2+rx+s)^\mu}+\frac{R_{\mu-1}x+S_{\mu-1}}{(x^2+rx+s)^{\mu-1}}+\cdots+\frac{R_1 x+S_1}{x^2+rx+s}\end{aligned}$$

其中 $A_i,B_i,M_i,N_i,R_i,S_i(i\in\mathbf{N}^+)$ 都是常数,并且在上述分解中,这些常数都唯一确定.

由定理1可知,在实数范围内,任何有理真分式都可以分解成下面四类简单分式之和:

$$\frac{A}{x-a},\quad\frac{A}{(x-a)^k},\quad\frac{Ax+B}{x^2+px+q},\quad\frac{Ax+B}{(x^2+px+q)^k}$$

其中 k 是正整数,$k\geqslant 2,p^2-4q<0$. 各个简单分式的分子中的常数可用待定系数法确定.

2) 四类简单分式的积分

求有理函数的不定积分可归结为求多项式与以下四类简单分式的不定积分:

(1) $\displaystyle\int\frac{A}{x-a}\mathrm{d}x.$

(2) $\displaystyle\int\frac{A}{(x-a)^n}\mathrm{d}x(n>1).$

(3) $\displaystyle\int\frac{Mx+N}{x^2+px+q}\mathrm{d}x(p^2-4q<0).$

(4) $\displaystyle\int\frac{Mx+N}{(x^2+px+q)^k}\mathrm{d}x(k\neq 1,k\text{ 为正整数},p^2-4q<0).$

其中(1)、(2)两类简单分式的不定积分可直接积出:

$$\int \frac{A}{x-a} dx = A\ln|x-a| + C$$

$$\int \frac{A}{(x-a)^n} dx = \frac{A}{(1-n)(x-a)^{n-1}} + C$$

第(3)类简单分式的积分通过换元(凑微分)法就可积出:当 $p^2 - 4q < 0$ 时,有

$$\int \frac{Mx+N}{x^2+px+q} dx = \int \frac{M\left(x+\frac{p}{2}\right) + \left(N - \frac{Mq}{2}\right)}{\left(x+\frac{p}{2}\right)^2 + \frac{4q-p^2}{4}} dx$$

$$= \frac{M}{2}\ln(x^2+px+q) + \left(N - \frac{Mq}{2}\right)\frac{2}{\sqrt{4q-p^2}}$$

$$\cdot \arctan\left[\frac{2}{\sqrt{4q-p^2}}\left(x + \frac{p}{2}\right)\right] + C$$

$$= \frac{M}{2}\ln(x^2+px+q) + \frac{2N-Mq}{\sqrt{4q-p^2}} \arctan\frac{2x+p}{\sqrt{4q-p^2}} + C$$

第(4)类简单分式的积分则需要通过分部积分法得到一个关于 k 的递推公式,再逐次运用该递推公式就能积出来. 这里不再赘述.

总之,有理函数分解为多项式及部分分式之后,各个部分都能积出,且原函数都是初等函数. 因此,有理函数的积分问题最终可得到解决,故可得到结论:有理函数的原函数都是初等函数.

例 1 将 $\frac{1}{x(x-1)^2}$ 化成部分分式之和.

解 解法 1:设 $\frac{1}{x(x-1)^2} = \frac{A}{x} + \frac{B}{(x-1)^2} + \frac{C}{x-1}$,其中 A,B,C 为待定系数. 两端去掉分母后,得

$$1 = A(x-1)^2 + Bx + Cx(x-1) \tag{4-6}$$

即

$$1 = (A+C)x^2 + (B-2A-C)x + A$$

对于式(4-6),由待定系数法得

$$\begin{cases} A+C=0 \\ B-2A-C=0 \\ A=1 \end{cases}$$

解得 $A=1, B=1, C=-1$.

所以

$$\frac{1}{x(x-1)^2} = \frac{1}{x} + \frac{1}{(x-1)^2} - \frac{1}{x-1}$$

解法 2：在恒等式(4-6)中，代入特殊的 x 值，求出待定系数.

令 $x=0$，得 $A=1$；令 $x=1$，得 $B=1$；把 A,B 的值代入式(4-6)，并令 $x=2$，得 $1=1+2+2C$，即 $C=-1$. 于是有

$$\frac{1}{x(x-1)^2} = \frac{1}{x} + \frac{1}{(x-1)^2} - \frac{1}{x-1}$$

例 2 求 $\int \frac{4}{x^3+4x}\mathrm{d}x$.

解 先将分式化成部分分式，设 $\frac{4}{x^3+4x} = \frac{4}{x(x^2+4)} = \frac{A}{x} + \frac{Bx+C}{x^2+4}$，其中 A,B,C 为待定系数. 由待定系数法可知

$$\frac{4}{x(x^2+4)} = \frac{1}{x} - \frac{x}{x^2+4}$$

所以

$$\int \frac{4}{x^3+4x}\mathrm{d}x = \int \frac{4}{x(x^2+4)}\mathrm{d}x = \int \frac{1}{x}\mathrm{d}x - \int \frac{x}{x^2+4}\mathrm{d}x$$

$$= \ln|x| - \frac{1}{2}\ln(x^2+4) + C$$

由前面的讨论可知，有理函数 $\frac{P_n(x)}{Q_m(x)}$ 总能分解为多项式与四类简单分式之和，而简单分式都可以积出. 另外，我们应注意到，有时有理函数化成部分分式的和再积分这一过程的计算较繁琐，且当分母的次数比较高时，因式分解相当困难，但用其他方法可能更容易积出. 因此，在解题时要灵活使用各种方法.

例 3 求 $\int \frac{\mathrm{d}x}{x(x^6+4)}$.

解 $\int \frac{\mathrm{d}x}{x(x^6+4)} = \int \frac{x^5 \mathrm{d}x}{x^6(x^6+4)} = \frac{1}{24}\int \left(\frac{1}{x^6} - \frac{1}{x^6+4}\right)\mathrm{d}(x^6)$

$$= \frac{1}{24}[6\ln|x| - \ln(x^6+4)] + C$$

例 4 求 $\int \frac{5x+4}{x^2+2x+3}\mathrm{d}x$.

解 $\int \frac{5x+4}{x^2+2x+3}\mathrm{d}x = \frac{5}{2}\int \frac{(2x+2) - \frac{2}{5}}{(x+1)^2+2}\mathrm{d}x$

$$= \frac{5}{2}\ln(x^2+2x+3) - \frac{1}{\sqrt{2}}\arctan \frac{(x+1)}{\sqrt{2}} + C$$

4.4.2 三角有理函数的积分

三角有理函数是指由三角函数和常数经过有限次四则运算所得到的函数. 由于各种三角函数都可表示成 $\sin x$ 和 $\cos x$ 的有理式形式,因此三角有理函数常常记作 $R(\sin x, \cos x)$,其中 $R(u,v)$ 表示有理函数.

三角有理函数积分的基本思路为:

三角有理函数 $\xrightarrow{\text{三角恒等变形}}$ $R(\sin x, \cos x)$ $\xrightarrow{\text{万能公式}}$ $R\left(\tan\dfrac{x}{2}\right)$ $\xrightarrow{\text{令 } t = \tan\frac{x}{2}}$ 有理函数 $f(t)$

具体过程为:作变量代换 $\tan\dfrac{x}{2} = t$,则有

$$\sin x = \frac{2\tan\dfrac{x}{2}}{1 + \tan^2\dfrac{x}{2}} = \frac{2t}{1+t^2}, \quad \cos x = \frac{1 - \tan^2\dfrac{x}{2}}{1 + \tan^2\dfrac{x}{2}} = \frac{1-t^2}{1+t^2}$$

又由 $x = 2\arctan t$,得 $\mathrm{d}x = \dfrac{2}{1+t^2}\mathrm{d}t$,于是

$$\int R(\sin x, \cos x)\mathrm{d}x = \int R\left(\frac{2t}{1+t^2}, \frac{1-t^2}{1+t^2}\right)\frac{2}{1+t^2}\mathrm{d}t$$

等式右端是 t 的有理函数的积分.

例 5 求 $\int \dfrac{\mathrm{d}x}{5 + 4\sin x}$.

解 令 $\tan\dfrac{x}{2} = t$,则 $\sin x = \dfrac{2t}{1+t^2}, x = 2\arctan t, \mathrm{d}x = \dfrac{2\mathrm{d}t}{1+t^2}$. 于是

$$\int \frac{\mathrm{d}x}{5 + 4\sin x} = \int \frac{1}{5 + 4 \cdot \dfrac{2t}{1+t^2}} \cdot \frac{2\mathrm{d}t}{1+t^2} = \int \frac{2}{5t^2 + 8t + 5}\mathrm{d}t$$

$$= \frac{2}{5}\int \frac{\mathrm{d}t}{\left(t + \dfrac{4}{5}\right)^2 + \left(\dfrac{3}{5}\right)^2} = \frac{2}{3}\arctan\frac{5t+4}{3} + C$$

$$= \frac{2}{3}\arctan\left(\frac{5}{3}\tan\frac{x}{2} + \frac{4}{3}\right) + C$$

例 6 求 $\int \dfrac{\mathrm{d}x}{3 + \cos x}$.

解 **解法 1**:设 $t = \tan\dfrac{x}{2}$,则 $\cos x = \dfrac{1-t^2}{1+t^2}, \mathrm{d}x = \dfrac{2\mathrm{d}t}{1+t^2}$. 于是

$$\int \frac{\mathrm{d}x}{3+\cos x} = \int \frac{1}{3+\frac{1-t^2}{1+t^2}} \cdot \frac{2}{1+t^2}\mathrm{d}t = \int \frac{1}{2+t^2}\mathrm{d}t = \frac{1}{\sqrt{2}}\arctan \frac{t}{\sqrt{2}}+C$$

$$= \frac{\sqrt{2}}{2}\arctan\left(\frac{1}{\sqrt{2}}\tan \frac{x}{2}\right)+C$$

解法 2: $\int \frac{\mathrm{d}x}{3+\cos x} = \int \frac{\mathrm{d}x}{2+2\cos^2 \frac{x}{2}} = \int \frac{1}{1+\cos^2 \frac{x}{2}}\mathrm{d}\left(\frac{x}{2}\right)$

$$= \int \frac{1}{\sec^2 \frac{x}{2}+1}\mathrm{d}\left(\tan \frac{x}{2}\right) = \int \frac{1}{2+\tan^2 \frac{x}{2}}\mathrm{d}\left(\tan \frac{x}{2}\right)$$

$$= \frac{\sqrt{2}}{2}\arctan\left(\frac{1}{\sqrt{2}}\tan \frac{x}{2}\right)+C$$

虽然利用代换 $t = \tan \frac{x}{2}$ 总可以把三角函数有理式的积分化为有理函数的积分,但经该代换后得出的有理函数积分有时比较麻烦.因此,关于三角函数的积分,一般尽量用换元法或分部积分法进行,最后才考虑用万能置换.

简单无理函数的积分已在 4.2 节的根式代换部分中作过介绍,这里不再重复.至此本章已介绍了积分计算的两种主要方法 —— 换元法和分部积分法,以及一些特殊函数的积分方法.必须指出,尽管区间上的连续函数一定有原函数,但有些连续函数的原函数不是初等函数,也就是说它们的不定积分无法用初等函数表示,习惯上把这种情况称为积不出,如: $\int \mathrm{e}^{-x^2}\mathrm{d}x, \int \frac{\sin x}{x}\mathrm{d}x, \int \sin x^2 \mathrm{d}x, \int \frac{\mathrm{d}x}{\ln x}, \int \frac{\mathrm{d}x}{\sqrt{1+x^4}}$ 等的原函数就都不是初等函数,它们都是积不出的那类不定积分.

习题 4.4

1. 计算下列不定积分:

(1) $\int \frac{2x^3+1}{(x-1)^{100}}\mathrm{d}x$.

(2) $\int \frac{x^5+x^4-8}{x^3-x}\mathrm{d}x$.

(3) $\int \frac{1}{(x+1)(x^2+1)}\mathrm{d}x$.

(4) $\int \frac{2x+3}{x^2+3x-10}\mathrm{d}x$.

(5) $\int \frac{1-\tan x}{1+\tan x}\mathrm{d}x$.

(6) $\int \sqrt{x}\sin \sqrt{x}\mathrm{d}x$.

(7) $\int \frac{\mathrm{d}x}{2+\sin x}$.

(8) $\int \frac{\sqrt{1+x}-1}{\sqrt{1+x}+1}\mathrm{d}x$.

4.5 积分表的使用

求不定积分,就方法而言,有直接积分法、换元积分法和分部积分法等;就被积函数的类型而论,有有理函数的积分、某些无理函数的积分以及超越函数的积分法等. 某些类型的积分同某种固定的积分方法相联系,以至于近年来已经可以通过计算机用符号的方法把积分算出来. 换句话说,积分的程序可以完全自动化,指令十分明确. 但是,有很多积分并不是这种类型的. 根据科学与实践的需要,为了方便,人们按照积分函数的类型加以分类,制作了系统的积分表,参见附录 Ⅳ. 下面通过几个例子来简单说明一下积分表的使用.

4.5.1 能直接从积分表中查找到的类型

例 1 查表求 $\int \dfrac{\mathrm{d}x}{x(x+2)^2}$.

解 被积函数的分母含有 $x+2$,查附录 Ⅳ 第一部分"含有 $ax+b$ 的积分",有公式 9

$$\int \frac{\mathrm{d}x}{x(ax+b)^2} = \frac{1}{b(ax+b)} - \frac{1}{b^2}\ln\left|\frac{ax+b}{x}\right| + C$$

现在 $a=1, b=2$,于是

$$\int \frac{\mathrm{d}x}{x(x+2)^2} = \frac{1}{2(x+2)} - \frac{1}{4}\ln\left|\frac{x+2}{x}\right| + C$$

例 2 查表求 $\int x\arctan\dfrac{x}{2}\mathrm{d}x$.

解 被积函数含有反三角函数,查附录 Ⅳ 第十二部分,有公式 120

$$\int x\arctan\frac{x}{a}\mathrm{d}x = \frac{1}{2}(a^2+x^2)\arctan\frac{x}{a} - \frac{a}{2}x + C$$

现在 $a=2$,于是

$$\int x\arctan\frac{x}{2}\mathrm{d}x = \frac{1}{2}(4+x^2)\arctan\frac{x}{2} - x + C$$

4.5.2 需要先进行转换,再查表的类型

例 3 查表求 $\int \dfrac{2x}{\sqrt{1+2x-x^2}}\mathrm{d}x$.

解 被积函数中含有根式 $\sqrt{1+2x-x^2}$,但附录 Ⅳ 中不含这种根式的相关条

目,仅含根式 $\sqrt{x^2 \pm a^2}$,$\sqrt{a^2-x^2}$ 的相关条目,因此首先要将被开方式配方,有 $\sqrt{1+2x-x^2} = \sqrt{2-(x-1)^2}$,并对积分式进行变形

$$\int \frac{2x}{\sqrt{1+2x-x^2}}dx = 2\int \frac{(x-1)d(x-1)}{\sqrt{2-(x-1)^2}} + 2\int \frac{d(x-1)}{\sqrt{2-(x-1)^2}}$$

由公式 59 和 61,有

$$\int \frac{dt}{\sqrt{a^2-t^2}} = \arcsin \frac{t}{a} + C, \quad \int \frac{tdt}{\sqrt{a^2-t^2}} = -\sqrt{a^2-t^2} + C$$

这里 $a = \sqrt{2}$, $t = x-1$,因此

$$\int \frac{2x}{\sqrt{1+2x-x^2}}dx = 2(-\sqrt{2-(x-1)^2}) + 2\arcsin \frac{x-1}{\sqrt{2}} + C$$

$$= -2\sqrt{1+2x-x^2} + 2\arcsin \frac{x-1}{\sqrt{2}} + C.$$

需要指出的是,利用积分表计算不定积分只是一个辅助方法,更重要的还是要熟练地、灵活地掌握积分计算的主要方法.

习题 4.5

利用积分表计算下列不定积分:

(1) $\int \frac{dx}{\sqrt{4x^2-9}}$.

(2) $\int \frac{dx}{x^2+2x+5}$.

(3) $\int \frac{dx}{2+5\cos x}$.

(4) $\int e^{2x}\cos x\, dx$.

总复习题 4

1. 选择题.

(1) 若 $\int f(x)dx = \frac{3}{4}\ln\sin 4x + C$,则 $f(x) = $ ( )

(A) $\cot 4x$ (B) $-\cot 4x$ (C) $-3\cot 4x$ (D) $3\cot 4x$

(2) 在区间 (a,b) 内,若 $f'(x) = g'(x)$,则必有 ( )

(A) $f(x) = g(x)$ (B) $f(x) = g(x) + C$

(C) $\int f(x)dx = \int g(x)dx$ (D) $\left[\int f(x)dx\right]' = \left[\int g(x)dx\right]'$

(3) 在积分曲线族 $\int x\sqrt{x}\,dx$ 中，过点 $(0,1)$ 的曲线方程是 （ ）

(A) $y = 2\sqrt{x} + 1$ (B) $y = \dfrac{5}{2}\sqrt[5]{x^2} + C$

(C) $y = 2\sqrt{x} + C$ (D) $y = \dfrac{2}{5}\sqrt{x^5} + 1$

(4) 若 $f(x)$ 的导数为 $\sin x$，则 $f(x)$ 的一个原函数是 （ ）

(A) $1 + \sin x$ (B) $1 - \sin x$

(C) $1 + \cos x$ (D) $1 - \cos x$

(5) 若 $\int f(x)\,dx = F(x) + C$，则 $\int e^{-x} f(e^{-x})\,dx =$ （ ）

(A) $F(e^x) + C$ (B) $-F(e^x) + C$

(C) $F(e^{-x}) + C$ (D) $-F(e^{-x}) + C$

(6) 若 $F'(x) = \dfrac{1}{\sqrt{1-x^2}}$，$F(1) = \dfrac{1}{2}\pi$，则 $F(x)$ 为 （ ）

(A) $\arcsin x$ (B) $\arcsin x + \dfrac{1}{2}\pi$

(C) $\arcsin x + \pi$ (D) $\arcsin x - \pi$

2. 填空题.

(1) 设 $f'(\cos x) = \sin x$，则 $f(\cos x) =$ _____.

(2) 设 $f(x+1) = \dfrac{x}{x+2}$，则 $\int f(x)\,dx =$ _____.

3. 求下列各积分：

(1) $\int \dfrac{x + \arccos x}{\sqrt{1-x^2}}\,dx$.   (2) $\int (2^x + 3^x)^2\,dx$.

(3) $\int \dfrac{4x+6}{x^2+3x-8}\,dx$.   (4) $\int \ln(1+x^2)\,dx$.

(5) $\int x^2 \cos x\,dx$.   (6) $\int x^2 \arctan x\,dx$.

(7) $\int \dfrac{\cot x}{1+\sin x}\,dx$.   (8) $\int \dfrac{dx}{\sin^3 x \cos x}$.

(9) $\int \dfrac{1}{x^2 \sqrt{x^2-1}}\,dx$.   (10) $\int \max(1, |x|)\,dx$.

4. 已知 $\int x^5 f(x)\,dx = \sqrt{x^2-1} + C$，求 $\int f(x)\,dx$.

5. 若 $\sin x$ 是 $f(x)$ 的一个原函数，证明 $\int x f''(x)\,dx = -x\sin x - \cos x + C$.

5 定积分

定积分问题作为积分学的一个基本问题起源于求平面图形的面积,它利用某种和式的极限解决了一类量的求和问题.定积分与不定积分的概念虽然不同,却有着紧密的联系.本章先从几何与力学问题出发引入定积分的概念,并在此基础上讨论定积分的性质及其计算,作为定积分的补充内容,最后再介绍反常积分的概念及其计算.

5.1 定积分的概念与性质

5.1.1 引例

1) 曲边梯形的面积

设 $y=f(x)$ 是区间 $[a,b]$ 上的非负连续函数,由直线 $x=a$, $x=b$, $y=0$ 及曲线 $y=f(x)$ 所围成的图形(图 5-1)称为**曲边梯形**,曲线 $y=f(x)$ 称为曲边.下面讨论曲边梯形面积的求法.

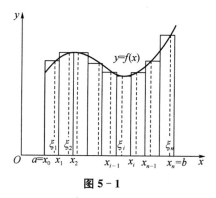

图 5-1

我们知道,矩形面积公式为:矩形面积 = 高×底,而曲边梯形的高 $f(x)$ 在区间 $[a,b]$ 上是变化的,所以不能直接用矩形面积公式求解.但是曲边梯形的高 $f(x)$ 在区间 $[a,b]$ 上是连续变化的,即区间很小时,高 $f(x)$ 的变化也很小.因此,如果把区间 $[a,b]$ 分成若干小区间,在每个小区间上用某一点处的高来近似代替该区间上的小曲边梯形的变高,那么每个小曲边梯形就可近似看成小矩形,所有小矩形面积之和就可作为曲边梯形面积的近似值.由于小区间长度越小,面积的近似值越准确,故而借助于极限可求出曲边梯形面积的准确值.其具体做法如下.

(1) 分割:在区间 $[a,b]$ 内任意插入 $n-1$ 个分点

$$a = x_0 < x_1 < x_2 < \cdots < x_{n-1} < x_n = b$$

将区间 $[a,b]$ 分成 n 个小区间 $[x_{i-1}, x_i]$ $(i=1,2,\cdots,n)$,记 $\Delta x_i = x_i - x_{i-1}$ 为第 i $(i=1,2,\cdots,n)$ 个小区间的长度.过各个分点作垂直于 x 轴的直线,将该曲边梯形

分成 n 个小曲边梯形(图5-1),小曲边梯形的面积记为 $\Delta A_i(i=1,2,\cdots,n)$,显然有 $A = \sum_{i=1}^{n} \Delta A_i$.

(2) 取近似:在每个小区间 $[x_{i-1},x_i]$ 上任意取一点 $\xi_i(x_{i-1} \leqslant \xi_i \leqslant x_i)$,作以 $f(\xi_i)$ 为高,底边为 $[x_{i-1},x_i]$ 的小矩形,用它作为同底的小曲边梯形面积的近似值,即

$$\Delta A_i \approx f(\xi_i)\Delta x_i \quad (i=1,2,\cdots,n)$$

(3) 求和:将 n 个小矩形面积加起来,得到曲边梯形面积的近似值,即

$$A = \sum_{i=1}^{n} \Delta A_i \approx \sum_{i=1}^{n} f(\xi_i)\Delta x_i$$

(4) 取极限:为了保证所有小区间的长度都无限小,我们令这 n 个小区间中长度的最大值趋于 0,记 $\lambda = \max\{\Delta x_1, \Delta x_2, \cdots, \Delta x_n\}$,即令 $\lambda \to 0$. 当 $\lambda \to 0$ 时,若和式 $\sum_{i=1}^{n} f(\xi_i)\Delta x_i$ 的极限存在,则该极限便是所求曲边梯形面积 A 的精确值,即

$$A = \lim_{\lambda \to 0} \sum_{i=1}^{n} f(\xi_i)\Delta x_i \tag{5-1}$$

2) 变力所做的功

取运动直线为 x 轴(图5-2),已知变力 $F(x)$ 的大小是连续变化的,力的方向始终与 x 轴正向一致. 计算物体在变力 $F(x)$ 的作用下沿 x 轴由 $x=a$ 移动到 $x=b$ 时变力 $F(x)$ 所做的功.

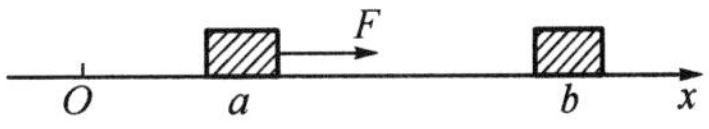

图 5-2

我们知道,对于恒力做功,功 W 有计算公式:

$$W = F \cdot s$$

但如果物体在运动中受到的力是变化的,则上述公式已不适用. 又 $F(x)$ 在 $x \in [a,b]$ 上的变化是连续的,即很短的一段位移内,F 变化很小,近似于恒力. 下面采用类似于上例中的方法来处理.

(1) 分割:在区间 $[a,b]$ 内插入 $n-1$ 个分点

$$a = s_0 < s_1 < s_2 < \cdots < s_{n-1} < s_n = b$$

将区间 $[a,b]$ 分成 n 个小位移区间 $[s_{i-1}, s_i](i=1,2,\cdots,n)$,记 $\Delta s_i = s_i - s_{i-1}$ 为第 $i(i=1,2,\cdots,n)$ 个小区间的长度. 这时位移 s 相应地被分为 n 个小位移 $\Delta s_i(i=1,2,\cdots,n)$.

(2) 取近似:在每个小位移区间 $[s_{i-1}, s_i]$ 上任取一点 ξ_i,用 ξ_i 处的力 $F(\xi_i)$ 近似代替在 $[s_{i-1}, s_i]$ 上各点的力,于是 $F(x)$ 在这段位移内所做的功

$$\Delta W_i \approx F(\xi_i)\Delta s_i \quad (i=1,2,\cdots,n)$$

(3) 求和:将这些近似值累加起来,就得到总的功 W 的近似值,即

$$W = \sum_{i=1}^{n} \Delta W_i \approx \sum_{i=1}^{n} F(\xi_i) \Delta s_i$$

(4) 取极限:设 $\lambda = \max\{\Delta s_1, \Delta s_2, \cdots, \Delta s_n\}$. 令 $\lambda \to 0$,得到

$$W = \lim_{\lambda \to 0} \sum_{i=1}^{n} F(\xi_i) \Delta s_i \tag{5-2}$$

以上两例虽然研究对象不同,但最终(5-1)和(5-2)两式都归结为一个特定形式的和式极限. 在科学技术中还有许多同样类型的数学问题,都可以通过"分割、取近似、求和与取极限"的方法来解决,将这一方法加以概括抽象,就形成了定积分的概念.

5.1.2 定积分的概念

定义1 设函数 $f(x)$ 在闭区间 $[a,b]$ 上有界,在 (a,b) 内任意插入 $n-1$ 个分点

$$a = x_0 < x_1 < x_2 < \cdots < x_n = b$$

把 $[a,b]$ 分成 n 个小区间 $[x_{i-1}, x_i]$,其长度 $\Delta x_i = x_i - x_{i-1} (i=1,2,\cdots,n)$. 在每个小区间 $[x_{i-1}, x_i]$ 上任取一点 ξ_i,作积 $f(\xi_i) \Delta x_i (i=1,2,\cdots,n)$ 并作和 $\sum_{i=1}^{n} f(\xi_i) \Delta x_i$,记 $\lambda = \max\{\Delta x_i \mid i=1,2,\cdots,n\}$. 如果不论对 $[a,b]$ 采取怎样的分法,也不论在小区间 $[x_{i-1}, x_i]$ 上的点 ξ_i 采用怎样的取法,若极限 $\lim_{\lambda \to 0} \sum_{i=1}^{n} f(\xi_i) \Delta x_i$ 存在,则称函数 $f(x)$ 在 $[a,b]$ 上可积,并称此极限为函数 $f(x)$ 在 $[a,b]$ 上的定积分,记作 $\int_a^b f(x) \mathrm{d}x$,即

$$\int_a^b f(x) \mathrm{d}x = \lim_{\lambda \to 0} \sum_{i=1}^{n} f(\xi_i) \Delta x_i$$

并称 $f(x)$ 为被积函数,$f(x) \mathrm{d}x$ 为被积表达式,x 为积分变量,$[a,b]$ 为积分区间,a 为积分下限,b 为积分上限,$\int$ 为积分号,$\sum_{i=1}^{n} f(\xi_i) \Delta x_i$ 称为积分和也称黎曼和.

关于定积分的概念有几点补充注释.

注1 定积分 $\int_a^b f(x) \mathrm{d}x$ 是积分和的极限,是一个数,其大小仅与函数 $f(x)$、积分区间 $[a,b]$ 有关,而与积分变量的记号无关,因此 $\int_a^b f(x) \mathrm{d}x = \int_a^b f(t) \mathrm{d}t = \int_a^b f(u) \mathrm{d}u$.

注2 定义1中要求 $a < b$,实际应用时,允许 $b \leqslant a$,并规定

$$\int_a^b f(x)\mathrm{d}x = -\int_b^a f(x)\mathrm{d}x$$

因此有

$$\int_a^a f(x)\mathrm{d}x = 0$$

5.1.3 定积分的几何意义

若函数 $f(x) \geqslant 0$,则 $\int_a^b f(x)\mathrm{d}x$ 在几何上表示由曲线 $y=f(x)$、直线 $x=a$ 和 $x=b$ 与 x 轴围成的曲边梯形的面积.

当函数 $f(x) \leqslant 0$ 时,由定积分定义知 $\int_a^b f(x)\mathrm{d}x$ 在几何上表示由曲线 $y=f(x)$、直线 $x=a$ 和 $x=b$ 与 x 轴围成的曲边梯形(在 x 轴下方)的面积的相反数.

一般地,若 $f(x)$ 在 $[a,b]$ 上既取得正值又取得负值,则 $\int_a^b f(x)\mathrm{d}x$ 在几何上表示在 x 轴上方图形的面积减去 x 轴下方图形的面积所得之差. 如图 5-3 所示,有

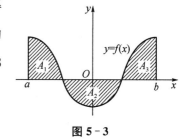

图 5-3

$$\int_a^b f(x)\mathrm{d}x = A_1 - A_2 + A_3$$

由几何意义易知,在 $[a,b]$ 上,若 $f(x)=1$,则

$$\int_a^b f(x)\mathrm{d}x = \int_a^b 1\mathrm{d}x = b-a$$

因此,引例中的曲边梯形的面积 $A = \int_a^b f(x)\mathrm{d}x$,变力 $F(x)$ 在 $[a,b]$ 上所做的功 $W = \int_a^b F(x)\mathrm{d}x$.

函数 $f(x)$ 在 $[a,b]$ 上满足什么条件一定可积呢?对于这个问题我们不作深入讨论,仅给出以下两个充分条件.

定理 1 若 $f(x)$ 在区间 $[a,b]$ 上连续,则 $f(x)$ 在 $[a,b]$ 上可积.

定理 2 若 $f(x)$ 在区间 $[a,b]$ 上有界,且仅有有限个第一类间断点,则 $f(x)$ 在 $[a,b]$ 上可积.

例 1 利用定积分定义计算 $\int_0^1 x\mathrm{d}x$.

解 因为函数 $f(x)=x$ 在积分区间 $[0,1]$ 上连续,所以定积分 $\int_0^1 x\mathrm{d}x$ 存在. 又因为定积分与区间 $[0,1]$ 的分割方式及点 ξ_i 的取法无关,因此,为方便计算,可对 $[0,1]$ 作特殊分法,对点 ξ_i 作特殊取法.

(1) 将区间 $[0,1]$ 分成 n 等份，分点为 $x_i = \dfrac{i}{n}(i=1,2,\cdots,n)$，每个小区间 $[x_{i-1}, x_i]$ 的长度 $\Delta x_i = \dfrac{1}{n}(i=1,2,\cdots,n)$.

(2) 取每个小区间的右端点为 ξ_i，即 $\xi_i = x_i = \dfrac{i}{n}(i=1,2,\cdots,n)$，作乘积 $f(\xi_i) \cdot \Delta x_i = \left(\dfrac{i}{n}\right) \cdot \dfrac{1}{n}$.

(3) 求和，得
$$\sum_{i=1}^{n} f(\xi_i) \Delta x_i = \sum_{i=1}^{n} \left(\dfrac{i}{n}\right) \dfrac{1}{n} = \dfrac{1}{n^2} \sum_{i=1}^{n} i = \dfrac{1}{n^2} \dfrac{n(n+1)}{2}$$

(4) 取极限：当 $\lambda \to 0$，即 $n \to \infty$ 时，由定积分的定义得
$$\int_0^1 x \mathrm{d}x = \lim_{n \to +\infty} \sum_{i=1}^{n} f(\xi_i) \Delta x_i = \lim_{n \to \infty} \dfrac{1}{n^2} \dfrac{n(n+1)}{2} = \dfrac{1}{2}$$

例 2 利用定积分的几何意义计算下面的积分：

(1) $\int_0^1 2x \mathrm{d}x$. (2) $\int_{-1}^{1} \sqrt{1-x^2} \mathrm{d}x$. (3) $\int_{-1}^{1} \tan x \mathrm{d}x$.

解 (1) 由定积分的几何意义可知，$\int_0^1 2x \mathrm{d}x$ 为 x 轴、$x=1$ 及 $y=2x$ 所围直角三角形面积，故 $\int_0^1 2x \mathrm{d}x = 1$.

(2) 由定积分的几何意义可知，$\int_{-1}^{1} \sqrt{1-x^2} \mathrm{d}x$ 等于上半圆周 $x^2 + y^2 = 1(y \geqslant 0)$ 与 x 轴所围成的图形的面积，故 $\int_{-1}^{1} \sqrt{1-x^2} \mathrm{d}x = \dfrac{\pi}{2}$.

(3) 由定积分的几何意义可知，$\int_{-1}^{1} \tan x \mathrm{d}x$ 等于 x 轴、$y = \tan x$、$x=1$ 及 $x=-1$ 四条线所围成的平面图形面积的代数和. 由 $y = \tan x$ 的对称性可知 $\int_{-1}^{1} \tan x \mathrm{d}x = 0$.

从上面的例子不难看出，定积分的计算如果仅仅依赖定义和几何意义，那将受到很大的局限，只有一些特殊的定积分能较快地计算出来. 因此有必要进一步讨论定积分的计算方法，为此下面我们首先给出定积分的基本性质.

5.1.4 定积分的性质

假设定积分 $\int_a^b f(x) \mathrm{d}x$，$\int_a^b g(x) \mathrm{d}x$ 都是存在的，则有以下性质.

性质 1 $\int_a^b 1 \mathrm{d}x = b - a$.

证 由定积分的定义可得:
$$\int_a^b 1 \mathrm{d}x = \lim_{n \to +\infty} \sum_{i=1}^n (1 \cdot \Delta x_i) = \lim_{n \to +\infty}(b-a) = b-a$$

性质 2 $\int_a^b [f(x) \pm g(x)]\mathrm{d}x = \int_a^b f(x)\mathrm{d}x \pm \int_a^b g(x)\mathrm{d}x.$

证
$$\int_a^b [f(x) \pm g(x)]\mathrm{d}x = \lim_{\lambda \to 0} \sum_{i=1}^n [f(\xi_i) \pm g(\xi_i)]\Delta x_i$$
$$= \lim_{\lambda \to 0} \sum_{i=1}^n f(\xi_i)\Delta x_i \pm \lim_{\lambda \to 0} \sum_{i=1}^n g(\xi_i)\Delta x_i$$
$$= \int_a^b f(x)\mathrm{d}x \pm \int_a^b g(x)\mathrm{d}x$$

性质 1 对有限多个函数的代数和的积分也成立,类似证明即可.

性质 3 $\int_a^b kf(x)\mathrm{d}x = k\int_a^b f(x)\mathrm{d}x (k 为常数).$

性质 4(对区间的可加性) 对于任意三个数 a,b,c,恒有
$$\int_a^b f(x)\mathrm{d}x = \int_a^c f(x)\mathrm{d}x + \int_c^b f(x)\mathrm{d}x$$

证 先证 $a<c<b$ 的情形. 因为函数 $f(x)$ 在 $[a,b]$ 上可积,所以无论对 $[a,b]$ 怎样划分,和式的极限总是不变的.因此在划分区间时,可以使 c 是其中一个分点,那么在 $[a,b]$ 上的积分和等于在 $[a,c]$ 上的积分和加上在 $[c,b]$ 上的积分和,即
$$\sum_{[a,b]} f(\xi_i)\Delta x_i = \sum_{[a,c]} f(\xi_i)\Delta x_i + \sum_{[c,b]} f(\xi_i)\Delta x_i$$

令 $\lambda \to 0$,对上式两端取极限得
$$\int_a^b f(x)\mathrm{d}x = \int_a^c f(x)\mathrm{d}x + \int_c^b f(x)\mathrm{d}x$$

当 $c<a<b$ 时,由上面所证可知
$$\int_c^b f(x)\mathrm{d}x = \int_c^a f(x)\mathrm{d}x + \int_a^b f(x)\mathrm{d}x$$

所以
$$\int_a^b f(x)\mathrm{d}x = \int_c^b f(x)\mathrm{d}x - \int_c^a f(x)\mathrm{d}x = \int_a^c f(x)\mathrm{d}x + \int_c^b f(x)\mathrm{d}x$$

同理可证当 $a<b<c$ 时,结论也成立.

综上结论成立.

性质 4 可以推广到一般情形. 如对于任意四个数 a,b,c,d,恒有
$$\int_a^b f(x)\mathrm{d}x = \int_a^c f(x)\mathrm{d}x + \int_c^d f(x)\mathrm{d}x + \int_d^b f(x)\mathrm{d}x$$

性质 5 如果在区间 $[a,b]$ 上 $f(x) \geqslant 0$,则 $\int_a^b f(x)\mathrm{d}x \geqslant 0 (a<b).$

证 因为 $f(x) \geqslant 0$，所以 $f(\xi_i) \geqslant 0 (i=1,2,\cdots,n)$.

又由于 $\Delta x_i \geqslant 0 (i=1,2,\cdots,n)$，因此 $\sum_{i=1}^{n} f(\xi_i) \Delta x_i \geqslant 0$，记 $\lambda = \max\{\Delta x_1, \Delta x_2, \cdots, \Delta x_n\}$，则

$$\int_a^b f(x) \mathrm{d}x = \lim_{\lambda \to 0} \sum_{i=1}^{n} f(\xi_i) \Delta x_i \geqslant 0$$

推论 1 如果在区间 $[a,b]$ 上 $f(x) \leqslant g(x)$，则 $\int_a^b f(x) \mathrm{d}x \leqslant \int_a^b g(x) \mathrm{d}x (a<b)$.

推论 2 $\left| \int_a^b f(x) \mathrm{d}x \right| \leqslant \int_a^b |f(x)| \mathrm{d}x (a<b)$.

注 推论 1 与推论 2 的证明由性质 5 易得，请读者自行完成.

性质 6(估值定理) 设 M, m 是函数 $f(x)$ 在区间 $[a,b]$ 上的最大值与最小值，则

$$m(b-a) \leqslant \int_a^b f(x) \mathrm{d}x \leqslant M(b-a) \quad (a<b)$$

证 因为 $m \leqslant f(x) \leqslant M$，由性质 5 的推论 1，得

$$\int_a^b m \mathrm{d}x \leqslant \int_a^b f(x) \mathrm{d}x \leqslant \int_a^b M \mathrm{d}x$$

所以

$$m(b-a) \leqslant \int_a^b f(x) \mathrm{d}x \leqslant M(b-a)$$

性质 7(积分中值定理) 设函数 $f(x)$ 在区间 $[a,b]$ 上连续，则在 $[a,b]$ 上至少存在一点 ξ，使得

$$\int_a^b f(x) \mathrm{d}x = f(\xi)(b-a) \quad (a \leqslant \xi \leqslant b)$$

成立.

证 因为 $f(x)$ 在 $[a,b]$ 上连续，所以 $f(x)$ 在 $[a,b]$ 上有最小值 m 和最大值 M，由性质 6 得

$$m(b-a) \leqslant \int_a^b f(x) \mathrm{d}x \leqslant M(b-a)$$

即

$$m \leqslant \frac{1}{b-a} \int_a^b f(x) \mathrm{d}x \leqslant M$$

$\frac{1}{b-a} \int_a^b f(x) \mathrm{d}x$ 是介于 $f(x)$ 的最小值与最大值之间的一个数，根据闭区间上连续函数的介值定理，至少存在一点 $\xi \in [a,b]$，使得 $f(\xi) = \frac{1}{b-a} \int_a^b f(x) \mathrm{d}x$，即

$$\int_a^b f(x)\mathrm{d}x = f(\xi)(b-a)$$

积分中值定理有以下几何解释:设 $f(x)$ 为闭区间 $[a,b]$ 上的连续函数,则以区间 $[a,b]$ 为底边、曲线 $y = f(x)$ 为曲边的曲边梯形的面积等于相同底边、高为 $f(\xi)$ 的一个矩形的面积(图 5-4).

称 $f(\xi) = \dfrac{1}{b-a}\int_a^b f(x)\mathrm{d}x$ 为函数 $f(x)$ 在区间 $[a,b]$ 上的平均值.

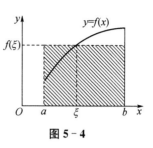

图 5-4

定积分的性质对于定积分的计算及进一步研究定积分的理论都有重要作用.

例 3 比较下列各对积分值的大小:

(1) $\int_0^1 \mathrm{e}^x \mathrm{d}x$ 与 $\int_0^1 x^2 \mathrm{d}x$.   (2) $\int_{\frac{\pi}{4}}^{\frac{\pi}{2}} \sin x \mathrm{d}x$ 与 $\int_{\frac{\pi}{4}}^{\frac{\pi}{2}} \cos x \mathrm{d}x$.

解 (1) 因为 $x \in [0,1]$ 时,$\mathrm{e}^x \geqslant x^2$,所以由性质 5 的推论 1 得

$$\int_0^1 \mathrm{e}^x \mathrm{d}x \geqslant \int_0^1 x^2 \mathrm{d}x$$

(2) 因为 $x \in \left[\dfrac{\pi}{4}, \dfrac{\pi}{2}\right]$ 时,$\sin x \geqslant \cos x$,所以由性质 5 的推论 1 得

$$\int_{\frac{\pi}{4}}^{\frac{\pi}{2}} \sin x \mathrm{d}x \geqslant \int_{\frac{\pi}{4}}^{\frac{\pi}{2}} \cos x \mathrm{d}x$$

因此

$$\int_{\frac{\pi}{2}}^{\frac{\pi}{4}} \sin x \mathrm{d}x \leqslant \int_{\frac{\pi}{2}}^{\frac{\pi}{4}} \cos x \mathrm{d}x$$

例 4 设 $f(x)$ 在区间 $[0,1]$ 上连续,在 $(0,1)$ 内可导,且 $f(0) = 4\int_{\frac{3}{4}}^1 f(x)\mathrm{d}x$. 证明:在 $(0,1)$ 内有一点 c 使 $f'(c) = 0$.

分析 由条件和结论容易想到应用罗尔定理,只需再找出条件 $f(\xi) = f(0)$ 即可.

证 因为 $f(x)$ 在 $[0,1]$ 上连续,由积分中值定理可得,至少存在一点 $\xi \in \left[\dfrac{3}{4}, 1\right] \subset [0,1]$,使得

$$f(0) = 4\int_{\frac{3}{4}}^1 f(x)\mathrm{d}x = 4 \cdot \left(1 - \dfrac{3}{4}\right)f(\xi) = f(\xi)$$

于是由罗尔定理可得,至少存在一点 $c \in (0,\xi) \subset (0,1)$,使 $f'(c) = 0$.

例 5 求从 0 到 T 这段时间内自由落体运动的平均速度.

解 因为自由落体运动的速度 $v = gt$,所以

$$\bar{v} = \dfrac{1}{T-0}\int_0^T gt\, \mathrm{d}t = \dfrac{1}{T}\left(\dfrac{1}{2}gt^2\right)\bigg|_0^T = \dfrac{1}{2}gT$$

利用定积分定义,反过来可以求某些特殊数列的极限.

例 6 求 $\lim\limits_{n\to\infty}\left(\dfrac{1}{n+1}+\dfrac{1}{n+2}+\cdots+\dfrac{1}{n+n}\right)$.

解 由于

$$\dfrac{1}{n+1}+\dfrac{1}{n+2}+\cdots+\dfrac{1}{n+n}=\dfrac{1}{n}\left[\dfrac{1}{1+\dfrac{1}{n}}+\dfrac{1}{1+\dfrac{2}{n}}+\cdots+\dfrac{1}{1+\dfrac{n}{n}}\right]=\sum_{i=1}^{n}\dfrac{1}{n}\cdot\dfrac{1}{1+\dfrac{i}{n}}$$

这可理解为将区间 $[1,2]$ 等分为 n 个子区间,其长度为 $\Delta x_i=\dfrac{1}{n}(i=1,2,\cdots,n)$,取 ξ_i 为子区间的右端点,$\xi_i=1+\dfrac{i}{n}$,故

$$\text{原式}=\lim_{n\to\infty}\sum_{i=1}^{n}\dfrac{1}{n}\cdot\dfrac{1}{1+\dfrac{i}{n}}=\int_{1}^{2}\dfrac{1}{x}\mathrm{d}x=\ln 2 \quad (\text{定积分的计算下节将介绍})$$

上例也可化为定积分 $\int_{0}^{1}\dfrac{1}{1+x}\mathrm{d}x$,请读者自行考虑.

习题 5.1

1. 利用定积分的几何意义,计算下列积分:

   (1) $\int_{0}^{1}x\mathrm{d}x$. (2) $\int_{0}^{a}\sqrt{a^2-x^2}\,\mathrm{d}x$.

2. 已知某时刻 t 导线的电流强度 $i(t)=\sin(\omega t)$,试用定积分表示在时间间隔 $[T_1,T_2]$ 内流过导线横截面的电量 $q(t)$.

3. 试用定积分表示由曲线 $y=x^2$ 与 $y=2-x^2$ 围成的平面图形的面积.

4. 比较下列每组积分值的大小:

   (1) $\int_{1}^{2}x^2\mathrm{d}x$ 与 $\int_{1}^{2}x^3\mathrm{d}x$. (2) $\int_{1}^{2}\ln x\mathrm{d}x$ 与 $\int_{1}^{2}(\ln x)^2\mathrm{d}x$.

5. 估计下列定积分的值:

   (1) $\int_{1}^{2}(x^2+1)\mathrm{d}x$. (2) $\int_{-3}^{0}(x^2+2x)\mathrm{d}x$. (3) $\int_{2}^{0}\mathrm{e}^{x^2-x}\mathrm{d}x$.

6. 证明不等式:$3\mathrm{e}^{-4}<\int_{-1}^{2}\mathrm{e}^{-x^2}\mathrm{d}x<3$.

7. 求极限 $\lim\limits_{x\to+\infty}\int_{x}^{x+a}\dfrac{\ln^n t}{t}\mathrm{d}t(a>0,n\text{ 为自然数})$.

5.2 微积分基本定理

许多几何、物理问题的解决都归结到求某定积分的值. 由上一节例 1 可知,即便被积函数很简单,若直接来计算定积分也不是一件简单的事. 因此有必要对定积分的计算问题作进一步研究.

我们知道,对于变速直线运动的路程问题可以用两种方法解决. 第一种方法设已知物体速度为 $v(t)$,那么该物体在 $[T_1, T_2]$ 内通过的路程由定积分定义可知

$$s = \int_{T_1}^{T_2} v(t) \mathrm{d}t$$

第二种方法设已知物体运动规律 $s = s(t)$,那么该物体在 $[T_1, T_2]$ 内通过的路程即为路程函数的增量

$$s = s(T_2) - s(T_1)$$

从以上两种解法的结果得到 $s = \int_{T_1}^{T_2} v(t) \mathrm{d}t = s(T_2) - s(T_1)$,并且由微分知识可知 $s'(t) = v(t)$,即 $s(t)$ 为 $v(t)$ 的原函数.

上述计算定积分的方法在一定条件下能否推广到一般的情形?即若 $F(x)$ 是 $f(x)$ 在 $[a,b]$ 上的一个原函数,是否有 $\int_a^b f(x) \mathrm{d}x = F(b) - F(a)$?为此首先讨论 $f(x)$ 的原函数存在性问题,继而给出定积分与原函数之间的关系.

5.2.1 变上限积分函数及其导数

设 $y = f(x)$ 在 $[a,b]$ 上连续,且 $x_0 \in [a,b]$. 设 $\Phi(x_0)$ 表示由曲线 $y = f(x)$、x 轴、直线 $x = a$ 和 $x = x_0$ 所围平面图形面积的代数和. 显然,由定积分的概念可知 $\Phi(x_0)$ 一定存在,且 $\Phi(x_0) = \int_a^{x_0} f(x) \mathrm{d}x$,其大小只与 x_0 有关,与积分变量 x 无关. 为明确起见,用 t 做积分变量,将 x_0 换成 x,从而给出积分函数的定义.

定义 1 设函数 $f(x)$ 在 $[a,b]$ 上可积,$x \in [a,b]$,则函数 $\int_a^x f(t) \mathrm{d}t$ 是上限变量 x 的函数,称为变上限积分函数,记作 $\Phi(x)$,即

$$\Phi(x) = \int_a^x f(t) \mathrm{d}t$$

必须指出,变上限积分函数 $\int_a^x f(t) \mathrm{d}t$ 是关于上限 x 的函数. 对取定的 x,它有确定的值(定积分的值),与积分变量 t 无关. 几何上,变上限积分函数 $\Phi(x)$ 表示如图 5-5 中

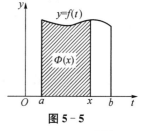

图 5-5

阴影部分的面积.它具有如下的重要性质.

定理 1 设函数 $y=f(x)$ 在区间 $[a,b]$ 上连续,则变上限积分函数 $\Phi(x)=\int_a^x f(t)\mathrm{d}t$ 在 $[a,b]$ 上可导,且

$$\Phi'(x)=f(x) \tag{5-3}$$

证 设 $\forall x\in[a,b]$ 及增量 $\Delta x(x+\Delta x\in[a,b])$,则函数 $\Phi(x)$ 在点 $x+\Delta x$ 的函数值为

$$\Phi(x+\Delta x)=\int_a^{x+\Delta x}f(t)\mathrm{d}t$$

相应的增量 $\Delta\Phi$(图 5-6)为

$$\Delta\Phi=\Phi(x+\Delta x)-\Phi(x)=\int_a^{x+\Delta x}f(t)\mathrm{d}t-\int_a^x f(t)\mathrm{d}t$$
$$=\int_x^{x+\Delta x}f(t)\mathrm{d}t$$

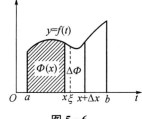

图 5-6

由估值定理有

$y_m\Delta x\leqslant\Delta\Phi\leqslant y_M\Delta x(y_m,y_M$ 为 $y=f(x)$ 在区间 $[x,x+\Delta x]$ 上的最大值和最小值),于是

$$y_m\leqslant\frac{\Delta\Phi}{\Delta x}\leqslant y_M \quad 或 \quad y_m\geqslant\frac{\Delta\Phi}{\Delta x}\geqslant y_M$$

令 $\Delta x\to 0$,由于函数 $f(x)$ 在 x 处连续,则

$$\lim_{\Delta x\to 0}\frac{\Delta\Phi}{\Delta x}=\lim_{\Delta x\to 0}y_m=\lim_{\Delta x\to 0}y_M=f(x)$$

即 $\Phi(x)$ 在 $[a,b]$ 上可导并且 $\Phi'(x)=f(x)$.

由定理 1 可知,变上限积分函数 $\int_a^x f(t)\mathrm{d}t$ 是其被积函数的一个原函数,因此连续函数的原函数必定存在.由此得到下面的原函数存在定理.

定理 2(原函数存在定理) 设函数 $f(x)$ 在区间 $[a,b]$ 上连续,则函数 $\Phi(x)=\int_a^x f(t)\mathrm{d}t$ 就是 $f(x)$ 在 $[a,b]$ 上的一个原函数.

5.2.2 牛顿-莱布尼茨公式

定理 3(微积分基本定理) 设 $f(x)$ 在区间 $[a,b]$ 上连续,$F(x)$ 是 $f(x)$ 在 $[a,b]$ 上的一个原函数,则

$$\int_a^b f(x)\mathrm{d}x=F(b)-F(a) \tag{5-4}$$

证 由题设可知 $F(x)$ 是 $f(x)$ 在 $[a,b]$ 上的原函数,由定理 1 可知,$\Phi(x)=\int_a^x f(t)\mathrm{d}t$ 也是 $f(x)$ 在 $[a,b]$ 上的一个原函数,因此

$$\int_a^x f(t)\mathrm{d}t = F(x) + C \quad (a \leqslant x \leqslant b)$$

在上式中,令 $x = a$,得 $C = -F(a)$,再将之代入上式得

$$\int_a^x f(t)\mathrm{d}t = F(x) - F(a)$$

令 $x = b$,并把积分变量 t 换成 x,便得到

$$\int_a^b f(x)\mathrm{d}x = F(b) - F(a)$$

为了方便,通常把 $F(b) - F(a)$ 记为 $[F(x)]_a^b$,于是式(5-4)可写成

$$\int_a^b f(x)\mathrm{d}x = [F(x)]_a^b$$

公式(5-4)称为牛顿-莱布尼茨公式.该公式进一步揭示了定积分与不定积分这两个概念之间的内在联系,从此便有了计算定积分的一般方法,即将定积分的值转化为原函数的增量,而原函数的求法已经在上一章"不定积分"中介绍了.这一公式的发现是积分学发展史的一个飞跃.因此,定理 3 也称为微积分的基本定理.

例 1 已知 $y = \int_0^x (1-t)\arctan t\,\mathrm{d}t$,求 $\dfrac{\mathrm{d}y}{\mathrm{d}x}$.

解 由式(5-3)可得,$\dfrac{\mathrm{d}y}{\mathrm{d}x} = (1-x)\arctan x$.

例 2 已知 $y = \int_0^{x^2} \mathrm{e}^{-t^2}\mathrm{d}t$,求 $\dfrac{\mathrm{d}y}{\mathrm{d}x}$.

解 函数 $y = \int_0^{x^2} \mathrm{e}^{-t^2}\mathrm{d}t$ 是由 $y = \int_0^u \mathrm{e}^{-t^2}\mathrm{d}t$ 与 $u = x^2$ 复合而成的,利用复合函数的链式法则,有

$$\frac{\mathrm{d}y}{\mathrm{d}x} = \frac{\mathrm{d}y}{\mathrm{d}u} \cdot \frac{\mathrm{d}u}{\mathrm{d}x} = \frac{\mathrm{d}}{\mathrm{d}u}\int_0^u \mathrm{e}^{-t^2}\mathrm{d}t \cdot \frac{\mathrm{d}}{\mathrm{d}x}(x^2) = \mathrm{e}^{-u^2} \cdot 2x = 2x\mathrm{e}^{-x^4}$$

在 $f(x)$ 连续且 $u(x), v(x)$ 可导的条件下,利用定理 1 及函数的导数公式可得下述变限积分函数的导数公式:

(1) 设 $F(x) = \int_x^0 f(t)\mathrm{d}t$,则 $\dfrac{\mathrm{d}}{\mathrm{d}x}F(x) = -f(x)$.

(2) 设 $F(x) = \int_0^{u(x)} f(t)\mathrm{d}t$,则 $\dfrac{\mathrm{d}}{\mathrm{d}x}F(x) = f[u(x)] \cdot u'(x)$.

(3) 设 $F(x) = \int_{v(x)}^{u(x)} f(t)\mathrm{d}t$,则 $\dfrac{\mathrm{d}}{\mathrm{d}x}F(x) = f[u(x)] \cdot u'(x) - f[v(x)]v'(x)$.

例 3 已知 $y = \int_{x^2}^{-\sin x} \dfrac{\sin t}{t}\mathrm{d}t$,求 $\dfrac{\mathrm{d}y}{\mathrm{d}x}$.

解
$$\frac{\mathrm{d}y}{\mathrm{d}x} = f[u(x)] \cdot u'(x) - f[v(x)]v'(x)$$

$$= \frac{\sin(-\sin x)}{-\sin x}(-\cos x) - \frac{\sin x^2}{x^2} 2x$$

$$= \sin(-\sin x)\cot x - \frac{2\sin x^2}{x}$$

在讨论极限、函数性态、中值定理等导数应用问题时,我们也会经常碰到变限积分函数.

例 4 求 $\lim\limits_{x\to 0}\dfrac{\int_{x^2}^{0}\sin t^2 \mathrm{d}t}{\int_{0}^{x}t^5 \mathrm{d}t}$.

解 这是一个"$\dfrac{0}{0}$"型的未定式,应用洛必达法则,有

$$\lim_{x\to 0}\frac{\int_{x^2}^{0}\sin t^2 \mathrm{d}t}{\int_{0}^{x}t^5 \mathrm{d}t} = \lim_{x\to 0}\frac{-\sin x^4 (x^2)'}{x^5} = \lim_{x\to 0}\frac{-\sin x^4 \cdot 2x}{x^5} = -2$$

例 5 设函数 $F(x) = \int_{1}^{x}\left(3 - \dfrac{1}{\sqrt{t}}\right)\mathrm{d}t\ (x > 0)$,求 $F(x)$ 的单调区间.

解 $F'(x) = 3 - \dfrac{1}{\sqrt{x}}$,令 $F'(x) < 0$ 得 $\dfrac{1}{\sqrt{x}} > 3$,解之得 $0 < x < \dfrac{1}{9}$,即 $\left(0, \dfrac{1}{9}\right)$ 为 $F(x)$ 的单调减区间.

令 $F'(x) > 0$ 得 $0 < \dfrac{1}{\sqrt{x}} < 3$,解之得 $x > \dfrac{1}{9}$,即 $\left(\dfrac{1}{9}, +\infty\right)$ 为 $F(x)$ 的单调增区间.

例 6 计算 $\int_{0}^{1}\dfrac{\mathrm{d}x}{\sqrt{1-x^2}}$.

解 由于 $\arcsin x$ 是 $\dfrac{1}{\sqrt{1-x^2}}$ 的一个原函数,所以有 $\int_{0}^{1}\dfrac{\mathrm{d}x}{\sqrt{1-x^2}} = [\arcsin x]_{0}^{1} = \dfrac{\pi}{2}$.

例 7 求由 $y = x^2, x = 1, x = 2$ 及 x 轴所围图形的面积(图 5-7).

解 由定积分定义知,所围图形的面积

$$S = \int_{1}^{2}x^2 \mathrm{d}x = \left[\frac{x^3}{3}\right]_{1}^{2} = \frac{7}{3}$$

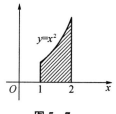

图 5-7

例 8 一列动车从 A 站以 $a = 0.5\ \mathrm{m/s^2}$ 的加速度匀加速启动,当速度达到 180 km/h 时开始匀速行驶,问火车需要离开站台多少米才可使火车匀速行驶?

解 首先计算开始加速到匀速行驶所需的时间,即匀加速运动从 $v_0 = 0$ 到 $v(t) = 180$ km/h 所需的时间:

$$v(t) = \frac{180 \times 1\,000}{3\,600} = 50 \text{ m/s}$$

由匀加速运动的速度 $v(t) = v_0 + at = 0.5t = 50$,得 $t = 100$ s.

因此火车开始匀速行驶的地方到车站的距离应为:

$$\int_0^{100} v(t)\mathrm{d}t = \int_0^{100} 0.5t\mathrm{d}t = 2\,500 \text{ m}$$

例 9 计算 $\int_{-1}^{2} |x| \mathrm{d}x$.

解 被积函数含有绝对值符号,应先去掉绝对值符号后再积分,即分段积分.

$$\int_{-1}^{2} |x| \mathrm{d}x = \int_{-1}^{0} (-x)\mathrm{d}x + \int_{0}^{2} x \mathrm{d}x = \left[-\frac{x^2}{2}\right]_{-1}^{0} + \left[\frac{x^2}{2}\right]_{0}^{2} = \frac{5}{2}$$

习题 5.2

1. 求下列函数的导数:

(1) $y = \int_0^x \sqrt{1+2t}\, \mathrm{d}t$.

(2) $y = \int_{-x}^{1} \sin(t^2)\mathrm{d}t$.

(3) $y = \int_0^{x^2} \sqrt{1+t^3}\, \mathrm{d}t$.

(4) $y = \int_{x^2}^{x^3} \frac{\mathrm{d}t}{\sqrt{1+t^4}}$.

2. 求下列极限:

(1) $\lim\limits_{x \to 0} \dfrac{\int_0^x \ln(1+t^2)\mathrm{d}t}{1-\cos x}$.

(2) $\lim\limits_{x \to 0} \dfrac{\int_0^x \cos t^2 \, \mathrm{d}t}{x}$.

3. 计算下列定积分:

(1) $\int_1^2 \left(x^2 + \dfrac{1}{x^2}\right)\mathrm{d}x$.

(2) $\int_0^{\sqrt{3}} \dfrac{\mathrm{d}x}{1+x^2}$.

(3) $\int_0^{\frac{\pi}{2}} \dfrac{\cos 2x}{\cos x - \sin x}\mathrm{d}x$.

(4) $\int_0^{2\pi} |\sin x| \mathrm{d}x$.

(5) $\int_0^1 \dfrac{\mathrm{d}x}{\sqrt{4-x^2}}$.

(6) $\int_0^4 \sqrt{x}(1-\sqrt{x})\mathrm{d}x$.

(7) $\int_1^{\sqrt{3}} \dfrac{2x^2+1}{x^2(1+x^2)}\mathrm{d}x$.

(8) $\int_0^{\pi} \sqrt{1-\cos 2x}\, \mathrm{d}x$.

4. 设 $\begin{cases} x = \int_0^t \mathrm{e}^{u^2} \mathrm{d}u \\ y = \int_0^t \mathrm{e}^{-u^2} \mathrm{d}u \end{cases}$, 求 $\dfrac{\mathrm{d}y}{\mathrm{d}x}$.

5. 求由 $\int_0^y te^t dt + \int_0^x \cos^2 t\, dt = 0$ 所确定的隐函数 $y = y(x)$ 对 x 的导数 $\dfrac{dy}{dx}$.

6. 设 $f(x) = \begin{cases} x^2, & x \in [0,1] \\ x, & x \in (1,2] \end{cases}$，求 $\Phi(x) = \int_0^x f(t)dt$ 在 $[0,2]$ 上的表达式.

7. 设 $f(x)$ 在闭区间 $[a,b]$ 上连续，在开区间 (a,b) 内可导，且 $f'(x) \leqslant 0$，证明：函数 $F(x) = \dfrac{1}{x-a}\int_a^x f(t)dt$ 在 (a,b) 内单调递减.

8. 讨论函数 $y = \int_0^x te^{-t^2} dt$ 的极值点.

9. 对任意 x，求使 $\int_a^x f(t)dt = 2x^2 + 5x - 3$ 成立的连续函数 $f(x)$ 和常数 a.

5.3 定积分的换元积分法与分部积分法

有了微积分基本定理，计算定积分就不需要根据定义求和式的极限，只要求出被积函数的任一原函数，再计算原函数在积分区间上的改变量即可. 在一般情况下，把这两步截然分开是比较麻烦的. 下面我们将计算不定积分的两种方法——换元积分法和分部积分法推广到定积分，得到定积分的换元法和分部积分法，以便更好地进行定积分计算.

5.3.1 定积分的换元积分法

定理 1 设函数 $f(x)$ 在 $[a,b]$ 上连续，函数 $x = \varphi(t)$ 满足条件：
(1) $\varphi(\alpha) = a, \varphi(\beta) = b$，且 $a \leqslant \varphi(t) \leqslant b$.
(2) $\varphi(t)$ 在 $[\alpha,\beta]$（或 $[\beta,\alpha]$）上有连续导数.
则有

$$\int_a^b f(x)dx = \int_\alpha^\beta f[\varphi(t)]\varphi'(t)dt \tag{5-5}$$

公式 (5-5) 称为定积分的换元公式.

证 由于 $f(x)$ 在 $[a,b]$ 上连续，则存在原函数，在 $[a,b]$ 上可积. 设 $F'(x) = f(x)$，则

$$\int_a^b f(x)dx = F(b) - F(a)$$

又 $\{F[\varphi(t)]\}' = F'[\varphi(t)] \cdot \varphi'(t) = f[\varphi(t)] \cdot \varphi'(t)$，于是

$$\int_\alpha^\beta f[\varphi(t)]\varphi'(t)dt = F[\varphi(t)]\Big|_\alpha^\beta = F[\varphi(\beta)] - F[\varphi(\alpha)] = F(b) - F(a)$$

从而

$$\int_a^b f(x)\mathrm{d}x = \int_\alpha^\beta f[\varphi(t)]\varphi'(t)\mathrm{d}t$$

定积分有与不定积分相类似的换元公式,但在应用定积分的换元积分公式时应注意:原积分变量 x 换成新积分变量 t 时,积分限也要作相应变化,即"换元必换限".

因此应用定积分的换元法计算定积分时就不需要回代这一步了,即求出 $f[\varphi(t)]\varphi'(t)$ 的一个原函数 $\Phi(t)$ 后,只要把对应于新变量 t 的积分上、下限分别代入 $\Phi(t)$,然后相减即可,不必换回原积分变量.

例 1 计算 $\int_{-1}^{1} \dfrac{x}{\sqrt{5-4x}}\mathrm{d}x$.

解 令 $\sqrt{5-4x} = t$,即 $x = \dfrac{5-t^2}{4}$. 当 $x=-1$ 时,$t=3$;当 $x=1$ 时,$t=1$. 于是

$$\int_{-1}^{1} \frac{x}{\sqrt{5-4x}}\mathrm{d}x = \int_3^1 \frac{5-t^2}{4t} d\left(\frac{5-t^2}{4}\right) = \int_3^1 \frac{t^2-5}{8}\mathrm{d}t$$
$$= \left[\frac{1}{24}t^3 - \frac{5}{8}t\right]_3^1 = \frac{1}{6}$$

例 2 计算 $\int_0^1 (x-1)^{10} x\mathrm{d}x$.

解 令 $x-1=t$,即 $x=t+1$,则 $\mathrm{d}x=\mathrm{d}t$. 当 $x=0$ 时,$t=-1$;当 $x=1$ 时,$t=0$. 于是

$$\int_0^1 (x-1)^{10} x\mathrm{d}x = \int_{-1}^0 t^{10} \cdot (t+1)\mathrm{d}t = \int_{-1}^0 (t^{11}+t^{10})\mathrm{d}t$$
$$= \left[\frac{1}{12}t^{12} + \frac{1}{11}t^{11}\right]_{-1}^0 = \frac{1}{132}$$

例 3 计算 $\int_0^4 \sqrt{16-x^2}\,\mathrm{d}x$.

解 令 $x = 4\sin t\left(0 \leqslant t \leqslant \dfrac{\pi}{2}\right)$,则 $\mathrm{d}x = 4\cos t\mathrm{d}t$. 当 $x=0$ 时,$t=0$;当 $x=4$ 时,$t=\dfrac{\pi}{2}$. 于是

$$\int_0^4 \sqrt{16-x^2}\,\mathrm{d}x = 16\int_0^{\frac{\pi}{2}} \cos^2 t\mathrm{d}t = \frac{16}{2}\int_0^{\frac{\pi}{2}} (1+\cos 2t)\mathrm{d}t$$
$$= \frac{16}{2}\left[t + \frac{1}{2}\sin 2t\right]_0^{\frac{\pi}{2}} = 4\pi$$

应用定积分的换元积分法时,可以不引进新变量而利用"凑微分"积分,这时积分上、下限就不需要改变. 例如:

$$\int_0^{\frac{\pi}{2}} \cos^3 t \sin t \, dt = -\int_0^{\frac{\pi}{2}} \cos^3 t \, d\cos t = -\left[\frac{\cos^4 t}{4}\right]_0^{\frac{\pi}{2}} = \frac{1}{4}$$

例 4 设函数 $f(x) = \begin{cases} \dfrac{1}{x+2}, & x \in (-\infty, 0) \\ e^{2x}, & x \in [0, +\infty) \end{cases}$，求 $\int_0^2 f(x-1) dx$.

解 令 $x - 1 = t$，则 $dx = dt$. 当 $x = 0$ 时，$t = -1$；当 $x = 2$ 时，$t = 1$. 于是

$$\int_0^2 f(x-1) dx = \int_{-1}^1 f(t) dt = \int_{-1}^0 \frac{1}{t+2} dt + \int_0^1 e^{2t} dt$$

$$= \int_{-1}^0 \frac{1}{t+2} d(t+2) + \frac{1}{2} \int_0^1 e^{2t} d(2t)$$

$$= [\ln(t+2)]_{-1}^0 + \frac{1}{2}[e^{2t}]_0^1 = \ln 2 + \frac{1}{2e^2} - \frac{1}{2}$$

例 5 设 $f(x)$ 在 $[-a, a]$ 上连续，证明：

(1) 如果 $f(x)$ 是 $[-a, a]$ 上的偶函数，则 $\int_{-a}^a f(x) dx = 2 \int_0^a f(x) dx$.

(2) 如果 $f(x)$ 是 $[-a, a]$ 上的奇函数，则 $\int_{-a}^a f(x) dx = 0$.

证 因为

$$\int_{-a}^a f(x) dx = \int_{-a}^0 f(x) dx + \int_0^a f(x) dx$$

对积分 $\int_{-a}^0 f(x) dx$ 作变量代换 $x = -t$，则

$$\int_{-a}^0 f(x) dx = -\int_a^0 f(-t) dt = \int_0^a f(-t) dt = \int_0^a f(-x) dx$$

于是

$$\int_{-a}^a f(x) dx = \int_0^a f(-x) dx + \int_0^a f(x) dx = \int_0^a [f(-x) + f(x)] dx$$

(1) 当 $f(x)$ 为偶函数时，即 $f(-x) = f(x)$，则 $f(x) + f(-x) = 2f(x)$，所以

$$\int_{-a}^a f(x) dx = 2 \int_0^a f(x) dx$$

(2) 当 $f(x)$ 为奇函数时，即 $f(-x) = -f(x)$，则 $f(x) + f(-x) = 0$，所以

$$\int_{-a}^a f(x) dx = 0$$

利用例 5 的结论可简化奇、偶函数在对称区间 $[-a, a]$ 上的积分计算. 其几何意义如图 5-8 与图 5-9 所示.

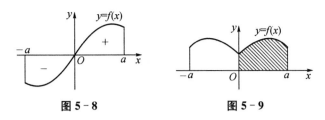

图 5-8　　　　　　　图 5-9

例 6　计算 $\int_{-2}^{2}(4-x^2)^3\sin x\,\mathrm{d}x$.

解　积分区间 $[-2,2]$ 关于原点对称，被积函数 $(4-x^2)^3\sin x$ 在积分区间上为奇函数，利用例 5 的结论即可得到 $\int_{-2}^{2}(4-x^2)^3\sin x\,\mathrm{d}x=0$.

例 7　设函数 $f(x)$ 在 $[0,1]$ 上连续，证明：

(1) $\int_{0}^{\frac{\pi}{2}}f(\sin x)\,\mathrm{d}x=\int_{0}^{\frac{\pi}{2}}f(\cos x)\,\mathrm{d}x$.

(2) $\int_{0}^{\pi}xf(\sin x)\,\mathrm{d}x=\dfrac{\pi}{2}\int_{0}^{\pi}f(\sin x)\,\mathrm{d}x$.

证　(1) 令 $x=\dfrac{\pi}{2}-t$，则 $\mathrm{d}x=-\mathrm{d}t$. 当 $x=0$ 时，$t=\dfrac{\pi}{2}$；当 $x=\dfrac{\pi}{2}$ 时，$t=0$. 于是

$$\int_{0}^{\frac{\pi}{2}}f(\sin x)\,\mathrm{d}x=\int_{\frac{\pi}{2}}^{0}f\left[\sin\left(\dfrac{\pi}{2}-t\right)\right](-\mathrm{d}t)=\int_{0}^{\frac{\pi}{2}}f(\cos t)\,\mathrm{d}t$$

特别地，

$$\int_{0}^{\frac{\pi}{2}}\sin^n x\,\mathrm{d}x=\int_{0}^{\frac{\pi}{2}}\cos^n x\,\mathrm{d}x$$

(2) 令 $x=\pi-t$，则 $\mathrm{d}x=-\mathrm{d}t$. 当 $x=0$ 时，$t=\pi$；当 $x=\pi$ 时，$t=0$. 于是

$$\int_{0}^{\pi}xf(\sin x)\,\mathrm{d}x=-\int_{\pi}^{0}(\pi-t)f[\sin(\pi-t)]\,\mathrm{d}t=\int_{0}^{\pi}(\pi-t)f(\sin t)\,\mathrm{d}t$$

$$=\pi\int_{0}^{\pi}f(\sin t)\,\mathrm{d}t-\int_{0}^{\pi}tf(\sin t)\,\mathrm{d}t$$

$$=\pi\int_{0}^{\pi}f(\sin x)\,\mathrm{d}x-\int_{0}^{\pi}xf(\sin x)\,\mathrm{d}x$$

故

$$\int_{0}^{\pi}xf(\sin x)\,\mathrm{d}x=\dfrac{\pi}{2}\int_{0}^{\pi}f(\sin x)\,\mathrm{d}x$$

例 8　利用例 7 的结论计算：

(1) $I=\int_{0}^{\frac{\pi}{2}}\dfrac{\sin x\,\mathrm{d}x}{\sin x+\cos x}$.　　(2) $I=\int_{0}^{\pi}\dfrac{x\sin x\,\mathrm{d}x}{1+\cos^2 x}$.

解　(1)　$I=\int_{0}^{\frac{\pi}{2}}\dfrac{\sin x\,\mathrm{d}x}{\sin x+\cos x}=\int_{0}^{\frac{\pi}{2}}\dfrac{\cos x\,\mathrm{d}x}{\cos x+\sin x}$.

所以有

$$2I = \int_0^{\frac{\pi}{2}} \frac{\sin x \mathrm{d}x}{\sin x + \cos x} + \int_0^{\frac{\pi}{2}} \frac{\cos x \mathrm{d}x}{\cos x + \sin x} = \int_0^{\frac{\pi}{2}} \frac{\sin x + \cos x}{\cos x + \sin x} \mathrm{d}x = \frac{\pi}{2}$$

从而

$$I = \frac{\pi}{4}$$

(2) $\quad I = \int_0^{\pi} \frac{x \sin x \mathrm{d}x}{1 + \cos^2 x} = \int_0^{\pi} \frac{x \sin x}{1 + 1 - \sin^2 x} \mathrm{d}x = \frac{\pi}{2} \int_0^{\pi} \frac{\sin x}{2 - \sin^2 x} \mathrm{d}x$

$\quad = -\frac{\pi}{2} \int_0^{\pi} \frac{1}{1 + \cos^2 x} \mathrm{d}(\cos x) = -\frac{\pi}{2} [\arctan(\cos x)]_0^{\pi} = \frac{\pi^2}{4}$

5.3.2 定积分的分部积分法

由不定积分的分部积分公式 $\int u \mathrm{d}v = uv - \int v \mathrm{d}u$,得

$$\int_a^b u \mathrm{d}v = \left[\int u \mathrm{d}v\right]_a^b = \left[uv - \int v \mathrm{d}u\right]_a^b = [uv]_a^b - \int_a^b v \mathrm{d}u$$

即

$$\int_a^b u \mathrm{d}v = [uv]_a^b - \int_a^b v \mathrm{d}u$$

该公式成立的条件具体如下.

定理 2 如果 $u = u(x), v = v(x)$ 在 $[a,b]$ 上具有连续导数,则

$$\int_a^b u \mathrm{d}v = [uv]_a^b - \int_a^b v \mathrm{d}u \tag{5-6}$$

公式(5-6)称为定积分的分部积分公式.

例 9 计算 $\int_1^{\pi} \ln x \mathrm{d}x$.

解 令 $u = \ln x, \mathrm{d}v = \mathrm{d}x$,则 $\mathrm{d}u = \frac{1}{x} \mathrm{d}x, v = x$,于是

$$\int_1^{\pi} \ln x \mathrm{d}x = [x \ln x]_1^{\pi} - \int_1^{\pi} x \mathrm{d}(\ln x) = \pi \ln \pi - \int_1^{\pi} \mathrm{d}x = \pi \ln \pi - \pi + 1$$

例 10 计算 $\int_0^1 \mathrm{e}^{\sqrt{x}} \mathrm{d}x$.

解 令 $t = \sqrt{x}(t > 0)$,则 $x = t^2, \mathrm{d}x = 2t \mathrm{d}t$,且当 $x = 0$ 时,$t = 0$;当 $x = 1$ 时,$t = 1$.于是

$$\int_0^1 \mathrm{e}^{\sqrt{x}} \mathrm{d}x = 2 \int_0^1 t \mathrm{e}^t \mathrm{d}t = 2 \int_0^1 t \mathrm{d}\mathrm{e}^t = 2[t \mathrm{e}^t]_0^1 - 2 \int_0^1 \mathrm{e}^t \mathrm{d}t = 2\mathrm{e} - 2(\mathrm{e} - 1) = 2$$

例 11 计算 $\int_0^1 \arctan \sqrt{x} \mathrm{d}x$.

解 令 $\sqrt{x}=t$,即 $x=t^2$,则 $\mathrm{d}x=2t\mathrm{d}t$. 当 $x=0$ 时,$t=0$;当 $x=1$ 时,$t=1$. 于是

$$\int_0^1 \arctan\sqrt{x}\,\mathrm{d}x = \int_0^1 2t\cdot\arctan t\,\mathrm{d}t = \left[t^2\arctan t\right]\Big|_0^1 - \int_0^1 t^2\,\mathrm{d}(\arctan t)$$

$$= \frac{\pi}{4} - \int_0^1 \frac{t^2+1-1}{1+t^2}\,\mathrm{d}t = \frac{\pi}{4} - \left[t-\arctan t\right]_0^1$$

$$= \frac{\pi}{2} - 1$$

例 12 设 $f(x)=\int_\pi^x \dfrac{\sin t}{t}\,\mathrm{d}t$,计算 $\int_0^\pi f(x)\,\mathrm{d}x$.

解 令 $u=f(x), \mathrm{d}v=\mathrm{d}x$,则有

$$\int_0^\pi f(x)\,\mathrm{d}x = \left[xf(x)\right]_0^\pi - \int_0^\pi xf'(x)\,\mathrm{d}x = -\int_0^\pi x\cdot\frac{\sin x}{x}\,\mathrm{d}x = -\int_0^\pi \sin x\,\mathrm{d}x = -2$$

例 13 证明:

$$\int_0^{\frac{\pi}{2}}\cos^n x\,\mathrm{d}x = \int_0^{\frac{\pi}{2}}\sin^n x\,\mathrm{d}x = \begin{cases} \dfrac{n-1}{n}\cdot\dfrac{n-3}{n-2}\cdot\dfrac{n-5}{n-4}\cdot\cdots\cdot\dfrac{4}{5}\cdot\dfrac{2}{3}, & n\text{ 为正奇数} \\ \dfrac{n-1}{n}\cdot\dfrac{n-3}{n-2}\cdot\dfrac{n-5}{n-4}\cdot\cdots\cdot\dfrac{3}{4}\cdot\dfrac{1}{2}\cdot\dfrac{\pi}{2}, & n\text{ 为正偶数} \end{cases}$$

(5-7)

证 $I_n = -\int_0^{\frac{\pi}{2}}\sin^{n-1}x\,\mathrm{d}\cos x = -\left(\left[\sin^{n-1}x\cos x\right]_0^{\frac{\pi}{2}} - \int_0^{\frac{\pi}{2}}\cos x\,\mathrm{d}\sin^{n-1}x\right)$

$= (n-1)\int_0^{\frac{\pi}{2}}\sin^{n-2}x\cos^2 x\,\mathrm{d}x = (n-1)\left(\int_0^{\frac{\pi}{2}}\sin^{n-2}x\,\mathrm{d}x - \int_0^{\frac{\pi}{2}}\sin^n x\,\mathrm{d}x\right)$

$= (n-1)I_{n-2} - (n-1)I_n$

解得 I_n 的递推公式

$$I_n = \frac{n-1}{n}I_{n-2} \quad (n\geqslant 2, n\in\mathbf{N})$$

连续使用递推公式直到 I_1 或 I_0,得

$$I_{2m-1} = \frac{2m-2}{2m-1}\cdot\frac{2m-4}{2m-3}\cdots\frac{4}{5}\cdot\frac{2}{3}\cdot I_1$$

$$I_{2m} = \frac{2m-1}{2m}\cdot\frac{2m-3}{2m-2}\cdots\frac{3}{4}\cdot\frac{1}{2}\cdot I_0$$

其中

$$I_1 = \int_0^{\frac{\pi}{2}}\sin x\,\mathrm{d}x = -\left[\cos x\right]_0^{\frac{\pi}{2}} = 1, \quad I_0 = \int_0^{\frac{\pi}{2}}\mathrm{d}x = \frac{\pi}{2}$$

又 $\int_0^{\frac{\pi}{2}}\cos^n x\,\mathrm{d}x = \int_0^{\frac{\pi}{2}}\sin^n x\,\mathrm{d}x$,从而

$$\int_0^{\frac{\pi}{2}} \cos^n x\, \mathrm{d}x = \int_0^{\frac{\pi}{2}} \sin^n x\, \mathrm{d}x = \begin{cases} \dfrac{n-1}{n} \cdot \dfrac{n-3}{n-2} \cdot \dfrac{n-5}{n-4} \cdot \cdots \cdot \dfrac{4}{5} \cdot \dfrac{2}{3}, & n \text{ 为正奇数} \\ \dfrac{n-1}{n} \cdot \dfrac{n-3}{n-2} \cdot \dfrac{n-5}{n-4} \cdot \cdots \cdot \dfrac{3}{4} \cdot \dfrac{1}{2} \cdot \dfrac{\pi}{2}, & n \text{ 为正偶数} \end{cases}$$

公式(5-7)在以后解题中可以直接使用.

例 14 计算 $\int_{-\frac{\pi}{2}}^{\frac{\pi}{2}} \cos^5 x\, \mathrm{d}x$.

解 $\int_{-\frac{\pi}{2}}^{\frac{\pi}{2}} \cos^5 x\, \mathrm{d}x = 2\int_0^{\frac{\pi}{2}} \cos^5 x\, \mathrm{d}x = 2 \cdot \dfrac{4}{5} \cdot \dfrac{2}{3} = \dfrac{16}{15}$

前面介绍了定积分的换元法和分部积分法,但实际应用中有些定积分却不宜或不能用上述方法计算出. 例如,有些连续函数的原函数虽然存在,但不能用初等函数表示,因此就产生了定积分的近似计算问题. 关于定积分的近似计算,读者可参见樊映川编写的《高等数学讲义》,这里不再赘述.

习题 5.3

1. 计算下列定积分:

(1) $\int_{-2}^{-1} \dfrac{\mathrm{d}x}{(11+5x)^3}$.

(2) $\int_0^1 \sqrt{3x+1}\, \mathrm{d}x$.

(3) $\int_{-2}^0 \dfrac{\mathrm{d}x}{x^2+2x+2}$.

(4) $\int_0^{\frac{\pi}{2}} \sin^3\varphi \cos\varphi\, \mathrm{d}x$.

(5) $\int_1^{\sqrt{2}} \dfrac{\mathrm{d}x}{x\sqrt{x^2-1}}$.

(6) $\int_0^1 \dfrac{x^{\frac{3}{2}}}{1+x}\, \mathrm{d}x$.

(7) $\int_0^{16} \dfrac{\mathrm{d}x}{\sqrt{x+9}-\sqrt{x}}$.

(8) $\int_0^1 \dfrac{\mathrm{d}x}{\mathrm{e}^x+\mathrm{e}^{-x}}$.

(9) $\int_1^{\mathrm{e}^2} \dfrac{\mathrm{d}x}{x\sqrt{1+\ln x}}$.

(10) $\int_{-\frac{\pi}{2}}^{\frac{\pi}{2}} \dfrac{\mathrm{d}x}{1+\cos x}$.

(11) $\int_0^\pi \sqrt{1+\sin 2x}\, \mathrm{d}x$.

(12) $\int_0^a x^2\sqrt{a^2-x^2}\, \mathrm{d}x$.

(13) $\int_1^4 \dfrac{\mathrm{d}x}{1+\sqrt{x}}$.

(14) $\int_{\sqrt{2}}^2 \dfrac{\mathrm{d}x}{\sqrt{x^2-1}}$.

(15) $\int_{\frac{1}{\mathrm{e}}}^{\mathrm{e}} |\ln x|\, \mathrm{d}x$.

(16) $\int_0^\pi \sqrt{1+\cos 2x}\, \mathrm{d}x$.

2. 计算下列定积分:

(1) $\int_0^1 x\mathrm{e}^{-x}\, \mathrm{d}x$.

(2) $\int_1^{\mathrm{e}} x\ln x\, \mathrm{d}x$.

(3) $\int_0^{\frac{\pi}{2}} x\sin x\, \mathrm{d}x$.

(4) $\int_0^1 x\arctan x\, \mathrm{d}x$.

(5) $\int_0^{\frac{\pi}{2}} e^{2x} \cos x \, dx$. (6) $\int_0^8 e^{\sqrt{x+1}} \, dx$.

3. 利用函数的奇偶性计算下列定积分：

(1) $\int_{-\pi}^{\pi} x^2 (e^x - e^{-x}) \, dx$. (2) $\int_{-\pi}^{\pi} (x^3 + x + 1) \sin^2 x \, dx$.

(3) $\int_{-1}^{1} (5x^4 + 8x^3 + 3x^2 + x) \, dx$. (4) $\int_{-\frac{\pi}{2}}^{\frac{\pi}{2}} (x + \cos^2 x) \sin^4 x \, dx$.

4. 函数 $f(x) = \begin{cases} 1+x, & 0 \leqslant x \leqslant 2 \\ x^2 - 1, & 2 < x \leqslant 4 \end{cases}$，求 $\int_2^6 f(x-2) \, dx$.

5. 设 $f(x)$ 是以 T 为周期的连续函数，对任意的常数 a：

(1) 证明 $\int_a^{a+T} f(x) \, dx = \int_0^T f(x) \, dx$.

(2) 求 $\int_0^{10\pi} |\sin x| \, dx$.

6. 设函数 $f(x)$ 在 $[a,b]$ 上连续，证明：$\int_a^b f(a+b-x) \, dx = \int_a^b f(x) \, dx$.

7. 设 $x > 0$，证明：$\int_x^1 \frac{dt}{1+t^2} = \int_1^{\frac{1}{x}} \frac{dt}{1+t^2}$.

8. 已知 $f(x)$ 的一个原函数是 $(\sin x) \ln x$，求 $\int_1^{\pi} x f'(x) \, dx$.

9. 设 $f(x)$ 是连续函数，且 $f(x) = x + 2\int_0^1 f(t) \, dt$，求 $f(x)$.

10. 设 $f(x)$ 是 $(-\infty, +\infty)$ 上的连续偶函数，证明：$F(x) = \int_0^x f(t) \, dt$ 是奇函数.

5.4 反常积分

前面讨论的定积分有两个最基本的限制：积分区间的有穷性和被积函数的有界性. 但有些实际问题需要突破这些限制，考虑无穷区间上的积分，或是无界函数的积分. 相对于以前所讲的定积分而言，这两类积分统称为反常积分.

5.4.1 无穷区间上的反常积分

定义 1 设函数 $f(x)$ 在区间 $[a, +\infty)$ 上连续，任取 $t > a$. 如果 $\lim\limits_{t \to +\infty} \int_a^t f(x) \, dx$ 存在，则称此极限为函数 $f(x)$ 在无穷区间 $[a, +\infty)$ 上的反常积分（简称无穷积分），记作

$$\int_a^{+\infty} f(x) \, dx = \lim_{t \to +\infty} \int_a^t f(x) \, dx$$

这时也称反常积分 $\int_a^{+\infty} f(x)\mathrm{d}x$ 收敛;如果上述极限不存在,则称反常积分 $\int_a^{+\infty} f(x)\mathrm{d}x$ 发散.

类似地,可定义函数 $f(x)$ 在无穷区间 $(-\infty, b]$ 上的反常积分:任取 $t < b$,则
$$\int_{-\infty}^b f(x)\mathrm{d}x = \lim_{t \to -\infty} \int_t^b f(x)\mathrm{d}x$$

对于函数 $f(x)$ 在 $(-\infty, +\infty)$ 上的反常积分,可用前面两种无穷积分来定义:
$$\int_{-\infty}^{+\infty} f(x)\mathrm{d}x = \int_{-\infty}^c f(x)\mathrm{d}x + \int_c^{+\infty} f(x)\mathrm{d}x = \lim_{t \to -\infty} \int_t^c f(x)\mathrm{d}x + \lim_{t \to +\infty} \int_c^t f(x)\mathrm{d}x$$

其中 c 为任一实数,当且仅当右边两个无穷积分都收敛时 $\int_{-\infty}^{+\infty} f(x)\mathrm{d}x$ 才收敛,否则称无穷积分 $\int_{-\infty}^{+\infty} f(x)\mathrm{d}x$ 发散.

$\int_a^{+\infty} f(x)\mathrm{d}x$ 的几何意义是:设 $f(x)$ 在 $[a, +\infty)$ 上为非负连续函数,若 $\int_a^{+\infty} f(x)\mathrm{d}x$ 收敛,则其值等于图 5-10 中介于曲线 $y = f(x)$、直线 $x = a$ 以及 x 轴之间那一块向右无限延伸的阴影区域的面积. $\int_{-\infty}^b f(x)\mathrm{d}x$ 及 $\int_{-\infty}^{+\infty} f(x)\mathrm{d}x$ 的几何意义请读者自己给出.

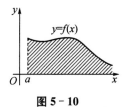

图 5-10

为书写简便起见,实际运算中常常省去极限记号,而形式地把 ∞ 当成一个"数",直接利用牛顿-莱布尼茨公式的格式进行计算:
$$\int_a^{+\infty} f(x)\mathrm{d}x = F(x)\Big|_a^{+\infty} = F(+\infty) - F(a)$$
$$\int_{-\infty}^{+\infty} f(x)\mathrm{d}x = F(x)\Big|_{-\infty}^{+\infty} = F(+\infty) - F(-\infty)$$

其中 $F(x)$ 为 $f(x)$ 的原函数,记号 $F(\pm\infty)$ 理解为极限运算: $F(+\infty) = \lim_{x \to +\infty} F(x)$, $F(-\infty) = \lim_{x \to -\infty} F(x)$. 进而无穷积分的计算也有与定积分相类似的分部积分法与换元积分法.

例 1 讨论 $\int_2^{+\infty} \dfrac{\mathrm{d}x}{x\ln x}$ 的敛散性.

解 $\int_2^{+\infty} \dfrac{\mathrm{d}x}{x\ln x} = \int_2^{+\infty} \dfrac{\mathrm{d}(\ln x)}{\ln x} = \ln|\ln x|\Big|_2^{+\infty}$, 所以 $\int_2^{+\infty} \dfrac{\mathrm{d}x}{x\ln x}$ 发散.

例 2 计算反常积分 $\int_0^{+\infty} t\mathrm{e}^{-t}\mathrm{d}t$.

解 $\int_0^{+\infty} t\mathrm{e}^{-t}\mathrm{d}t = -\int_0^{+\infty} t\mathrm{d}(\mathrm{e}^{-t}) = -t\mathrm{e}^{-t}\Big|_0^{+\infty} + \int_0^{+\infty} \mathrm{e}^{-t}\mathrm{d}t$

$$= \int_0^{+\infty} e^{-t} dt = -e^{-t}\Big|_0^{+\infty} = 1$$

例3 计算反常积分 $\int_{-\infty}^{+\infty} \dfrac{dx}{1+x^2}$.

解 $\int_{-\infty}^{+\infty} \dfrac{dx}{1+x^2} = \int_{-\infty}^{0} \dfrac{dx}{1+x^2} + \int_{0}^{+\infty} \dfrac{dx}{1+x^2} = \arctan x \Big|_{-\infty}^{0} + \arctan x \Big|_{0}^{+\infty}$

$\qquad = \arctan x \Big|_{-\infty}^{+\infty} = \lim\limits_{x \to +\infty} \arctan x - \lim\limits_{x \to -\infty} \arctan x$

$\qquad = \dfrac{\pi}{2} - \left(-\dfrac{\pi}{2}\right) = \pi$

5.4.2 无界函数的反常积分

定义 2 若 $\lim\limits_{x \to x_0} f(x) = \infty$（或 $\lim\limits_{x \to x_0^-} f(x) = \infty$ 或 $\lim\limits_{x \to x_0^+} f(x) = \infty$），则称 x_0 为被积函数 $f(x)$ 的一个瑕点.

定义 3 设函数 $f(x)$ 在区间 $(a,b]$ 上连续,且点 a 为 $f(x)$ 的一个瑕点,任取 $a < t < b$,如果极限

$$\lim\limits_{t \to a^+} \int_t^b f(x) dx$$

存在,则称此极限为无界函数 $f(x)$ 在 $(a,b]$ 上的反常积分,仍然记作 $\int_a^b f(x) dx$,即

$$\int_a^b f(x) dx = \lim\limits_{t \to a^+} \int_t^b f(x) dx$$

并称反常积分 $\int_a^b f(x) dx$ 收敛;如果上述极限不存在,就称反常积分 $\int_a^b f(x) dx$ 发散.

由于点 a 为被积函数 $f(x)$ 的瑕点,因而无界函数的反常积分 $\int_a^b f(x) dx$ 又称为瑕积分.

类似地,可定义瑕点为 b 时的瑕积分:任取 $a < t < b$,则

$$\int_a^b f(x) dx = \lim\limits_{t \to b^-} \int_a^t f(x) dx$$

若函数 $f(x)$ 的瑕点 $c \in (a,b)$,则定义瑕积分

$$\int_a^b f(x) dx = \int_a^c f(x) dx + \int_c^b f(x) dx$$

当且仅当 $\int_a^c f(x) dx$ 与 $\int_c^b f(x) dx$ 都收敛时,瑕积分 $\int_a^b f(x) dx$ 收敛,否则称瑕积分 $\int_a^b f(x) dx$ 发散.

例 4 计算 $\int_0^a \dfrac{\mathrm{d}x}{\sqrt{a^2-x^2}}\,(a>0)$.

解 由于 $\lim\limits_{x\to a^-}\dfrac{1}{\sqrt{a^2-x^2}}=\infty$，所以 $x=a$ 是被积函数的一个瑕点. 于是

$$\int_0^a \frac{\mathrm{d}x}{\sqrt{a^2-x^2}}=\left[\arcsin\frac{x}{a}\right]_0^a=\lim_{x\to a^-}\arcsin\frac{x}{a}-\arcsin 0=\frac{\pi}{2}$$

例 5 讨论 $\int_0^2 \dfrac{\mathrm{d}x}{(x-1)^2}$ 的收敛性.

解 由于 $\lim\limits_{x\to 1}\dfrac{1}{(x-1)^2}=\infty$，所以 $x=1$ 是被积函数的一个瑕点. 由于 $x=1$ 在 $[0,2]$ 的内部，所以有

$$\int_0^2 \frac{\mathrm{d}x}{(x-1)^2}=\int_0^1 \frac{\mathrm{d}x}{(x-1)^2}+\int_1^2 \frac{\mathrm{d}x}{(x-1)^2}=\left[-\frac{1}{x-1}\right]_0^1+\left[-\frac{1}{x-1}\right]_1^2$$

因为

$$\int_0^1 \frac{\mathrm{d}x}{(x-1)^2}=\left[-\frac{1}{x-1}\right]_0^1=\lim_{x\to 1^-}\left(-\frac{1}{x-1}\right)-1=\infty$$

所以 $\int_0^2 \dfrac{\mathrm{d}x}{(x-1)^2}$ 发散.

由上例可见，对于积分区间有限的积分，首先要判断是定积分（称常义积分）还是瑕积分，否则会出现错误的结果. 如上例，若 $\int_0^2 \dfrac{\mathrm{d}x}{(x-1)^2}=-\dfrac{1}{x-1}\Big|_0^2=-1-1=-2$，便得到错误的结果.

瑕积分收敛时也有相应的几何意义，其计算仍可沿用牛顿-莱布尼茨公式的计算形式，且瑕积分的计算也有与定积分相类似的分部积分法与换元积分法，这里不再赘述.

习题 5.4

1. 判定下列各反常积分的收敛性. 如果收敛，计算下列反常积分的值：

(1) $\int_1^{+\infty} \dfrac{1}{x^3}\mathrm{d}x$.
(2) $\int_0^{+\infty} \mathrm{e}^{-ax}\mathrm{d}x$.

(3) $\int_e^{+\infty} \dfrac{1}{x(\ln x)^2}\mathrm{d}x$.
(4) $\int_{-\infty}^{+\infty} \dfrac{1}{x^2+2x+2}\mathrm{d}x$.

(5) $\int_1^2 \dfrac{1}{(1-x)^2}\mathrm{d}x$.
(6) $\int_1^2 \dfrac{x}{\sqrt{x-1}}\mathrm{d}x$.

(7) $\int_0^{+\infty} \mathrm{e}^{-at}\cos bt\,\mathrm{d}t\,(a>0)$.
(8) $\int_0^{+\infty} \dfrac{1}{\sqrt{x}(4+x)}\mathrm{d}x$.

2. 当 k 为何值时,反常积分 $\int_2^{+\infty} \dfrac{1}{x(\ln x)^k}\mathrm{d}x$ 收敛?当 k 为何值时,反常积分发散?

3. 求 c 的值,使 $\lim\limits_{x\to+\infty}\left(\dfrac{x+c}{x-c}\right)^x = \int_{-\infty}^{c} t\mathrm{e}^{2t}\mathrm{d}t$.

总复习题 5

1. 填空题.

(1) $\int_1^{+\infty} \dfrac{1}{1+x^2}\mathrm{d}x = $ _____.

(2) $\dfrac{\mathrm{d}}{\mathrm{d}x}\int_a^b f(t)\mathrm{d}t = $ _____;$\dfrac{\mathrm{d}}{\mathrm{d}x}\int_0^{x^2}\cos t^2\mathrm{d}t = $ _____.

(3) 设 $k \neq 0$,且 $\int_0^k (2x - x^2)\mathrm{d}x = 0$,则 $k = $ _____.

(4) $\int_{-3}^{3}\left(\dfrac{|x|+x\cos x}{1+x^2}\right)\mathrm{d}x = $ _____.

(5) $\int_0^{\frac{\pi}{3}} \tan^3 x \sec x\,\mathrm{d}x = $ _____.

(6) $\int_{\sqrt{2}}^{2} \dfrac{1}{t^3\sqrt{t^2-1}}\mathrm{d}t = $ _____.

2. 计算下列极限:

(1) $\lim\limits_{x\to+\infty} \dfrac{\int_0^x (\arctan t)^2\mathrm{d}t}{\sqrt{x^2+1}}$.

(2) $\lim\limits_{x\to a} \dfrac{x^2}{x-a}\int_a^x f(t)\mathrm{d}t$,其中 $f(x)$ 为连续函数.

(3) $\lim\limits_{x\to\infty} \dfrac{\left(\int_0^x \mathrm{e}^{t^2}\mathrm{d}t\right)^2}{\int_0^x \mathrm{e}^{2t^2}\mathrm{d}t}$.

(4) $\lim\limits_{n\to\infty} \dfrac{1}{n}\sum\limits_{i=1}^{n}\sin\dfrac{i\pi}{n}$.

(5) $\lim\limits_{n\to\infty} \dfrac{1+2^2+\cdots+n^2}{n^3}$.

3. 计算下列定积分:

(1) $\int_{-1}^{1} \dfrac{x\mathrm{d}x}{\sqrt{5-4x}}$.

(2) $\int_0^1 (1+\sqrt{x})^8\mathrm{d}x$.

(3) $\int_0^{\frac{\pi}{2}} \sqrt{1-\sin 2x}\,\mathrm{d}x.$

(4) $\int_0^{\frac{\pi}{2}} \frac{1}{1+\cos^2 x}\,\mathrm{d}x.$

(5) $\int_0^{\frac{\pi}{2}} \frac{x+\sin x}{1+\cos x}\,\mathrm{d}x.$

(6) $\int_{-a}^{a} \ln\frac{1+x}{1-x}\,\mathrm{d}x.$

(7) $J_m = \int_0^{\pi} x\sin^m x\,\mathrm{d}x\ (m\ \text{为自然数}).$

4. 设 $f(0)=2, f(2)=3, f'(2)=4$，计算 $\int_0^2 x f''(x)\,\mathrm{d}x.$

5. 设 $f(x) = \int_{\frac{\pi}{2}}^{x} \frac{\sin t}{t}\,\mathrm{d}t$，求 $\int_0^{\frac{\pi}{2}} f(x)\,\mathrm{d}x.$

6. 设 $f(x)$ 在区间 $[a,b]$ 上连续，$g(x)$ 在区间 $[a,b]$ 上连续且不变号，证明至少存在一点 $\xi \in [a,b]$，使下式成立：

$$\int_a^b f(x)g(x)\,\mathrm{d}x = f(\xi)\int_a^b g(x)\,\mathrm{d}x \quad (\text{积分第二中值定理})$$

7. 设 $f(x)$ 在 $[a,b]$ 上连续，在 (a,b) 内可导，且 $f'(x) \leqslant 0, F(x) = \frac{1}{x-a}\int_a^x f(t)\,\mathrm{d}t$，证明在 (a,b) 内有 $F'(x) \leqslant 0.$

6 定积分的应用

在第 5 章中,我们通过曲边梯形面积、变力沿直线做功两个问题抽象出了定积分的概念,并学习了定积分的性质及其计算.实际中定积分在几何、物理及其他工程技术等领域有着广泛的应用.本章在前面所学内容的基础上,着重讨论定积分在几何和物理两方面的应用.首先介绍元素法,然后利用元素法来解决几类常见的的几何与物理问题.

6.1 定积分的元素法

为总结出定积分应用的一般思想和方法,我们先回顾一下用定积分求曲边梯形面积问题的方法和步骤.

设 $f(x)$ 在区间 $[a,b]$ 上连续,且 $f(x) \geqslant 0$,求以曲线 $y=f(x)$ 为曲边的 $[a,b]$ 上的曲边梯形的面积 A.把这个面积 A 表示为定积分 $\int_a^b f(x)\mathrm{d}x$ 的思路是"**分割、取近似、求和、取极限**",具体步骤是:

(1) 分割:将 $[a,b]$ 分成 n 个小区间,相应地把曲边梯形分成 n 个小曲边梯形,其面积记作 $\Delta A_i (i=1,2,\cdots,n)$.

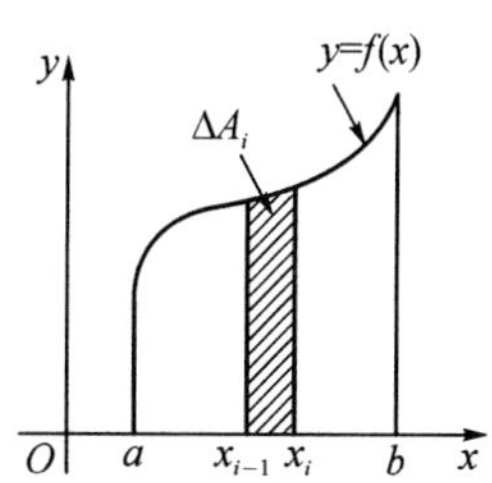

(2) 取近似:计算每个小区间上面积 ΔA_i 的近似值

$$\Delta A_i \approx f(\xi_i)\Delta x_i \quad (x_{i-1} \leqslant \xi_i \leqslant x_n)$$

(3) 求和:得面积 A 的近似值

$$A \approx \sum_{i=1}^n f(\xi_i)\Delta x_i$$

图 6-1

(4) 取极限:得面积 A 的精确值

$$A = \lim_{\lambda \to 0}\sum_{i=1}^n f(\xi_i)\Delta x_i = \int_a^b f(x)\mathrm{d}x$$

上述过程中我们注意到所求面积 A 有如下特征:

(1) 所求量(即面积 A)等于所有部分量(ΔA_i)之和,即 $A = \sum_{i=1}^n \Delta A_i$,这一性质称为所求量对于区间 $[a,b]$ 具有可加性.显然曲边梯形的面积 A 对于区间 $[a,b]$ 具有可加性.

(2) 对应部分区间 $[x_{i-1},x_i]$ 上的面积 ΔA_i 可以用 $f(\xi_i)\Delta x_i$ 近似代替,即

$$\Delta A_i \approx f(\xi_i)\Delta x_i$$

且其误差仅是一个比 Δx_i 高阶的无穷小量,这样和式 $\sum_{i=1}^{n} f(\xi_i)\Delta x_i$ 的极限才是 A 的精确值.

撇开 A 的几何背景,可以看到,当所求量对于区间 $[a,b]$ 具有可加性时,该所求量 U 就能用定积分计算,而利用定积分计算的关键是求出部分量 ΔU_i 对应的近似式 $f(\xi_i)\Delta x_i$.

从而,用定积分来表示量 U 的一般过程可以概括为:

(1) 选取积分变量如 x,并确定它的变化区间 $[a,b]$.

(2) 求微元. 在区间 $[a,b]$ 上任取一小区间 $[x,x+\mathrm{d}x]$,将 ΔU 在 $[x,x+\mathrm{d}x]$ 上的微元记为 $\mathrm{d}U$,取 $\xi_i = x$,则 $\mathrm{d}U = f(x)\mathrm{d}x$.

(3) 列积分. 得所求量 $U = \int_a^b f(x)\mathrm{d}x$.

利用上述过程来解决问题的方法称为元素法(或微元法). 用元素法计算量 U 时,关键在于确定积分区间以及所求量 U 的元素 $\mathrm{d}U$.

6.2 定积分在几何上的应用

6.2.1 平面图形的面积

1) 直角坐标的情形

由定积分的几何意义可知,连续曲线 $y = f(x)(f(x) > 0)$ 与直线 $x = a, x = b(a < b)$ 以及 x 轴所围平面图形的面积为

$$A = \int_a^b f(x)\mathrm{d}x$$

下面用元素法将此结论推广到更为一般的情形. 求由两条连续曲线 $y = f(x), y = g(x)(f(x) \geqslant g(x))$ 与直线 $x = a, x = b(a < b)$ 所围平面图形(图 6-2)的面积 A.

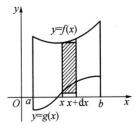

图 6-2

利用元素法求解的步骤如下:

(1) 取 x 为积分变量,其变化区间为 $[a,b]$.

(2) 在 $[a,b]$ 上任取一小区间 $[x,x+\mathrm{d}x]$,此时面积元素 $\mathrm{d}A = [f(x) - g(x)]\mathrm{d}x$.

(3) 写出定积分 $A = \int_a^b [f(x) - g(x)]\mathrm{d}x$.

那么这个平面图形的面积 A 为

$$A = \int_a^b [f(x) - g(x)] dx \qquad (6-1)$$

同理,如果平面图形是由连续曲线 $x = \varphi(y), x = \psi(y)(\varphi(y) \geqslant \psi(y))$ 和直线 $y = c, y = d(c < d)$ 围成(图 6-3),那么这个平面图形的面积 A 为

$$A = \int_c^d [\varphi(y) - \psi(y)] dy \qquad (6-2)$$

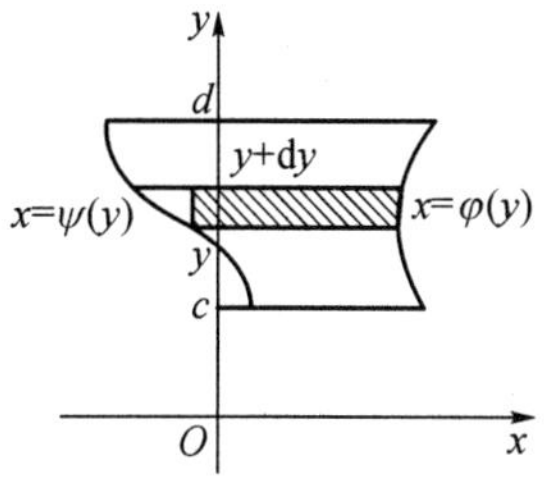

一般地,由连续曲线 $y = f(x), y = g(x)$ 与直线 $x = a, x = b(a < b)$ 所围平面图形的面积为

$$A = \int_a^b |f(x) - g(x)| dx$$

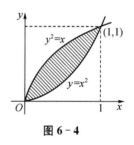

图 6-3

由连续曲线 $x = \varphi(y), x = \psi(y)(\varphi(y) \geqslant \psi(y))$ 和直线 $y = c, y = d(c < d)$ 所围平面图形的面积 A 为

$$A = \int_c^d |\varphi(y) - \psi(y)| dy$$

例1 求由两条抛物线 $y = x^2, y^2 = x$ 围成的图形的面积.

解 所给两条抛物线围成的图形如图 6-4 所示,由 $\begin{cases} y^2 = x \\ y = x^2 \end{cases}$ 解得两抛物线的交点为 $(0,0), (1,1)$. 本题的图形既可用 x 也可用 y 做积分变量. 取 x 为积分变量,则图形在直线 $x = 0$ 与 $x = 1$ 之间,应用公式(6-1)得

$$A = \int_0^1 (\sqrt{x} - x^2) dx = \left[\frac{2}{3} x^{\frac{3}{2}} - \frac{1}{3} x^3 \right]_0^1 = \frac{1}{3}$$

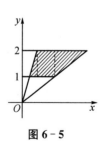

图 6-4

例2 求由直线 $y = \frac{1}{2} x, y = 3x, y = 2, y = 1$ 所围成的图形的面积.

解 若选 x 为积分变量,则需计算三块图形的面积之和(见图 6-5),因此确定选 y 为积分变量.

以 y 为积分变量,积分区间为 $[1, 2]$,由公式(6-2)得到所求图形的面积为

$$A = \int_1^2 [\varphi(y) - \psi(y)] dy = \int_1^2 \left(2y - \frac{1}{3} y\right) dy = \int_1^2 \frac{5}{3} y dy$$
$$= \left[\frac{5}{6} y^2\right]_1^2 = \frac{5}{2}$$

图 6-5

由上例可知,要注意积分变量的恰当选择. 一般积分变量的选择要尽量使图形不分块,或分块较少.

例3 求由曲线 $y=|\ln x|$、直线 $x=0$ 与 $x=e$ 及 x 轴所围成的图形的面积(见图6-6).

解 $A=\int_0^e |\ln x|\,dx = \int_1^e \ln x\,dx - \int_0^1 \ln x\,dx$

而
$$\int \ln x\,dx = x\ln x - x + C$$

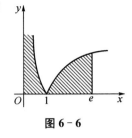

图6-6

所以
$$\int_1^e \ln x\,dx = [x\ln x - x]_1^e = 1$$

(注意:上式第二项积分是 $x=0$ 为无穷间断点的无界函数的反常积分)

$$\int_0^1 \ln x\,dx = [x\ln x - x]_0^1 = -1 - \lim_{x\to 0^+}(x\ln x - x) = -1$$

所以
$$A = \int_1^e \ln x\,dx - \int_0^1 \ln x\,dx = 2$$

例4 求由摆线 $x=a(t-\sin t), y=a(1-\cos t)(a>0)$ 的一拱与 x 轴所围成平面图形的面积(见图6-7).

解 摆线的一拱可取 $t\in[0,2\pi]$,所求面积为

$$A = \int_0^{2\pi a} y\,dx = \int_0^{2\pi} a(1-\cos t)[a(t-\sin t)]'\,dt$$
$$= a^2\int_0^{2\pi}(1-\cos t)^2\,dt = 3\pi a^2$$

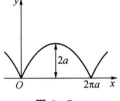

图6-7

注 当曲线的参数方程形式较为简单时,可利用定积分的换元法求出定积分,其中 x,y 换成参数形式,积分变量改为参数,换元的同时积分限转化为新的参数的积分限.

2) 极坐标的情形

对于某些平面图形,用极坐标计算它们的面积比较方便,下面用元素法讨论极坐标下的平面图形面积.

极坐标下由曲线 $\rho=\rho(\theta)$ 及射线 $\theta=\alpha,\theta=\beta$ 围成的图形称为曲边扇形(图6-8),这里 $\rho(\theta)$ 在 $[\alpha,\beta]$ 上连续,且 $\rho(\theta)\geqslant 0$.下面利用元素法推导其面积公式.

(1) 取 θ 为积分变量,θ 的变化范围为 $[\alpha,\beta]$.

(2) 求面积微元:任取区间 $[\theta,\theta+d\theta]$,用 $\rho(\theta)$ 作为小曲边扇形的半径,则中心角为 $d\theta$ 的曲边扇形面积的微元为

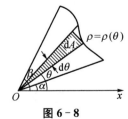

图6-8

$$\mathrm{d}A = \frac{1}{2}[\rho(\theta)]^2 \mathrm{d}\theta$$

(3) 写出积分:所求曲边扇形面积为

$$A = \frac{1}{2}\int_\alpha^\beta [\rho(\theta)]^2 \mathrm{d}\theta \qquad (6-3)$$

在利用极坐标计算图形的面积时,所求面积的图形往往未必是图 6-8 那样的标准情形,常见的图形一般还有下列几种情形:

(1) 由曲线 $\rho = \rho_1(\theta), \rho = \rho_2(\theta)$ 及射线 $\theta = \alpha, \theta = \beta$ 围成的图形(图 6-9),这里 $\rho_1(\theta) < \rho_2(\theta)$ 且都在 $[\alpha,\beta]$ 上连续,则其面积为

$$A = \frac{1}{2}\int_\alpha^\beta [\rho_2^2(\theta) - \rho_1^2(\theta)] \mathrm{d}\theta$$

(2) 由封闭曲线 $\rho = \rho(\theta)$ 围成的图形(图 6-10),这里 $\rho(\theta)$ 在 $[\alpha,\beta]$ 上连续,则其面积为

$$A = \frac{1}{2}\int_0^{2\pi} [\rho(\theta)]^2 \mathrm{d}\theta$$

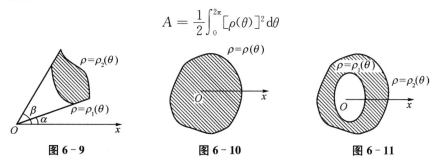

图 6-9　　　　　图 6-10　　　　　图 6-11

(3) 由封闭曲线 $\rho = \rho_1(\theta), \rho = \rho_2(\theta)$ 围成的图形(图 6-11),这里 $\rho_1(\theta) < \rho_2(\theta)$ 且在 $[\alpha,\beta]$ 上连续,则其面积为

$$A = \frac{1}{2}\int_0^{2\pi} [\rho_2^2(\theta) - \rho_1^2(\theta)] \mathrm{d}\theta$$

例 5　求三叶玫瑰线 $\rho = a\cos 3\theta\, (a > 0)$ 所围成图形的面积.

解　三叶玫瑰线围成的 3 片叶子的面积全等,如图 6-12 所示,因此只需计算第一象限阴影部分面积的 6 倍. 在第一象限中,角 θ 的变化范围为 $\left[0,\frac{\pi}{6}\right]$,由公式(6-3)可知,三叶玫瑰线围成区域的面积为

$$A = \frac{6}{2}\int_0^{\frac{\pi}{6}} a^2\cos^2 3\theta\, \mathrm{d}\theta = a^2\int_0^{\frac{\pi}{6}} \cos^2 3\theta\, \mathrm{d}(3\theta)$$
$$= a^2\int_0^{\frac{\pi}{2}} \cos^2 \varphi\, \mathrm{d}\varphi$$

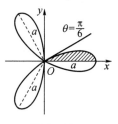

图 6-12

$$= \frac{a^2}{2}\int_0^{\frac{\pi}{2}}(1+\cos2\varphi)d\varphi = \frac{\pi a^2}{4}$$

例 6 求由心形线 $\rho = 1+\cos\theta$ 与圆 $\rho = 3\cos\theta$ 所围成的标有阴影线部分的图形面积(图 6-13).

解 由 $\begin{cases}\rho = 1+\cos\theta \\ \rho = 3\cos\theta\end{cases}$,得两条曲线的交点为 $A\left(\frac{3}{2},\frac{\pi}{3}\right), B\left(\frac{3}{2},-\frac{\pi}{3}\right)$,由图形的对称性,得所求面积

$$A = 2\int_0^{\frac{\pi}{3}}\frac{1}{2}(1+\cos\theta)^2 d\theta + 2\int_{\frac{\pi}{3}}^{\frac{\pi}{2}}\frac{1}{2}(3\cos\theta)^2 d\theta$$
$$= \left[\frac{3}{2}\theta + 2\sin\theta + \frac{1}{4}\sin2\theta\right]_0^{\frac{\pi}{3}} + \frac{9}{2}\left[\theta + \frac{1}{2}\sin2\theta\right]_{\frac{\pi}{3}}^{\frac{\pi}{2}} = \frac{5}{4}\pi$$

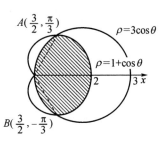

图 6-13

6.2.2 立体图形的体积

1) 旋转体的体积

由平面内的一个图形绕该平面内的一条定直线旋转一周而成的立体称为旋转体,这条定直线称为旋转体的轴.

设由连续曲线 $y = f(x)$ 与直线 $x = a, x = b$ 及 x 轴围成的曲边梯形绕 x 轴旋转一周而成一旋转体,下面计算它的体积 V_x(图 6-14).

(1) 取 x 为积分变量,x 的变化范围为 $[a,b]$.

(2) 求体积微元:任取区间 $[x,x+dx]$,用 $|f(x)|$ 作为小柱体底面半径,则体积微元为

$$dV_x = \pi|f(x)|^2 dx = \pi[f(x)]^2 dx$$

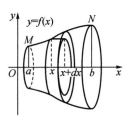

图 6-14

(3) 旋转体的体积

$$V_x = \pi\int_a^b [f(x)]^2 dx \qquad (6-4)$$

同理,可求由连续曲线 $x = \varphi(y)$ 与直线 $y = c, y = d$ 及 y 轴围成的曲边梯形绕 y 轴旋转而成的旋转体的体积 V_y 为(图 6-15)

$$V_y = \pi\int_c^d [\varphi(y)]^2 dy \qquad (6-5)$$

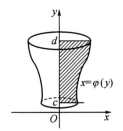

图 6-15

例 7 求由椭圆 $\frac{x^2}{a^2}+\frac{y^2}{b^2}=1$ 围成的图形绕 x 轴旋转而成的旋转椭球体的体积.

解 旋转椭球体如图6-16所示,可看作由上半椭圆 $y=\dfrac{b}{a}\sqrt{a^2-x^2}$ 及 x 轴围成的图形绕 x 轴旋转而成的. 由公式(6-4)可得

$$V_x = \int_{-a}^{a} \pi\left(\dfrac{b}{a}\sqrt{a^2-x^2}\right)^2 dx = 2\pi\dfrac{b^2}{a^2}\int_0^a (a^2-x^2)dx$$
$$= \dfrac{4}{3}\pi ab^2$$

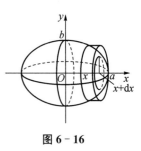

图 6-16

当 $a=b$ 时得到半径为 a 的球体的体积 $V=\dfrac{4}{3}\pi a^3$.

例8 求两曲线 $x^2=2y$ 与 $2x+2y-3=0$ 所围平面图形绕 x 轴旋转所得立体的体积.

解 取积分变量为 x. 由 $\begin{cases} 2y=x^2 \\ 2x+2y-3=0 \end{cases}$ 得两曲线的交点 $A\left(1,\dfrac{1}{2}\right)$、$B\left(-3,\dfrac{9}{2}\right)$.

所求体积是图6-17中的(直边)梯形 $ABCD$ 和曲边梯形 $AOBCOD$ 分别绕 x 轴旋转一周所得两立体的体积之差. 所以

$$V = \int_{-3}^{1} \pi\left(\dfrac{3}{2}-x\right)^2 dx - \int_{-3}^{1}\pi\left(\dfrac{x^2}{2}\right)^2 dx$$
$$= \dfrac{272}{15}\pi$$

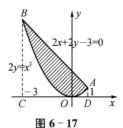

图 6-17

此题能否用 y 作积分变量,读者可自行思考.

例9 把星形线 $x^{\frac{2}{3}}+y^{\frac{2}{3}}=a^{\frac{2}{3}}$ 所围成的图形绕 y 轴旋转,计算所得旋转体的体积.

解 星形线的参数方程为:$x=a\cos^3 t, y=a\sin^3 t$,由图形的对称性知,所求体积为

$$V = 2\cdot\pi\int_0^a x^2 dy = 2\pi\int_0^{\frac{\pi}{2}} a^2\cos^6 t \cdot 3a\sin^2 t\cos t\, dt$$
$$= 6\pi a^3\int_0^{\frac{\pi}{2}}\cos^7 t\cdot\sin^2 t\, dt = 6\pi a^3\left(\dfrac{6!!}{7!!}-\dfrac{8!!}{9!!}\right)=\dfrac{32}{105}\pi a^3$$

2) 平行截面面积已知的立体的体积

设有一立体(如图6-18所示),在分别过点 $x=a$,$x=b$ 且垂直于 x 轴的两平面之间,它被垂直于 x 轴的平面所截的截面面积为已知的连续函数 $A(x)$,求立体体积.

取 x 为积分变量,积分区间为 $[a,b]$,对 $[a,b]$ 的任意

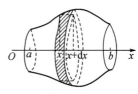

图 6-18

区间$[x,x+\mathrm{d}x]$,相应薄片的体积近似于底面积为$A(x)$、高为$\mathrm{d}x$的柱体体积,即体积元素

$$\mathrm{d}V = A(x)\mathrm{d}x$$

从而,所求立体的体积

$$V = \int_a^b A(x)\mathrm{d}x \tag{6-6}$$

例10 求由椭圆抛物面$z = \dfrac{x^2}{a^2} + \dfrac{y^2}{b^2}$与平面$z = c(c>0)$所围成的立体的体积.

解 用$z = z_0$去截立体得

$$\frac{x^2}{a^2} + \frac{y^2}{b^2} = z_0 \quad \text{或} \quad \frac{x^2}{(a\sqrt{z_0})^2} + \frac{y^2}{(b\sqrt{z_0})^2} = 1$$

由椭圆面积公式知,截面面积为πabz_0,即$A(z) = \pi abz$,由公式(6-6)可知

$$V = \int_0^c A(z)\mathrm{d}z = \pi ab \int_0^c z\mathrm{d}z = \frac{\pi}{2}abc^2$$

例11 计算底面是半径为R的圆,垂直于底面上一条固定直径的所有截面都是等边三角形的立体的体积(如图6-19所示).

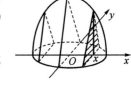

图6-19

解 过x轴上点x而垂直于x轴的截面是正三角形,其边长为$2\sqrt{R^2-x^2}$,高为$2\sqrt{R^2-x^2} \cdot \dfrac{\sqrt{3}}{2}$,故截面面积为

$$A(x) = \frac{1}{2} \cdot 2\sqrt{R^2-x^2} \cdot \sqrt{R^2-x^2} \cdot \sqrt{3}$$
$$= \sqrt{3}(R^2-x^2)$$

由对称性可知,所求体积为

$$V = 2\int_0^R A(x)\mathrm{d}x = 2\int_0^R \sqrt{3}(R^2-x^2)\mathrm{d}x$$
$$= 2\sqrt{3}\left[R^2 x - \frac{1}{3}x^3\right]_0^R = \frac{4}{3}\sqrt{3}R^3$$

此题也可以用过y轴上的点y作垂直于y轴的平面截立体所得的截面来计算,读者不妨一试.

6.2.3 平面曲线的弧长

平面曲线的长度称为弧长.由于曲线的弧长具有可加性,下面用元素法来讨论平面曲线弧长的计算公式.

设曲线弧由直角坐标方程$y = f(x)(a \leqslant x \leqslant b)$给出,其中$f(x)$在$[a,b]$上

具有一阶连续导数,求曲线 L 的弧长 s.

如右图 6-20 所示,取 x 为积分变量,则积分区间为 $[a,b]$,任取区间 $[x,x+\mathrm{d}x] \subset [a,b]$,由弧微分公式可知弧长元素为

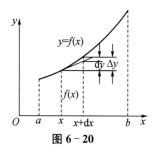

图 6-20

$$\mathrm{d}s = \sqrt{1+[f'(x)]^2}\,\mathrm{d}x$$

故曲线弧长为

$$s = \int_a^b \sqrt{1+[f'(x)]^2}\,\mathrm{d}x$$

若平面曲线 L 由参数方程 $\begin{cases} x = \varphi(t) \\ y = \psi(t) \end{cases} (\alpha \leqslant t \leqslant \beta)$ 给出,$x=\varphi(x), y=\psi(t)$ 在 $[\alpha,\beta]$ 上具有连续导数. 此时弧微分为

$$\mathrm{d}s = \sqrt{[\varphi'(t)]^2 + [\psi'(t)]^2}\,\mathrm{d}t$$

从而所求弧长为

$$s = \int_\alpha^\beta \sqrt{[\varphi'(t)]^2 + [\psi'(t)]^2}\,\mathrm{d}t$$

若平面曲线 L 由极坐标方程 $\rho = \rho(\theta) (\alpha \leqslant \theta \leqslant \beta)$ 给出,$\rho(\theta)$ 在 $[\alpha,\beta]$ 上具有连续导数. 则对应的弧微分为

$$\mathrm{d}s = \sqrt{\rho^2(\theta) + [\rho'(\theta)]^2}\,\mathrm{d}\theta$$

从而所求弧长为

$$s = \int_\alpha^\beta \sqrt{\rho^2(\theta) + [\rho'(\theta)]^2}\,\mathrm{d}\theta$$

例 12 计算曲线 $y = \dfrac{2}{3}x^{\frac{3}{2}}$ 上相应于 x 从 a 到 b 的一段弧的长度.

解 $y' = x^{\frac{1}{2}}$,从而弧长元素

$$\mathrm{d}s = \sqrt{1+(y')^2}\,\mathrm{d}x = \sqrt{1+x}\,\mathrm{d}x$$

因此所求弧长为

$$s = \int_a^b \sqrt{1+x}\,\mathrm{d}x = \left[\frac{2}{3}(1+x)^{\frac{3}{2}}\right]_a^b = \frac{2}{3}\left[(1+b)^{\frac{3}{2}} - (1+a)^{\frac{3}{2}}\right]$$

例 13 计算摆线 $x = a(\theta-\sin\theta), y = a(1-\cos\theta)$ 的一拱 $(0 \leqslant \theta \leqslant 2\pi)$ 的长度.

解 弧长元素为

$$\mathrm{d}s = \sqrt{a^2(1-\cos\theta)^2 + a^2\sin^2\theta}\,\mathrm{d}\theta = a\sqrt{2(1-\cos\theta)}\,\mathrm{d}\theta = 2a\sin\frac{\theta}{2}\,\mathrm{d}\theta$$

由此,所求弧长为

$$s = \int_0^{2\pi} 2a\sin\frac{\theta}{2}\,\mathrm{d}\theta = 2a\left[-2\cos\frac{\theta}{2}\right]_0^{2\pi} = 8a$$

例 14 设曲线 L 的方程为 $\begin{cases} x = \int_0^u \sin t \, dt \\ y = \int_{-u}^1 \cos t \, dt \end{cases}$ $(1 \leqslant u \leqslant 3)$，求曲线 L 的长度.

解 弧长元素为
$$ds = \sqrt{[x'(u)]^2 + [y'(u)]^2} \, du = \sqrt{(\sin u)^2 + (\cos u)^2} \, du = du$$
由此，所求弧长为
$$s = \int_1^3 1 \, du = 2$$

例 15 求阿基米德螺线 $\rho = a\theta (a > 0)$ 相应于 θ 从 0 到 2π 一段的弧长(图 6 - 21).

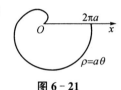

图 6 - 21

解 弧长元素为
$$ds = \sqrt{a^2\theta^2 + a^2} \, d\theta = a\sqrt{1 + \theta^2} \, d\theta$$
于是，所求弧长为
$$s = \int_0^{2\pi} a\sqrt{1 + \theta^2} \, d\theta = \frac{a}{2}[2\pi\sqrt{1 + 4\pi^2} + \ln(2\pi + \sqrt{1 + 4\pi^2})]$$

习题 6.2

1. 求由下列各曲线所围成的图形的面积：

(1) 曲线 $y = e^x, y = e^{-x}$ 与直线 $x = 1$.

(2) 曲线 $y = x^2$ 与直线 $y = x$ 及 $y = 2x$.

(3) 曲线 $y = x^3$、直线 $x = 1, x = 2$ 与 x 轴.

(4) 曲线 $y = \ln x$，y 轴与直线 $y = \ln a, y = \ln b (b > a > 0)$.

2. 求曲线 $y = x^3 - 3x + 3$ 在 x 轴上介于两极值点之间的曲边梯形的面积.

3. 求抛物线 $y^2 = 2px$ 及其在点 $\left(\dfrac{p}{2}, p\right)$ 处的法线所围成的图形的面积.

4. 求由星形线 $x = a\cos^3 t, y = a\sin^3 t (0 \leqslant t \leqslant 2\pi)$ 所围成的图形的面积 $(a > 0)$.

5. 求下列曲线所围成的图形的面积：

(1) 双纽线 $\rho^2 = a^2 \cos 2\theta$.

(2) 心形线 $\rho = a(1 + \cos\theta)(a > 0)$.

6. 求由曲线 $\rho = 2a\cos\theta$ 所围成的图形的面积.

7. 求曲线 $(x^2 + y^2)^2 = a^2(x^2 - y^2)$（双纽线）与圆周 $x^2 + y^2 = \dfrac{1}{2}a^2$ 所围成图形的公共部分的面积.

8. 求圆 $\rho = 3\cos\theta$ 与心形线 $\rho = 1 + \cos\theta$ 所围图形的公共部分的面积.

9. 求下列已知曲线所围成的图形按指定的轴旋转所成的旋转体的体积：

(1) $y = \sqrt{x}$ 与 x 轴、直线 $x = 1$ 所围图形,绕 x 轴及 y 轴旋转.

(2) $x^2 + (y-5)^2 = 16$,绕 x 轴旋转.

10. 把抛物线 $y^2 = 4x$ 及直线 $x = 1$ 所围成的图形绕 x 轴旋转,计算所得旋转体的体积.

11. 求由曲线 $y = x^3$ 及直线 $x = 2, y = 0$ 所围成的平面图形分别绕 x 轴及 y 轴旋转所得旋转体的体积.

12. 求 $x^2 + y^2 \leqslant a^2$ 绕 $x = -b(b > a > 0)$ 旋转而成的旋转体的体积.

13. 求摆线 $\begin{cases} x = a(t - \sin t) \\ y = a(1 - \cos t) \end{cases} (a > 0, 0 \leqslant t \leqslant 2\pi)$ 与 $y = 0$ 所围图形绕 x 轴旋转所得旋转体的体积.

14. 一立体以长半轴 $a = 10$,短半轴 $b = 5$ 的椭圆为底,而垂直于长轴的截面都是等边三角形,求此立体的体积.

15. 求下列曲线的弧长：

(1) $y = \dfrac{2}{3} x^{\frac{3}{2}}, 3 \leqslant x \leqslant 8.$ (2) $y = \int_0^x \sqrt{\sin t}\, dt, 0 \leqslant x \leqslant \pi.$

(3) $\begin{cases} x = \arctan t \\ y = \dfrac{1}{2} \ln(1 + t^2) \end{cases}, 0 \leqslant t \leqslant 1.$

16. 计算星形线 $x = a\cos^3 t, y = a\sin^3 t$ 的全长.

17. 求对数螺线 $\rho = e^\theta$ 相应于自 $\theta = 0$ 至 $\theta = \varphi$ 的一段弧长.

18. 求心形线 $\rho = a(1 + \cos\theta)(a > 0)$ 的全长.

19. 在摆线 $\begin{cases} x = a(t - \sin t) \\ y = a(1 - \cos t) \end{cases} (a > 0)$ 上,求分摆线第一拱成 $1:3$ 的点的坐标.

20. (如图 6 - 22 所示) 证明将平面图形 $0 < a \leqslant x \leqslant b, 0 \leqslant y \leqslant f(x)$ 绕 y 轴旋转一周所得到旋转体的体积为
$$V = 2\pi \int_a^b x f(x)\, dx$$

21. 利用上题结论,计算摆线 $\begin{cases} x = a(t - \sin t) \\ y = a(1 - \cos t) \end{cases} (a > 0)$ 的一拱与 x 轴所围成的图形绕 y 轴旋转所得的旋转体的体积.

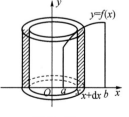

图 6 - 22

6.3 定积分在物理上的应用

定积分的元素法不仅用于解决几何问题,在上一章的引例中我们看到求变力沿直线所做的功实质上也是定积分计算. 本节我们将进一步利用定积分的元素法解决物理方面的一些问题.

6.3.1 变力沿直线做功

设物体在连续的变力 $F(x)$ 作用下沿 x 轴由 $x=a$ 移动到 $x=b$ 时,变力 $F(x)$ 在 $[a,b]$ 上所做的功为

$$W = \int_a^b F(x)\mathrm{d}x \qquad (6-7)$$

例1 设有一弹簧,假定被拉长 0.5 cm 时需用力 1 N(牛顿),现弹簧在外力的作用下被拉长 3 cm,求外力所做的功.

解 (如图 6-23 所示)根据胡克定理,在一定的弹性范围内,将弹簧拉伸(或压缩)所需的力 F 与伸长量(压缩量)x 成正比,即

$$F = kx \quad (k > 0 \text{ 为弹性系数})$$

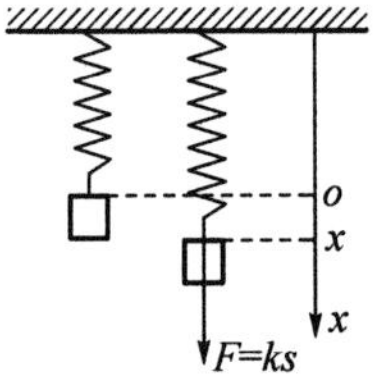

因为 $x = 0.005\text{ m}$ 时,

$$F = 1\text{ N}$$

代入上式得

$$k = 200\text{ N/m}$$

即有

$$F = 200x$$

图 6-23

取 x 为积分变量,积分区间为 $[0, 0.03]$,功元素为 $\mathrm{d}W = F(x)\mathrm{d}x = 200x\mathrm{d}x$.
于是弹簧被拉长了 3 cm 时,由公式(6-7)得外力所做的功为

$$W = \int_0^{0.03} 200x\mathrm{d}x = (100x^2)\Big|_0^{0.03} = 0.09(\text{J})$$

例2 质量为 m 的火箭由地面垂直向上发射. 试求火箭从地面升空到高为 h 时克服地球引力所做的功(设地球半径为 R,质量为 M).

解 (如图 6-24 所示)建立坐标系,火箭由地面垂直向上发射时,火箭离地面的距离 x 是变化的. 以 x 为积分变量,其变化区间为 $[R, R+h]$,在 $[R, R+h]$ 上取代表区间 $[x, x+\mathrm{d}x]$,当火箭从 x 飞到 $x+\mathrm{d}x$ 时克服地球引力所做的功元素为

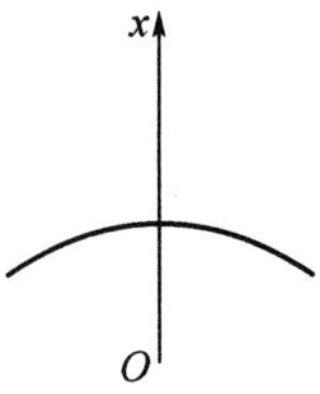

图 6-24

$$dW = \frac{GMm}{x^2}dx$$

所以火箭从地面上升到高为 h 时克服地球引力所做的功为

$$W = GMm\int_R^{R+h} \frac{1}{x^2}dx = GMm\left(\frac{1}{R} - \frac{1}{R+h}\right).$$

又因为 $r = R$ 时地球对火箭的引力为 mg,于是由

$$\frac{GMm}{R^2} = mg$$

得

$$G = \frac{R^2 g}{M}$$

故

$$W = mgR^2\left(\frac{1}{R} - \frac{1}{R+h}\right)$$

从上式不难得到,当火箭脱离地球引力即 $h \to \infty$ 时克服地球引力所做功的 $W_\infty = mgR$.

例 3 一个半径为 4 m,高为 8 m 的倒圆锥形水池,里面有 6 m 深的水,要把池内的水全部抽完,需要做多少功?(水的密度为 $u = 10^3 \text{kg/m}^3$)

解 如图 6-25 所示建立坐标系. 取 x 为积分变量,$x \in [2, 8]$.

考察区间 $[x, x+dx]$ 上的一薄层水,将这薄层水"提到"池口的距离为 x,将这层水抽出,克服重力所做的功为

$$dW = \pi g \cdot x \cdot \left(4 - \frac{x}{2}\right)^2 dx$$

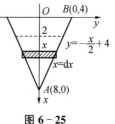

图 6-25

于是

$$W = \int_2^8 \pi g u \cdot x \cdot \left(4 - \frac{x}{2}\right)^2 dx = \pi g u \int_2^8 \left(16x - 4x^2 + \frac{x^3}{4}\right)dx \approx 1\,939.6(\text{kJ})$$

6.3.2 侧压力

由物理学知道,如果有一面积为 A 的薄板水平地放置在液体中深为 h 的地方,那么薄板一侧所受的压力为 $P = pA$,其中 $p = \rho g h$ 是液体中深为 h 处的压强(ρ 是液体的密度).

如果此薄板是垂直地放置在液体中,由于不同深度的点处压强不同,求薄板一侧所受液体的压力则要用定积分来解决,下面结合例题说明计算方法.

例 4 一个底为 b,高是 h 的对称抛物线弓形闸门,其底平行于水面,距水平面为 h(即顶和水平面齐),闸门垂直放在水中,求闸门所受的压力.

解 建立直角坐标系(如图 6-26 所示),取 x 为积分变量,其变化区间为 $[0,h]$. 设抛物线的方程为: $y^2 = 2px$.

因为它通过点 $\left(h, \dfrac{b}{2}\right)$, 代入 $y^2 = 2px$ 求得 $p = \dfrac{b^2}{8h}$.

所以抛物线方程为: $y^2 = \dfrac{b^2}{4h}x$.

考虑相应于区间 $[x, x+\mathrm{d}x]$ 的小窄条,它所受的压力近似值,即压力元素为

$$\mathrm{d}p = \gamma \cdot x \cdot |2y|\,\mathrm{d}x$$

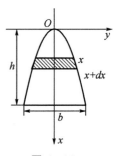

图 6-26

因此闸门所受的压力

$$P = \int_0^h \mathrm{d}p = \int_0^h 2\gamma xy\,\mathrm{d}x = \int_0^h 2\gamma x\sqrt{\dfrac{b^2 x}{4h}}\,\mathrm{d}x = \dfrac{\gamma b}{\sqrt{h}}\int_0^h x^{\frac{3}{2}}\,\mathrm{d}x = \dfrac{2}{5}\gamma b h^2$$

6.3.3 引力

例 5 设有一长为 l, 质量为 M 的均匀细杆,另有一质量为 m 的质点与杆在一条直线上,它到杆的近端距离为 a, 计算细杆对质点的引力.

解 取坐标系如图 6-27 所示,以 x 为积分变量,它的变化区间为 $[0,l]$, 对杆上取任意区间 $[x, x+\mathrm{d}x]$. 此段杆长 $\mathrm{d}x$, 质量为 $\dfrac{M}{l}\mathrm{d}x$, 由于 $\mathrm{d}x$ 很小,

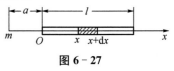

图 6-27

该质量可以看作在 x 处的. 它与质点间的距离为 $x+a$, 根据万有引力定律,这一小段细杆对质点的引力元素

$$\mathrm{d}F = \dfrac{km\dfrac{M}{l}}{(x+a)^2}\mathrm{d}x$$

故细杆对质点的引力

$$F = \int_0^l k\dfrac{m\dfrac{M}{l}}{(x+a)^2}\mathrm{d}x = \dfrac{kmM}{l}\int_0^l \dfrac{1}{(x+a)^2}\mathrm{d}x$$
$$= \dfrac{kmM}{l}\left[-\dfrac{1}{x+a}\right]_0^l = \dfrac{kmM}{a(l+a)}$$

应当指出,当质点与细杆不在一条直线上时,由于细杆每一小段对质点的引力的方向不同,此时引力不可以直接相加,必须把它们分解为水平方向和垂直方向的分力后,分别按水平方向和垂直方向相加.

习题 6.3

1. 一弹簧原长为 1 m,把它压缩 1 cm 所用功为 0.05 N,求把它从 80 cm 压缩到 60 cm 所做的功.

2. 设一锥形贮水池,深 15 m,口径 20 m,盛满水.试问:要把贮水池内的水全部吸出需做多少功?

3. 计算上底为 6.4 m,下底为 4.2 m,高为 2 m 的等腰梯形壁,当上底与水面相平时,壁所受的侧压力.

4. 一物体按规律 $x = ct^3$ 作直线运动,媒质的阻力与速度平方成正比,计算物体由 $x = 0$ 移动到 $x = a$ 时克服媒质阻力所做的功.

5. 设有一长度为 l,线密度为 ρ 的均匀细直棒,在与棒的一端垂直距离为 a 单位处有一质量为 m 的质点 M,试求细直棒对质点的引力.

6. 半径为 R 的球沉入水中,球的上部与水面相切,球的密度与水相同,现将球从水中取出,需做多少功?

总复习题 6

1. 填空题.

(1) $y = \dfrac{1}{x}$ 与直线 $y = x$ 及 $x = 2$ 所围成的图形的面积为_____.

(2) 曲线 $y = x^2$ 与 $y = 2x - x^2$ 所围成的图形的面积为_____.

(3) 曲线 $y = x^2$ 与直线 $y = x$ 所围图形绕 x 轴旋转一周所得旋转体的体积为_____.

(4) 曲线 $\begin{cases} x = \sin^2\theta \\ y = \cos^2\theta \end{cases} \left(0 \leqslant \theta \leqslant \dfrac{\pi}{2}\right)$ 的弧长为_____.

2. 在曲线 $y = x^2 (x \geqslant 0)$ 上某一点 A 处作切线,使它与曲线及 x 轴所围图形的面积为 $\dfrac{1}{12}$. 试求:

(1) 切点 A 的坐标.

(2) 求上述平面所围图形绕 x 轴旋转一周所成旋转体的体积.

3. 设 $y = x^2$ 定义在 $[0,1]$ 上,t 为 $(0,1)$ 内的一点,问当 t 为何值时图 6-28 中两阴影部分的面积 A_1 与 A_2 之和具有最

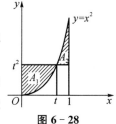

图 6-28

小值?

4. 求由曲线 $\rho^2 = 2\cos2\theta$ 所围成的图形在 $\rho = 1$ 内的面积.

5. 求对数螺线 $\rho = ae^\theta (-\pi \leqslant \theta \leqslant \pi)$ 及射线 $\theta = \pi$ 所围成的图形的面积.

6. 求由曲线 $y = \sin x$ 与它在 $x = \dfrac{\pi}{2}$ 处的切线以及直线 $x = \pi$ 所围成的图形的面积和它绕 x 轴旋转而成的旋转体的体积.

7. 计算圆盘 $(x-2)^2 + y^2 \leqslant 1$ 绕 y 轴旋转而成的旋转体的体积.

8. 求由曲线 $y^2 = x$ 和 $y = x^2$ 所围区域绕 $x = -2$ 旋转所得旋转体的体积.

9. 设抛物线 $y = ax^2 + bx + c$ 通过原点 $(0,0)$,且当 $x \in [0,1]$ 时,$y \geqslant 0$,试确定 a, b, c 的值,使得抛物线 $y = ax^2 + bx + c$ 与直线 $x = 1, y = 0$ 所围图形的面积为 $\dfrac{4}{9}$,且使该图形绕 x 轴旋转而成的旋转体体积最小.

10. 设有一截锥体,其高为 h,上、下底均为椭圆,椭圆的轴长分别为 $2a, 2b$ 和 $2A, 2B$,求这截锥体的体积.

11. 求半立方抛物线 $y^2 = \dfrac{2}{3}(x-1)^3$ 被抛物线 $y^2 = \dfrac{1}{3}x$ 截得的一段弧的长度.

12. 求曲线 $y = \displaystyle\int_{-\frac{\pi}{2}}^{x} \sqrt{\cos t}\, dt \left(x \in \left[-\dfrac{\pi}{2}, \dfrac{\pi}{2} \right] \right)$ 的弧长.

13. 水坝中有一直立的矩形闸门,宽 20 m,高 16 m,闸门的上边平行于水面. 试求闸门的上边与水面相齐时闸门所受的侧压力.

14. 如图 6-29 所示,为清除井底的污泥,用缆绳将抓斗放入井底,抓起污泥后提出井口. 已知井深 30 m,抓斗自重 400 N,缆绳每米重 50 N,抓斗抓起的污泥重 2 000 N,提升速度为 3 m/s,在提升过程中,污泥以 20 N/s 的速率从抓斗缝隙中漏掉. 现将抓污泥的抓斗提升至井口,问克服重力需做多少焦耳的功?

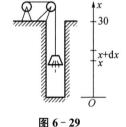

图 6-29

(说明:① $N \times 1\ m = 1\ J$;m,N,s,J 分别表示米、牛顿、秒、焦耳. ② 抓斗的高度及位于井口上方的缆绳长度忽略不计.)

7 微分方程

微积分研究的对象是函数关系,但在许多实际问题中会遇到复杂的运动过程,往往不能直接得到满足问题的函数关系,却比较容易建立所求函数及其导数之间的等式,从而得到一个关于未知函数及其导数或微分的方程,这个方程即所谓的微分方程.微分方程建立后,对它进行研究,找出未知函数,这就是解微分方程.

微分方程问题早在 17 世纪末,微积分开始形成时,就已经出现,可以说是与微积分同时发展起来的.在 20 世纪前,微分方程问题主要来源于几何学、力学和物理学,而现在,它几乎在自然科学、工程技术甚至于生物、医学、气象学、经济学领域都会出现,它已成为研究科学技术、解决实际问题不可或缺的有力工具.本章主要介绍微分方程的一些基本概念和几种常用微分方程的解法.

7.1 微分方程的基本概念

下面通过两个例子来说明微分方程的基本概念.

例 1 一曲线经过点 $(1,2)$,且在该曲线上任一点 $P(x,y)$ 处的切线的斜率等于其横坐标的平方的三倍,求该曲线的方程.

解 设所求曲线的方程为 $y = y(x)$,由题意得

$$\frac{dy}{dx} = 3x^2 \tag{7-1}$$

且满足

$$y\Big|_{x=1} = 2 \tag{7-2}$$

将方程(7-1)两边积分,得 $y = \int 3x^2 dx$,即 $y = x^3 + c$.

其中 c 为常数.将条件(7-2)代入上式中,可得: $c = 1$,因此所求的曲线方程为

$$y = x^3 + 1$$

例 2 设一质量为 m 的物体在仅受重力的作用下,从静止开始自由垂直降落,试建立该物体所经过的的路程 s 与时间 t 的函数关系.

解 将物体降落的铅垂线取为 s 轴,铅直向下的方向为正向,物体下落的起点为原点,并设开始下落的时间是 $t = 0$(如图 7-1 所示).

根据运动学中的牛顿第二定理 $F = ma$,由题意可知 $F = mg$,由此可得函数

$s(t)$ 满足以下关系:

$$m\frac{\mathrm{d}^2 s}{\mathrm{d}t^2} = mg, \text{即} \frac{\mathrm{d}^2 s}{\mathrm{d}t^2} = g \tag{7-3}$$

其中 g 为重力加速度常数.

根据题意,$s = s(t)$ 还需满足条件

$$s(0) = 0, \quad \frac{\mathrm{d}s}{\mathrm{d}t}\bigg|_{t=0} = 0 \tag{7-4}$$

将方程(7-3)两边积分,得 $\frac{\mathrm{d}s}{\mathrm{d}t} = \int g \mathrm{d}t$,即

$$\frac{\mathrm{d}s}{\mathrm{d}t} = gt + c_1 \tag{7-5}$$

将方程(7-5)两边再积分,得 $s = \int (gt + c_1) \mathrm{d}t$,即

$$s = \frac{1}{2}gt^2 + c_1 t + c_2 \tag{7-6}$$

将条件(7-4)代入方程(7-5)与(7-6)中得 $c_1 = 0, c_2 = 0$,因此所求的路程 s 与时间 t 的函数为

$$s = \frac{1}{2}gt^2$$

图 7-1

上述两个例子中的关系式(7-1)和(7-3)都是含有未知函数的导数的方程.

一般地,凡表示未知函数与未知函数的导数(或微分)以及函数自变量之间的关系的方程,称为**微分方程**;未知函数是一元函数的微分方程称为**常微分方程**,未知函数是多元函数的方程称为**偏微分方程**.本章只讨论常微分方程.

微分方程中所出现的未知函数的最高阶导数的阶数,称为**该微分方程的阶**.例如,方程(7-1)是一阶常微分方程,方程(7-3)是二阶常微分方程.又如,方程

$$y^{(5)} - 2y''' + 2y = 0$$

是五阶常微分方程.

一般地,n 阶常微分方程的形式是

$$F(x, y, y', \cdots, y^{(n)}) = 0 \tag{7-7}$$

其中 x 为自变量,$y = y(x)$ 为未知函数. 在方程(7-7)中 $y^{(n)}$ 的系数不等于零,而其余的 $x, y, y', \cdots, y^{(n-1)}$ 等变量的系数可以为零. 例如 $3y^{(n)} - 5 = 0$ 是 n 阶常微分方程.

如果方程(7-7)表示为

$$y^{(n)} + a_1(x)y^{(n-1)} + \cdots + a_{n-1}(x)y' + a_n(x)y = f(x) \tag{7-8}$$

的形式,这时,方程中所含的 $y^{(n)}, y^{(n-1)}, \cdots, y', y$ 均为一次幂,则称方程(7-8)为 **n 阶线性微分方程**;否则,称为**非线性微分方程**. 其中,$a_1(x), a_2(x), \cdots, a_n(x)$ 和

$f(x)$ 均为**自变量 x 的已知函数**,$f(x)$ 称为**线性微分方程的自由项**.

例如方程 $\dfrac{\mathrm{d}y}{\mathrm{d}x}=x^2+y$,因为该方程中含有的 $\dfrac{\mathrm{d}y}{\mathrm{d}x}$ 和 y 的最高次幂都是一次,所以该方程是一阶线性微分方程;再如方程 $x\left(\dfrac{\mathrm{d}y}{\mathrm{d}x}\right)^2-2\dfrac{\mathrm{d}y}{\mathrm{d}x}+4x=0$,因为该方程中含有 $\dfrac{\mathrm{d}y}{\mathrm{d}x}$ 的最高次幂是二次,所以该方程是一阶非线性微分方程.

下面引入微分方程的解的概念.

一般地,如果把某个函数以及它的导数代入微分方程,能使该方程成为恒等式,那么这个函数称为**微分方程的解**,或者说满足微分方程的函数称为**微分方程的解**.

例如,在例 1 中,可以验证函数 $y=x^3+C$ 满足微分方程 $\dfrac{\mathrm{d}y}{\mathrm{d}x}=3x^2$,因此函数 $y=x^3+C$ 是微分方程 $\dfrac{\mathrm{d}y}{\mathrm{d}x}=3x^2$ 的解.

在例 2 中,可以验证函数 $s=\dfrac{1}{2}gt^2+C_1 t+C_2$ 满足微分方程 $\dfrac{\mathrm{d}^2 s}{\mathrm{d}t^2}=g$,因此函数 $s=\dfrac{1}{2}gt^2+C_1 t+C_2$ 是微分方程 $\dfrac{\mathrm{d}^2 s}{\mathrm{d}t^2}=g$ 的解.

显然上面的这两个解中,所包含的任意常数的个数分别与对应的微分方程的阶数相同,这是因为求微分方程时用到的积分次数与微分方程的阶数相同的缘故.一般地,含有相互独立的任意常数且其任意常数的个数与微分方程的阶数相等的**解称为微分方程的通解**.因此函数 $y=x^3+C$ 是微分方程 $\dfrac{\mathrm{d}y}{\mathrm{d}x}=3x^2$ 的通解,函数 $s=\dfrac{1}{2}gt^2+C_1 t+C_2$ 是微分方程 $\dfrac{\mathrm{d}^2 s}{\mathrm{d}t^2}=g$ 的通解. 所谓通解,就是当其中的任意常数取遍所有实数时,就可以得到微分方程的所有解(至多有个别例外).

事实上,在实际问题中,未知函数除了满足微分方程外,还会要求满足一些特定的条件,像例 1 中的条件(7-2)、例 2 中的条件(7-4),根据这些条件可以确定微分方程的通解中所包含的任意常数对应的值,这样的条件称为**微分方程的初始条件**(或**定解条件**).

设微分方程的未知函数是 $y=y(x)$,如果微分方程是一阶的,则其通解中含有一个任意常数,这时通常用来确定微分方程的初始条件是 $x=x_0$ 时 $y=y_0$,或写成 $y\big|_{x=x_0}=y_0$,其中 x_0 与 y_0 都是给定的常数.

如果微分方程是二阶的,则其通解中含有两个任意常数,这时通常用来确定微分方程的初始条件是

$$x = x_0 \text{ 时 } y = y_0, y' = y'_0$$

或写成

$$y\Big|_{x=x_0} = y_0, \quad y'\Big|_{x=x_0} = y'_0$$

其中 x_0、y_0 与 y'_0 都是给定的常数.

一般地,微分方程的初始条件的个数与该方程的阶数相同时,将初始条件代入通解中,就可以得到一个满足初始条件的且不包含任意常数的解,这种由初始条件确定了任意常数后得到的解称为**微分方程的特解**.

由例 1、例 2 可知,函数 $y = x^3 + 1$ 是微分方程 $\dfrac{dy}{dx} = 3x^2$ 的特解,函数 $s = \dfrac{1}{2}gt^2$ 是微分方程 $\dfrac{d^2s}{dt^2} = g$ 的特解.

在初始条件下求微分方程的解的问题称为**微分方程的初值问题**.

求一阶微分方程 $f(x, y, y') = 0$ 满足初始条件 $y\Big|_{x=x_0} = y_0$ 的特解的问题称为**一阶微分方程的初值问题**,记作

$$\begin{cases} f(x, y, y') = 0 \\ y\Big|_{x=x_0} = y_0 \end{cases} \tag{7-9}$$

微分方程的特解的图形是一条曲线,称为**微分方程的积分曲线**;微分方程的通解的图形是曲线族,称为**微分方程的积分曲线族**. 初值问题(7-9)的几何意义是求微分方程的通过点 (x_0, y_0) 的那条积分曲线. 二阶微分方程 $f(x, y, y', y'') = 0$ 的初值问题

$$\begin{cases} f(x, y, y', y'') = 0 \\ y\Big|_{x=x_0} = y_0, y'\Big|_{x=x_0} = y'_0 \end{cases} \tag{7-10}$$

的几何意义是求微分方程的通过点 (x_0, y_0) 且在该点处的切线斜率为 y'_0 的那条积分曲线.

求微分方程的解的过程称为**解微分方程**.

例 3 验证函数 $y = x^2 + C$(C 为任意常数)是方程 $\dfrac{dy}{dx} - 2x = 0$ 的通解,并求满足初始条件 $y\Big|_{x=1} = 0$ 的特解.

解 函数 $y = x^2 + C$ 含有一个任意常数,其个数与方程的阶数相等. 对函数求导,得

$$\frac{dy}{dx} = 2x, \text{ 即 } \frac{dy}{dx} - 2x = 0$$

所以,函数 $y = x^2 + C$(C 为任意常数)是方程 $\dfrac{\mathrm{d}y}{\mathrm{d}x} - 2x = 0$ 的通解.

将初始条件 $y\big|_{x=1} = 0$ 代入通解 $y = x^2 + C$ 中,得 $C = -1$,从而所求特解为
$$y = x^2 - 1$$

由例 3 可知,要验证一个函数是否为微分方程的通解,首先要看函数所含的相互独立的任意常数是否和微分方程的阶数相等,其次要将函数代入方程看是否使之成为恒等式.

例 4 求曲线族 $x^2 + Cy = 1$ 满足的微分方程,其中 C 为任意常数.

解 要找一个微分方程,一般只要消去曲线族 $x^2 + Cy = 1$ 中的任意常数来得到所求的微分方程.

将方程两端同时对 x 求导,得
$$2x + Cy' = 0$$
从 $x^2 + Cy = 1$ 中解出 $C = \dfrac{1-x^2}{y}$,代入上式,得
$$2x + \dfrac{1-x^2}{y}y' = 0$$
化简得所求的微分方程为
$$2xy + (1-x^2)y' = 0$$

习题 7.1

1. 指出下列微分方程的阶数:

   (1) $\dfrac{\mathrm{d}y}{\mathrm{d}x} + 3x = \mathrm{e}^x$.

   (2) $\dfrac{\mathrm{d}^2 s}{\mathrm{d}t^2} + 2\dfrac{\mathrm{d}s}{\mathrm{d}t} + s = 0$.

   (3) $(y''')^2 + 4y'' - y + x = 0$.

2. 下列微分方程中,哪些是线性方程?若是,指出它的阶数:

   (1) $y\mathrm{d}y = 2x\mathrm{d}x$.

   (2) $a_0(t)\dfrac{\mathrm{d}^n x}{\mathrm{d}t^n} + a_1(t)\dfrac{\mathrm{d}^{n-1} x}{\mathrm{d}t^{n-1}} + \cdots + a_n(t)x = h(t)$.

   (3) $(y'')^2 - y' + 2xy = 0$.

   (4) $y'' + 3x^2 y' + 2xy = 0$.

3. 验证函数 $y = C_1 \mathrm{e}^x + C_2 \mathrm{e}^{-x}$ 是微分方程 $y'' - y = 0$ 的通解,并求其满足初始条件 $y(0) = 1, y'(0) = 0$ 的特解.

4. 验证函数 $y = Ce^{-x} + x - 1$ 是微分方程 $y' + y = x$ 的通解,并求满足初始条件 $y\big|_{x=0} = 2$ 的特解.

5. 验证 $y = (C_1 + C_2 x)e^{2x}$ 是微分方程 $y'' - 4y' + 4y = 0$ 的通解,并求满足初始条件 $y\big|_{x=0} = 0, y'\big|_{x=0} = 1$ 的特解.

6. 一曲线在点 $P(x, y)$ 处的切线的斜率等于该点横坐标的平方,试建立曲线所满足的微分方程.

7. 设曲线上点 $P(x, y)$ 处的法线与 x 轴的交点为 Q,且线段 PQ 被 y 轴平分,试建立曲线所满足的微分方程.

7.2 变量可分离的微分方程

自本节开始着重讨论几种常见的能用积分方法得到解决的一阶与二阶微分方程及其解法,这种利用积分方法解微分方程的解法称为**初等积分法**. 事实上,能用初等积分法求解的方程多为特殊类型,但它们在实际应用中却很常见,而且这些解法与技巧是研究其他微分方程的解的基础. 下面先介绍几种特殊的一阶方程的类型与解法.

7.2.1 变量可分离的微分方程

形如 $\dfrac{dy}{dx} = F(x, y)$ 的方程称为一阶微分方程.

如果一阶微分方程的右端函数 $F(x, y)$ 的变量可分离,即 $F(x, y)$ 能分解成 $f(x)g(y)$,则原方程就可化为形如

$$\frac{dy}{dx} = f(x)g(y) \tag{7-11}$$

的方程,称这种方程为**变量可分离的微分方程**,其中 $f(x)$ 和 $g(y)$ 都是连续函数.

当 $g(y) \neq 0$ 时,方程(7-11)可化为

$$\frac{dy}{g(y)} = f(x)dx \tag{7-12}$$

这个过程称为**变量分离**,在对应得到的微分方程(7-12)的两边积分,就可得到通解

$$\int \frac{dy}{g(y)} = \int f(x)dx \tag{7-13}$$

设 $\dfrac{1}{g(y)}$ 和 $f(x)$ 的原函数分别为 $G(y)$ 和 $F(x)$,则方程(7-13)化为

$$G(y) = F(x) + C \tag{7-14}$$

方程(7-14)所确定的隐函数就是方程(7-11)的通解,因此称**方程(7-14)为方程(7-11)的隐式通解**.

当方程(7-12)中的 $g(y)=0$ 时,设 $y=y_0$ 为方程 $g(y)=0$ 的解,则验证可知 $y=y_0$ 也为方程(7-12)的解(称为**常数解**). 一般而论,这种解可能不包含于通解(7-14)中. 上述求变量可分离方程的通解的方法称为**解微分方程的分离变量法**.

必须指出,求变量可分离方程的通解时只需在 $g(y) \neq 0$ 时的情形下求解即可.

例1 求微分方程 $\dfrac{\mathrm{d}y}{\mathrm{d}x} - y^2 \cos x = 0$ 的通解.

解 将方程分离变量,得

$$\frac{\mathrm{d}y}{y^2} = \cos x \mathrm{d}x$$

对两边积分

$$\int \frac{\mathrm{d}y}{y^2} = \int \cos x \mathrm{d}x$$

得

$$-\frac{1}{y} = \sin x + C$$

即

$$y\sin x + Cy + 1 = 0$$

则所给方程的通解为 $y\sin x + Cy + 1 = 0$(C 为任意常数).

例2 求微分方程 $(1+y^2)\mathrm{d}x - x(1+x^2)y\mathrm{d}y = 0$ 的通解.

解 将方程分离变量,得

$$\frac{\mathrm{d}x}{x(1+x^2)} = \frac{y\mathrm{d}y}{1+y^2}$$

对上式两边积分

$$\int \frac{\mathrm{d}x}{x(1+x^2)} = \int \frac{y\mathrm{d}y}{1+y^2} \tag{7-15}$$

由于

$$\int \frac{\mathrm{d}x}{x(1+x^2)} = \int \frac{x\mathrm{d}x}{x^2(1+x^2)} = \int \frac{\mathrm{d}x}{x} - \int \frac{x\mathrm{d}x}{(1+x^2)}$$

故原方程化为

$$\int \frac{\mathrm{d}x}{x} - \int \frac{x\mathrm{d}x}{(1+x^2)} = \int \frac{y\mathrm{d}y}{1+y^2}$$

算出积分得
$$\ln|x| - \frac{1}{2}\ln(1+x^2) = \frac{1}{2}\ln(1+y^2) + \ln C_1$$
即
$$x^2 = C(1+x^2)(1+y^2) \quad (这里 C = C_1^2)$$
因此原方程的通解为
$$x^2 = C(1+x^2)(1+y^2)$$

例 3 求曲线 $y = f(x)$，要求它与椭圆族 $\dfrac{x^2}{3} + \dfrac{y^2}{4} = C$ 中的每一条曲线都正交（相交且交点处各自的切线垂直）．

解 设由椭圆族 $\dfrac{x^2}{3} + \dfrac{y^2}{4} = C$ 的方程确定的函数为 $y = y(x)$．由题意可知，在曲线 $y = f(x)$ 与 $\dfrac{x^2}{3} + \dfrac{y^2}{4} = C$ 的交点 (x, y) 处，有

$$f'(x) = -\frac{1}{y'(x)}, \text{ 即 } y'(x) = -\frac{1}{f'(x)} \tag{7-16}$$

对椭圆族方程 $\dfrac{x^2}{3} + \dfrac{y^2}{4} = C$ 两边求 x 的导数，得

$$\frac{4}{3}x + yy' = 0$$

解得

$$y' = -\frac{4x}{3y}$$

由于 $y = f(x)$，故上式化为 $y' = -\dfrac{4x}{3f(x)}$，代入方程 (7-16) 得

$$-\frac{4x}{3f(x)} = -\frac{1}{f'(x)}$$

即

$$\frac{4}{3}x = f(x)\frac{1}{f'(x)}$$

这就是 $y = f(x)$ 满足的微分方程．显然这是一个变量可分离方程，分离变量，得

$$\frac{\mathrm{d}f(x)}{f(x)} = \frac{3}{4x}\mathrm{d}x$$

对两边积分，得

$$\ln|f(x)| = \frac{3}{4}\ln|x| + \ln C_1$$

整理得所求曲线为

$$f(x) = C|x|^{\frac{3}{4}} \quad (C\text{ 为任意常数})$$

由上述结论可知,满足条件的曲线有无穷多条,它们构成一个曲线族,将该曲线族称为**椭圆族 $\frac{x^2}{3} + \frac{y^2}{4} = C$ 的正交曲线族**.

有些方程本身虽然不是变量可分离方程,但通过适当变换,也可以化为变量可分离方程.

例 4　求微分方程 $x\dfrac{\mathrm{d}y}{\mathrm{d}x} + x + \tan(x+y) = 0$ 的通解.

解　令 $u = x + y$,则 $\dfrac{\mathrm{d}u}{\mathrm{d}x} = 1 + \dfrac{\mathrm{d}y}{\mathrm{d}x}$,代入原方程,得

$$x\frac{\mathrm{d}u}{\mathrm{d}x} + \tan u = 0$$

分离变量,得

$$-\frac{\cos u\, \mathrm{d}u}{\sin u} = \frac{\mathrm{d}x}{x}$$

对两边积分,得

$$-\ln|\sin u| = \ln|x| + \ln|C|$$

即

$$Cx\sin u = 1$$

将 $u = x + y$ 代入上式,得原方程通解为

$$Cx\sin(x+y) = 1$$

7.2.2　齐次方程

形如

$$\frac{\mathrm{d}y}{\mathrm{d}x} = f\left(\frac{y}{x}\right) \tag{7-17}$$

的一阶微分方程称为**齐次方程**,其中 $f(t)$ 为连续函数.

在齐次方程(7-17)中,作变量代换,令 $u = \dfrac{y}{x}$,则

$$y = ux, \quad \frac{\mathrm{d}y}{\mathrm{d}x} = x\frac{\mathrm{d}u}{\mathrm{d}x} + u$$

将上面两式代入方程(7-17),得

$$x\frac{\mathrm{d}u}{\mathrm{d}x} + u = f(u) \tag{7-18}$$

方程(7-18)为变量可分离方程,分离变量后,化为

$$\frac{\mathrm{d}u}{f(u) - u} = \frac{\mathrm{d}x}{x}$$

对两端积分

$$\int \frac{\mathrm{d}u}{f(u)-u} = \int \frac{\mathrm{d}x}{x}$$

求出积分后，再用 $\frac{y}{x}$ 代替 u，由此就可得齐次方程(7-17)的通解．

例 5 求方程 $\frac{\mathrm{d}y}{\mathrm{d}x} = \frac{y}{x} - \cot\frac{y}{x}$ 的通解．

解 这是一个齐次方程．令 $u = \frac{y}{x}$，则原方程化为

$$u + x\frac{\mathrm{d}u}{\mathrm{d}x} = u - \cot u$$

分离变量，得

$$-\frac{\sin u \, \mathrm{d}u}{\cos u} = \frac{\mathrm{d}x}{x}$$

对两边积分，得

$$\ln|\cos u| = \ln|x| + \ln|C_1|$$

即

$$\cos u = Cx$$

将 $u = \frac{y}{x}$ 代入上式得原方程的通解为

$$\cos\frac{y}{x} = Cx \quad (\text{其中 } C = \pm C_1)$$

例 6 求微分方程 $y^2 + x^2\frac{\mathrm{d}y}{\mathrm{d}x} = xy\frac{\mathrm{d}y}{\mathrm{d}x}$ 的通解．

解 原方程可化为

$$\frac{\mathrm{d}y}{\mathrm{d}x} = \frac{y^2}{xy - x^2}$$

即

$$\frac{\mathrm{d}y}{\mathrm{d}x} = \frac{\left(\frac{y}{x}\right)^2}{\frac{y}{x} - 1}$$

因此原方程可化为齐次方程．令 $\frac{y}{x} = u$，则 $y = ux$，$\frac{\mathrm{d}y}{\mathrm{d}x} = u + x\frac{\mathrm{d}u}{\mathrm{d}x}$，于是原方程化为

$$u + x\frac{\mathrm{d}u}{\mathrm{d}x} = \frac{u^2}{u-1}$$

即

$$x\frac{\mathrm{d}u}{\mathrm{d}x} = \frac{u}{u-1}$$

分离变量,得

$$\left(1 - \frac{1}{u}\right)\mathrm{d}u = \frac{\mathrm{d}x}{x}$$

对两边积分,得

$$u - \ln|u| = \ln|x| + \ln C_1$$

整理得

$$xu = C\mathrm{e}^u \quad (\text{其中 } C = \pm C_1)$$

以 $u = \dfrac{y}{x}$ 代入上式,即可得所给方程的通解

$$y = C\mathrm{e}^{\frac{y}{x}}$$

例 7 求方程 $x\mathrm{d}y = y(1 - \ln y + \ln x)\mathrm{d}x$ 满足初始条件 $y\big|_{x=1} = \mathrm{e}$ 的特解.

解 原方程可化为齐次方程

$$\frac{\mathrm{d}y}{\mathrm{d}x} = \frac{y}{x}\left(1 - \ln\frac{y}{x}\right)$$

令 $u = \dfrac{y}{x}$,则原方程化为

$$x\frac{\mathrm{d}u}{\mathrm{d}x} + u = u(1 - \ln u)$$

分离变量,得

$$\frac{\mathrm{d}u}{u\ln u} = -\frac{\mathrm{d}x}{x}$$

对两端积分,得

$$\ln|\ln u| = -\ln x + \ln C_1$$

即

$$u = \mathrm{e}^{\frac{C}{x}} \quad (C = \pm C_1)$$

故原方程的通解为

$$y = x\mathrm{e}^{\frac{C}{x}}$$

将初始条件 $y\big|_{x=1} = \mathrm{e}$ 代入通解中,得 $C = 1$,则所求特解为

$$y = x\mathrm{e}^{\frac{1}{x}}$$

习题 7.2

1. 求下列微分方程的通解：

   (1) $\sqrt{1-y^2} = 3x^2 yy'$.

   (2) $y' = e^{x+y}$.

   (3) $(1+y)dx + (x-1)dy = 0$.

   (4) $xy' - y\ln y = 0$.

   (5) $(y+1)^2 y' + x^3 = 0$.

   (6) $(1+x)y' + 1 = 2e^{-y}$.

   (7) $(e^{x+y} - e^x)dx + (e^{x+y} + e^y)dy = 0$.

   (8) $\sec^2 x \tan y\, dx + \sec^2 y \tan x\, dy = 0$.

2. 求下列满足初始条件的微分方程的特解：

   (1) $\dfrac{dy}{dx} = 2xy, y\big|_{x=0} = 1$.

   (2) $x^2 dy - y^2 dx = 0, y\big|_{x=1} = 2$.

   (3) $(1+e^x)yy' = e^x, y\big|_{x=0} = 1$.

   (4) $\cos y\, dx + (1+e^{-x})\sin y\, dy = 0, y\big|_{x=0} = \dfrac{\pi}{4}$.

   (5) $dx + y\, dy = x^2 y\, dy, y\big|_{x=2} = 0$.

3. 求微分方程 $y' = (x+y)^2$ 的通解.

4. 求下列微分方程的通解：

   (1) $y\, dx - (y+x)dy = 0$. (2) $x\dfrac{dy}{dx} = y(\ln y - \ln x)$.

   (3) $(x^2 + y^2)dx - xy\, dy = 0$. (4) $\dfrac{dy}{dx} = 2\sqrt{\dfrac{y}{x}} + \dfrac{y}{x}$.

   (5) $y' = -\dfrac{x}{y} + \sqrt{1 + \left(\dfrac{x}{y}\right)^2}$. (6) $(y + \sqrt{x^2 + y^2})dx - x\, dy = 0$.

5. 求下列齐次方程满足所给初始条件的特解：

   (1) $y' = \dfrac{x}{y} + \dfrac{y}{x}, y\big|_{x=1} = 0$. (2) $y' = e^{-\frac{y}{x}} + \dfrac{y}{x}, y\big|_{x=1} = 1$.

6. 一曲线通过点 $(2,3)$，它在两坐标轴之间的任意切线段均被切点所平分，求该曲线的方程.

7.3 一阶线性微分方程

7.3.1 一阶线性微分方程

如果方程中未知函数和未知函数的导数都是一次幂的,称这类方程为**一阶线性微分方程**.这类方程是一类常见且重要的方程,有着广泛的实际应用.

一阶线性微分方程的一般形式是

$$\frac{\mathrm{d}y}{\mathrm{d}x}+P(x)y=Q(x) \tag{7-19}$$

其中 $P(x),Q(x)$ 为已知的连续函数.

若 $Q(x)\equiv 0$,则方程(7-19)化为

$$\frac{\mathrm{d}y}{\mathrm{d}x}+P(x)y=0 \tag{7-20}$$

方程(7-20)称为**一阶线性齐次微分方程**.

若 $Q(x)\neq 0$,则方程(7-19)称为**一阶线性非齐次微分方程**.若方程(7-19)与(7-20)中的 $P(x)$ 是同一个函数,则称方程(7-20)为**与线性非齐次方程(7-19)相对应的线性齐次方程**.

先求线性齐次方程(7-20)的解.

线性齐次方程(7-20)是变量可分离的方程,将它分离变量,得

$$\frac{\mathrm{d}y}{y}=-P(x)\mathrm{d}x$$

对两边积分,得

$$\ln|y|=-\int P(x)\mathrm{d}x+C_1$$

即

$$y=\pm\mathrm{e}^{C_1}\mathrm{e}^{-\int P(x)\mathrm{d}x}$$

令 $C=\pm\mathrm{e}^{C_1}$,则所给线性齐次方程(7-20)的通解为

$$y=C\mathrm{e}^{-\int P(x)\mathrm{d}x} \tag{7-21}$$

下面再讨论线性非齐次方程(7-19)的通解.

由上面的讨论知道,与线性非齐次方程(7-19)相对应的线性齐次方程(7-20)的通解为 $y=C\mathrm{e}^{-\int P(x)\mathrm{d}x}$,其中 C 为任意常数,由于方程(7-19)、(7-20)仅相差等式右边的一个常数项,而其他等式左边的导数项与函数项都相同,由此假设线性非齐次方程(7-19)也有形如式(7-21)的解,但其中的 C 不是常数,而是 x 的函数,即设想线性非齐次方程(7-19)的解为

$$y = C(x)e^{-\int P(x)dx} \tag{7-22}$$

其中 $C(x)$ 为待定的函数,因此将 $y = C(x)e^{-\int P(x)dx}$ 代入方程(7-19)中,由于满足方程(7-19),因此根据等式恒成立,即可确定 $C(x)$,从而得到方程(7-19)的解.

这种将式(7-21)中的常数 C 变为待定函数 $C(x)$,由此求解一阶线性非齐次方程的方法称为**常数变易法**.

对 $y = C(x)e^{-\int P(x)dx}$ 两边求导,得

$$\frac{dy}{dx} = C'(x)e^{-\int P(x)dx} + C(x)e^{-\int P(x)dx}[-P(x)]$$

将 y、$\dfrac{dy}{dx}$ 代入方程(7-19),得

$$C'(x)e^{-\int P(x)dx} = Q(x)$$

即

$$C'(x) = Q(x)e^{\int P(x)dx}$$

对两边积分,得

$$C(x) = \int Q(x)e^{\int P(x)dx}dx + C$$

从而一阶线性非齐次方程的通解为

$$y = e^{-\int P(x)dx}\left(\int Q(x)e^{\int P(x)dx}dx + C\right) \tag{7-23}$$

或

$$y = Ce^{-\int P(x)dx} + e^{-\int P(x)dx}\int Q(x)e^{\int P(x)dx}dx \tag{7-24}$$

由此可见,一阶线性非齐次方程的通解等于对应的一阶线性齐次方程的通解与非齐次方程的一个特解之和.

例1 求微分方程 $y' - 2y = e^x$ 的通解.

解 令 $P(x) = -2, Q(x) = e^x$,代入通解公式(7-23),得原方程的通解为

$$\begin{aligned} y &= e^{-\int P(x)dx}\left(\int Q(x)e^{\int P(x)dx}dx + C\right) \\ &= e^{-\int(-2)dx}\left(\int e^x e^{\int -2dx}dx + C\right) \\ &= e^{2x}(-e^{-x} + C) = Ce^{2x} - e^x \end{aligned}$$

即 $y = Ce^{2x} - e^x$ 为原方程的通解.

例2 求 $xy' + y = x(x^2 + 1)$ 在初始条件 $y\big|_{x=2} = 1$ 下的特解.

解 原方程化为

$$y' + \frac{1}{x}y = x^2 + 1 \qquad (7-25)$$

方程(7-25)是形如方程(7-19)的一阶线性非齐次方程，令 $P(x) = \frac{1}{x}$，$Q(x) = x^2 + 1$，代入通解公式(7-23)，得原方程的通解为

$$\begin{aligned}
y &= e^{-\int P(x)dx}\left(\int Q(x)e^{\int P(x)dx}dx + C_1\right) \\
&= e^{-\int \frac{1}{x}dx}\left(\int (x^2+1)e^{\int \frac{1}{x}dx}dx + C_1\right) \\
&= e^{-\ln|x|}\left(\int (x^2+1)e^{\ln|x|}dx + C_1\right) \\
&= \frac{1}{|x|}\left(\int (x^2+1)|x|dx + C_1\right) \\
&= \frac{1}{x}\left(\int (x^2+1)x\,dx + C\right) \\
&= \frac{1}{x}\left(\frac{1}{4}x^4 + \frac{1}{2}x^2 + C\right) \\
&= \frac{1}{4}x^3 + \frac{1}{2}x + \frac{C}{x}
\end{aligned}$$

即通解为

$$y = \frac{x^3}{4} + \frac{x}{2} + \frac{C}{x} \quad (\text{其中 } C = \pm C_1)$$

将所给初始条件 $y\big|_{x=2} = 1$ 代入通解中，得 $C = -4$，从而所求特解为

$$y = \frac{x^3}{4} + \frac{x}{2} - \frac{4}{x}$$

在一阶微分方程中，x 和 y 的地位是对等的，通常视 y 为未知函数，x 为自变量。求解某些微分方程时，为求解方便，也可视 x 为未知函数，而 y 为自变量。

例 3 求微分方程 $y^2 dx + (xy+1)dy = 0$ 的通解。

解 显然此方程关于 y 不是线性的，若将方程改写为

$$\frac{dx}{dy} + \frac{1}{y}x = -\frac{1}{y^2}$$

则它是关于未知函数 $x(y)$ 的一阶线性方程。令 $P(y) = \frac{1}{y}$，$Q(y) = -\frac{1}{y^2}$，把通解公式(7-23)中的 x 与 y 互换，得微分方程的通解为

$$\begin{aligned}
x &= e^{-\int P(y)dy}\left(\int Q(y)e^{\int P(y)dy}dy + C_1\right) \\
&= e^{-\int \frac{1}{y}dy}\left(\int \left(-\frac{1}{y^2}\right)e^{\int \frac{1}{y}dy}dy + C_1\right)
\end{aligned}$$

$$= e^{-\ln|y|}\left(\int\left(-\frac{1}{y^2}\right)e^{\ln|y|}dy + C_1\right)$$

$$= \frac{1}{|y|}\left(\int\left(-\frac{1}{y^2}\right)|y|dy + C_1\right)$$

$$= \frac{1}{y}\left(\int\left(-\frac{1}{y^2}\right)ydy + C\right)$$

$$= \frac{1}{y}(-\ln|y| + C)$$

因此微分方程的通解为

$$xy + \ln|y| = C$$

7.3.2 伯努利方程

称形如

$$\frac{dy}{dx} + P(x)y = Q(x)y^\alpha \quad (\alpha \neq 0,1) \qquad (7-26)$$

的方程为伯努利(Bernoulli)方程.

由于当 $\alpha = 0$ 时,方程(7-26)为一阶线性非齐次微分方程;当 $\alpha = 1$ 时,方程(7-26)为一阶线性齐次微分方程.因此 $\alpha = 0$ 或 $\alpha = 1$ 时,方程(7-26)的解分别可以由公式(7-23)与(7-21)给出.下面讨论 $\alpha \neq 0,1$ 时,伯努利方程的解法.这里应用换元法将方程(7-26)化为一阶线性非齐次微分方程来解.

当 $\alpha \neq 0,1$ 时,方程(7-26)两边同乘 $y^{-\alpha}$,得

$$y^{-\alpha}\frac{dy}{dx} + P(x)y^{1-\alpha} = Q(x) \qquad (7-27)$$

令 $z = y^{1-\alpha}$,则 $\frac{dz}{dx} = (1-\alpha)y^{-\alpha}\frac{dy}{dx}$,代入式(7-27)中,得

$$\frac{1}{1-\alpha}\frac{dz}{dx} + P(x)z = Q(x)$$

即

$$\frac{dz}{dx} + (1-\alpha)P(x)z = (1-\alpha)Q(x) \qquad (7-28)$$

方程(7-28)是一个关于未知函数为 $z(x)$ 的一阶线性非齐次微分方程,故由公式(7-23)得其通解为

$$z = e^{-\int(1-\alpha)P(x)dx}\left(\int(1-\alpha)Q(x)e^{\int(1-\alpha)P(x)dx}dx + C\right)$$

再用 $z = y^{1-\alpha}$ 回代,即可求得伯努利方程的通解为

$$y^{1-\alpha} = e^{-\int(1-\alpha)P(x)dx}\left(\int(1-\alpha)Q(x)e^{\int(1-\alpha)P(x)dx}dx + C\right) \qquad (7-29)$$

例 4 求 $xy' + y - y^2 \ln x = 0$ 的通解.

解 原方程化为
$$y' + \frac{1}{x}y = y^2 \frac{\ln x}{x}$$

它是形如方程(7-26)的伯努利方程,由方程可知,$\alpha = 2$,则 $1-\alpha = -1$,$x > 0$,由公式(7-29)可得原方程的通解为

$$\begin{aligned}
y^{-1} &= e^{\int \frac{1}{x} dx} \left[\int \left(-\frac{\ln x}{x} \right) e^{\int \left(-\frac{1}{x} \right) dx} dx + C_1 \right] \\
&= e^{\ln|x|} \left[\int \left(-\frac{\ln x}{x} \right) e^{-\ln|x|} dx + C_1 \right] \\
&= |x| \left[\int \left(-\frac{\ln x}{x} \right) \frac{1}{|x|} dx + C_1 \right] \\
&= x \left[\int \left(-\frac{\ln x}{x} \right) \frac{1}{x} dx + C \right] \\
&= x \left[\int \ln x \, d\left(\frac{1}{x} \right) + C \right] \\
&= x \left[\frac{1}{x} \ln x - \int \frac{1}{x^2} dx + C \right] \\
&= x \left(\frac{1}{x} \ln x + \frac{1}{x} + C \right) = \ln x + 1 + Cx
\end{aligned}$$

所以原方程的通解为
$$y = \frac{1}{\ln x + Cx + 1}$$

习题 7.3

1. 求下列微分方程的通解:

(1) $\dfrac{dy}{dx} + y = e^{-x}$.

(2) $y' + y\cos x = e^{-\sin x}$.

(3) $\dfrac{d\rho}{d\theta} + 3\rho = 2$.

(4) $(x-2)\dfrac{dy}{dx} = y + 2(x-2)^3$.

(5) $y' = x + y - 1$.

(6) $y' = \dfrac{y + x\ln x}{x}$.

(7) $x dy + (2x^2 y - e^{-x^2}) dx = 0$.

(8) $(e^y + x)\dfrac{dy}{dx} = 1$.

2. 求下列微分方程满足初始条件的特解:

(1) $\dfrac{dy}{dx} + \dfrac{y}{x} = \dfrac{\cos x}{x}, y\big|_{x=\pi} = 1$.

(2) $\dfrac{\mathrm{d}y}{\mathrm{d}x} + y = \mathrm{e}^{-x}, y\Big|_{x=0} = 1.$

3. 求下列方程的通解:

(1) $xy' = y - x^2 y^2.$

(2) $\dfrac{\mathrm{d}y}{\mathrm{d}x} - y = xy^5.$

(3) $\dfrac{\mathrm{d}y}{\mathrm{d}x} - \dfrac{1}{x}y = x^3 y^{-2}.$

(4) $y\mathrm{d}x - x\mathrm{d}y + y^2 x\mathrm{d}x = 0.$

4. 求方程 $y' + f'(x)y = f(x)f'(x)$ 的通解,其中 $f(x)$、$f'(x)$ 是已知的连续函数.

7.4 可降阶的高阶微分方程

二阶及二阶以上的微分方程称为**高阶微分方程**. 一般而言,高阶微分方程的求解更为困难,而且没有普遍适用的解法. 本节只介绍几种在应用中较常见的可用降阶方法求解的高阶微分方程的解法.

7.4.1 $y^{(n)} = f(x)$ 型的微分方程

形如

$$y^{(n)} = f(x) \qquad (7-30)$$

的 n 阶微分方程,其特点为该方程中仅含两种项:未知函数 y 的 n 阶导数项 $y^{(n)}$ 以及自由项 $f(x)$,这里 $f(x)$ 为仅含自变量 x 的已知函数.

解这类方程的方法是只要连续 n 次积分就可以得到其通解.

例1 求方程 $y''' = x\mathrm{e}^x + 1$ 的通解.

解 这是形如 $y^{(n)} = f(x)$ 的 3 阶微分方程,因此对原方程连续三次积分,得

$$y'' = (x-1)\mathrm{e}^x + x + C_1$$

$$y' = (x-2)\mathrm{e}^x + \dfrac{1}{2}x^2 + C_1 x + C_2$$

$$y = (x-3)\mathrm{e}^x + \dfrac{1}{6}x^3 + \dfrac{C_1}{2}x^2 + C_2 x + C_3$$

这就是所求的通解. 如果记上式中 $\dfrac{C_1}{2} = C$,则所求方程的通解可表示为

$$y = (x-3)\mathrm{e}^x + \dfrac{1}{6}x^3 + Cx^2 + C_2 x + C_3$$

其中 C、C_2、C_3 为三个任意常数.

7.4.2 $y'' = f(x, y')$ 型的微分方程

形如

$$y'' = f(x, y') \tag{7-31}$$

的微分方程,其特点为 $y'' = f(x, y')$ 中不出现未知函数 y 的项,未知函数 y 是以 y'、y'' 的形式出现. 因此该方程这一特点也称为**方程中不显含 y**.

解法:利用换元法将 y' 作为新的因变量,即将原方程化为关于 $p = y'$ 的一阶微分方程求解. 令 $y' = p(x)$,则 $y'' = p'$,于是可将其化成一阶微分方程 $p' = f(x, p)$. 利用一阶微分方程的解法求出该方程的通解 $p = g(x, C_1)$,再回代得到 $y' = g(x, C_1)$,最后用积分方法即可求出原方程的通解为

$$y = h(x, C_1, C_2)$$

例 2 求方程 $xy'' + y' = 0$ 的通解.

解 该方程为 $y'' = f(x, y')$ 型(或不显含 y)的方程,令 $y' = p(x)$,则 $y'' = p'(x)$,代入原方程得 $xp' + p = 0$,分离变量得

$$\frac{\mathrm{d}p}{p} = -\frac{\mathrm{d}x}{x}$$

对上式两边积分得

$$\ln|p| = -\ln|x| + \ln|C_1'|$$

即 $p = \dfrac{C_1}{x}(C_1 = \pm C_1')$,将 $y' = p(x)$ 回代得 $y' = \dfrac{C_1}{x}$,再对两边积分即可得原方程的通解为

$$y = C_1 \ln|x| + C_2 \quad (C_1、C_2 \text{ 为任意常数})$$

例 3 求 $x^2 y'' - (y')^2 = 0$ 的过点 $(1,1)$ 且在该点与直线 $y = 2x - 1$ 相切的积分曲线.

解 微分方程中不显含 y,令 $y' = p(x)$,则 $y'' = p'$,代入原方程中,化为

$$x^2 p' = p^2$$

这是一个伯努利方程,由于该伯努利方程中 $\alpha = 2, 1 - \alpha = -1$,令 $p^{-1} = z$,故原方称化为

$$z' = \frac{-1}{x^2}$$

对上式两边积分,解得 $z = \dfrac{1}{x} + C_1$,将 $p^{-1} = z$ 回代,有

$$p^{-1} = x^{-1} + C_1 \tag{7-32}$$

因为它和直线 $y = 2x - 1$ 在点 $(1,1)$ 相切,所以在该点处的导数等于切线 $y = 2x - 1$ 的斜率,即有 $y'\big|_{x=1} = p\big|_{x=1} = 2$ 的初始条件,代入方程(7-32)可得出 $C_1 = -\dfrac{1}{2}$,于是方程(7-32)化为

$$y' = \frac{2x}{2-x}$$

对两边积分,得

$$y = \int \frac{2x}{2-x} dx = \int \frac{2x-4+4}{2-x} dx$$
$$= \int \left(-2 - \frac{4}{x-2}\right) dx$$
$$= -2x - 4\ln|x-2| + C_2$$

又因为该曲线经过 $(1,1)$ 点,于是可得 $C_2 = 3$,从而所求的曲线为

$$y = -2x - 4\ln|x-2| + 3$$

例 4　悬链线问题　有一根柔软且质量均匀分布的线,两端悬挂在两个固定点,在重力作用下处于平衡状态,则该细线构成的轨迹称为悬链线. 求该悬链线的数学表达式.

解　根据力学原理,对悬挂在两固定点、柔软且质量均匀的曲线上的任意点进行受力分析,建立悬链线方程,求得悬链线的数学表达式,并说明悬链线不是抛物线,只有在悬链线顶点附近才近似于抛物线.

设悬链线的最低点为 A,悬链线的线密度为 ρ,取 y 轴为通过点 A 铅直向上,并取 x 轴为水平向右,建立如图 7-2 所示的直角坐标系,且 OA 为常数. 设悬链线的方程为 $y = y(x)$. 任取悬链线上另一点 $M(x,y)$,设点 A 到点 $M(x,y)$ 的弧长为 s,则 AM 的重量为 ρgs. 由于悬链线是柔软的,因此在点 A 处的张力沿水平的切线方向,其大小设为 H. 在点 $M(x,y)$ 处的张力沿该点的切线方向,设其倾角为 θ,其大小为 T. 因作用于 AM 弧的外力相互平衡,把作用于 AM 弧上的力沿铅直、水平方向分解,得

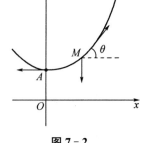

图 7-2

$$T\sin\theta = \rho gs, \quad T\cos\theta = H$$

将上面两式相除,得

$$\tan\theta = \frac{1}{a}s \quad \left(\diamondsuit\, a = \frac{H}{\rho g}\right)$$

由于

$$\tan\theta = y', \quad s = \int_0^x \sqrt{1+y'^2}\, dx$$

所以

$$y' = \frac{1}{a}\int_0^x \sqrt{1+y'^2}\, dx$$

对两端求导,得

$$y'' = \frac{1}{a}\sqrt{1+y'^2}$$

这就是悬链线所满足的微分方程.

取 $OA = a$,则初始条件为

$$y\Big|_{x=0} = a, \quad y'\Big|_{x=0} = 0$$

令 $y' = p(x)$,得

$$p' = \frac{1}{a}\sqrt{1+p^2}$$

分离变量,得

$$\frac{\mathrm{d}p}{\sqrt{1+p^2}} = \frac{1}{a}\mathrm{d}x$$

对两边积分,得

$$\ln(p+\sqrt{1+p^2}) = \frac{a}{x} + C_1$$

由 $y'\Big|_{x=0} = 0$,得 $C_1 = 0$,于是

$$p = \mathrm{sh}\frac{x}{a}, \quad 即\ y' = \mathrm{sh}\frac{x}{a}$$

对两边积分,得

$$y = a\mathrm{ch}\frac{x}{a} + C_2$$

由 $y\Big|_{x=0} = a$,得 $C_2 = 0$,所以

$$y = a\mathrm{ch}\frac{x}{a} = \frac{a}{2}(\mathrm{e}^{\frac{x}{a}} + \mathrm{e}^{-\frac{x}{a}})$$

历史上的这一个著名问题最初是在 1690 年由詹姆斯·伯努利(James Bernoulli)提出的,曾经有人猜测这条曲线是抛物线,但后来发现不对.最后由伯努利家族的约翰·伯努利(John Bernoulli)于1691年解决了这个问题,莱布尼茨把它命名为**悬链线**,它在工程中的应用很广泛.

从悬链线的数学表达式易知它不是抛物线.可以证明,当 x 很小时,$y = a\mathrm{ch}\frac{x}{a} \approx a + \frac{x^2}{a}$,故悬链线在顶点附近近似于一条抛物线.因此,在工程中,就经常用抛物线来近似代替悬链线.

7.4.3 $y'' = f(y, y')$ 型的微分方程

形如

$$y'' = f(y, y') \tag{7-33}$$

的二阶微分方程,其特点为 $y'' = f(y, y')$ 中不出现自变量 x 的项,自变量 x 是以 $y' = \dfrac{\mathrm{d}y}{\mathrm{d}x}, y'' = \dfrac{\mathrm{d}^2 y}{\mathrm{d}x^2}$ 的形式出现. 因此该方程这一特点也称为**方程不显含自变量 x**.

解法:利用换元法将 y' 作为新的因变量,而将 y 作为新的自变量. 由复合函数关系

$$y'(x) = y'(x(y)) = p(y)$$

即可将原方程化为关于 $p(y)$ 的一阶微分方程求解. 具体做法:令 $y' = p(y)$,并将 y 看作自变量,则

$$y'' = \frac{\mathrm{d}y'}{\mathrm{d}x} = \frac{\mathrm{d}p}{\mathrm{d}x} = \frac{\mathrm{d}p}{\mathrm{d}y}\frac{\mathrm{d}y}{\mathrm{d}x} = p\frac{\mathrm{d}p}{\mathrm{d}y}$$

代入原方程后,原方程化为

$$p\frac{\mathrm{d}p}{\mathrm{d}y} = f(y, p) \tag{7-34}$$

得到 p 关于 y 的一阶微分方程,即将 y 看作自变量,p 作为 y 的函数,用一阶微分方程的解法便可以求得方程(7-34)的通解,并设它为

$$p = g(y, C_1), \text{即} \frac{\mathrm{d}y}{\mathrm{d}x} = g(y, C_1)$$

分离变量,得

$$\frac{\mathrm{d}y}{g(y, C_1)} = \mathrm{d}x$$

对两边积分,得原方程的通解为 $y = h(x, C_1, C_2)$.

例 5 求微分方程 $y'' + \dfrac{2}{1-y}y'^2 = 0$ 的通解.

解 该方程不显含自变量 x. 令 $y' = p(y)$,则 $y'' = p\dfrac{\mathrm{d}p}{\mathrm{d}y}$,于是原方程可化为

$$p\frac{\mathrm{d}p}{\mathrm{d}y} + \frac{2}{1-y}p^2 = 0$$

即

$$\frac{\mathrm{d}p}{\mathrm{d}y} + \frac{2}{1-y}p = 0$$

分离变量,得

$$\frac{\mathrm{d}p}{p} = \frac{2}{y-1}\mathrm{d}y$$

对两边积分,得

$$\ln|p| = 2\ln|y-1| + \ln C_1'$$

整理得其通解为

7 微分方程

$$p = C_1(y-1)^2$$

即 $\dfrac{dy}{dx} = C_1(y-1)^2$，将它变量分离为

$$\frac{dy}{(y-1)^2} = C_1 dx$$

对两边积分得通解为

$$-\frac{1}{y-1} = C_1 x + C_2$$

即 $y = 1 - \dfrac{1}{C_1 x + C_2}$，故原方程的通解为

$$y = 1 - \frac{1}{C_1 x + C_2}$$

例 6 求方程 $y'' = 2y$ 满足初始条件 $y(0) = \dfrac{1}{\sqrt{2}}$，$y'(0) = 1$ 的特解.

解 该方程不显含自变量 x. 令 $p(y) = y'$，则 $y'' = p\dfrac{dp}{dy}$，代入原方程得

$$p\frac{dp}{dy} = 2y$$

分离变量，得

$$p \, dp = 2y \, dy$$

对两边积分，得

$$\frac{1}{2} p^2 = y^2 + C_1$$

由 $y(0) = \dfrac{1}{\sqrt{2}}$，$y'(0) = 1$，得 $C_1 = 0$，于是

$$p = \pm\sqrt{2}\, y$$

由 $y'(0) = 1$ 知

$$p = \sqrt{2}\, y$$

即

$$\frac{dy}{dx} = \sqrt{2}\, y$$

分离变量后得方程

$$\frac{dy}{y} = \sqrt{2}\, dx$$

对两边积分，得

$$\ln|y| = \sqrt{2}\, x + C$$

即

$$y = C_2 \mathrm{e}^{\sqrt{2}x}$$

由 $y(0) = \dfrac{1}{\sqrt{2}}$，得 $C_2 = \dfrac{1}{\sqrt{2}}$，从而所求特解为

$$y = \dfrac{1}{\sqrt{2}} \mathrm{e}^{\sqrt{2}x}$$

习题 7.4

1. 求下列各微分方程的通解：

(1) $y''' = \mathrm{e}^{2x} - \cos x$.　　　　　(2) $y''' = \sin x - 120x$.

(3) $y'' = y' + x$.　　　　　　　(4) $y'' - y = \mathrm{e}^x + 1$.

(5) $x^3 y'' + x^2 y' = 1$.　　　　　(6) $xy'' = y' \ln \dfrac{y'}{x}$.

(7) $yy'' - (y')^2 = 0$.　　　　　　(8) $yy'' + y'^2 = 0$.

2. 求下列各微分方程满足所给初始条件的特解：

(1) $y''' = \mathrm{e}^x + x^2, y(0) = 1, y'(0) = 0, y''(0) = 3$.

(2) $y'' = \dfrac{x}{y}, y(1) = -1, y'(1) = 1$.

(3) $y'' - \dfrac{1}{x} y' = x^2, y\big|_{x=1} = y'\big|_{x=1} = 1$.

(4) $y'' = \mathrm{e}^{2y}, y(1) = 0, y'(1) = 1$.

3. 试求 $y'' = x$ 的经过点 $M(0,1)$ 且在此点与直线 $y = \dfrac{x}{2} + 1$ 相切的积分曲线.

7.5　二阶线性微分方程的解结构

在微分方程中，如果对于未知函数及其各阶导数都是一次的，则称该方程为线性微分方程. 特别地，二阶线性微分方程的一般形式为

$$y'' + P(x) y' + Q(x) y = f(x) \tag{7-35}$$

其中 $p(x)$、$q(x)$、$f(x)$ 均为已知函数. 若方程(7-35)中的 $f(x) \neq 0$，则也称方程(7-35)为**二阶线性非齐次微分方程**，其中 $f(x)$ 称为**线性非齐次方程的自由项**；若方程(7-35)中的 $f(x) \equiv 0$，则方程(7-35)变为

$$y'' + P(x) y' + Q(x) y = 0 \tag{7-36}$$

则称方程(7-36)为**二阶线性齐次微分方程**. 当方程(7-35)与(7-36)中等式左边的项相同时，称方程(7-36)是与方程(7-35)对应的二阶线性齐次微分方程.

特别地，方程(7-35)与(7-36)中 $P(x)$、$Q(x)$ 分别取为常数 p、q 时，方程

(7-35)与(7-36)分别为
$$y'' + py' + qy = f(x) \quad (f(x) \neq 0) \tag{7-37}$$
$$y'' + py' + qy = 0 \tag{7-38}$$

称方程(7-37)为**二阶常系数线性非齐次微分方程**.称方程**(7-38)为二阶常系数线性齐次微分方程**.

下面讨论二阶线性微分方程的解的性质.其性质可类推到更高阶的线性微分方程上.

先讨论二阶线性齐次微分方程的解的性质.

7.5.1 二阶线性齐次微分方程的解结构

例 1 求微分方程 $y'' - y' = 0$ 的通解.

解 令 $y' = z$,则 $y'' = z'$,代入原方程可化为 $z' - z = 0$,分离变量得
$$\frac{\mathrm{d}z}{z} = \mathrm{d}x$$

对上式两边积分得
$$\ln|z| = x + C_1', \text{ 即 } z = C_1 \mathrm{e}^x, \text{ 即 } y' = C_1 \mathrm{e}^x$$

对上式两边积分得原方程的通解为
$$y = C_1 \mathrm{e}^x + C_2$$

容易验证,$y_1 = \mathrm{e}^x$、$y_2 = 1$ 都是原方程的特解.因此,原方程的通解可改为
$$y = C_1 y_1 + C_2 y_2$$

即 y 是 y_1 和 y_2 的线性组合.

例 1 中的二阶线性齐次微分方程的通解是该方程的两个特解的线性组合.通解的这种结构对二阶线性齐次微分方程是否具有一般性呢?下面的两个定理可以给出答案.

定理 1 若 $y_1(x), y_2(x)$ 是二阶线性齐次微分方程(7-36)的两个解,则
$$y = C_1 y_1(x) + C_2 y_2(x) \quad (C_1、C_2 \text{ 是任意常数}) \tag{7-39}$$
也是方程(7-36)的解.

证 因为
$$y' = [C_1 y_1 + C_2 y_2]' = C_1 y_1' + C_2 y_2'$$
$$y'' = [C_1 y_1 + C_2 y_2]'' = C_1 y_1'' + C_2 y_2''$$

又因为 y_1 与 y_2 是方程 $y'' + P(x)y' + Q(x)y = 0$ 的解,因此有下面两式成立:
$$y_1'' + P(x) y_1' + Q(x) y_1 = 0$$

及
$$y_2'' + P(x) y_2' + Q(x) y_2 = 0$$

从而
$$y'' + P(x)y' + Q(x)y$$
$$= [C_1 y_1 + C_2 y_2]'' + P(x)[C_1 y_1 + C_2 y_2]' + Q(x)[C_1 y_1 + C_2 y_2]$$
$$= C_1 y_1'' + C_2 y_2'' + P(x)[C_1 y_1' + C_2 y_2'] + Q(x)[C_1 y_1 + C_2 y_2]$$
$$= C_1 [y_1'' + P(x)y_1' + Q(x)y_1] + C_2 [y_2'' + P(x)y_2' + Q(x)y_2]$$
$$= 0$$

故 $y = C_1 y_1(x) + C_2 y_2(x)$ 也是方程 $y'' + P(x)y' + Q(x)y = 0$ 的解.

定理 1 也称为**线性齐次方程的解的叠加原理**.

由定理 1 可知,二阶线性齐次微分方程的解的线性组合也是该方程的解. 但式(7-39)是不是方程(7-36)的通解呢?事实上如果 $y_1(x)$ 是方程(7-36)的一个解,由定理 1 可知,$y_2(x) = 2 y_1(x)$ 也是方程(7-36)的解,因此它们的线性组合
$$y = C_1 y_1(x) + 2 C_2 y_1(x)$$
即
$$y = C y_1(x) \quad (C = C_1 + 2 C_2)$$

也是方程(7-36)的解. 但由于上式中只有一个任意常数,因此 $y = C_1 y_1(x) + 2 C_2 y_1(x)$ 不是方程(7-36)的通解. 那么在什么情形下,式(7-39)才是方程(7-36)的通解呢?我们知道如果当式(7-39)中的两个任意常数的是独立存在的,则式(7-39)就是方程(7-36)的通解. 为此,下面引进函数的线性相关与线性无关概念.

定义 设 $y_1(x), y_2(x), \cdots, y_n(x)$ 为定义在区间 I 上的 n 个一元函数,如果存在不全为零的 n 个常数 $k_1, k_2, \cdots, k_n$,使得
$$k_1 y_1(x) + k_2 y_2(x) + \cdots + k_n y_n(x) \equiv 0 \quad (x \in I)$$
成立,则称 $y_1(x), y_2(x), \cdots, y_n(x)$ 在该区间 I 上线性相关,否则称它们线性无关.

例如,当 $x \in (-\infty, +\infty)$ 时,e^x、e^{-x}、e^{2x} 线性无关,而 1、$\cos^2 x$、$\sin^2 x$ 线性相关(因为 $\sin^2 x + \cos^2 x - 1 = 0$). 特殊地,两个函数 $y_1(x)$、$y_2(x)$ 线性无关的充要条件是在 I 上有 $\frac{y_1(x)}{y_2(x)} \neq$ 常数,例如因为当 $x \in (-\infty, +\infty)$ 时 $\frac{\sin x}{\cos x} \neq$ 常数,所以 $\sin x$、$\cos x$ 在 $(-\infty, +\infty)$ 上线性无关.

有了函数线性无关的概念,就可以给出下面的定理.

定理 2 如果 $y_1(x)$ 与 $y_2(x)$ 是线性齐次方程(7-36)的两个线性无关的特解,那么
$$y = C_1 y_1(x) + C_2 y_2(x) \quad (C_1 、 C_2 \text{ 是任意常数}) \tag{7-40}$$
就是方程(7-36)的通解.

例 2 验证 $y_1 = 1, y_2 = e^{2x}$ 是方程 $y'' - 2y' = 0$ 的线性无关解,并写出其通解.

解 因为 $\dfrac{1}{e^{2x}} = e^{-2x} \neq$ 常数，所以 $y_1 = 1, y_2 = e^{2x}$ 在 $(-\infty, +\infty)$ 内是线性无关的. 又

$$y_1'' - 2y_1' = 0 - 0 = 0$$
$$y_2'' - 2y_2' = 4e^{2x} - 2 \cdot 2e^{2x} = 0$$

因此 $y_1 = 1, y_2 = e^{2x}$ 是方程的两个线性无关解. 由定理 2 知，原方程的通解为

$$y = C_1 + C_2 e^{2x}$$

下面再讨论二阶线性非齐次微分方程的解的性质.

7.5.2 二阶线性非齐次微分方程的解结构

对于二阶线性非齐次微分方程(7-35)的解有下面的结论.

定理 3 设 y^* 是二阶线性非齐次方程(7-35)的一个特解，$\bar{y}$ 是它对应的齐次方程(7-36)的通解，那么 $y = \bar{y} + y^*$ 是二阶线性非齐次微分方程(7-35)的通解.

证 因为 y^* 与 $\bar{y}$ 分别是方程(7-35)和(7-36)的解，所以有

$$(y^*)'' + P(x)(y^*)' + Q(x)y^* = f(x)$$
$$\bar{y}'' + P(x)\bar{y}' + Q(x)\bar{y} = 0$$

又因为 $y' = \bar{y}' + (y^*)', y'' = \bar{y}'' + (y^*)''$，所以有

$$y'' + P(x)y' + Q(x)y = (\bar{y}'' + (y^*)'') + P(x)(\bar{y}' + (y^*)') + Q(x)(\bar{y} + y^*)$$
$$= [\bar{y}'' + P(x)\bar{y}' + Q(x)\bar{y}] + [(y^*)'' + P(x)(y^*)'$$
$$+ Q(x)y^*]$$
$$= f(x)$$

这说明 $y = \bar{y} + y^*$ 是方程(7-35)的解，又因为 $\bar{y}$ 是(7-36)的通解，所以 $\bar{y}$ 中含有两个独立的任意常数，$y = \bar{y} + y^*$ 中也含有两个独立的任意常数，从而它是二阶线性非齐次方程(7-35)的通解.

定理 3 给出了二阶线性非齐次方程的通解结构，由于定理 2 已经给出了线性齐次方程的通解结构，因此求二阶线性非齐次方程的一个特解就成了求它的通解的关键.

例 3 求微分方程 $y'' - y = x$ 的通解.

解 方程 $y'' - y = 0$ 是与原方程相对应的二阶线性齐次方程，观察可知，e^x、e^{-x} 是其两个线性无关解，因此其通解为

$$\bar{y} = C_1 e^x + C_2 e^{-x}$$

又容易验证 $y^* = -x$ 是原方程的一个特解，由定理 3 知，原方程的通解为

$$y = C_1 e^x + C_2 e^{-x} - x$$

非齐次方程的解与相对应的齐次方程的解有如下的关系.

定理 4 设 $y_1(x)$、$y_2(x)$ 均为线性非齐次方程(7-35)的解,则
$$y = y_1(x) - y_2(x)$$
是与之相对应的齐次方程(7-36)的解.

证 因为 $y_1(x)$、$y_2(x)$ 均为线性非齐次方程(7-35)的解,所以有
$$y_1'' + P(x)y_1' + Q(x)y_1 = f(x)$$
$$y_2'' + P(x)y_2' + Q(x)y_2 = f(x)$$
于是
$$(y_1 - y_2)'' + P(x)(y_1 - y_2)' + Q(x)(y_1 - y_2)$$
$$= [y_1'' + P(x)y_1' + Q(x)y_1] - [y_2'' + P(x)y_2' + Q(x)y_2]$$
$$= f(x) - f(x) = 0$$
因此 $y = y_1(x) - y_2(x)$ 是方程(7-36)的解.

当非齐次方程的自由项 $f(x)$ 为几个函数之和时,其特解满足下面的解的性质.

定理 5 设非齐次方程(7-35)的自由项 $f(x)$ 是几个函数之和,如
$$y'' + P(x)y' + Q(x)y = f_1(x) + f_2(x) \tag{7-41}$$
而 y_1^* 与 y_2^* 分别是方程
$$y'' + P(x)y' + Q(x)y = f_1(x)$$
与
$$y'' + P(x)y' + Q(x)y = f_2(x)$$
的特解,那么 $y = y_1^* + y_2^*$ 就是方程(7-41)的特解.

证 将 $y_1^* + y_2^*$ 代入方程(7-41)的左端,得
$$(y_1^* + y_2^*)'' + P(x)(y_1^* + y_2^*)' + Q(x)(y_1^* + y_2^*)$$
$$= [(y_1^*)'' + P(x)(y_1^*)' + Q(x)(y_1^*)] + [(y_2^*)'' + P(x)(y_2^*)'$$
$$\quad + Q(x)(y_2^*)]$$
$$= f_1(x) + f_2(x)$$
所以 $y_1^* + y_2^*$ 是方程(7-41)的一个特解.

定理 5 称为**线性非齐次方程的解的叠加原理**.

例 4 已知 $y_1 = 1 - x, y_2 = e^x + 1, y_3 = x + e^x + 1$ 是某二阶线性非齐次微分方程的三个解,求该方程的通解.

解 由于 y_1、y_2、y_3 均为某二阶线性非齐次方程的解,由定理 4 知
$$y_3 - y_2 = x, \quad y_2 - y_1 = e^x + x$$
都是与该方程相对应的齐次方程的解,且这两个解线性无关,从而
$$\bar{y} = C_1 x + C_2 (x + e^x)$$
是对应的齐次方程的通解,故原方程的通解为

$$y = C_1 x + C_2(x + e^x) + e^x + 1$$

关于二阶线性齐次、非齐次微分方程的通解结构的结论都可以推广到 n 阶线性齐次、非齐次方程的情形,这里不再一一赘述.

习题 7.5

1. 下列函数组哪些是线性相关的?哪些是线性无关的?
(1) e^{2x}, e^{-2x}.
(2) $1, \sin^2 t, \cos^2 t, e^t$.
(3) $\ln t, \ln t^2 (t > 0)$.
(4) $4-t, 2t-3, 6t+8$.

2. 试问下列函数是不是方程 $y'' + y = 0$ 的解?是不是通解?为什么?
(1) $y = C(\sin x + \cos x)$ (C 为任意常数).
(2) $y = \cos k \sin x + \sin k \cos x$ (k 为任意常数).

3. 验证:
(1) 函数 $y = C_1 \cos x + C_2 \sin x + x^2 - 2$ 是方程 $y'' + y = x^2$ 的通解.

(2) 函数 $x = C_1 + C_2 t^2 + \frac{1}{3} t^3$ 是方程 $tx'' - x' = t^2$ 的通解.

(3) 函数 $y = C_1 e^x + C_2 e^{2x} + \frac{1}{12} e^{5x}$ (C_1, C_2 是任意常数) 是方程 $y'' - 3y' + 2y = e^{5x}$ 的通解.

4. 验证 $y_1 = e^x$ 及 $y_2 = xe^x$ 都是方程 $y'' - 2y' + y = 0$ 的解,并写出该方程的通解.

5. 设 $y_1 = xe^x + e^{2x}, y_2 = xe^x + e^{-x}, y_3 = xe^x + e^{2x} - e^{-x}$ 是某二阶线性非齐次方程的解,求该方程的通解.

6. 已知微分方程 $y'' + p(x) y' + q(x) y = f(x)$ 有三个解 $y_1 = x, y_2 = e^x, y_3 = e^{2x}$,求此方程满足初始条件 $y(0) = 1, y'(0) = 3$ 的特解.

7.6 二阶常系数线性齐次微分方程

在前面我们已经介绍了二阶线性微分方程通解的结构,本节重点讨论二阶常系数线性齐次微分方程

$$y'' + py' + qy = 0 \qquad (7-42)$$

(其中 p、q 均为常数) 的解法.

根据线性齐次方程解的结构定理知道,只要找出方程(7-42)的两个线性无关的特解 y_1 与 y_2,即可得方程(7-42)的通解 $y = C_1 y_1 + C_2 y_2$. 下面求方程(7-42)

的两个线性无关的特解.

观察方程(7-42)的特点,其左端为 y''、py' 与 qy 三项之和,而右端为零,怎样的函数具有这个特点呢?我们想到,如果其二阶、一阶导数和该函数本身都是倍数关系,则有可能合并为零.事实上,满足这个要求的函数显然是指数函数,因此我们尝试将 $y = e^{rx}$ 看作方程(7-42)的特解,这里 r 是待定常数.下面寻找 r,使 $y = e^{rx}$ 是方程(7-42)的特解.

将 $y = e^{rx}$,$y' = re^{rx}$,$y'' = r^2 e^{rx}$ 代入方程(7-42),得

$$e^{rx}(r^2 + pr + q) = 0$$

因为 $e^{rx} \neq 0$,故必有

$$r^2 + pr + q = 0 \tag{7-43}$$

这是一个未知数为 r 的一元二次代数方程,它有如下两个不相等的实根:

$$r_{1,2} = \frac{-p \pm \sqrt{p^2 - 4q}}{2}$$

因此,只要 r_1、r_2 是代数方程(7-43)的根,则 $y_1 = e^{r_1 x}$,$y_2 = e^{r_2 x}$ 就是微分方程(7-42)的两个特解.而且由于 $\frac{y_2}{y_1} = \frac{e^{r_2 x}}{e^{r_1 x}} = e^{(r_1 - r_2)x} \neq 0$,因此它们是线性无关的两个特解,于是微分方程(7-42)的通解为 $y = C_1 y_1 + C_2 y_2$.由此微分方程(7-42)的求解问题就转化为代数方程(7-43)的求根问题了.代数方程(7-43)称为**微分方程(7-42)的特征方程**,它的根称为**特征根**.

下面对特征方程(7-43)分三种不同的情形来讨论其对应的微分方程(7-42)的通解.

1) 特征方程有两个相异实根的情形

若 $p^2 - 4q > 0$,则

$$r_1 = \frac{-p + \sqrt{p^2 - 4q}}{2}, \quad r_2 = \frac{-p - \sqrt{p^2 - 4q}}{2}$$

为特征方程(7-43)的两个相异实根,这时 $y_1 = e^{r_1 x}$ 与 $y_2 = e^{r_2 x}$ 就是微分方程(7-42)对应的两个特解.

又因为

$$\frac{y_1}{y_2} = \frac{e^{r_1 x}}{e^{r_2 x}} = e^{(r_1 - r_2)x} \neq 常数$$

因此 y_1、y_2 线性无关,故微分方程(7-42)的通解为

$$y = C_1 e^{r_1 x} + C_2 e^{r_2 x}$$

例1 求微分方程 $y'' - 4y' + 3y = 0$ 的通解.

解 所给方程的特征方程为

$$r^2 - 4r + 3 = 0$$

解得

$$r_1 = 1, \quad r_2 = 3$$

故所给方程的通解为

$$y = C_1 e^x + C_2 e^{3x}$$

2) 特征方程有两个相等实根的情形

若 $p^2 - 4q = 0$,则特征方程(7-43)有两个相等的实根:$r = r_1 = r_2 = -\dfrac{p}{2}$,这时只得到微分方程(7-42)的一个特解 $y_1 = e^{rx}$,因此要求微分方程(7-42)的通解,还需要找微分方程(7-42)的与 y_1 线性无关的另一个特解 y_2. 利用 y_1 与 y_2 线性无关,可知 $\dfrac{y_2}{y_1} \neq$ 常数,则必有 $\dfrac{y_2}{y_1} = u(x)$,即 $y_2 = u(x)y_1 = u(x)e^{rx}$,其中 $u(x)$ 为待定函数,

$$y_2 = u(x)y_1 = u(x)e^{rx}$$
$$y_2' = e^{rx}(u' + ru)$$
$$y_2'' = e^{rx}(u'' + 2ru' + r^2 u)$$

将 y_2、y_2'、y_2'' 代入微分方程(7-42)得

$$e^{rx}[(u'' + 2ru' + r^2 u) + p(u' + ru) + qu] = 0$$

由于对任意的 r,$e^{rx} \neq 0$,因此

$$[u'' + (2r+p)u' + (r^2 + pr + q)u] = 0 \qquad (7\text{-}44)$$

因为 r 是特征方程的二重根,故有

$$r^2 + pr + q = 0, \quad 2r + p = 0$$

于是,式(7-44)化为

$$u'' = 0$$

解得 $u = ax + b$,取满足上述方程的简单的函数 $u = x$(这里,令 $a = 1, b = 0$),从而 $y_2 = xe^{rx}$ 是微分方程(7-42)的一个与 $y_1 = e^{rx}$ 线性无关的特解. 故微分方程(7-42)的通解为

$$y = C_1 e^{rx} + C_2 x e^{rx} = (C_1 + C_2 x)e^{rx}$$

例 2 求微分方程 $\dfrac{d^2 s}{dt^2} + 4\dfrac{ds}{dt} + 4s = 0$ 满足初始条件 $s\big|_{t=0} = 1, s'\big|_{t=0} = 1$ 的特解.

解 所给方程的特征方程为 $r^2 + 4r + 4 = 0$,解得

$$r_1 = r_2 = -2$$

于是方程的通解为

$$s = (C_1 + C_2 t)e^{-2t}$$

又

$$s' = e^{-2t}[C_2 - 2(C_1 + C_2 t)]$$

将初始条件 $s\big|_{t=0} = 1, s'\big|_{t=0} = 1$ 代入上面相应的两式,得

$$C_1 = 1, \quad C_2 = 3$$

所以原方程满足初始条件的特解为

$$s = (1 + 3t)e^{-2t}$$

3) 特征方程有一对共轭复根的情形

若 $p^2 - 4q < 0$,特征方程(7-43)有一对共轭复根:$r_1 = \alpha + i\beta, r_2 = \alpha - i\beta$,其中 $\alpha = -\dfrac{p}{2}, \beta = \dfrac{\sqrt{4q - p^2}}{2}$,这时微分方程(7-42)有以下两个特解:

$$y_1 = e^{(\alpha + i\beta)x}, \quad y_2 = e^{(\alpha - i\beta)x}$$

根据欧拉公式

$$e^{ix} = \cos x + i\sin x$$

可得

$$y_1 = e^{\alpha x}(\cos\beta x + i\sin\beta x), \quad y_2 = e^{\alpha x}(\cos\beta x - i\sin\beta x)$$

于是,有

$$\frac{1}{2}(y_1 + y_2) = e^{\alpha x}\cos\beta x, \quad \frac{1}{2i}(y_1 - y_2) = e^{\alpha x}\sin\beta x$$

而函数 $e^{\alpha x}\cos\beta x$ 与 $e^{\alpha x}\sin\beta x$ 均为微分方程(7-42)的特解,且它们线性无关,因此微分方程(7-42)的通解为

$$y = e^{\alpha x}(C_1\cos\beta x + C_2\sin\beta x) \quad (C_1 \text{、} C_2 \text{ 为任意的常数})$$

例3 求微分方程 $\dfrac{d^2 y}{dx^2} - 2\dfrac{dy}{dx} + 2y = 0$ 的通解.

解 所给方程的特征方程为 $r^2 - 2r + 2 = 0$,解得 $r_{1,2} = 1 \pm i$,这是一对共轭复根,因此所求方程的通解为

$$y = e^x(C_1\cos x + C_2\sin x)$$

综上所述,得到求二阶常系数线性齐次微分方程

$$y'' + py' + qy = 0$$

的通解的步骤如下:

(1) 写出微分方程(7-42)的特征方程 $r^2 + pr + q = 0$,并求出其两个根 r_1, r_2.

(2) 根据两个根的不同情况,写出微分方程(7-42)的通解,见表7-1.

表 7-1

特征方程 $r^2+pr+q=0$ 的根的判别式	特征方程 $r^2+pr+q=0$ 的根 r_1, r_2	微分方程 $y''+py'+qy=0$ 的通解
$p^2-4q>0$	有两个不相等的实根 $r_1 \neq r_2$	$y=C_1 e^{r_1 x}+C_2 e^{r_2 x}$
$p^2-4q=0$	两个相等的实根 $r=r_1=r_2$	$y=(C_1+C_2 x)e^{rx}$
$p^2-4q<0$	一对共轭复根 $r_{1,2}=\alpha \pm i\beta$	$y=e^{\alpha x}(C_1 \cos\beta x+C_2 \sin\beta x)$

上面讨论的二阶常系数线性齐次微分方程的通解形式,可以推广到 n 阶常系数线性齐次微分方程

$$y^{(n)}+p_1 y^{(n-1)}+\cdots+p_{n-1} y'+p_n y=0 \tag{7-45}$$

的情形上. 具体如下:

(1) n 阶常系数线性齐次微分方程的特征方程为

$$r^n+p_1 r^{n-1}+\cdots+p_{n-1} r+p_n=0 \tag{7-46}$$

(2) 特征方程的根的各种不同情形所对应的微分方程的通解情况如表 7-2 所示.

表 7-2

特征方程(7-46)的根	微分方程(7-45)通解中的对应项
k 重实根 r	$(C_0+C_1 x+\cdots+C_{k-1} x^{k-1})e^{rx}$
一对 l 重共轭复根 $\alpha \pm i\beta$	$[(C_0+C_1 x+\cdots+C_{l-1} x^{l-1})\cos\beta x+(D_0+D_1 x+\cdots+D_{l-1} x^{l-1})\sin\beta x]e^{\alpha x}$

例 4 求方程 $y'''+y''+y'+y=0$ 的通解.

解 所给方程的特征方程为 $r^3+r^2+r+1=0$,即 $(r+1)(r^2+1)=0$,解得

$$r_1=-1, \quad r_2=i, \quad r_3=-i$$

故所求通解为

$$y=C_1 e^{-x}+C_2 \cos x+C_3 \sin x$$

习题 7.6

1. 求下列微分方程的通解:

(1) $y''-2y'-3y=0$.

(2) $y''-4y'=0$.

(3) $y''+2y'-3y=0$.

(4) $y''+3y'-4y=0$.

(5) $4\dfrac{d^2x}{dt^2} - 20\dfrac{dx}{dt} + 25x = 0.$ (6) $y'' + 2y' + y = 0.$

(7) $y'' - 4y' + 4y = 0.$ (8) $y'' + y = 0.$

(9) $y'' - 4y' + 5y = 0.$ (10) $y'' - 2y' + 5y = 0.$

(11) $y^{(4)} - y = 0.$ (12) $y''' - 2y'' - y' + 2y = 0.$

2. 求下列微分方程满足所给初始条件的特解：

(1) $y'' - 4y' + 3y = 0, y\big|_{x=0} = 6, y'\big|_{x=0} = 10.$

(2) $\dfrac{d^2s}{dt^2} + 2\dfrac{ds}{dt} + s = 0, s\big|_{t=0} = 4, s'\big|_{t=0} = -2.$

(3) $y'' + 25y = 0, y\big|_{x=0} = 2, y'\big|_{x=0} = 5.$

3. 已知 $y_1 = e^{2x}$ 和 $y_2 = e^{-x}$ 是二阶常系数线性齐次微分方程的两个特解，写出该方程的通解，并求满足初始条件 $y\big|_{x=0} = 1, y'\big|_{x=0} = \dfrac{1}{2}$ 的特解.

4. 设函数 $f(x)$ 可导，且满足

$$f(x) = 1 + 2x + \int_0^x tf(t)dt - x\int_0^x f(t)dt$$

试求函数 $f(x)$.

7.7 二阶常系数线性非齐次微分方程

二阶常系数线性非齐次微分方程的一般形式为

$$y'' + py' + qy = f(x) \tag{7-47}$$

其中 p、q 为常数，$f(x)$ 称为**自由项或非齐次项**，其对应的二阶常系数线性齐次微分方程为

$$y'' + py' + qy = 0 \tag{7-48}$$

根据二阶线性非齐次方程解的结构定理可知，只要求出它对应的齐次方程(7-48)的通解 $\bar{y}$ 和非齐次方程(7-47)的一个特解 y^* 就可以了. 而求齐次方程通解的问题已解决，因此下面只需讨论求二阶常系数线性非齐次方程(7-47)的特解 y^* 的问题.

怎样求方程(7-47)的特解呢？此特解显然与方程(7-47)右端的自由项 $f(x)$ 有关，需要针对具体的 $f(x)$ 作具体的分析. 在工程技术中，常见的自由项 $f(x)$ 多由多项式、指数函数和三角函数组成，对于这些函数，可以用待定系数法来求方程(7-47)的特解.

下面讨论常见形式的自由项 $f(x)$ 对应的二阶常系数线性非齐次微分方程求

特解的方法.

7.7.1 自由项为 $f(x) = P(x)e^{\lambda x}$ 的情形

设方程(7-47)的右端为
$$f(x) = P_m(x)e^{\lambda x}$$
其中 $P_m(x)$ 是 x 的 m 次多项式, λ 是实常数或复常数.

考虑到 $f(x)$ 的这种形式,又由于方程(7-47)左端的系数均为常数,可以设想方程(7-47)应该有形如 $y^* = Q(x)e^{\lambda x}$ 的解,其中 $Q(x)$ 为待定多项式. 必须指出,这里只需要求出满足 y^* 是方程(7-47)的解的一个特殊多项式 $Q(x)$ 即可,也就是说,只要能确定 $Q(x)$ 的次数及其系数就可以. 对 y^* 求导,求出 $(y^*)'$ 与 $(y^*)''$,有
$$(y^*)' = e^{\lambda x}[Q'(x) + \lambda Q(x)]$$
$$(y^*)'' = e^{\lambda x}[Q''(x) + 2\lambda Q'(x) + \lambda^2 Q(x)]$$
把 y^*、$(y^*)'$、$(y^*)''$ 代入方程(7-47),由于 $e^{\lambda x} \neq 0$,整理得
$$Q''(x) + (2\lambda + p)Q'(x) + (\lambda^2 + p\lambda + q)Q(x) = P_m(x) \qquad (7-49)$$

要使式(7-49)成立,必须使式(7-49)两端的多项式有相同的次数与系数,因此下面用待定系数法来确定 $Q(x)$ 的系数的求法. 以下分三种情况来讨论.

(1) 若 λ 不是特征方程 $r^2 + pr + q = 0$ 的根,则 $\lambda^2 + p\lambda + q \neq 0$.

这时式(7-49)左端 x 的最高次数由 $Q(x)$ 的次数确定,因此 $Q(x)$ 应该是与 $P_m(x)$ 同次的 m 次多项式,故可设特解中的 $Q(x)$ 为
$$Q_m(x) = (b_0 x^m + b_1 x^{m-1} + \cdots + b_{m-1}x + b_m)$$
则特解为
$$y^* = Q_m(x)e^{\lambda x} = (b_0 x^m + b_1 x^{m-1} + \cdots + b_{m-1}x + b_m)e^{\lambda x}$$
其中 $b_i(i = 0,1,2,\cdots,m)$ 是 $m+1$ 个待定系数. 只要将该特解 y^* 代入式(7-49),通过比较两端 x 的同次幂系数就可以确定 $b_i(i = 0,1,2,\cdots,m)$.

(2) 若 λ 是特征方程 $r^2 + pr + q = 0$ 的单根,则 $\lambda^2 + p\lambda + q = 0$,且 $2\lambda + p \neq 0$.

这时(7-49)式左端 x 的最高次数由 $Q'(x)$ 确定,因此 $Q'(x)$ 必须是 m 次多项式,从而 $Q(x)$ 是 $m+1$ 次多项式. 为简单起见,这时取常数项为零,所以可设特解为:$y^* = xQ_m(x)e^{\lambda x}$,再用情况(1)中的方法确定 $Q_m(x)$ 的系数 $b_i(i = 0,1,2,\cdots,m)$.

(3) 若 λ 是特征方程 $r^2 + pr + q = 0$ 的二重根,则 $\lambda^2 + p\lambda + q = 0$ 且 $2\lambda + p = 0$.

由式(7-49)可知,$Q'(x)$ 必须是 m 次多项式,从而 $Q(x)$ 是 $m+2$ 次多项式. 也为简单起见,这时取 $Q(x)$ 的一次项系数和常数都为零,所以可设特解为:$y^* = x^2 Q_m(x)e^{\lambda x}$,并用与情况(1)中同样的方法确定 $Q_m(x)$ 的系数 $b_i(i = 0,1,2,\cdots,m)$.

综上所述,如果 $f(x) = P_m(x)e^{\lambda x}$,则方程(7-47)的特解形式可设为

$$y^* = x^k Q_m(x) e^{\lambda x}$$

其中,$Q_m(x)$ 是与 $P_m(x)$ 同次(即都是 m 次)的待定多项式,依据 λ 不是特征方程的根、是特征方程的单根、是特征方程的二重根,k 分别取 0、1、2。

特别地,当 $\lambda = 0$ 时,$f(x) = p_m(x)$. 这时方程(7-47)的特解形式可设为

$$y^* = x^k Q_m(x)$$

其中,$Q_m(x)$ 为 m 次待定多项式. 当 $\lambda = 0$ 不是特征方程的根、是特征方程的单根、是特征方程的二重根时,k 分别取 0、1、2.

例 1 $y'' + 2y' + y = e^{-x}$.

解   因其对应齐次方程的特征方程为 $r^2 + 2r + 1 = 0$,解得 $r_1 = r_2 = -1$,所以对应齐次方程的通解为

$$\bar{y} = (C_1 + C_2 x) e^{-x}$$

因为 $\lambda = -1$ 是特征方程的重根,故设所给方程的特解为

$$y^* = ax^2 e^{-x}$$

则

$$(y^*)' = a(2x - x^2) e^{-x}, \quad (y^*)'' = a(2 - 4x + x^2) e^{-x}$$

将 y^*、$(y^*)'$、$(y^*)''$ 代入原方程,整理得 $2a = 1, a = \dfrac{1}{2}$,故 $y^* = \dfrac{1}{2} x^2 e^{-x}$,则原方程的通解为

$$y = \left(C_1 x + C_2 + \dfrac{1}{2} x^2 \right) e^{-x}$$

例 2   求微分方程 $y'' + 2y' - 3y = 3x$ 的通解.

解   因对应齐次方程的特征方程为 $r^2 + 2r - 3 = 0$,解得 $r_1 = 1, r_2 = -3$,所以对应齐次方程的通解为

$$\bar{y} = C_1 e^x + C_2 e^{-3x}$$

因为 $\lambda = 0$ 不是特征方程的根,故设所给方程的特解为

$$y^* = b_0 x + b_1$$

则

$$(y^*)' = b_0, \quad (y^*)'' = 0$$

将 y^*、$(y^*)'$、$(y^*)''$ 代入原方程,得

$$-3b_0 x + 2b_0 - 3b_1 = 3x$$

比较两端 x 同次幂的系数,得

$$\begin{cases} -3b_0 = 3 \\ 2b_0 - 3b_1 = 0 \end{cases}$$

解得 $b_0 = -1, b_1 = \dfrac{2}{3}$,于是所给方程的一个特解为

$$y^* = -x + \frac{2}{3}$$

从而原方程的通解为

$$y = \bar{y} + y^* = C_1 e^x + C_2 e^{-3x} - x + \frac{2}{3}$$

7.7.2 自由项为 $f(x) = e^{\alpha x}[P_l(x)\cos\beta x + P_n(x)\sin\beta x]$ 的情形

设自由项 $f(x) = e^{\alpha x}[P_l(x)\cos\beta x + P_n(x)\sin\beta x]$，其中 $P_l(x)$、$P_n(x)$ 分别是 l、n 次多项式，α、β 为实常数.

由欧拉公式有

$$\cos\beta x = \frac{1}{2}(e^{i\beta x} + e^{-i\beta x})$$

$$\sin\beta x = \frac{1}{2i}(e^{i\beta x} - e^{-i\beta x}) = -\frac{i}{2}(e^{i\beta x} - e^{-i\beta x})$$

因此

$$\begin{aligned}f(x) &= e^{\alpha x}(P_l(x)\cos\beta x + P_n(x)\sin\beta x) \\ &= e^{\alpha x}\left[P_l(x) \cdot \frac{1}{2}(e^{i\beta x} + e^{-i\beta x}) + P_n(x) \cdot \frac{-i}{2}(e^{i\beta x} - e^{-i\beta x})\right] \\ &= \frac{1}{2}[P_l(x) - iP_n(x)]e^{(\alpha+i\beta)x} + \frac{1}{2}[P_l(x) + iP_n(x)]e^{(\alpha-i\beta)x}\end{aligned}$$

由于 $\frac{1}{2}[P_l(x) - iP_n(x)]$ 与 $\frac{1}{2}(P_l(x) + iP_n(x))$ 是一对共轭多项式，故令

$$R_m(x) = \frac{1}{2}[P_l(x) - iP_n(x)], \quad \overline{R_m(x)} = \frac{1}{2}(P_l(x) + iP_n(x))$$

这里 $m = \max(l, n)$，则 $R_m(x)$ 与 $\overline{R_m(x)}$ 是一对共轭的 m 次多项式，因此有

$$f(x) = R_m(x)e^{(\alpha+i\beta)x} + \overline{R_m(x)}e^{(\alpha-i\beta)x}$$

根据前面的讨论，可设对应方程 $y'' + py' + qy = P_m(x)e^{(\alpha+i\beta)x}$ 的特解为 $y_1^* = x^k Q_m(x)e^{(\alpha+i\beta)x}$，$Q_m(x)$ 为一个待定的 m 次多项式；当 $\alpha + i\beta$ 不是特征方程的根时，$k = 0$；当 $\alpha + i\beta$ 是特征方程的根时，$k = 1$.

由于 $\overline{P_m(x)}e^{(\alpha-i\beta)x}$ 与 $R_m(x)e^{(\alpha+i\beta)x}$ 是共轭多项式，故 $y_1^* = x^k Q_m(x)e^{(\alpha+i\beta)x}$ 的共轭函数 $y_2^* = x^k \overline{Q_m(x)}e^{(\alpha-i\beta)x}$ 就是方程

$$y'' + py' + qy = \overline{P_m(x)}e^{(\alpha-i\beta)x}$$

的一个特解，这里 $\overline{Q_m(x)}$ 是 $Q_m(x)$ 的共轭多项式.

再由解的叠加原理可知，方程

$$y'' + py' + qy = e^{\alpha x}[P_l(x)\cos\beta x + P_n(x)\sin\beta x]$$

的一个特解为

$$y^* = y_1^* + y_2^* = x^k Q_m(x) e^{(\alpha+i\beta)x} + x^k \overline{Q_m(x)} e^{(\alpha-i\beta)x}$$
$$= x^k e^{\alpha x} [Q_m(x) e^{i\beta x} + \overline{Q_m(x)} e^{-i\beta x}]$$
$$= x^k e^{\alpha x} [Q_m(x)(\cos\beta x + i\sin\beta x) + \overline{Q_m(x)}(\cos\beta x - i\sin\beta x)]$$
$$= x^k e^{\alpha x} [A_m(x)\cos\beta x + B_m(x)\sin\beta x]$$

由于 $Q_m(x)(\cos\beta x + i\sin\beta x)$ 和 $\overline{Q_m(x)}(\cos\beta x - i\sin\beta x)$ 互为共轭函数,相加后无虚部,因此上式中的 $A_m(x)$ 与 $B_m(x)$ 均为实系数的 m 次多项式.

综上可知,当 $f(x) = e^{\alpha x}[P_l(x)\cos\beta x + P_n(x)\sin\beta x]$ 时,可设方程(7-47)的特解为

$$y^* = x^k e^{\alpha x}[A_m(x)\cos\beta x + B_m(x)\sin\beta x]$$

其中当 $\alpha \pm i\beta$ 不是特征方程的根时,$k=0$;当 $\alpha \pm i\beta$ 是特征方程的根时,$k=1$.

例 4 求微分方程 $y'' - 4y = e^x \sin x$ 的通解.

解 对应齐次方程的特征方程为 $r^2 - 4 = 0$,解得 $r_{1,2} = \pm 2$,于是对应齐次方程的通解为

$$\bar{y} = C_1 e^{2x} + C_2 e^{-2x}$$

由于 $1 \pm i$ 不是特征方程的根,所以所给方程的特解可设为

$$y^* = e^x(a\cos x + b\sin x)$$

则

$$(y^*)' = e^x(-a\sin x + b\cos x) + e^x(a\cos x + b\sin x)$$
$$= e^x[(a+b)\cos x + (b-a)\sin x]$$
$$(y^*)'' = e^x(-a\cos x - b\sin x) + e^x(-a\sin x + b\cos x)$$
$$= e^x(-a\sin x + b\cos x) + e^x(a\cos x + b\sin x)$$
$$= 2e^x(b\cos x - a\sin x)$$

将 y^*、$(y^*)'$、$(y^*)''$ 代入所给方程,得

$$(-2b - 4a)\cos x + (2a - 4b)\sin x = \sin x$$

比较方程两端,得

$$\begin{cases} -4a - 2b = 0 \\ 2a - 4b = 1 \end{cases}$$

解得 $a = \dfrac{1}{10}, b = -\dfrac{1}{5}$,于是所给方程的一个特解为

$$y^* = e^x\left(\frac{1}{10}\cos x - \frac{1}{5}\sin x\right) = \frac{1}{10}e^x(\cos x - 2\sin x)$$

从而所给方程的通解为

$$y = \bar{y} + y^* = C_1 e^{2x} + C_2 e^{-2x} + \frac{1}{10}e^x(\cos x - 2\sin x)$$

例 5 求 $y'' - y = x + \cos x$ 满足初始条件 $y\big|_{x=0} = 0, y'\big|_{x=0} = 1$ 的特解.

解 对应齐次方程的特征方程为 $r^2 - 1 = 0$, 解得 $r_{1,2} = \pm 1$, 于是对应的齐次方程的通解为

$$\bar{y} = C_1 e^x + C_2 e^{-x}$$

根据解的叠加原理, 可以把原方程分解为两个方程

$$y'' - y = x \tag{7-50}$$
$$y'' - y = \cos x \tag{7-51}$$

分别设它们的特解 y_1^*、y_2^* 为

$$y_1^* = ax + b, \quad y_2^* = (c\cos x + d\sin x)$$

分别将它们代入方程(7-50)、(7-51), 用比较系数法, 可以求得

$$a = -1, \quad b = 0, \quad c = -\frac{1}{2}, \quad d = 0$$

于是方程(7-50)、(7-51)的特解分别为 $y_1^* = -x, y_2^* = -\frac{1}{2}\cos x$, 从而原方程的通解为

$$y = \bar{y} + y_1^* + y_2^* = C_1 e^x + C_2 e^{-x} - x - \frac{1}{2}\cos x$$

将初始条件代入通解中求得 $C_1 = \frac{5}{4}, C_2 = \frac{-3}{4}$, 所以所求的特解为

$$y = \frac{5}{4}e^x - \frac{3}{4}e^{-x} - x - \frac{1}{2}\cos x$$

综上所述, 二阶常系数线性非齐次方程的特解的形式列表如下:

表 7-3

自由项 $f(x)$	特解的形式	k 的取值
$P_m(x)(\lambda = 0)$	$y^* = x^k Q_m(x)$ [其中 $Q_m(x)$ 是与 $P_m(x)$ 同次的多项式]	$\lambda = 0$ 不是特征方程的根时 $k=0$ $\lambda = 0$ 是特征方程的单根时 $k=1$ $\lambda = 0$ 是特征方程的二重根时 $k=2$
$P_m(x)e^{\lambda x}$	$y^* = x^k Q_m(x) e^{\lambda x}$	λ 不是特征方程的根时 $k=0$ λ 是特征方程的单根时 $k=1$ λ 是特征方程的二重根时 $k=2$
$e^{\alpha x}[P_l(x)\cos\beta x + P_n(x)\sin\beta x]$ 其中 α, β 均为实常数	$y^* = x^k e^{\alpha x}[A_m(x)\cos\beta x + B_m(x)\sin\beta x]$ 其中 $m = \max(l, n)$	$\alpha + i\beta$ 不是特征方程的根时 $k=0$ $\alpha + i\beta$ 是特征方程的根时 $k=1$

习题 7.7

1. 求下列各方程的通解：

    (1) $y'' - 4y' + 4y = 8x^2$.
    (2) $y'' - y' = 3x^2$.
    (3) $y'' - 5y' + 6y = xe^{2x}$.
    (4) $y'' - 6y' + 9y = 6e^{3x}$.
    (5) $y'' + 2y' - 3y = e^{2x}$.
    (6) $y'' + 6y' + 9y = 5xe^{-3x}$.
    (7) $y'' - 2y' + 5y = e^x \sin 2x$.
    (8) $y'' + 4y = x\cos x$.
    (9) $y'' + y = 4\sin x$.
    (10) $y'' + y = e^x + \cos x$.

2. 写出下列各方程的特解的形式（不必计算多项式的系数）：

    (1) $y'' - 10y' + 25y = (x+1)e^{5x}$.
    (2) $y'' + 2y' - 3y = x^2 e^{3x}$.
    (3) $y'' + 3y' + 2y = e^{-2x}$.
    (4) $y'' + 2y' = (3x^2 - x - 2)\cos 2x$.

3. 求下列微分方程满足所给初始条件的特解：

    (1) $y'' - 3y' + 2y = 5, y\big|_{x=0} = 1, y'\big|_{x=0} = 2$.
    (2) $y'' - 4y' = 5, y\big|_{x=0} = 1, y'\big|_{x=0} = 0$.

4. 设 $f(x) = \sin x - \int_0^x (x-t)f(t)\mathrm{d}t$，其中 $f(x)$ 为可导函数，求 $f(x)$.

5. 设函数 $y = y(x)$ 满足微分方程 $y'' - 3y' + 2y = 2e^x$，且其 $y\big|_{x=0} = 1$ 图形在点 $(0,1)$ 处的切线与曲线 $y = x^2 - x + 1$ 在该点的切线重合，求函数 $y = y(x)$.

*7.8 欧拉方程

前面介绍了常系数线性微分方程的解法，但对于变系数的线性微分方程，一般不容易求解。下面利用变量代换的方法讨论一类特殊的变系数线性微分方程——欧拉方程的解法．

当 n 阶变系数线性微分方程

$$y^{(n)} + a_{n-1}(x)y^{(n-1)} + \cdots + a_1(x)y' + a_0(x)y = f(x)$$

中各项未知函数导数 $y^{(k)}$ 的系数函数 $a_k(x) = a_{k-1}x^{k-1} (k = 0, 1, 2, \cdots, n-1)$ 时，该方程化为

$$x^n y^{(n)} + a_{n-1}x^{n-1}y^{(n-1)} + \cdots + a_1 xy' + a_0 y = f(x) \qquad (7-52)$$

称形如 (7-52) 的方程为**欧拉(Euler)方程**，其中 $a_i(i = 0, 1, \cdots, n-1)$ 为常数．

欧拉方程的特点是：系数函数为自变量 x 的幂函数，且其幂次与相应的未知函

数导数 y 的导数阶数相等. 下面讨论其解法.

当 $x>0$ 时, 令 $x=\mathrm{e}^t$ 或 $t=\ln x$, 则

$$\frac{\mathrm{d}t}{\mathrm{d}x}=\frac{1}{x}$$

$$\frac{\mathrm{d}y}{\mathrm{d}x}=\frac{\mathrm{d}y}{\mathrm{d}t}\cdot\frac{\mathrm{d}t}{\mathrm{d}x}=\frac{1}{x}\frac{\mathrm{d}y}{\mathrm{d}t}$$

$$\frac{\mathrm{d}^2y}{\mathrm{d}x^2}=\frac{\mathrm{d}}{\mathrm{d}x}\left(\frac{1}{x}\frac{\mathrm{d}y}{\mathrm{d}t}\right)=-\frac{1}{x^2}\frac{\mathrm{d}y}{\mathrm{d}t}+\frac{1}{x}\frac{\mathrm{d}^2y}{\mathrm{d}t^2}\frac{\mathrm{d}t}{\mathrm{d}x}=\frac{1}{x^2}\left(\frac{\mathrm{d}^2y}{\mathrm{d}t^2}-\frac{\mathrm{d}y}{\mathrm{d}t}\right)$$

进而, 有

$$\frac{\mathrm{d}^3y}{\mathrm{d}x^3}=\frac{1}{x^3}\left(\frac{\mathrm{d}^3y}{\mathrm{d}t^3}-3\frac{\mathrm{d}^2y}{\mathrm{d}t^2}+2\frac{\mathrm{d}y}{\mathrm{d}t}\right),\cdots$$

将 $\dfrac{\mathrm{d}y}{\mathrm{d}x},\dfrac{\mathrm{d}^2y}{\mathrm{d}x^2},\dfrac{\mathrm{d}^3y}{\mathrm{d}x^3},\cdots$ 代入欧拉方程(7-52), 则将方程(7-52)化为以 t 为自变量的常系数线性微分方程, 从而可以得到原方程的解. 下面引入所谓的算子解法, 使上面的解题过程中的导数用微分算子来表示, 可以使上面的解题过程更为便捷.

如果采用记号 D 表示对自变量 t 的求导运算 $\dfrac{\mathrm{d}}{\mathrm{d}t}$, 记号 D^k 表示对自变量 t 的 k 阶求导运算 $\dfrac{\mathrm{d}^k}{\mathrm{d}t^k}$, 则根据上面的讨论, 有

$$xy'=\mathrm{D}y$$
$$x^2y''=\mathrm{D}(\mathrm{D}-1)y$$
$$x^3y'''=(\mathrm{D}^3-3\mathrm{D}^2+2\mathrm{D})y=\mathrm{D}(\mathrm{D}-1)(\mathrm{D}-2)y$$

一般地, 有

$$x^ky^{(k)}=\mathrm{D}(\mathrm{D}-1)\cdots(\mathrm{D}-k+1)y \qquad (7-53)$$

将上述变换代入欧拉方程(7-52), 同样将方程(7-52)化为以 t 为自变量的常系数线性微分方程, 求出该方程的解后, 把 t 用 $\ln x$ 回代, 即得到原方程的解. 这种解法称为**欧拉方程的算子解法**.

当 $x<0$ 时, 可作变换 $x=-\mathrm{e}^t$, 利用上面同样的讨论方法, 可得到一样的结果.

例 1 求二阶欧拉方程 $x^2y''-3xy'+4y=0$ 的通解.

解 令 $x=\mathrm{e}^t$, 则

$$x\frac{\mathrm{d}y}{\mathrm{d}x}=\mathrm{D}y=\frac{\mathrm{d}y}{\mathrm{d}t}$$

$$x^2\frac{\mathrm{d}^2y}{\mathrm{d}x^2}=\mathrm{D}(\mathrm{D}-1)y=\mathrm{D}^2y-\mathrm{D}y=\frac{\mathrm{d}^2y}{\mathrm{d}t^2}-\frac{\mathrm{d}y}{\mathrm{d}t}$$

代入原方程, 得

$$\frac{\mathrm{d}^2y}{\mathrm{d}t^2}-4\frac{\mathrm{d}y}{\mathrm{d}t}+4y=0$$

这是一个常系数线性齐次方程,其特征方程为
$$r^2 - 4r + 4 = 0$$
解得 $r_1 = r_2 = 2$,于是其通解为
$$y = (C_1 + C_2 t)e^{2t}$$
将 $t = \ln|x|$ 代回,得原方程的通解为
$$y = (C_1 + C_2 \ln|x|)x^2$$

习题 7.8

求下列欧拉方程的通解:

(1) $x^2 y'' + xy' - y = 0.$

(2) $x^2 y'' + xy' = 6\ln x - \dfrac{1}{x}.$

总复习题 7

1. 选择与填空题.

(1) $xy''' + 2x^2 y'^2 + x^3 y = x^4 + 1$ 是_____阶微分方程.

(2) 设一阶线性非齐次微分方程 $y' + P(x)y = Q(x)$ 有两个线性无关的解 y_1, y_2,若 $\alpha y_1 + \beta y_2$ 也是该方程的解,则应有 $\alpha + \beta = $ _____.

(3) $y'' - 2y' - 3y = f(x)$ 的一个特解是 y^*,则其通解为_____.

(4) 微分方程 $y'' - 4y' + 4y = 4x + e^{2x}$ 的特解具有形式_____.

(5) 下列说法中错误的是 ( )

A. 方程 $xy''' + 2y'' + x^2 y = 0$ 是三阶微分方程

B. 方程 $y\dfrac{dy}{dx} + x\dfrac{dy}{dx} = y\sin x$ 是一阶线性微分方程

C. 方程 $(x^2 - 2xy)dx + (y^2 + 3x^2)dy = 0$ 是齐次方程

D. 方程 $\dfrac{dy}{dx} + \dfrac{1}{2}xy = \dfrac{2y^2}{x}$ 是伯努利方程

(6) 设 $y = f(x)$ 是微分方程 $y'' - 2y' + 4y = 0$ 的一个解,若 $f(x_0) > 0$,且 $f'(x_0) = 0$,则函数 $f(x)$ 在点 x_0 ( )

A. 取得极大值   B. 取得极小值

C. 某个邻域内单调增加   D. 某个邻域内单调减少

2. 求以下列函数为通解的微分方程:

(1) $(x + C)^2 + y^2 = 1$(其中 C 为任意常数).

(2) $y = C_1 e^x + C_2 e^{2x}$(其中 C_1, C_2 为任意常数).

3. 求下列微分方程的通解：

(1) $\dfrac{\mathrm{d}x}{\mathrm{d}y} + \dfrac{x}{y} = 1.$

(2) $y' - 2xy = e^{x^2}\cos x.$

(3) $(1+x^2)\dfrac{\mathrm{d}^2 y}{\mathrm{d}x^2} - 2x\dfrac{\mathrm{d}y}{\mathrm{d}x} = 0.$

(4) $y^2\mathrm{d}x + (xy+1)\mathrm{d}y = 0.$

(5) $y'' + y' = 0.$

(6) $y'' - 3y' - 4y = 0.$

(7) $y'' - 3y' + 2y = xe^{2x}.$

(8) $y'' - 2y' + y = e^{-x}.$

(9) $y'' = 1 + y'.$

(10) $y'' - 2y' + y = 8(1 + e^{2x}).$

4. 求下列微分方程满足所给初始条件的特解：

(1) $y'\arcsin x + \dfrac{y}{\sqrt{1-x^2}} = 1, y\left(\dfrac{1}{2}\right) = 0.$

(2) $yy'' + y'^2 = 0, y\big|_{x=0} = 1, y'\big|_{x=0} = \dfrac{1}{2}.$

(3) $f'(x) = 2f(x), f(2) = \ln 2.$

(4) $x\dfrac{\mathrm{d}y}{\mathrm{d}x} + y = 2\sqrt{xy}, y(1) = 0.$

5. 证明 $y = e^{-x}\sin x$ 是微分方程 $y'' + 2y' + 2y = 0$ 的一条在原点处与直线 $y = x$ 相切的积分曲线.

6. 一曲线经过点 $(1,4)$，且在两坐标轴之间的切线段被切点平分，求此曲线的方程.

7. 已知 $y_1 = xe^x + e^{2x}, y_2 = xe^x + e^{-x}, y_3 = xe^x + e^{2x} - e^{-x}$ 是二阶线性非齐次方程的三个解，求此微分方程.

8. 设 $f(x)$ 满足 $f(x) + 2\int_0^x f(t)\mathrm{d}t = x^2$，求函数 $f(x)$.

9. 设有连结点 $O(0,0)$ 和 $A(1,1)$ 的一段向上凸的曲线弧 $\overset{\frown}{OA}$，对于 $\overset{\frown}{OA}$ 上的任意一点 $P(x,y)$，弧 $\overset{\frown}{OP}$ 与直线段 OP 所围图形的面积为 x^2，求曲线弧 $\overset{\frown}{OA}$ 的方程.

10. 设函数 $\varphi(x)$ 连续，且满足 $\varphi(x) = e^x + \int_0^x t\varphi(t)\mathrm{d}t - x\int_0^x \varphi(t)\mathrm{d}t$，求 $\varphi(x)$.

11. 求微分方程 $y'' - 2y' + 2y = 0$ 的一条积分曲线，使其在点 $(0,1)$ 处有水平切线.

参 考 答 案

1 函数的极限与连续

习题1.1

1. (1) 奇函数；(2) 奇函数.　2. (1) $y=u^3, u=\sin x$；(2) $y=\sqrt{u}, u=\lg v, v=\tan w, w=2^x$.
3. $-1, e$.　4. (1) $[-2,-1] \cup (-1,1) \cup (1,+\infty)$；(2) $(-2,2)$；(3) $[1,e) \cup (e,+\infty)$；
(4) $[-5,7]$.　5. (1) $[-1,1]$；(2) $[-a,1-a]$.　6. $f(x)=x^3, g(x)=3\sin 2x; f(x)=x^2$, $g(x)=1-3\cos 2x$.　7. $f[g(x)] = \begin{cases} 1, & x<0 \\ 0, & x=0 \\ -1, & x>0 \end{cases}$　8. $f(x)=2x^2+8x+7$.　9. $1-\cos 2x$.
10. $V=\pi h\left(r^2-\dfrac{h^2}{4}\right), h\in(0,2r)$.

习题1.2

1. (1) 略；(2) 略；(3) 略；(4) 略.　2. 略.

习题1.3

1. 略.　2. 略.　3. $\lim\limits_{x\to 0^+}f(x)=\lim\limits_{x\to 0^-}f(x)=\lim\limits_{x\to 0}f(x)=1$；$\lim\limits_{x\to 0^+}\phi(x)=1, \lim\limits_{x\to 0^-}\phi(x)=-1$，$\lim\limits_{x\to 0}\phi(x)$ 不存在.　4. $\lim\limits_{x\to 0}f(x)=1$.　5. 不矛盾.　6. 例如函数 $f(x)=\begin{cases} 1, & x\in\mathbf{Q} \\ -1, & x\notin\mathbf{Q} \end{cases}$

习题1.4

1. 略.　2. 略.　3. 1.　4. (1) $x\to\infty$；(2) $x\to 1$；(3) $x\to -\infty$；(4) $x\to 0^-$.　5. (1) $x\to 0$；
(2) $x\to\infty$；(3) $x\to +\infty$；(4) $x\to 0^+$.　6. (1) 0；(2) 0；(3) 0；(4) 0.　7. 不一定；不一定.

习题1.5

1. (1) 1；(2) -9；(3) 0；(4) $\dfrac{3}{2}$；(5) $-\dfrac{3}{2}$；(6) ∞；(7) $2x$；(8) $-\dfrac{1}{2}$.　2. (1) ∞；(2) $\dfrac{1}{2}$；
(3) ∞；(4) 0；(5) 4；(6) 3；(7) $\dfrac{1}{5}$；(8) $\dfrac{4}{3}$；(9) $\dfrac{1}{2}$；(10) $\dfrac{1}{3}$.　3. (1) 27；(2) 2；(3) $\sqrt{2}$；(4) 0.

4. $a=0, b=-3$.

习题 1.6

1. (1) $\frac{2}{\pi}$;(2) 0;(3) 0;(4) 1;(5) $e^{\frac{1}{2}}$;(6) e^{-1}. 2. (1) 3;(2) t;(3) $\frac{2}{5}$;(4) $\frac{1}{2}$;(5) 0;(6) 2; (7) 1;(8) $\frac{\sqrt{2}}{8}$. 3. (1) e^2;(2) e^2;(3) e^{-2};(4) e^2. 4. 1. 5. $\frac{1}{2}$. 6. 1. 7. (1) 2;(2) -1.

习题 1.7

1. 是同阶无穷小,但不是等价无穷小. 2. (1) 三阶;(2) 二阶. 3. 证明略. 4. (1) 1; (2) $-\frac{1}{3}$;(3) $\frac{3}{2}$;(4) $\frac{1}{2}$;(5) 2;(6) $m-n$;(7) 2;(8) $\frac{1}{2}$. 5. 略.

习题 1.8

1. (1) 错;(2) 对;(3) 对;(4) 错. 2. (1) $\sqrt{5}$;(2) -1. 3. (1) $x=0$ 是函数 $f(x)$ 的第一类跳跃型间断点;(2) $x=\pi$ 是函数 $f(x)$ 的第一类可去型间断点;(3) $x=2$ 是函数 $f(x)$ 的第二类无穷型间断点. 4. (1) 函数 $f(x)$ 在 $x=1, x=2$ 处间断,$x=2$ 为 $f(x)$ 的第二类无穷型间断点,$x=1$ 为 $f(x)$ 的第一类可去型间断点;(2) 函数 $f(x)$ 在 $x=0, x=1$ 处间断,$x=1$ 为 $f(x)$ 的第二类无穷型间断点,$x=0$ 为 $f(x)$ 的第一类可去型间断点;(3) 函数 $f(x)$ 在 $x=0$ 处间断, $x=0$ 为 $f(x)$ 的第一类可去型间断点;(4) 函数 $f(x)$ 在 $x=1$ 处间断,$x=1$ 为 $f(x)$ 的第二类振荡型间断点. 5. $a=2, b=4$. 6. $k=\frac{3}{2}$.

习题 1.9

1. 略. 2. 略. 3. 略. 4. 略.

总复习题 1

1. (1) x^2-2;(2) 1;(3) $\frac{6}{5}$;(4) 3;(5) 2. 2. $\varphi(x)=\sqrt{\ln(1-x)}, x\leqslant 0$. 3. (1) e^{-3};(2) e^6; (3) 0;(4) 1;(5) $e^{-\frac{a^2}{2}}$;(6) $\frac{1}{2}$;(7) $\frac{1}{2}$. 4. $a=4, l=10$. 5. $\frac{3}{2}\ln 2$. 6. $a=b$ 时连续. 7. $x=0$ 为第一类跳跃型间断点,$x=1$ 为第二类无穷型间断点. 8. $a=e$. 9. 略.

2 一元函数微分学

习题 2.1

1. (1) $[f(x_0)]'$ 表示常数 $f(x_0)$ 的导数;(2) $f'[\varphi(x_0)]$ 表示导函数 $f'(u)$ 在 $u=\varphi(x_0)$ 处的函

数值. 2. 8. 3. $n!$. 4. $y=x+1$. 5. $(2,4)$. 6. $y-\frac{\sqrt{2}}{2}=-\frac{\sqrt{2}}{2}\left(x-\frac{\pi}{4}\right)$ 或 $y+\frac{\sqrt{2}}{2}=-\frac{\sqrt{2}}{2}\left(x-\frac{3\pi}{4}\right)$. 7. $3f'(x_0)$. 8. $f'(x)=\begin{cases} 2^x\ln 2, & x<0 \\ \frac{1}{2\sqrt{x}}, & x>0 \end{cases}$. 9. $a=2, b=-1$. 10. 连续且可导. 11. $f'(0)=1$.

习题 2.2

1. (1) $2\sqrt{x}$; (2) $-\frac{1}{x}$; (3) $-\frac{1}{2}\cos x^2$; (4) $\frac{1}{2}e^{2x}$. 2. (1) $6x+2\sin x$; (2) $\frac{3x^3+3x^2+2x+3}{2x^2\sqrt{x}}$; (3) $15x^2-2^x\ln 2$; (4) $2\sec^2 x - \csc x\cot x$; (5) $2x\ln x + x$; (6) $\frac{-x\sin x - \cos x}{x^2}$; (7) $y=\frac{-4x^2}{(1+x^2)^2}$; (8) $6(2x+5)^2$; (9) $-6xe^{-3x^2}$; (10) $y=\cos x \cdot 4^{\sin x}\ln 4$; (11) $y=\frac{1}{\sqrt{x^2-a^2}}$; (12) $y=\frac{-2}{x(1+\ln x)^2}$; (13) $\frac{3x-2}{x^2-x}$; (14) $y=\frac{2}{e^{2x}+1}$. 3. (1) -100; (2) 0. 4. (1) $2e^x f(e^x)f'(e^x)$; (2) $2xf'(x^2)$. 5. a^2. 6. $a=3, b=-1, c=1, d=3$. 7. $f'(x)=\begin{cases} -5^{2-x}\ln 5, & x<2 \\ 5^{x-2}\ln 5, & x>2 \end{cases}$. 8. $a=0, b=1$. 9. $-\frac{1}{(x+1)^2}$.

习题 2.3

1. (1) $9\ln^2 4 \cdot 4^{3x-1}$; (2) $4-\frac{1}{x^2}$; (3) $-\frac{x}{(1+x^2)^{\frac{3}{2}}}$; (4) $2x(2x^2+3)e^{x^2}$. 2. (1) $\frac{f''(x)f(x)-[f'(x)]^2}{f^2(x)}$; (2) $2f'(x^2)+4x^2f''(x^2)$. 3. 略. 4. (1) $(-1)^n n!\left[\frac{1}{(x-2)^{n+1}}-\frac{1}{(x-1)^{n+1}}\right]$; (2) $2^{n-1}\sin\left[2x+\frac{(n-1)\pi}{2}\right]$; (3) $y'=2x\ln x+x, y''=2\ln x+3, y'''=\frac{2}{x}, y^{(n)}=\frac{(-1)^{n-3}2(n-3)!}{x^{n-2}}$ $(n\geqslant 3)$; (4) $e^x[x^2+2nx+n^2-n]$.

习题 2.4

1. (1) $\frac{y-2x}{2y-x}$; (2) $\frac{\cos(x+y)}{1-\cos(x+y)}$; (3) $1-\frac{\pi}{2}$; (4) $\frac{x+y}{x-y}(x-y\neq 0)$. 2. (1) $\frac{e^{2x}(x+3)}{\sqrt{(x-4)(x+5)}}\left[2+\frac{1}{x+3}-\frac{1}{2(x-4)}-\frac{1}{2(x+5)}\right]$; (2) $y'=x^{\cos 2x}\left(\frac{\cos 2x}{x}-2(\sin 2x)\ln x\right)$. 3. (1) $\frac{3b}{2a}t$; (2) 2. 4. $\frac{d^2y}{dx^2}=\frac{(3-y)e^{2y}}{(2-y)^3}$. 5. $-1, 2$. 6. (1) $\frac{1}{t^3}$; (2) $\frac{4}{9}e^{3t}$; (3) $\frac{1}{4}\tan t$; (4) $\frac{1}{f''(t)}$. 7. 切:$2\sqrt{2}x+y-2=0$, 法:$\sqrt{2}x-4y-1=0$. 8. $(1,0); 2x+3y-2=0$. 9. $a=\frac{e}{2}-2, b=1-\frac{e}{2}, c=1$. 10. $\sqrt{2}$. *11. $\frac{1}{10\pi}$ cm/s.

习题 2.5

1. (1) $(\ln x - 2x + 1)\mathrm{d}x$; (2) $8x\tan(1+2x^2)\sec^2(1+2x^2)\mathrm{d}x$; (3) $\mathrm{e}^{-ax}(b\cos bx - a\sin bx)\mathrm{d}x$; (4) $\dfrac{2\ln(1-x)}{x-1}\mathrm{d}x$; (5) $-\dfrac{y^2\mathrm{e}^x+\sin y}{2y\mathrm{e}^x+x\cos y}\mathrm{d}x$; (6) $\cot\dfrac{t}{2}\mathrm{d}x$. 2. $\Delta y = -1.141, \mathrm{d}y = -1.2; \Delta y = 0.1206, \mathrm{d}y = 0.12$. 3. (1) $2x$; (2) $\sin x$; (3) $\dfrac{1}{3}\tan 3x$; (4) $-\dfrac{1}{2}\mathrm{e}^{-2x}$. 4. $\dfrac{36\pi}{1\,000} \approx 0.113(\mathrm{m}^3)$. 5. 略. 6. (1) 0.7954; (2) 2.7455.

总复习题 2

1. (1) $-a$; (2) $\mathrm{e}^{2x}(1+2x)$; (3) D; (4) A; (5) D. 2. (1) $\cos x \cdot \ln x^2 + \dfrac{2\sin x}{x}$; (2) $\dfrac{1}{1+x^2}$. 3. $\dfrac{2^x\ln 2 - y}{x+2^y\ln 2}$. 4. $x+2y-8=0, 2x-y-1=0$. 5. (1) -2; (2) $\dfrac{1}{t}, -\dfrac{1+t^2}{t^3}$. 6. $\dfrac{1}{x}$. 7. $k > 3$. 8. (1) $\dfrac{n!}{(1-x)^{n+1}}$; (2) $x^2\sin\left(x+\dfrac{n\pi}{2}\right) + 2nx\sin\left(x+\dfrac{(n-1)\pi}{2}\right) + n(n-1)\sin\left(x+\dfrac{(n-2)\pi}{2}\right)$. *9. $\dfrac{16}{25\pi}\,\mathrm{cm}^3/\mathrm{min}$.

3 微分中值定理与导数应用

习题 3.1

1. (1) 条件满足,结论成立; (2) 条件不满足,结论不成立. 2. 4,4 个根分别位于区间 $(0,1)$, $(1,2), (2,3)$ 与 $(3,4)$ 内. 3. 略. 4. 略. 5. 略. 6. 略. 7. 略. 8. 略. 9. 略.

习题 3.2

1. (1) $-\dfrac{2}{3}$; (2) 2; (3) $\dfrac{1}{3}4^{-\frac{1}{3}}$; (4) 36; (5) $\dfrac{1}{2}$; (6) $\dfrac{1}{3}$; (7) ∞; (8) 0; (9) $\dfrac{1}{2}$; (10) 1; (11) $\mathrm{e}^{-\frac{2}{\pi}}$; (12) 1. 2. 1. 3. 略.

习题 3.3

1. $\dfrac{1}{2} + \dfrac{1}{2^2}(x-1) + \dfrac{1}{2^3}(x-1)^2 + \dfrac{1}{2^4}(x-1)^3 + o((x-1)^3)$. 2. $-3 + 4(x-1) + 8(x-1)^2 + 10(x-1)^3 + 5(x-1)^4 + (x-1)^5$. 3. $x - x^2 + \dfrac{1}{2!}x^3 - \cdots + \dfrac{(-1)^{n-1}}{(n-1)!}x^n + \dfrac{(-1)^n}{n!}x^{n+1} + o(x^{n+1})$. 4. 0.1823.

习题 3.4

1. (1) 单调增加区间为 $(-\infty, -1]$ 与 $[3, +\infty)$, 单调减少区间为 $[-1, 3]$; (2) 单调增加区间为

$(0,1)$,单调减少区间为$(1,2)$;(3) 单调增加区间为$(-\infty,0]$与$\left[\dfrac{2}{3},+\infty\right)$,单调减少区间为$\left[0,\dfrac{2}{3}\right]$;(4) 单调增加区间为$(-\infty,-3)$与$(-1,+\infty)$,单调减少区间为$[-3,-1)$. 2. (1) 略;(2) 略;(3) 略. 3. (1) 凹区间为$[-1,+\infty)$,凸区间为$(-\infty,-1]$,拐点为$(-1,1)$;(2) 凹区间为$(-1,1)$,凸区间为$(-\infty,-1)$与$(1,+\infty)$,拐点为$(-1,\ln 2)$及$(1,\ln 2)$;(3) 凹区间为$\left(-\infty,\dfrac{1}{2}\right)$,凸区间为$\left(\dfrac{1}{2},+\infty\right)$,拐点为$\left(\dfrac{1}{2},e^{\arctan\frac{1}{2}}\right)$;(4) 凹区间为$[2,+\infty)$,凸区间为$(-\infty,2]$,拐点为$\left(2,\dfrac{2}{e^2}\right)$. 4. 切线方程$21x-y-18=0$,法线方程$x+21y-64=0$. 5. $k=\pm\dfrac{\sqrt{2}}{8}$. 6. $a=-\dfrac{1}{2},b=\dfrac{3}{2}$. 7. 略.

习题 3.5

1. (1) 在 $x=-\dfrac{3}{2}$ 处取极大值 0,在 $x=-\dfrac{1}{2}$ 处取极小值 $-\dfrac{27}{2}$;(2) 在 $|x|=1$ 处取极大值 $\dfrac{1}{e}$,在 $x=0$ 处取极小值 0;(3) 在 $x=1$ 处取极小值 -3,在 $x=0$ 处取极大值 0;(4) 在 $x=0$ 处取极大值 2,在 $x=-1$,$x=1$ 处均取极小值 1. 2. $a=2$,极大值 $f\left(\dfrac{\pi}{3}\right)=\sqrt{3}$. 3. $a=\dfrac{1}{4},b=-\dfrac{3}{4},c=0,d=1$. 4. $f(x)$ 有极小值 $f(-2)=2$,无极大值. 5. (1) 最小值 $y(2)=-14$,最大值 $y(3)=11$;(2) 最小值 $y(1)=1$,最大值 $y\left(\dfrac{3}{4}\right)=\dfrac{5}{4}$;(3) 最小值 $y(\pm 2)=\sqrt[3]{4}-\sqrt[3]{3}$,最大值 $y\left(\pm\dfrac{\sqrt{2}}{2}\right)=\sqrt[3]{4}$. 6. 边长为 $\dfrac{a}{6}$ 时,容积达到最大值 $\dfrac{2a^3}{27}$. 7. 略. 8. $x+y-2=0$. 9. 极大值 $f\left(\arcsin\dfrac{1}{a}\right)=\pi$.

习题 3.6

1. (1) 垂直渐近线为 $x=1$,水平渐近线为 $y=1$;(2) 垂直渐近线为 $x=-1$,斜渐近线为 $y=x-5$. 2. (1) 略;(2) 略.

习题 3.7

1. (1) $|\csc x|\,dx$;(2) $\sqrt{1+4x^2}\,dx$;(3) $3a\sin t\cos t\,dt$. 2. (1) $K=\dfrac{\sqrt{2}}{8},R=4\sqrt{2}$;(2) $K=1,R=1$;(3) $K=2,R=\dfrac{1}{2}$;(4) $K=\dfrac{6}{13\sqrt{13}},R=\dfrac{13\sqrt{13}}{6}$. 3. $x^2+\left(y-\dfrac{1}{2}\right)^2=\dfrac{1}{4}$. 4. $\left(\dfrac{\sqrt{2}}{2},-\dfrac{1}{2}\ln 2\right);R=\dfrac{3}{2}\sqrt{3}$.

总复习题 3

1. (1) $\alpha=-\dfrac{4}{3},\beta=\dfrac{1}{3}$; (2) $[0,+\infty)$; (3) 3; (4) -14; (5) C. 2. 略. 3. 略. 4. 略.

5. (1) 1; (2) 1; (3) $\dfrac{1}{6}$; (4) $e^{-\frac{2}{\pi}}$; (5) $\dfrac{1}{6}$; (6) $\dfrac{1}{2}$. 6. 单调递增区间$(-\infty,0)\bigcup(2,+\infty)$,单调递减区间$(0,2)$;极小值点 $x=2$,极小值 $y=3$;凹区间为$(-\infty,0)\bigcup(0,+\infty)$;无拐点;铅直渐近线 $x=0$,斜渐近线为 $y=x$,无水平渐近线. 7. 略. 8. $(1,2)$ 和 $(-1,-2)$.

4 不定积分

习题 4.1

1. (1) 对; (2) 错. 2. $2xe^{2x}(1+x)$. 3. (1) $\dfrac{8}{15}x^{\frac{15}{8}}+C$; (2) $-2x^{-\frac{1}{2}}-\dfrac{2}{3}x^{\frac{3}{2}}+C$; (3) $e^x+2\arcsin x+C$; (4) $-\dfrac{1}{x}+\arctan x+C$; (5) $\arcsin x+C$; (6) $\dfrac{4^x e^{x-4}}{2\ln 2+1}+C$; (7) $\sin x+\cos x+C$; (8) $\dfrac{1}{2}x+\dfrac{1}{2}\sin x+C$. 4. $y=\ln|x|+2$. 5. $\int(-\cos x+C_1)\mathrm{d}x=-\sin x+C_1 x+C_2$.

6. (1) 27 m; (2) $\sqrt[3]{360}\approx 7.11$ s.

习题 4.2

1. 略. 2. (1) $\dfrac{1}{6}(2x+3)^3+C$; (2) $\dfrac{1}{2}\ln|3-2x|+C$; (3) $\sqrt{x^2+1}+C$; (4) $\dfrac{2}{9}(5+x^3)^{\frac{3}{2}}+C$; (5) $2\arctan\sqrt{x}+C$; (6) $\ln x-\arctan(\ln x)+C$; (7) $e^{-\frac{1}{x}}+C$; (8) $2\sqrt{x}-2\ln(1+\sqrt{x})+C$; (9) $\ln|\csc 2x-\cot 2x|+C$; (10) $\dfrac{1}{11}\tan^{11}x+C$; (11) $\dfrac{1}{2}x-\dfrac{1}{4}\sin 2x+C$; (12) $\dfrac{1}{2\cos^2 x}+C$; (13) $-\dfrac{1}{\arcsin x}+C$; (14) $-\dfrac{1}{10}\cos 5x+\dfrac{1}{2}\cos x+C$; (15) $\sqrt{x^2-9}-3\arccos\dfrac{3}{x}+C$; (16) $e^x-\ln(1+e^x)+C$; (17) $2\sqrt{x}-3\sqrt[3]{x}+6\sqrt[6]{x}-6\ln|\sqrt[6]{x}+1|+C$; (18) $\dfrac{1}{4}\ln|x|-\dfrac{1}{24}\ln|x^6+4|+C$. 3. $f(x)=2\sqrt{1+x}-1$. 4. $-x^2-\ln(1-x)+C$. 5. (1) $\ln|\cot x|+C$; (2) $-2\sqrt{\dfrac{1+x}{x}}+\ln\left|\dfrac{\sqrt{1+x}+\sqrt{x}}{\sqrt{1+x}-\sqrt{x}}\right|+C$; (3) $\dfrac{(\ln\tan x)^2}{2}+C$; (4) $\dfrac{1}{2\sqrt{2}}\ln\left|\dfrac{\sqrt{2}x-1}{\sqrt{2}x+1}\right|+C$.

习题 4.3

1. (1) xe^x-e^x+C; (2) $x^2\sin x+2x\cos x-2\sin x+C$; (3) $\dfrac{x\cdot 2^x}{\ln 2}-\dfrac{2^x}{\ln^2 2}+C$; (4) $\dfrac{x}{2}\sin 2x+$

273

$\frac{1}{4}\cos 2x + C$;(5) $x\ln(x+1) - x + \ln(x+1) + C$;(6) $x\arcsin x + \sqrt{1-x^2} + C$;(7) $-\frac{1}{x}(\ln x + 1) + C$;(8) $x\tan x + \ln|\cos x| + C$. 2. (1) $\frac{1}{2}e^{-x}(\sin x - \cos x) + C$;(2) $\frac{x}{2}[\cos(\ln x) + \sin(\ln x)] + C$;(3) $\frac{1}{2}[x^2\ln(1+x^2) - x^2 + \ln(1+x^2)] + C$;(4) $e^{\sin x}(x - \sec x) + C$. 3. $-\sin x - \frac{2\cos x}{x} + C$. 4. $-e^{-x}\ln(1+e^x) + x - \ln(1+e^x) + C$.

习题 4.4

1. (1) $-\frac{1}{33(x-1)^{99}} - \frac{3}{49(x-1)^{98}} - \frac{6}{97(x-1)^{97}} - \frac{1}{48(x-1)^{96}} + C$;(2) $\frac{1}{3}x^3 + \frac{1}{2}x^2 + x + 8\ln|x| - 4\ln|x+1| - 3\ln|x-1| + C$;(3) $\frac{1}{2}\ln\left|\frac{x+1}{\sqrt{x^2+1}}\right| + \frac{1}{2}\arctan x + C$;(4) $\ln|(x+5)(x-2)| + C$;(5) $\ln|\sin x + \cos x| + C$;(6) $(4-2x)\cos\sqrt{x} + 4\sqrt{x}\sin\sqrt{x} + C$;(7) $\frac{2}{\sqrt{3}}\arctan\frac{2\tan\frac{x}{2} + 1}{\sqrt{3}} + C$;(8) $x - 4\sqrt{1+x} + \ln(\sqrt{1+x} + 1)^4 + C$.

习题 4.5

(1) $\frac{1}{2}\ln|2x + \sqrt{4x^2-9}| + C$;(2) $\frac{1}{2}\arctan\frac{x+1}{2} + C$;(3) $\frac{1}{\sqrt{21}}\ln\left|\frac{\sqrt{3}\tan\frac{x}{2} + \sqrt{7}}{\sqrt{3}\tan\frac{x}{2} - \sqrt{7}}\right| + C$;

(4) $\frac{e^{2x}}{5}(\sin x + 2\cos x) + C$.

总复习题 4

1. (1) D;(2) B;(3) D;(4) B;(5) D;(6) A. 2. (1) $-\frac{x}{2} + \frac{\sin 2x}{4} + C$;(2) $x - 2\ln|x+1| + C$. 3. (1) $-\sqrt{1-x^2} - \frac{1}{2}(\arccos x)^2 + C$;(2) $\frac{4^x}{2\ln 2} + \frac{9^x}{2\ln 3} + \frac{2 \cdot 6^x}{\ln 6} + C$;(3) $2\ln|x^2 + 3x - 8| + C$;(4) $x\ln(1+x^2) - 2x + 2\arctan x + C$;(5) $x^2\sin x + 2x\cos x - 2\sin x + C$;(6) $\frac{1}{3}x^3\arctan x - \frac{1}{6}x^2 + \frac{1}{6}\ln(1+x^2) + C$;(7) $\ln|\sin x| - \ln|1+\sin x| + C$;(8) $\ln|\csc 2x - \cot 2x| - \frac{1}{2}\csc^2 x + C$ 或 $\ln|\tan x| - \frac{1}{2}\csc^2 x + C$;(9) $\frac{\sqrt{x^2-1}}{x} + C$;(10) $\int \max(1, |x|)dx = \begin{cases} -\frac{1}{2}x^2 + C, & x < -1, \\ x + \frac{1}{2} + C, & -1 \leqslant x \leqslant 1, \\ \frac{1}{2}x^2 + 1 + C, & x > 1. \end{cases}$

4. $-\frac{\sqrt{(x^2-1)^3}}{3x^3} + \frac{\sqrt{x^2-1}}{x} + C$. 5. 略.

参考答案

5 定积分

习题 5.1

1. (1) $\frac{1}{2}$; (2) $\frac{\pi a^2}{4}$. 2. $q(t) = \int_{T_1}^{T_2} \sin(\omega t) dt$. 3. $A = \int_{-1}^{1}(2-2x^2)dx$. 4. (1) $\int_1^2 x^2 dx < \int_1^2 x^3 dx$; (2) $\int_1^2 \ln x dx > \int_1^2 (\ln x)^2 dx$. 5. (1) $2 \leqslant \int_1^2 (x^2+1)dx \leqslant 5$; (2) $-3 \leqslant \int_{-3}^0 (x^2+2x)dx \leqslant 9$; (3) $-2e^2 \leqslant I \leqslant -2e^{-\frac{1}{4}}$. 6. 略. 7. 0.

习题 5.2

1. (1) $\sqrt{1+2x}$; (2) $\sin x^2$; (3) $2x\sqrt{1+x^6}$; (4) $\frac{3x^2}{\sqrt{1+x^{12}}} - \frac{2x}{\sqrt{1+x^8}}$. 2. (1) 0; (2) 1.

3. (1) $\frac{17}{6}$; (2) $\frac{\pi}{3}$; (3) 2; (4) 4; (5) $\frac{\pi}{6}$; (6) $\frac{10}{3}$; (7) $1 - \frac{1}{\sqrt{3}} + \frac{\pi}{12}$; (8) $2\sqrt{2}$. 4. e^{-2x^2}.

5. $-\frac{\cos^2 x}{y e^y}$. 6. $\phi(x) = \begin{cases} \frac{1}{3}x^3, & x \in [0,1] \\ \frac{1}{2}x^2 - \frac{1}{6}, & x \in [1,2] \end{cases}$. 7. 略. 8. $x=0$ 时, 取极小值 $y=0$.

9. $f(x) = 4x+5, a = \frac{1}{2}, -3$.

习题 5.3

1. (1) $\frac{7}{72}$; (2) $\frac{14}{9}$; (3) $\frac{\pi}{2}$; (4) $\frac{1}{4}$; (5) $\frac{\pi}{4}$; (6) $\frac{\pi}{2} - \frac{4}{3}$; (7) 12; (8) $\arctan e$; (9) $2(\sqrt{3}-1)$; (10) 2; (11) $2\sqrt{2}$; (12) $\frac{\pi}{16}a^4$; (13) $2 + 2\ln\frac{2}{3}$; (14) $\ln\frac{2+\sqrt{3}}{\sqrt{2}+1}$; (15) $2\left(1 - \frac{1}{e}\right)$; (16) $2\sqrt{2}$.

2. (1) $1 - \frac{2}{e}$; (2) $\frac{1}{4}(1+e^2)$; (3) 1; (4) $\frac{\pi}{4} - \frac{1}{2}$; (5) $\frac{1}{5}(e^\pi - 2)$; (6) $4e^3$. 3. (1) 0; (2) π; (3) 4; (4) $\frac{\pi}{16}$. 4. $\frac{62}{3}$. 5. (1) 提示: 令 $t = x - a$; (2) 20. 6. 略. 7. 略. 8. $-\pi\ln\pi - \sin 1$. 9. $f(x) = x - 1$. 10. 略.

习题 5.4

1. (1) $\frac{1}{2}$; (2) $\frac{1}{a}$; (3) 1; (4) π; (5) 发散; (6) $\frac{8}{3}$; (7) $\frac{a}{a^2+b^2}$; (8) $\frac{\pi}{2}$. 2. 当 $k > 1$ 时, 收敛于 $\frac{1}{(k-1)(\ln 2)^{k-1}}$; 当 $k \leqslant 1$ 时, 发散. 3. $c = \frac{5}{2}$.

总复习题 5

1. (1) $\frac{\pi}{4}$; (2) $0; 2x\cos x^4$; (3) 3; (4) $\ln 10$; (5) $\frac{4}{3}$; (6) $\frac{\pi}{24} + \frac{\sqrt{3}}{8} - \frac{1}{4}$. 2. (1) $\frac{\pi^2}{4}$; (2) $a^2 f(a)$;

(3) 0;(4) $\frac{2}{\pi}$;(5) $\frac{1}{3}$. 3. (1) $\frac{1}{6}$;(2) $\frac{4\,097}{45}$;(3) $2\sqrt{2}-1$;(4) $\frac{\pi}{2\sqrt{2}}$;(5) $\frac{\pi}{2}$;(6) 0;(7) $J_m =$
$\begin{cases} \frac{(m-1)!!}{m!!} \cdot \frac{\pi^2}{2}, & m \text{ 为正偶数} \\ \frac{(m-1)!!}{m!!} \cdot \pi, & m \text{ 为大于 1 的正奇数} \end{cases}$; 当 $m=1$ 时, $J_1 = \int_0^\pi x\sin x \mathrm{d}x = -[x\cos x]_0^\pi +$
$\int_0^\pi \cos x \mathrm{d}x = \pi$; 当 $m=0$ 时, $J_0 = \int_0^\pi x\mathrm{d}x = \frac{\pi^2}{2}$. 4. 7. 5. -1. 6. 提示：只要证明 $m \leqslant$
$\frac{\int_a^b f(x)g(x)\mathrm{d}x}{\int_a^b g(x)\mathrm{d}x} \leqslant M$. 7. 略.

6　定积分的应用

习题 6.2

1. (1) $e + \frac{1}{e} - 2$; (2) $\frac{7}{6}$; (3) $\frac{15}{4}$; (4) $b-a$. 2. 6. 3. $\frac{16}{3}p^2$ 4. $\frac{3}{8}\pi a^2$. 5. (1) a^2;
(2) $\frac{3}{2}\pi a^2$. 6. πa^2. 7. $\left(\frac{\pi}{6}+1-\frac{\sqrt{3}}{2}\right)a^2$. 8. $\frac{5}{4}\pi$. 9. (1) $\frac{\pi}{2}, \frac{4\pi}{5}$;(2) $160\pi^2$. 10. 2π.
11. $\frac{128\pi}{7}, \frac{64\pi}{5}$. 12. $2\pi^2 a^2 b$. 13. $5\pi^2 a^3$. 14. $\frac{\sqrt{3}}{3} \times 10^3$. 15. (1) $12\frac{2}{3}$;(2) 4;(3) $\ln(1+$
$\sqrt{2})$. 16. $6a$. 17. $\frac{\sqrt{1+a^2}}{a}(e^{a\varphi}-1)$. 18. $8a$. 19. $\left(\left(\frac{2}{3}\pi - \frac{\sqrt{3}}{2}\right)a, \frac{3}{2}a\right)$. 20. 略.
21. $6\pi^3 a^3$.

习题 6.3

1. 0.7(J). 2. 57 697.5(KJ). 3. 96 693(N). 4. $\frac{27}{7}Kc^{\frac{2}{3}}a^{\frac{7}{3}}$, 其中 K 为比例常数. 5. $F_x =$
$Gm\rho\left(\frac{1}{a} - \frac{1}{\sqrt{a^2+l^2}}\right), F_y = -\frac{Gm\rho l}{a\sqrt{a^2+l^2}}$. 6. $\frac{4}{3}\pi g R^4$.

总复习题 6

1. (1) $\frac{3}{2} - \ln 2$;(2) $\frac{1}{3}$;(3) $\frac{2\pi}{15}$;(4) $\sqrt{2}$. 2. (1) $A(1,1)$;(2) $\frac{\pi}{30}$. 3. $t = \frac{1}{2}$. 4. $\frac{\pi}{3} + 2 -$
$\sqrt{3}$. 5. $\frac{a^2}{4}(e^{2\pi} - e^{-2\pi})$. 6. $A = \frac{\pi}{2} - 1, V_x = \frac{\pi^2}{4}$. 7. $4\pi^2$. 8. $\frac{49\pi}{30}$. 9. $a = -\frac{5}{3}, b = 2$,
$c = 0$. 10. $\frac{1}{6}\pi h[2(ab + AB) + aB + Ab]$. 11. $s = \frac{8}{9}\left[\left(\frac{5}{2}\right)^{\frac{3}{2}} - 1\right]$. 12. 4. 13. 2.509
$\times 10^6$(N). 14. 91 500(J).

参考答案

7 微分方程

习题 7.1

1. (1) 一阶；(2) 二阶；(3) 三阶． 2. (1) 非线性微分方程，一阶；(2) 线性微分方程，n 阶；(3) 非线性微分方程，n 阶；(4) 线性微分方程，二阶． 3. $y = \frac{1}{2}(e^x + e^{-x})$． 4. $y = 3e^{-x} + x - 1$． 5. $y = xe^{2x}$． 6. $y' = x^2$． 7. $yy' + 2x = 0$．

习题 7.2

1. (1) $\frac{1}{3x} - \sqrt{1-y^2} = C$；(2) $e^x + e^{-y} = C$；(3) $(1-x)(1+y) = C$；(4) $\ln(\ln y) = \ln x + C$ 或 $y = e^{Cx}$；(5) $3x^4 + 4(y+1)^3 = C$；(6) $(2-e^y)(1+x) = C$；(7) $(e^y - 1)(e^x + 1) = C$；(8) $\tan x \tan y = C$． 2. (1) $y = e^{x^2}$；(2) $y = \frac{2x}{2-x}$；(3) $y^2 = 2\ln(1+e^x) + 1 - 2\ln 2$；(4) $\cos y = \frac{\sqrt{2}}{4}(e^x + 1)$；(5) $y^2 = \ln\left|\frac{x-1}{x+1}\right| + \ln 3$． 3. $\arctan(x+y) = x + C$． 4. (1) $y = Ce^{\frac{x}{y}}$；(2) $y = xe^{Cx+1}$；(3) $y^2 = 2x^2(\ln|x| + C)$；(4) $\sqrt{\frac{y}{x}} = \ln|x| + C$；(5) $\sqrt{x^2 + y^2} = x + C$；(6) $y + \sqrt{x^2 + y^2} = Cx^2$． 5. (1) $x = e^{\frac{1}{2}\left(\frac{y}{x}\right)^2}$；(2) $e^{\frac{x}{y}} = \ln|x| + e$． 6. $xy = 6$．

习题 7.3

1. (1) $y = e^{-x}(x + C)$；(2) $y = (x+C)e^{-\sin x}$；(3) $\rho = \frac{2}{3} + Ce^{-3\theta}$；(4) $y = (x-2)^3 + C(x-2)$；(5) $y = -x + Ce^x$；(6) $y = \frac{1}{2}x\ln^2 x + Cx$；(7) $y = Ce^{-x^2} + e^{-x^2}\ln x$；(8) $x = e^y(y + C)$. 2. (1) $y = \frac{1}{x}(\sin x + \pi)$；(2) $y = e^{-x}(1+x)$． 3. (1) $\frac{1}{y} = \frac{c}{x} + \frac{x^2}{3}$；(2) $\frac{1}{y^4} = Ce^{-4x} - x + \frac{1}{4}$；(3) $y = x\sqrt[3]{3x+C}$；(4) $\frac{1}{2}x^2 + \frac{x}{y} = C$． 4. $y = f(x) - 1 + Ce^{-f(x)}$．

习题 7.4

1. (1) $y = \frac{1}{8}e^{2x} + \sin x + C_1 x^2 + C_2 x + C_3$；(2) $y = \cos x - 5x^4 + C_1 x^2 + C_2 x + C_3$；(3) $y = C_1 e^x - \frac{1}{2}x^2 - x + C_2$；(4) $y = (x-1+C_1)e^x - x + C_2$；(5) $y = \frac{1}{x} + C_1 \ln|x| + C_2$；(6) $y = \frac{1}{C_1}xe^{1+C_1 x} - \frac{1}{C_1^2}e^{1+C_1 x} + C_2$；(7) $y = C_2 e^{C_1 x}$；(8) $y^2 = C_1 x + C_2$． 2. (1) $y = e^x + \frac{1}{60}x^5 + x^2 - x$；(2) $y = \frac{1}{2}(x^2 - 3)$；(3) $y = \frac{x^4}{8} + \frac{x^2}{4} + \frac{5}{8}$；(4) $e^{-y} + x - 2 = 0$． 3. $y = \frac{1}{6}x^3 + \frac{1}{2}x + 1$．

习题 7.5

1. (1) 线性无关；(2) 线性相关；(3) 线性相关；(4) 线性相关． 2. (1) 是解，不是通解；(2) 是解,不是通解. 3. (1) 略; (2) 略; (3) 略. 4. $y=(C_1+C_2x)e^x$. 5. $y=C_1(e^{2x}-e^{-x})+C_2e^{-x}+xe^x+e^{2x}$. 6. $y=2e^{2x}-e^x$.

习题 7.6

1. (1) $y=C_1e^{-x}+C_2e^{3x}$;(2) $y=C_1+C_2e^{4x}$;(3) $y=C_1e^{-3x}+C_2e^x$;(4) $y=C_1e^x+C_2e^{-4x}$; (5) $x=(C_1+C_2t)e^{\frac{5}{2}t}$;(6) $y=C_1e^{-x}+C_2xe^{-x}$;(7) $y=(C_1+C_2x)e^{2x}$;(8) $y=C_1\cos x+C_2\sin x$;(9) $y=e^{2x}(C_1\cos x+C_2\sin x)$;(10) $y=e^x(C_1\cos 2x+C_2\sin 2x)$;(11) $y=C_1e^x+C_2e^{-x}+C_3\cos x+C_4\sin x$;(12) $y=C_1e^x+C_2e^{-x}+C_3e^{2x}$. 2. (1) $y=4e^x+2e^{3x}$;(2) $s=(4+2t)e^{-t}$; (3) $y=2\cos 5x+\sin 5x$. 3. $y=C_1e^{2x}+C_2e^{-x}, y=\frac{1}{3}e^{2x}+\frac{1}{3}e^{-x}$. 4. $f(x)=\cos x+2\sin x$.

习题 7.7

1. (1) $y=(C_1+C_2x)e^{2x}+2x^2+4x+3$;(2) $y=C_1+C_2e^x-(x^2+3x+6)x$;(3) $y=C_1e^{2x}+C_2e^{3x}-\frac{1}{2}(x^2+2x)e^{2x}$;(4) $y=(C_1+C_2x)e^{3x}+3x^2e^{3x}$;(5) $y=C_1e^{-3}+C_2e^x+\frac{1}{5}e^{2x}$;(6) $y=\left(C_1+C_2x+\frac{5}{6}x^3\right)e^{-3x}$;(7) $y=e^x(C_1\cos 2x+C_2\sin 2x)-\frac{1}{4}xe^x\cos 2x$;(8) $y=C_1\cos 2x+C_2\sin 2x+\frac{2}{9}\sin x+\frac{1}{3}x\cos x$;(9) $y=C_1\cos x+C_2\sin x-2x\cos x$;(10) $y=C_1\cos x+C_2\sin x+\frac{1}{2}e^x+\frac{x}{2}\sin x$. 2. (1) $y=x^2(ax+b)e^{5x}$;(2) $y=(ax^2+bx+c)e^{3x}$;(3) $y=axe^{2x}$;(4) $y^*=(a_1x^2+b_1x+C_1)\cos 2x+(a_2x^2+b_2x+C_2)\sin 2x$. 3. (1) $y=-5e^x+\frac{7}{2}e^{2x}+\frac{5}{2}$;(2) $y=\frac{1}{16}(11+5e^{4x})-\frac{5}{4}x$. 4. $f(x)=\frac{1}{2}\sin x+\frac{x}{2}\cos x$. 5. $y=(1-2x)e^x$.

习题 7.8

(1) $y=C_1x+C_2\frac{1}{x^2}$;(2) $y=C_1+C_2\ln x+(\ln x)^3-\frac{1}{x}$.

总复习题 7

1. (1) 3;(2) 1;(3) $y=y^*+C_1e^{3x}+C_2e^{-x}$;(4) $y^*=Ax+B+cx^2e^{2x}$;(5) B;(6) A. 2. (1) $y^2(1+y'^2)=1$;(2) $y''-3y'+2y=0$. 3. (1) $y^2-2xy=C$;(2) $y=e^{x^2}(\sin x+C)$; (3) $y=C_1\left(x+\frac{x^3}{3}\right)+C_2$;(4) $x=\frac{-\ln y+C}{y}$;(5) $y=C_1+C_2e^{-x}$;(6) $y=C_1e^{-x}+C_2e^{4x}$; (7) $y=C_1e^x+C_2e^{2x}+x\left(\frac{1}{2}x-1\right)e^{2x}$;(8) $y=(C_1+C_2x)e^x+\frac{1}{4}e^{-x}$;(9) $y=C_1+C_2e^x-x$; (10) $y=(C_1+C_2x)e^x+8+8e^{2x}$. 4. (1) $y\arcsin x=x-\frac{1}{2}$;(2) $y^2=x+1$;(3) $f(x)=e^{2x-4}\ln 2$;(4) $x\left(1-\sqrt{\frac{y}{x}}\right)=1$. 5. 略. 6. $y=\frac{4}{x}$. 7. $y''-y'-2y=(1-2x)e^x$. 8. $f(x)=\frac{1}{2}e^{-2x}+x-\frac{1}{2}$. 9. $y=x(1-4\ln x)$. 10. $\varphi(x)=\frac{1}{2}(\cos x+\sin x+e^x)$. 11. $y=e^x(\cos x-\sin x)$.

附录 Ⅰ 预备知识

本附录包含学习高等数学的预备知识,主要介绍数学归纳法、极坐标和行列式等内容,这些知识虽然有些在中学接触过或学过,但有必要进一步巩固,为学好高等数学奠定坚实的基础.

一、数学归纳法

数学的研究方法有三种:类比、归纳与演绎.就人类认识的程序而言,总是先认识某些特殊的现象,然后过渡到一般的现象.归纳就是从特殊的、具体的认识推进到一般的认识的一种思维方式,也是实验科学中最基本的方法.数学归纳法仅在数学中使用,是数学中最基本也是最常用的、有效的证明方法之一.常用数学归纳法来证明有关无限序列(从第一个开始,无一例外)的数学命题的正确性.

用数学归纳法证明数学命题 $p(n)$ 对所有自然数 $n \geqslant n_0$(自然数 n_0 对应于无限序列的第一个)都成立,证明过程分以下两步:

第一步,验证 $n = n_0$ 时,命题成立;

第二步,假设对自然数 $n = k(k \geqslant n_0)$ 命题成立,在此基础上证明 $n = k+1$ 时,命题也成立.

由以上两步的证明,便得到命题 $p(n)$ 对所有自然数 $n \geqslant n_0$ 都是成立的.

数学归纳法的原理,是由于第一步 $p(n_0)$ 成立,根据每个自然数都有后继数的性质,反复利用第二步的结论,得到命题 $p(n_0+1), p(n_0+2), p(n_0+3), \cdots$ 都成立,从而命题 $p(n)$ 对所有自然数 $n \geqslant n_0$ 总成立.

例1 证明:任意 $n \in \mathbf{N}^+, 1^2 + 2^2 + \cdots + n^2 = \dfrac{1}{6}n(n+1)(2n+1).$ (1)

证 $n = 1$ 时,由于 $1^2 = \dfrac{1}{6} \times 1 \times 2 \times 3 = 1$,所以(1)式成立.

假设 $n = k$ 时,等式

$$1^2 + 2^2 + \cdots + k^2 = \dfrac{1}{6}k(k+1)(2k+1) \qquad (2)$$

成立.

当 $n = k+1$ 时,由(2)式,得

$$1^2+2^2+\cdots+k^2+(k+1)^2 = \frac{1}{6}k(k+1)(2k+1)+(k+1)^2$$
$$= \frac{1}{6}(k+1)[k(2k+1)+6(k+1)]$$
$$= \frac{1}{6}(k+1)(k+2)(2k+3)$$

因此 $n=k+1$ 时 (1) 式成立.

由数学归纳法可知, 对所有的自然数 $n \in \mathbf{N}^+$, (1) 式都成立.

例 2 证明: $\dfrac{1 \cdot 3 \cdot 5 \cdots (2n-1)}{2 \cdot 4 \cdot 6 \cdots (2n)} < \dfrac{1}{\sqrt{2n+1}}(\forall n \in \mathbf{N}^+)$.

证 $n=1$ 时, 有
$$\frac{1 \cdot 3 \cdots (2n-1)}{2 \cdot 4 \cdots (2n)} = \frac{1}{2} < \frac{1}{\sqrt{3}} = \frac{1}{\sqrt{2n+1}}$$

即 $n=1$ 时命题成立.

假设 $n=k$ 时,
$$\frac{1 \cdot 3 \cdots (2k-1)}{2 \cdot 4 \cdots (2k)} < \frac{1}{\sqrt{2k+1}} \tag{3}$$

当 $n=k+1$ 时, 由 (3) 式, 有
$$\frac{1 \cdot 3 \cdots (2k+1)}{2 \cdot 4 \cdots (2k+2)} = \frac{1 \cdot 3 \cdots (2k-1)}{2 \cdot 4 \cdots (2k)} \cdot \frac{2k+1}{2k+2} < \frac{1}{\sqrt{2k+1}} \cdot \frac{2k+1}{2k+2}$$
$$= \frac{\sqrt{2k+1}}{2k+2} \cdot \frac{\sqrt{2k+3}}{\sqrt{2k+3}} = \frac{\sqrt{4k^2+8k+3}}{\sqrt{4k^2+8k+4}} \cdot \frac{1}{\sqrt{2k+3}}$$
$$< \frac{1}{\sqrt{2k+3}}$$

因此 $n=k+1$ 时命题成立.

由数学归纳法可知, 对 $\forall n \in \mathbf{N}^+$, 命题成立.

必须指出, 用数学归纳法证明命题时, 第一步是不可缺少的, 它是命题成立的基础, 如果仅证明第二步成立会得到错误的结论.

如命题 "$\forall n \in \mathbf{N}^+$, 正整数 $4n^2+1$ 都是 2 的倍数" 显然是错误的.

但如假设 $n=k$ 时, $4k^2+1$ 是 2 的倍数; 则当 $n=k+1$ 时, 可推出 $4(k+1)^2+1 = (4k^2+1)+4(2k+1)$ 也是 2 的倍数.

因此用数学归纳法证明命题时, 不能仅证明第二步, 一定要证明第一、第二两步.

还要指出, 数学归纳法只能用来证明关于无限序列的命题的正确性, 它不是发现新命题的方法. 新命题常常是通过对 $n=n_0, n=n_0+1, n=n_0+2$ 等有限情形

的结果进行分析、类比、归纳,发现某种规律,猜想有某个关于无限序列的结论,得到一个新命题,然后用数学归纳法证明该命题是否成立.

二、极坐标

1) 极坐标系

以前我们所使用的平面坐标系是直角坐标系,它是最简单和最常用的一种坐标系,但不是唯一的坐标系,有时利用别的坐标系会比较方便.例如,炮兵射击时是以大炮为基点,利用目标的方位角及目标与大炮的距离来确定目标的位置,在航空、航海中也常使用类似的方法来标记运动物体的位置.下面研究如何利用角和距离来建立坐标系.

在平面内取一个定点 O,称之为**极点**(原点),引一条射线 Ox,叫作**极轴**,再选定一个长度单位和角度的正方向(通常取逆时针方向)(如图1所示).对于平面内任意一点 M,用 r 表示线段 OM 的长度,θ 表示从 Ox 到 OM 的角度,r 叫作点 M 的**极径**,θ 叫作点 M 的**极角**,有序数对 (r,θ) 就叫作点 M 的**极坐标**,这样建立的坐标系叫作**极坐标系**. 极坐标为 (r,θ) 的点 M 可表示为 $M(r,\theta)$.

图 1

当点 M 在极点时,它的极坐标 $r=0$,θ 可以取任意值.在一般情况下,极径都取正值,但是在某些必要的情况下,也允许取负值,角度也可以取负值.当 $r<0$ 时点 $M(r,\theta)$ 的位置可以按下列规则确定:作射线 OP,使 $\angle xOP=\theta$,在 OP 的反向延长线上取一点 M,使 $|OM|=|r|$,点 M 就是坐标为 (r,θ) 的点(如图2所示).

图 2

建立极坐标系后,给定 r 和 θ,就可以在平面内确定唯一一点 M;反过来,给定平面内一点,也可以找到它的极坐标 (r,θ).但和直角坐标系不同的是,平面内的一个点的极坐标可以有无数种表示法,这是因为 (r,θ) 和 $(-r,\theta+\pi)$ 是同一点的坐标,而且一个角加 $2n\pi$(n 是任意整数)后都是和原角终边相同的角.

一般地,如果 (r,θ) 是一个点的极坐标,那么 $(r,\theta+2n\pi)$,$(-r,\theta+(2n+1)\pi)$ 都可以作为它的极坐标(n 是任意整数).但如果限定 $r>0$,$0\leqslant\theta<2\pi$ 或 $-\pi<\theta\leqslant\pi$,那么除极点外,平面内的点和极坐标就可以一一对应了.以后,在不作特殊说明时,认为 $r\geqslant 0$.

2) 曲线的极坐标方程

在极坐标系中,曲线可以用含有 r,θ 这两个变量的方程 $\varphi(r,\theta)=0$ 来表示,这种方程叫作曲线的极坐标方程.这时,以这个方程的每一个解为坐标的点都是曲线上的点,由于在极坐标平面中,曲线上的每一个点的坐标都有无穷多个,它们可能不全满足方程,但其中应至少有一个坐标能够满足这个方程.这一点是曲线的极坐标方程和直角坐标方程的不同之处.

求曲线的极坐标方程的方法和步骤与求直角坐标方程的类似,就是把曲线看作适合某种条件的点的集合或轨迹,将已知条件用曲线上的极坐标 r,θ 的关系式 $\varphi(r,\theta)=0$ 表示出来,就能得到曲线的极坐标方程.

例3 求从极点出发,倾斜角是 $\dfrac{\pi}{4}$ 的射线的极坐标方程.

解 设 $M(r,\theta)$ 为射线上任意一点(如图3所示),则射线就是集合 $P=\left\{M\ \bigg|\ \angle xOM=\dfrac{\pi}{4}\right\}$.

将已知条件用坐标表示,得

$$\theta=\frac{\pi}{4} \tag{4}$$

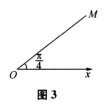

图 3

这就是所求的射线的极坐标方程.方程中不含 r,说明射线上点的极坐标中的 r 无论取任何正值,θ 的对应值都是 $\dfrac{\pi}{4}$.

如果 r 允许取负值时,方程(4)所表示的是倾斜角为 $\dfrac{\pi}{4}$ 的一条直线;如果 r 不允许取负值,这条直线就要用两个方程 $\theta=\dfrac{\pi}{4}$ 和 $\theta=\dfrac{5\pi}{4}$ 来表示.

例4 求圆心是 $C(a,0)$,半径是 a 的圆的极坐标方程.

解 由已知条件,圆心在极轴上,圆经过极点 O.设圆和极轴的另一个交点是 A(如图4所示),那么 $|OA|=2a$.

设 $M(r,\theta)$ 是圆上任意一点,则 $OM\perp AM$,可得

$$|OM|=|OA|\cos\theta$$

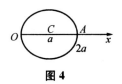

图 4

用极坐标表示已知条件可得方程

$$r=2a\cos\theta$$

这就是所求的圆的极坐标方程.

3) 极坐标和直角坐标的互化

极坐标系和直角坐标系是两种不同的坐标系.同一个点可以有极坐标,也可以有直角坐标;同一条曲线可以有极坐标方程,也可以有直角坐标方程.为了研究问题方便,有时需要把曲线在一种坐标系中的方程化为在另一种坐标系中的方程.

如图5所示,把直角坐标系的原点作为极点,x 轴的正半轴作为极轴,并在两种坐标系中取相同的长度单位.设 M 是平面

内的任意一点,它的直角坐标是(x,y),极坐标是(r,θ). 从点 M 作 $MN \perp Ox$,由三角函数定义,可以得出 x,y 与 r,θ 之间的关系:

$$x = r\cos\theta, \quad y = r\sin\theta \tag{5}$$

由关系式(5)可以得到下面的关系式:

$$r^2 = x^2 + y^2, \quad \tan\theta = \frac{y}{x} \quad (x \neq 0) \tag{6}$$

在一般情况下,由 $\tan\theta$ 确定角 θ 时,可根据点 M 所在的象限取最小正角.

例5 把点 M 的极坐标 $\left(-5, \frac{\pi}{6}\right)$ 化成直角坐标.

解 $x = -5\cos\frac{\pi}{6} = -\frac{5}{2}\sqrt{3}, \quad y = -5\sin\frac{\pi}{6} = -\frac{5}{2}.$

故点 M 的直角坐标是 $\left(-\frac{5}{2}\sqrt{3}, -\frac{5}{2}\right)$.

例6 把点 M 的直角坐标 $(-\sqrt{3}, -1)$ 化成极坐标.

解 因 $r = \sqrt{(-\sqrt{3})^2 + (-1)^2} = \sqrt{3+1} = 2, \tan\theta = \frac{-1}{-\sqrt{3}} = \frac{1}{\sqrt{3}}$,且点 M 在第三象限,若限制 $r > 0$,则最小正角 $\theta = \frac{7\pi}{6}$.

因此,点 M 的极坐标是 $\left(2, \frac{7\pi}{6}\right)$.

例7 化圆的直角坐标方程 $x^2 + y^2 - 2ax = 0$ 为极坐标方程.

解 将(5)式代入原方程,得

$$r^2\cos^2\theta + r^2\sin^2\theta - 2ar\cos\theta = 0$$

就是

$$r = 2a\cos\theta$$

当 $a > 0$ 时,这个方程和例4的圆的极坐标方程是相同的.

三、行列式简介

设二元一次方程组

$$\begin{cases} a_{11}x_1 + a_{12}x_2 = b_1 \\ a_{21}x_1 + a_{22}x_2 = b_2 \end{cases} \tag{7}$$

求这个方程组的解.

用大家熟知的消元法,分别消去方程组(7)中的 x_2 及 x_1,得

$$\begin{cases} (a_{11}a_{22} - a_{12}a_{21})x_1 = b_1 a_{22} - a_{12} b_2 \\ (a_{11}a_{22} - a_{12}a_{21})x_2 = a_{11} b_2 - b_1 a_{21} \end{cases} \tag{8}$$

下面引入行列式概念,然后利用行列式来进一步讨论上述问题.

成矩形排列的表,如 $A = \begin{pmatrix} a_{11} & a_{12} & a_{13} \\ a_{21} & a_{22} & a_{23} \end{pmatrix}$,称为**矩阵**,由于有 2 行 3 列,$A$ 又称为 2×3 矩阵. 一般可定义 $m\times n$ 矩阵,其中 a_{ij} 称为矩阵第 i 行第 j 列的元素. 当矩阵的行数和列数相等时称为方阵,如已知四个数排成的正方形表

$$A = \begin{pmatrix} a_{11} & a_{12} \\ a_{21} & a_{22} \end{pmatrix}$$

就称为 2 阶方阵 A. 每个方阵 A 都有一个数与之对应,记作 $\det A$ 或 $|A|$,称作方阵 A 的行列式. 如对 2 阶方阵 A,数 $a_{11}a_{22} - a_{12}a_{21}$ 称为对应于 2 阶方阵 A 的 2 阶行列式,因此

$$|A| = \begin{vmatrix} a_{11} & a_{12} \\ a_{21} & a_{22} \end{vmatrix} = a_{11}a_{22} - a_{12}a_{21} \tag{9}$$

数 $a_{11}, a_{12}, a_{21}, a_{22}$ 叫作行列式(9)的元素,横排叫作行,竖排叫作列,元素 a_{ij} 中的第一个指标 i 和第二个指标 j 依次表示行数和列数. 例如,元素 a_{21} 在行列式(9)中位于第二行和第一列.

现在,方程组(8)可利用行列式来表示,设

$$D = \begin{vmatrix} a_{11} & a_{12} \\ a_{21} & a_{22} \end{vmatrix} = a_{11}a_{22} - a_{12}a_{21}$$

$$D_1 = \begin{vmatrix} b_1 & a_{12} \\ b_2 & a_{22} \end{vmatrix} = b_1 a_{22} - a_{12} b_2$$

$$D_2 = \begin{vmatrix} a_{11} & b_1 \\ a_{21} & b_2 \end{vmatrix} = a_{11} b_2 - b_1 a_{21}$$

则方程组(8)可写成

$$\begin{cases} Dx_1 = D_1 \\ Dx_2 = D_2 \end{cases} \tag{10}$$

我们注意到,D 就是方程组(7)中的 x_1 及 x_2 的系数构成的行列式,因此称为系数行列式,而 D_1 和 D_2 分别是用方程组(7)右端的常数项代替 D 的第一列和第二列而形成的.

若 $D \neq 0$,则方程组(10)的解为

$$x_1 = \frac{D_1}{D}, \quad x_2 = \frac{D_2}{D} \tag{11}$$

易验证式(11)是方程组(7)的唯一解,由此得出以下结论:

在 $D \neq 0$ 的条件下,方程组(7)有唯一解

$$x_1 = \frac{D_1}{D}, \quad x_2 = \frac{D_2}{D}$$

例 8 解方程组 $\begin{cases} 2x + 3y = 8 \\ x - 2y = -3 \end{cases}$.

解
$$D = \begin{vmatrix} 2 & 3 \\ 1 & -2 \end{vmatrix} = 2 \times (-2) - 3 \times 1 = -7$$

$$D_1 = \begin{vmatrix} 8 & 3 \\ -3 & -2 \end{vmatrix} = 8 \times (-2) - 3 \times (-3) = -7$$

$$D_2 = \begin{vmatrix} 2 & 8 \\ 1 & -3 \end{vmatrix} = 2 \times (-3) - 8 \times 1 = -14$$

因 $D = -7 \neq 0$, 故所给方程组有唯一解

$$x = \frac{D_1}{D} = \frac{-7}{-7} = 1, \quad y = \frac{D_2}{D} = \frac{-14}{-7} = 2$$

对于 3 阶方阵

$$A = \begin{pmatrix} a_{11} & a_{12} & a_{13} \\ a_{21} & a_{22} & a_{23} \\ a_{31} & a_{32} & a_{33} \end{pmatrix}$$

其对应的三阶行列式为

$$\begin{vmatrix} a_{11} & a_{12} & a_{13} \\ a_{21} & a_{22} & a_{23} \\ a_{31} & a_{32} & a_{33} \end{vmatrix} = a_{11}a_{22}a_{33} + a_{12}a_{23}a_{31} + a_{13}a_{21}a_{32} - a_{13}a_{22}a_{31} - a_{12}a_{21}a_{33} - a_{11}a_{23}a_{32}$$

(12)

式(12)右端相当复杂，我们可以借助下列图形得出它的计算法则（通常称为对角线法则）：

行列式中从左上角到右下角的直线称为主对角线，从右上角到左下角的直线称为次对角线. 主对角线上元素的乘积，以及位于主对角线的平行线上的元素与对角上的元素的乘积的前面都取正号；次对角线上元素的乘积，以及位于次对角线的平行线上的元素与对角上的元素的乘积的前面都取负号.

例 9 计算 $\begin{vmatrix} 2 & 1 & 2 \\ -4 & 3 & 1 \\ 2 & 3 & 5 \end{vmatrix}$ 的值.

解 $\begin{vmatrix} 2 & 1 & 2 \\ -4 & 3 & 1 \\ 2 & 3 & 5 \end{vmatrix} = 2\times 3\times 5 + 1\times 1\times 2 + 2\times(-4)\times 3$
$$-2\times 3\times 2 - 1\times(-4)\times 5 - 2\times 1\times 3$$
$$= 30 + 2 - 24 - 12 + 20 - 6 = 10$$

利用交换律及结合律,可把式(12)改写如下:

$$\begin{vmatrix} a_{11} & a_{12} & a_{13} \\ a_{21} & a_{22} & a_{23} \\ a_{31} & a_{32} & a_{33} \end{vmatrix} = a_{11}(a_{22}a_{33} - a_{23}a_{32}) - a_{12}(a_{21}a_{33} - a_{23}a_{31})$$
$$+ a_{13}(a_{21}a_{32} - a_{22}a_{31})$$

把上式右端三个括号中的式子表示为 2 阶行列式,则有

$$\begin{vmatrix} a_{11} & a_{12} & a_{13} \\ a_{21} & a_{22} & a_{23} \\ a_{31} & a_{32} & a_{33} \end{vmatrix} = a_{11}\begin{vmatrix} a_{22} & a_{23} \\ a_{32} & a_{33} \end{vmatrix} - a_{12}\begin{vmatrix} a_{21} & a_{23} \\ a_{31} & a_{33} \end{vmatrix} + a_{13}\begin{vmatrix} a_{21} & a_{22} \\ a_{31} & a_{32} \end{vmatrix}$$

上式称为 3 阶行列式按第一行的展开式. 右端的 2 阶行列式依次称为 a_{11},a_{12}, a_{13} 的余子式,如 $\begin{vmatrix} a_{21} & a_{23} \\ a_{31} & a_{33} \end{vmatrix}$ 是 a_{12} 的余子式,它是在 3 阶行列式中去掉 a_{12} 所在行和列的元素后形成的 2 阶行列式,其他的余子式可同样得到. 而展开式元素前的符号由对应元素下标和的奇偶性确定. 类似地,3 阶行列式也可按第二行或第三行展开.

由于篇幅所限,关于行列式的更多内容请参考相关线性代数的书籍.

例 10 将例 9 中的行列式按第一行展开并计算它的值.

解 $\begin{vmatrix} 2 & 1 & 2 \\ -4 & 3 & 1 \\ 2 & 3 & 5 \end{vmatrix} = 2\begin{vmatrix} 3 & 1 \\ 3 & 5 \end{vmatrix} - \begin{vmatrix} -4 & 1 \\ 2 & 5 \end{vmatrix} + 2\begin{vmatrix} -4 & 3 \\ 2 & 3 \end{vmatrix}$
$$= 2\times 12 - (-22) + 2\times(-18) = 10$$

附录 Ⅱ 一些常用的中学数学公式

1. 乘法公式
$$(a+b)(a^2-ab+b^2) = a^3+b^3$$
$$(a-b)(a^{n-1}+a^{n-2}b+\cdots+ab^{n-2}+b^{n-1}) = a^n-b^n \quad (n \geqslant 2, n \in \mathbf{N}^+)$$

2. 二项展开式
$$(a+b)^n = \sum_{k=0}^{n} C_n^k a^{n-k} b^k \quad (n \in \mathbf{N}^+)$$

3. 对数恒等式
$$a^{\log_a b} = b$$
$$\log_a a^b = b \quad (a>0, a \neq 1, b>0)$$

4. 和(差)角公式
$$\sin(\alpha \pm \beta) = \sin\alpha\cos\beta \pm \cos\alpha\sin\beta$$
$$\cos(\alpha \pm \beta) = \cos\alpha\cos\beta \mp \sin\alpha\sin\beta$$
$$\tan(\alpha \pm \beta) = \frac{\tan\alpha \pm \tan\beta}{1 \mp \tan\alpha\tan\beta}$$

5. 二倍角公式
$$\sin 2\alpha = 2\sin\alpha\cos\alpha$$
$$\cos 2\alpha = \cos^2\alpha - \sin^2\alpha = 2\cos^2\alpha - 1 = 1 - 2\sin^2\alpha$$
$$\tan 2\alpha = \frac{2\tan\alpha}{1-\tan^2\alpha}$$

6. 半角公式
$$\sin\frac{\alpha}{2} = \pm\sqrt{\frac{1-\cos\alpha}{2}}$$
$$\cos\frac{\alpha}{2} = \pm\sqrt{\frac{1+\cos\alpha}{2}}$$
$$\tan\frac{\alpha}{2} = \pm\sqrt{\frac{1-\cos\alpha}{1+\cos\alpha}} = \frac{\sin\alpha}{1+\cos\alpha} = \frac{1-\cos\alpha}{\sin\alpha}$$

7. 和差化积
$$\sin\alpha + \sin\beta = 2\sin\frac{\alpha+\beta}{2}\cos\frac{\alpha-\beta}{2}$$

$$\sin\alpha - \sin\beta = 2\cos\frac{\alpha+\beta}{2}\sin\frac{\alpha-\beta}{2}$$

$$\cos\alpha + \cos\beta = 2\cos\frac{\alpha+\beta}{2}\cos\frac{\alpha-\beta}{2}$$

$$\cos\alpha - \cos\beta = -2\sin\frac{\alpha+\beta}{2}\sin\frac{\alpha-\beta}{2}$$

8. 积化和差

$$\sin\alpha\cos\beta = \frac{1}{2}[\sin(\alpha+\beta) + \sin(\alpha-\beta)]$$

$$\cos\alpha\cos\beta = \frac{1}{2}[\cos(\alpha+\beta) + \cos(\alpha-\beta)],\text{特例 } \cos^2\alpha = \frac{1+\cos 2\alpha}{2}$$

$$\sin\alpha\sin\beta = -\frac{1}{2}[\cos(\alpha+\beta) - \cos(\alpha-\beta)],\text{特例 } \sin^2\alpha = \frac{1-\cos 2\alpha}{2}$$

9. 平方和公式

$$\sin^2 x + \cos^2 x = 1$$
$$1 + \tan^2 x = \sec^2 x$$
$$1 + \cot^2 x = \csc^2 x$$

10. 反三角函数

$$y = \arcsin x \Leftrightarrow y \in \left[-\frac{\pi}{2}, \frac{\pi}{2}\right] \quad \text{且} \quad x = \sin y$$

$$y = \arccos x \Leftrightarrow y \in [0, \pi] \quad \text{且} \quad x = \cos y$$

$$y = \arctan x \Leftrightarrow y \in \left(-\frac{\pi}{2}, \frac{\pi}{2}\right) \quad \text{且} \quad x = \tan y$$

$$y = \text{arccot} x \Leftrightarrow y \in (0, \pi) \quad \text{且} \quad x = \cot y$$

11. 最简三角方程

$\sin x = a(|a| \leqslant 1)$ 的解为 $x = n\pi + (-1)^n \arcsin a \quad (n \in \mathbf{Z})$

$\cos x = a(|a| \leqslant 1)$ 的解为 $x = 2n\pi \pm \arccos a \quad (n \in \mathbf{Z})$

$\tan x = a$ 的解为 $x = n\pi + \arctan a \quad (n \in \mathbf{Z})$

12.
$$1 + 2 + \cdots + n = \frac{n(n+1)}{2}$$

$$1^2 + 2^2 + \cdots + n^2 = \frac{n(n+1)(2n+1)}{6}$$

附录 Ⅲ 几种常用的曲线($a > 0$)

1. 半立方抛物线 $y^2 = ax^3$

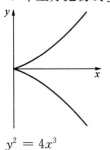

$y^2 = 4x^3$

2. 渐开线

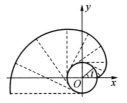

$$\begin{cases} x = a(\cos t + t\sin t) \\ y = a(\sin t - t\cos t) \end{cases}$$

3. 笛卡儿叶形线

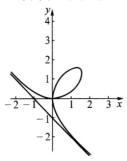

$x^3 + y^3 - 3xy = 0$

4. 星形线（内摆线的一种）

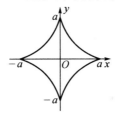

$x^{\frac{2}{3}} + y^{\frac{2}{3}} = a^{\frac{2}{3}}$

$$\begin{cases} x = a\cos^3\theta \\ y = a\sin^3\theta \end{cases}$$

5. 摆线

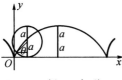

$$\begin{cases} x = a(\theta - \sin\theta) \\ y = a(1 - \cos\theta) \end{cases}$$

6. 伯努利双纽线

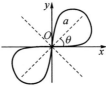

$(x^2 + y^2)^2 = 2a^2xy$

$\rho^2 = a^2\sin 2\theta$

7. 伯努利双纽线

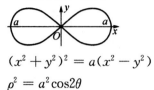

$(x^2+y^2)^2 = a(x^2-y^2)$

$\rho^2 = a^2\cos2\theta$

8. 心形线(外摆线的一种)

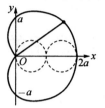

$a\sqrt{x^2+y^2} = x^2+y^2-ax$

$\rho = a(1+\cos\theta)$

9. 心形线(外摆线的一种)

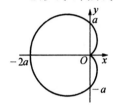

$a\sqrt{x^2+y^2} = x^2+y^2+ax$

$\rho = a(1-\cos\theta)$

10. 对数螺线

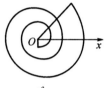

$\rho = e^{a\theta}$

11. 抛物螺线(费马螺线)

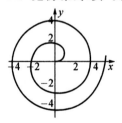

$\rho^2 = 2\theta$

12. 阿基米德螺线(等速螺线)

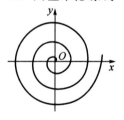

$\rho = a\theta$

13. 圆

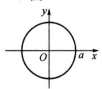

$x^2+y^2 = a^2$

$\rho = a$

14. 圆

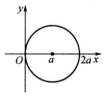

$x^2+y^2 = 2ax$

$\rho = 2a\cos\theta$

15. 圆

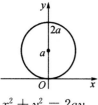

$x^2 + y^2 = 2ay$

$\rho = 2a\sin\theta$

16. 三叶玫瑰线

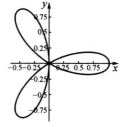

$\rho = \cos3\theta, \theta \in [0, 2\pi]$

17. 三叶玫瑰线

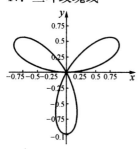

$\rho = \sin3\theta, \theta \in [0, 2\pi]$

18. 四叶玫瑰线

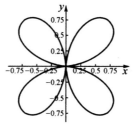

$\rho = \sin2\theta, \theta \in [0, 2\pi]$

附录 Ⅳ 基本积分表

说明:公式中的 α, a, b 等均为实数,n 为正整数.

一、含有 $ax+b$ 的积分

1. $\int \dfrac{\mathrm{d}x}{ax+b} = \dfrac{1}{a}\ln|ax+b|+C.$

2. $\int (ax+b)^\mu \mathrm{d}x = \dfrac{1}{a(\mu+1)}(ax+b)^{\mu+1}+C \quad (\mu \neq -1).$

3. $\int \dfrac{x}{ax+b}\mathrm{d}x = \dfrac{1}{a^2}(ax+b-b\ln|ax+b|)+C$

4. $\int \dfrac{x^2 \mathrm{d}x}{ax+b} = \dfrac{1}{a^3}\left[\dfrac{1}{2}(ax+b)^2 - 2b(ax+b) + b^2\ln|ax+b|\right]+C.$

5. $\int \dfrac{\mathrm{d}x}{x(ax+b)} = -\dfrac{1}{b}\ln\left|\dfrac{ax+b}{x}\right|+C.$

6. $\int \dfrac{\mathrm{d}x}{x^2(ax+b)} = -\dfrac{1}{bx} + \dfrac{a}{b^2}\ln\left|\dfrac{ax+b}{x}\right|+C.$

7. $\int \dfrac{x}{(ax+b)^2}\mathrm{d}x = \dfrac{1}{a^2}\left(\ln|ax+b| + \dfrac{b}{ax+b}\right)+C.$

8. $\int \dfrac{x^2}{(ax+b)^2}\mathrm{d}x = \dfrac{1}{a^3}\left(ax+b - 2b\ln|ax+b| - \dfrac{b^2}{ax+b}\right)+C.$

9. $\int \dfrac{\mathrm{d}x}{x(ax+b)^2} = \dfrac{1}{b(ax+b)} - \dfrac{1}{b^2}\ln\left|\dfrac{ax+b}{x}\right|+C.$

二、含有 $\sqrt{ax+b}$ 的积分

10. $\int \sqrt{ax+b}\,\mathrm{d}x = \dfrac{2}{3a}\sqrt{(ax+b)^3}+C.$

11. $\int x\sqrt{ax+b}\,\mathrm{d}x = \dfrac{2}{15a^2}(3ax-2b)\sqrt{(ax+b)^3}+C.$

12. $\int x^2\sqrt{ax+b}\,\mathrm{d}x = \dfrac{2}{105a^3}(15a^2x^2 - 12abx + 8b^2)\sqrt{(ax+b)^3}+C.$

13. $\int \dfrac{x}{\sqrt{ax+b}}\mathrm{d}x = \dfrac{2}{3a^2}(ax-2b)\sqrt{ax+b}+C.$

14. $\int \dfrac{x^2}{\sqrt{ax+b}} \mathrm{d}x = \dfrac{2}{15a^3}(3a^2x^2 - 4abx + 8b^2)\sqrt{ax+b} + C.$

15. $\int \dfrac{\mathrm{d}x}{x\sqrt{ax+b}} = \begin{cases} \dfrac{1}{\sqrt{b}}\ln\left|\dfrac{\sqrt{ax+b}-\sqrt{b}}{\sqrt{ax+b}+\sqrt{b}}\right| + C, & b > 0 \\ \dfrac{2}{\sqrt{-b}}\arctan\sqrt{\dfrac{ax+b}{-b}} + C, & b < 0 \end{cases}.$

16. $\int \dfrac{\mathrm{d}x}{x^2\sqrt{ax+b}} = -\dfrac{\sqrt{ax+b}}{bx} - \dfrac{a}{2b}\int \dfrac{\mathrm{d}x}{x\sqrt{ax+b}}.$

17. $\int \dfrac{\sqrt{ax+b}}{x}\mathrm{d}x = 2\sqrt{ax+b} + b\int \dfrac{\mathrm{d}x}{x\sqrt{ax+b}}.$

18. $\int \dfrac{\sqrt{ax+b}}{x^2}\mathrm{d}x = -\dfrac{\sqrt{ax+b}}{x} + \dfrac{a}{2}\int \dfrac{\mathrm{d}x}{x\sqrt{ax+b}}.$

三、含有 $x^2 \pm a^2$ 的积分

19. $\int \dfrac{\mathrm{d}x}{x^2+a^2} = \dfrac{1}{a}\arctan\dfrac{x}{a} + C.$

20. $\int \dfrac{\mathrm{d}x}{(x^2+a^2)^n} = \dfrac{x}{2(n-1)a^2(x^2+a^2)^{n-1}} + \dfrac{2n-3}{2(n-1)a^2}\int \dfrac{\mathrm{d}x}{(x^2+a^2)^{n-1}}.$

21. $\int \dfrac{\mathrm{d}x}{x^2-a^2} = \dfrac{1}{2a}\ln\left|\dfrac{x-a}{x+a}\right| + C.$

四、含有 $ax^2 + b(a>0)$ 的积分

22. $\int \dfrac{\mathrm{d}x}{ax^2+b} = \begin{cases} \dfrac{1}{\sqrt{ab}}\arctan\sqrt{\dfrac{a}{b}}x + C, & b > 0 \\ \dfrac{1}{2\sqrt{-ab}}\ln\left|\dfrac{\sqrt{a}x - \sqrt{-b}}{\sqrt{a}x + \sqrt{-b}}\right| + C, & b < 0 \end{cases}.$

23. $\int \dfrac{x}{ax^2+b}\mathrm{d}x = \dfrac{1}{2a}\ln|ax^2+b| + C.$

24. $\int \dfrac{x^2}{ax^2+b}\mathrm{d}x = \dfrac{x}{a} - \dfrac{b}{a}\int \dfrac{\mathrm{d}x}{ax^2+b}.$

25. $\int \dfrac{\mathrm{d}x}{x(ax^2+b)} = \dfrac{1}{2b}\ln\dfrac{x^2}{|ax^2+b|} + C.$

26. $\int \dfrac{\mathrm{d}x}{x^2(ax^2+b)} = -\dfrac{1}{bx} - \dfrac{a}{b}\int \dfrac{\mathrm{d}x}{ax^2+b}.$

27. $\int \dfrac{\mathrm{d}x}{x^3(ax^2+b)} = \dfrac{a}{2b^2}\ln\dfrac{|ax^2+b|}{x^2} - \dfrac{1}{2bx^2} + C.$

28. $\int \dfrac{\mathrm{d}x}{(ax^2+b)^2} = \dfrac{x}{2b(ax^2+b)} + \dfrac{1}{2b}\int \dfrac{\mathrm{d}x}{ax^2+b}.$

五、含有 $ax^2+bx+c\,(a>0)$ 的积分

29. $\int \dfrac{\mathrm{d}x}{ax^2+bx+c} = \begin{cases} \dfrac{1}{\sqrt{4ac-b^2}}\arctan\dfrac{2ax+b}{\sqrt{4ac-b^2}} + C, & b^2 < 4ac \\ \dfrac{1}{\sqrt{b^2-4ac}}\ln\left|\dfrac{2ax+b-\sqrt{b^2-4ac}}{2ax+b+\sqrt{b^2-4ac}}\right| + C, & b^2 > 4ac \end{cases}.$

30. $\int \dfrac{x}{ax^2+bx+c}\mathrm{d}x = \dfrac{1}{2a}\ln|ax^2+bx+c| - \dfrac{b}{2a}\int \dfrac{\mathrm{d}x}{ax^2+bx+c}.$

六、含有 $\sqrt{x^2+a^2}\,(a>0)$ 的积分

31. $\int \dfrac{\mathrm{d}x}{\sqrt{x^2+a^2}} = \operatorname{arsh}\dfrac{x}{a} + C_1 = \ln(x+\sqrt{x^2+a^2}) + C.$

32. $\int \dfrac{\mathrm{d}x}{\sqrt{(x^2+a^2)^3}} = \dfrac{x}{a^2\sqrt{x^2+a^2}} + C.$

33. $\int \dfrac{x}{\sqrt{x^2+a^2}}\mathrm{d}x = \sqrt{x^2+a^2} + C.$

34. $\int \dfrac{x}{\sqrt{(x^2+a^2)^3}}\mathrm{d}x = -\dfrac{1}{\sqrt{x^2+a^2}} + C.$

35. $\int \dfrac{x^2}{\sqrt{x^2+a^2}}\mathrm{d}x = \dfrac{x}{2}\sqrt{x^2+a^2} - \dfrac{a^2}{2}\ln(x+\sqrt{x^2+a^2}) + C.$

36. $\int \dfrac{x^2}{\sqrt{(x^2+a^2)^3}}\mathrm{d}x = -\dfrac{x}{\sqrt{x^2+a^2}} + \ln(x+\sqrt{x^2+a^2}) + C.$

37. $\int \dfrac{\mathrm{d}x}{x\sqrt{x^2+a^2}} = \dfrac{1}{a}\ln\dfrac{\sqrt{x^2+a^2}-a}{|x|} + C.$

38. $\int \dfrac{\mathrm{d}x}{x^2\sqrt{x^2+a^2}} = -\dfrac{\sqrt{x^2+a^2}}{a^2 x} + C.$

39. $\int \sqrt{x^2+a^2}\,\mathrm{d}x = \dfrac{x}{2}\sqrt{x^2+a^2} + \dfrac{a^2}{2}\ln(x+\sqrt{x^2+a^2}) + C.$

40. $\int \sqrt{(x^2+a^2)^3}\,\mathrm{d}x = \dfrac{x}{8}(2x^2+5a^2)\sqrt{x^2+a^2} + \dfrac{3}{8}a^4\ln(x+\sqrt{x^2+a^2}) + C.$

41. $\int x\sqrt{x^2+a^2}\,dx = \frac{1}{3}\sqrt{(x^2+a^2)^3} + C.$

42. $\int x^2\sqrt{x^2+a^2}\,dx = \frac{x}{8}(2x^2+a^2)\sqrt{x^2+a^2} - \frac{a^4}{8}\ln(x+\sqrt{x^2+a^2}) + C.$

43. $\int \frac{\sqrt{x^2+a^2}}{x}dx = \sqrt{x^2+a^2} + a\ln\frac{\sqrt{x^2+a^2}-a}{|x|} + C.$

44. $\int \frac{\sqrt{x^2+a^2}}{x^2}dx = -\frac{\sqrt{x^2+a^2}}{x} + \ln(x+\sqrt{x^2+a^2}) + C.$

七、含有 $\sqrt{x^2-a^2}\,(a>0)$ 的积分

45. $\int \frac{dx}{\sqrt{x^2-a^2}} = \ln|x+\sqrt{x^2-a^2}| + C.$

46. $\int \frac{dx}{\sqrt{(x^2-a^2)^3}} = -\frac{x}{a^2\sqrt{x^2-a^2}} + C.$

47. $\int \frac{x}{\sqrt{x^2-a^2}}dx = \sqrt{x^2-a^2} + C.$

48. $\int \frac{x}{\sqrt{(x^2-a^2)^3}}dx = -\frac{1}{\sqrt{x^2-a^2}} + C.$

49. $\int \frac{x^2}{\sqrt{x^2-a^2}}dx = \frac{x}{2}\sqrt{x^2-a^2} + \frac{a^2}{2}\ln|x+\sqrt{x^2-a^2}| + C.$

50. $\int \frac{x^2}{\sqrt{(x^2-a^2)^3}}dx = -\frac{x}{\sqrt{x^2-a^2}} + \ln|x+\sqrt{x^2-a^2}| + C.$

51. $\int \frac{dx}{x\sqrt{x^2-a^2}} = \frac{1}{a}\arccos\frac{a}{|x|} + C.$

52. $\int \frac{dx}{x^2\sqrt{x^2-a^2}} = \frac{\sqrt{x^2-a^2}}{a^2 x} + C.$

53. $\int \sqrt{x^2-a^2}\,dx = \frac{x}{2}\sqrt{x^2-a^2} - \frac{a^2}{2}\ln|x+\sqrt{x^2-a^2}| + C.$

54. $\int \sqrt{(x^2-a^2)^3}\,dx = \frac{x}{8}(2x^2-5a^2)\sqrt{x^2-a^2} + \frac{3}{8}a^4\ln|x+\sqrt{x^2-a^2}| + C.$

55. $\int x\sqrt{x^2-a^2}\,dx = \frac{1}{3}\sqrt{(x^2-a^2)^3} + C.$

56. $\int x^2\sqrt{x^2-a^2}\,dx = \frac{x}{8}(2x^2-a^2)\sqrt{x^2-a^2} - \frac{a^4}{8}\ln|x+\sqrt{x^2-a^2}| + C.$

57. $\int \frac{\sqrt{x^2-a^2}}{x}dx = \sqrt{x^2-a^2} - a\arccos\frac{a}{|x|} + C.$

58. $\int \dfrac{\sqrt{x^2-a^2}}{x^2} dx = -\dfrac{\sqrt{x^2-a^2}}{x} + \ln|x+\sqrt{x^2-a^2}| + C.$

八、含有 $\sqrt{a^2-x^2}\,(a>0)$ 的积分

59. $\int \dfrac{dx}{\sqrt{a^2-x^2}} = \arcsin\dfrac{x}{a} + C.$

60. $\int \dfrac{dx}{\sqrt{(a^2-x^2)^3}} = \dfrac{x}{a^2\sqrt{a^2-x^2}} + C.$

61. $\int \dfrac{x}{\sqrt{a^2-x^2}} dx = -\sqrt{a^2-x^2} + C.$

62. $\int \dfrac{x}{\sqrt{(a^2-x^2)^3}} dx = \dfrac{1}{\sqrt{a^2-x^2}} + C.$

63. $\int \dfrac{x^2}{\sqrt{a^2-x^2}} dx = -\dfrac{x}{2}\sqrt{a^2-x^2} + \dfrac{a^2}{2}\arcsin\dfrac{x}{a} + C.$

64. $\int \dfrac{x^2}{\sqrt{(a^2-x^2)^3}} dx = \dfrac{x}{\sqrt{a^2-x^2}} - \arcsin\dfrac{x}{a} + C.$

65. $\int \dfrac{dx}{x\sqrt{a^2-x^2}} = \dfrac{1}{a}\ln\dfrac{a-\sqrt{a^2-x^2}}{|x|} + C.$

66. $\int \dfrac{dx}{x^2\sqrt{a^2-x^2}} = -\dfrac{\sqrt{a^2-x^2}}{a^2 x} + C.$

67. $\int \sqrt{a^2-x^2}\, dx = \dfrac{x}{2}\sqrt{a^2-x^2} + \dfrac{a^2}{2}\arcsin\dfrac{x}{a} + C.$

68. $\int \sqrt{(a^2-x^2)^3}\, dx = \dfrac{x}{8}(5a^2-2x^2)\sqrt{a^2-x^2} + \dfrac{3}{8}a^4\arcsin\dfrac{x}{a} + C.$

69. $\int x\sqrt{a^2-x^2}\, dx = -\dfrac{1}{3}\sqrt{(a^2-x^2)^3} + C.$

70. $\int x^2\sqrt{a^2-x^2}\, dx = \dfrac{x}{8}(2x^2-a^2)\sqrt{a^2-x^2} + \dfrac{a^4}{8}\arcsin\dfrac{x}{a} + C.$

71. $\int \dfrac{\sqrt{a^2-x^2}}{x} dx = \sqrt{a^2-x^2} + a\ln\dfrac{a-\sqrt{a^2-x^2}}{|x|} + C.$

72. $\int \dfrac{\sqrt{a^2-x^2}}{x^2} dx = -\dfrac{\sqrt{a^2-x^2}}{x} - \arcsin\dfrac{x}{a} + C.$

九、含有 $\sqrt{\pm ax^2+bx+c}\,(a>0)$ 的积分

73. $\displaystyle\int \frac{\mathrm{d}x}{\sqrt{ax^2+bx+c}} = \frac{1}{\sqrt{a}}\ln|2ax+b+2\sqrt{a}\,\sqrt{ax^2+bx+c}|+C.$

74. $\displaystyle\int \sqrt{ax^2+bx+c}\,\mathrm{d}x = \frac{2ax+b}{4a}\sqrt{ax^2+bx+c}$
$\displaystyle\qquad\qquad +\frac{4ac-b^2}{8\sqrt{a^3}}\ln|2ax+b+2\sqrt{a}\,\sqrt{ax^2+bx+c}|+C.$

75. $\displaystyle\int \frac{x}{\sqrt{ax^2+bx+c}}\,\mathrm{d}x = \frac{1}{a}\sqrt{ax^2+bx+c}$
$\displaystyle\qquad\qquad -\frac{b}{2\sqrt{a^3}}\ln|2ax+b+2\sqrt{a}\,\sqrt{ax^2+bx+c}|+C.$

76. $\displaystyle\int \frac{\mathrm{d}x}{\sqrt{c+bx-ax^2}} = -\frac{1}{\sqrt{a}}\arcsin\frac{2ax-b}{\sqrt{b^2+4ac}}+C.$

77. $\displaystyle\int \sqrt{c+bx-ax^2}\,\mathrm{d}x = \frac{2ax-b}{4a}\sqrt{c+bx-ax^2}$
$\displaystyle\qquad\qquad +\frac{b^2+4ac}{8\sqrt{a^3}}\arcsin\frac{2ax-b}{\sqrt{b^2+4ac}}+C.$

78. $\displaystyle\int \frac{x}{\sqrt{c+bx-ax^2}}\,\mathrm{d}x = -\frac{1}{a}\sqrt{c+bx-ax^2}+\frac{b}{2\sqrt{a^3}}\arcsin\frac{2ax-b}{\sqrt{b^2+4ac}}+C.$

十、含有 $\sqrt{\pm\dfrac{x-a}{x-b}}$ 或 $\sqrt{(x-a)(b-x)}$ 的积分

79. $\displaystyle\int \sqrt{\frac{x-a}{x-b}}\,\mathrm{d}x = (x-b)\sqrt{\frac{x-a}{x-b}}+(b-a)\ln(\sqrt{|x-a|}+\sqrt{|x-b|})+C.$

80. $\displaystyle\int \sqrt{\frac{x-a}{b-x}}\,\mathrm{d}x = (x-b)\sqrt{\frac{x-a}{b-x}}+(b-a)\arcsin\sqrt{\frac{x-a}{b-a}}+C.$

81. $\displaystyle\int \frac{\mathrm{d}x}{\sqrt{(x-a)(b-x)}} = 2\arcsin\sqrt{\frac{x-a}{b-a}}+C\,(a<b).$

82. $\displaystyle\int \sqrt{(x-a)(b-x)}\,\mathrm{d}x = \frac{2x-a-b}{4}\sqrt{(x-a)(b-x)}$
$\displaystyle\qquad\qquad +\frac{(b-a)^2}{4}\arcsin\sqrt{\frac{x-a}{b-a}}+C\ (a<b).$

十一、含有三角函数的积分

83. $\int \sin x \, dx = -\cos x + C.$

84. $\int \cos x \, dx = \sin x + C.$

85. $\int \tan x \, dx = -\ln|\cos x| + C.$

86. $\int \cot x \, dx = \ln|\sin x| + C.$

87. $\int \sec x \, dx = \ln|\sec x + \tan x| + C.$

88. $\int \csc x \, dx = \ln|\csc x - \cot x| + C.$

89. $\int \sec^2 x \, dx = \tan x + C.$

90. $\int \csc^2 x \, dx = -\cot x + C.$

91. $\int \sec x \tan x \, dx = \sec x + C.$

92. $\int \csc x \cot x \, dx = -\csc x + C.$

93. $\int \sin^2 x \, dx = \dfrac{x}{2} - \dfrac{1}{4}\sin 2x + C.$

94. $\int \cos^2 x \, dx = \dfrac{x}{2} + \dfrac{1}{4}\sin 2x + C.$

95. $\int \sin^n x \, dx = -\dfrac{1}{n}\sin^{n-1} x \cos x + \dfrac{n-1}{n}\int \sin^{n-2} x \, dx.$

96. $\int \cos^n x \, dx = \dfrac{1}{n}\cos^{n-1} x \sin x + \dfrac{n-1}{n}\int \cos^{n-2} x \, dx.$

97. $\int \dfrac{dx}{\sin^n x} = -\dfrac{1}{n-1} \cdot \dfrac{\cos x}{\sin^{n-1} x} + \dfrac{n-2}{n-1}\int \dfrac{dx}{\sin^{n-2} x}.$

98. $\int \dfrac{dx}{\cos^n x} = \dfrac{1}{n-1} \cdot \dfrac{\sin x}{\cos^{n-1} x} + \dfrac{n-2}{n-1}\int \dfrac{dx}{\cos^{n-2} x}.$

99. $\int \cos^m x \sin^n x \, dx = \dfrac{1}{m+n}\cos^{m-1} x \sin^{n+1} x + \dfrac{m-1}{m+n}\int \cos^{m-2} x \sin^n x \, dx$

$= -\dfrac{1}{m+n}\cos^{m+1} x \sin^{n-1} x + \dfrac{n-1}{m+n}\int \cos^m x \sin^{n-2} x \, dx.$

100. $\int \sin ax \cos bx \, dx = -\dfrac{1}{2(a+b)}\cos(a+b)x - \dfrac{1}{2(a-b)}\cos(a-b)x + C$ $(a^2 \neq b^2)$.

101. $\int \sin ax \sin bx \, dx = -\dfrac{1}{2(a+b)}\sin(a+b)x + \dfrac{1}{2(a-b)}\sin(a-b)x + C$ $(a^2 \neq b^2)$.

102. $\int \cos ax \cos bx \, dx = \dfrac{1}{2(a+b)}\sin(a+b)x + \dfrac{1}{2(a-b)}\sin(a-b)x + C$ $(a^2 \neq b^2)$.

103. $\int \dfrac{dx}{a + b\sin x} = \dfrac{2}{\sqrt{a^2-b^2}}\arctan\dfrac{a\tan\dfrac{x}{2}+b}{\sqrt{a^2-b^2}} + C$ $(a^2 > b^2)$.

104. $\int \dfrac{dx}{a + b\sin x} = \dfrac{1}{\sqrt{b^2-a^2}}\ln\left|\dfrac{a\tan\dfrac{x}{2}+b-\sqrt{b^2-a^2}}{a\tan\dfrac{x}{2}+b+\sqrt{b^2-a^2}}\right| + C$ $(a^2 < b^2)$.

105. $\int \dfrac{dx}{a + b\cos x} = \dfrac{2}{a+b}\sqrt{\dfrac{a+b}{a-b}}\arctan\left(\sqrt{\dfrac{a-b}{a+b}}\tan\dfrac{x}{2}\right) + C$ $(a^2 > b^2)$.

106. $\int \dfrac{dx}{a + b\cos x} = \dfrac{1}{a+b}\sqrt{\dfrac{a+b}{b-a}}\ln\left|\dfrac{\tan\dfrac{x}{2}+\sqrt{\dfrac{a+b}{b-a}}}{\tan\dfrac{x}{2}-\sqrt{\dfrac{a+b}{b-a}}}\right| + C$ $(a^2 < b^2)$.

107. $\int \dfrac{dx}{a^2\cos^2 x + b^2\sin^2 x} = \dfrac{1}{ab}\arctan\left(\dfrac{b}{a}\tan x\right) + C$.

108. $\int \dfrac{dx}{a^2\cos^2 x - b^2\sin^2 x} = \dfrac{1}{2ab}\ln\left|\dfrac{b\tan x + a}{b\tan x - a}\right| + C$.

109. $\int x\sin ax \, dx = \dfrac{1}{a^2}\sin ax - \dfrac{1}{a}x\cos ax + C$.

110. $\int x^2\sin ax \, dx = -\dfrac{1}{a}x^2\cos ax + \dfrac{2}{a^2}x\sin ax + \dfrac{2}{a^3}\cos ax + C$.

111. $\int x\cos ax \, dx = \dfrac{1}{a^2}\cos ax + \dfrac{1}{a}x\sin ax + C$.

112. $\int x^2\cos ax \, dx = \dfrac{1}{a}x^2\sin ax + \dfrac{2}{a^2}x\cos ax - \dfrac{2}{a^3}\sin ax + C$.

十二、含有反三角函数的积分(其中 $a > 0$)

113. $\int \arcsin\dfrac{x}{a}\, dx = x\arcsin\dfrac{x}{a} + \sqrt{a^2-x^2} + C$.

114. $\int x\arcsin\dfrac{x}{a}\mathrm{d}x = \left(\dfrac{x^2}{2}-\dfrac{a^2}{4}\right)\arcsin\dfrac{x}{a}+\dfrac{x}{4}\sqrt{a^2-x^2}+C.$

115. $\int x^2\arcsin\dfrac{x}{a}\mathrm{d}x = \dfrac{x^3}{3}\arcsin\dfrac{x}{a}+\dfrac{1}{9}(x^2+2a^2)\sqrt{a^2-x^2}+C.$

116. $\int \arccos\dfrac{x}{a}\mathrm{d}x = x\arccos\dfrac{x}{a}-\sqrt{a^2-x^2}+C.$

117. $\int x\arccos\dfrac{x}{a}\mathrm{d}x = \left(\dfrac{x^2}{2}-\dfrac{a^2}{4}\right)\arccos\dfrac{x}{a}-\dfrac{x}{4}\sqrt{a^2-x^2}+C.$

118. $\int x^2\arccos\dfrac{x}{a}\mathrm{d}x = \dfrac{x^3}{3}\arccos\dfrac{x}{a}-\dfrac{1}{9}(x^2+2a^2)\sqrt{a^2-x^2}+C.$

119. $\int \arctan\dfrac{x}{a}\mathrm{d}x = x\arctan\dfrac{x}{a}-\dfrac{a}{2}\ln(a^2+x^2)+C.$

120. $\int x\arctan\dfrac{x}{a}\mathrm{d}x = \dfrac{1}{2}(a^2+x^2)\arctan\dfrac{x}{a}-\dfrac{a}{2}x+C.$

121. $\int x^2\arctan\dfrac{x}{a}\mathrm{d}x = \dfrac{x^3}{3}\arctan\dfrac{x}{a}-\dfrac{a}{6}x^2+\dfrac{a^3}{6}\ln(a^2+x^2)+C.$

十三、含有指数函数的积分

122. $\int a^x\mathrm{d}x = \dfrac{1}{\ln a}a^x+C.$

123. $\int \mathrm{e}^{ax}\mathrm{d}x = \dfrac{1}{a}\mathrm{e}^{ax}+C.$

124. $\int x\mathrm{e}^{ax}\mathrm{d}x = \dfrac{1}{a^2}(ax-1)\mathrm{e}^{ax}+C.$

125. $\int x^n\mathrm{e}^{ax}\mathrm{d}x = \dfrac{1}{a}x^n\mathrm{e}^{ax}-\dfrac{n}{a}\int x^{n-1}\mathrm{e}^{ax}\mathrm{d}x.$

126. $\int xa^x\mathrm{d}x = \dfrac{x}{\ln a}a^x-\dfrac{1}{(\ln a)^2}a^x+C.$

127. $\int x^n a^x\mathrm{d}x = \dfrac{1}{\ln a}x^n a^x-\dfrac{n}{\ln a}\int x^{n-1}a^x\mathrm{d}x.$

128. $\int \mathrm{e}^{ax}\sin bx\,\mathrm{d}x = \dfrac{1}{a^2+b^2}\mathrm{e}^{ax}(a\sin bx-b\cos bx)+C.$

129. $\int \mathrm{e}^{ax}\cos bx\,\mathrm{d}x = \dfrac{1}{a^2+b^2}\mathrm{e}^{ax}(b\sin bx+a\cos bx)+C.$

130. $\int \mathrm{e}^{ax}\sin^n bx\,\mathrm{d}x = \dfrac{1}{a^2+b^2n^2}\mathrm{e}^{ax}\sin^{n-1}bx\,(a\sin bx-nb\cos bx)$
$\qquad\qquad +\dfrac{n(n-1)b^2}{a^2+b^2n^2}\int \mathrm{e}^{ax}\sin^{n-2}bx\,\mathrm{d}x.$

131. $\int e^{ax}\cos^n bx\,dx = \dfrac{1}{a^2+b^2n^2}e^{ax}\cos^{n-1}bx(a\cos bx + nb\sin bx)$
$\qquad\qquad + \dfrac{n(n-1)b^2}{a^2+b^2n^2}\int e^{ax}\cos^{n-2}bx\,dx.$

十四、含有对数函数的积分

132. $\int \ln x\,dx = x\ln x - x + C.$

133. $\int \dfrac{dx}{x\ln x} = \ln|\ln x| + C.$

134. $\int x^n \ln x\,dx = \dfrac{1}{n+1}x^{n+1}\left(\ln x - \dfrac{1}{n+1}\right) + C \quad (n+1\neq 0).$

135. $\int (\ln x)^n dx = x(\ln x)^n - n\int (\ln x)^{n-1}dx.$

136. $\int x^m(\ln x)^n dx = \dfrac{1}{m+1}x^{m+1}(\ln x)^n - \dfrac{n}{m+1}\int x^m(\ln x)^{n-1}dx \quad (m,n\in \mathbf{N}).$

十五、含有双曲函数的积分

137. $\int \text{sh}\,x\,dx = \text{ch}\,x + C.$

138. $\int \text{ch}\,x\,dx = \text{sh}\,x + C.$

139. $\int \text{th}\,x\,dx = \ln\text{ch}\,x + C.$

140. $\int \text{sh}^2 x\,dx = -\dfrac{x}{2} + \dfrac{1}{4}\text{sh}\,2x + C.$

141. $\int \text{ch}^2 x\,dx = \dfrac{x}{2} + \dfrac{1}{4}\text{sh}\,2x + C.$

十六、几个常用的定积分 $(m,n\in \mathbf{N}^+)$

142. $\int_{-\pi}^{\pi}\cos nx\,dx = \int_{-\pi}^{\pi}\sin nx\,dx = 0.$

143. $\int_{-\pi}^{\pi}\cos mx\sin nx\,dx = 0.$

144. $\int_{-\pi}^{\pi}\cos mx\cos nx\,dx = \begin{cases} 0, & m\neq n \\ \pi, & m=n \end{cases}.$

145. $\int_{-\pi}^{\pi} \sin mx \sin nx \, dx = \begin{cases} 0, & m \neq n \\ \pi, & m = n \end{cases}.$

146. $\int_{0}^{\pi} \sin mx \sin nx \, dx = \int_{0}^{\pi} \cos mx \cos nx \, dx = \begin{cases} 0, & m \neq n \\ \dfrac{\pi}{2}, & m = n \end{cases}.$

147. $I_n = \int_{0}^{\frac{\pi}{2}} \sin^n x \, dx = \int_{0}^{\frac{\pi}{2}} \cos^n x \, dx,$

$I_n = \dfrac{n-1}{n} I_{n-2}.$

$I_1 = 1, \quad I_n = \dfrac{(n-1)!!}{n!!}$ （n 为大于 1 的奇数），

$I_0 = \dfrac{\pi}{2}, \quad I_n = \dfrac{(n-1)!!}{n!!} \cdot \dfrac{\pi}{2}$ （n 为正偶数）.

附录 Ⅴ   MATLAB 软件简介(上)

一、MATLAB 软件的历史、用途和特点

MATLAB 语言的首创者 Cleve Moler 教授在数值分析,特别是在数值线性代数领域中很有影响,他参与编写了数值分析领域一些著名的著作和两个重要的 FORTRAN 程序 EISPACK 和 LINPACK. 他曾在密西根大学、斯坦福大学和新墨西哥大学任数学与计算机科学教授. 1980 年前后,当时的新墨西哥大学计算机系主任 Moler 教授在讲授线性代数课程时,发现了用其他高级语言编程极为不便,便构思并开发了 MATLAB(MATrix LABoratory,即矩阵实验室),这一软件利用了当时数值线性代数领域最高水平的 EISPACK 和 LINPACK 两大软件包中可靠的子程序,用 Fortran 语言编写了集命令翻译、科学计算于一身的交互式软件系统.

Cleve Moler 和 John Little 等人成立了一家名叫 The MathWorks 的公司,该公司于 1984 年推出了 MATLAB 的第一个商业版本. 当时的 MATLAB 版本已经用 C 语言做了完整的改写,其后又增添了丰富多彩的图形图像处理功能、多媒体功能、符号运算功能和与其他流行软件的接口功能,使得 MATLAB 的功能越来越强大. 之后的二十多年中它不断改进和创新,2006 年 12 月底推出了 MATLAB 7.0 正式版,在核心数值算法、界面设计、外部接口、应用桌面等诸多方面有了极大的改进. 现在的 MATLAB 支持各种操作系统,它可以运行在十几个操作平台上,其中比较常见的有基于 Windows 9X/NT、OS/2、Macintosh、Sun、Unix、Linux 等平台的系统. 虽然 MATLAB 软件是计算数学专家倡导并开发的,但其普及和发展离不开自动控制领域学者的贡献. 目前,MATLAB 已经成为国际上最流行的科学与工程计算的软件工具,它不仅仅是一个"矩阵实验室"了,已经成为了一种具有广泛应用前景的全新的计算机高级编程语言,有人称它为"第四代计算机语言",它在科学与研究中正扮演着越来越重要的角色.

二、MATLAB 的特点

MATLAB 软件与其他应用软件相比具有许多优良特点.
(1) 语言简洁紧凑,使用方便灵活,库函数极其丰富. MATLAB 程序书写形式

自由,利用其丰富的库函数避开繁杂的子程序编程任务,压缩了一切不必要的编程工作.由于库函数都由本领域的专家编写,用户不必担心函数的可靠性.可以说,用 MATLAB 进行科技开发是站在专家的肩膀上.

(2) 运算符丰富.由于 MATLAB 是用 C 语言编写的,MATLAB 提供了和 C 语言几乎一样多的运算符,灵活使用 MATLAB 的运算符将使程序变得极为简短.

(3) MATLAB 既具有结构化的控制语句(如 for 循环、while 循环、break 语句和 if 语句),又有面向对象编程的特性.

(4) 程序限制不严格,程序设计自由度大.例如,在 MATLAB 里,用户无需对矩阵预定义就可使用.

(5) 程序的可移植性很好,基本上不做修改就可以在各种型号的计算机和操作系统上运行.

(6) MATLAB 的图形功能强大.在 FORTRAN 和 C 语言里,绘图都很不容易,但在 MATLAB 里,数据的可视化非常简单.MATLAB 还具有较强的编辑图形界面的能力.

(7) 功能强大的工具箱是 MATLAB 的另一特色.MATLAB 的工具箱包含两个部分:核心部分和各种可选的工具箱.核心部分中有数百个核心内部函数,其工具箱又分为两类:功能性工具箱和学科性工具箱.功能性工具箱主要用来扩充符号计算功能、图示建模仿真功能、文字处理功能以及与硬件实时交互功能,可用于多种学科;而学科性工具箱是专业性比较强的,如 control、toolbox、signl proceessing toolbox、commumnication toolbox 等,这些工具箱都是由各领域内学术水平很高的专家编写的,所以用户无需编写自己学科范围内的基础程序,就可直接进行高、精、尖的研究.

(8) 源程序的开放性.开放性也许是 MATLAB 最受人们欢迎的特点.除内部函数以外,所有 MATLAB 的核心文件和工具箱文件都是可读可改的源文件,用户可通过对源文件的修改以及加入自己的文件构成新的工具箱.

不过,MATLAB 的缺点是,它和其他高级语言程序相比,执行速度较慢.由于 MATLAB 的程序不用编译等预处理,也不生成可执行文件,程序的执行为解释执行,所以速度较慢.

三、MATLAB 的基本知识

1. 变量和赋值语句

MATLAB 赋值语句有两种形式:

① 变量 = 表达式;

② 表达式.

其中"表达式"是用运算符将有关运算量连接起来的式子,其结果是一个矩阵.

2. MATLAB 表达式

(1) 算术表达式

运算符有:＋(加)、－(减)、*(乘)、/(右除)、\(左除)、^(乘方). 对于矩阵来说,左除和右除表示两种不同的除数矩阵和被除数矩阵的关系.

(2) 关系表达式

运算符有:＜(小于)、＜＝(小于或等于)、＞(大于)、＞＝(大于或等于)、＝＝(等于)、～＝(不等于).

(3) 逻辑表达式

运算符有:&(与)、|(或)和 ～(非).

(4) 运算法则

① 在逻辑运算中,确认非零元素为真,用 1 表示;零元素为假,用 0 表示.

② 参与逻辑运算的两个元素可以同是标量、同维矩阵或一个为标量而另一个为矩阵.

③ 在算术、关系、逻辑运算中,算术运算优先级最高,逻辑运算优先级最低.

例 1　≫ (5*2＋1.3－0.8)*10/25

ans ＝ 4.2000

MATLAB 会将运算结果直接存入一变量 ans,代表 MATLAB 运算后的答案(Answer),并将数值显示在屏幕上.

我们也可将上述运算式的结果设定给另一个变量 x,如例 2 所示.

例 2　≫ x ＝ (5*2＋1.3－0.8)*10/25

x ＝ 4.200 0

若不想让 MATLAB 每次都显示运算结果,只需在运算式最后加上分号(;)即可,如下例.

例 3　≫ y ＝ sin(10)*exp(－0.3*4^2);

若要显示变量 y 的值,直接键入"y"即可.

例 4　≫ y

y ＝

－0.004 5

MATLAB 可同时执行数个命令,只要以逗号或分号将命令隔开.

例 5　≫ x ＝ sin(pi/3);y ＝ x^2;z ＝ y*10

z ＝

7.500 0

若一个数学运算式太长,可用三个句点将其延伸到下一行:

例6 >> z = 10 * sin(pi/3) * …

sin(pi/3);

3. 矩阵运算

矩阵是 MATLAB 最基本的数据对象,MATLAB 的大部分运算或命令都是在矩阵运算的意义下执行的. 在 MATLAB 中,不需对矩阵的维数和类型进行说明,MATLAB 会根据用户所输入的内容自动进行配置.

(1) 建立矩阵

矩阵可以用直接输入法建立,或利用函数建立,或利用 M 文件建立.

① 直接输入法:将矩阵的元素用方括号括起来,按矩阵行的顺序输入各元素,同一行的各元素之间用空格或逗号分隔,不同行的元素之间用分号分隔(也可以用回车键代替分号).

例7 键入命令:A = [1 2 3;4 5 6;7 8 9]

输出结果是:A = 1   2   3
               4   5   6
               7   8   9

② 利用函数:MATLAB 提供了许多生成和操作矩阵的函数,可以利用它们去建立和操作矩阵.

表1 建立特殊矩阵函数

函数名	说明
zeros	生成全零阵
eye	生成单位阵
ones	生成全1阵
rand	生成均匀分布随机矩阵
randn	生成正态分布随机矩阵
randperm	产生随机排列
linspace	产生线性等分向量
numel	生成计算矩阵中元素个数
hilb	生成 Hilbert 矩阵
magic	生成 Magic(魔方) 矩阵

• 函数 zeros

格式:B = zeros(n)   % 生成 n×n 全零阵

      B = zeros(m,n)   % 生成 m×n 全零阵

      B = zeros([m n])   % 生成 m×n 全零阵

      B = zeros(size(A))   % 生成与矩阵 A 相同大小的全零阵

- 函数 eye

格式：Y = eye(n)　　　　　% 生成 n×n 单位阵
　　　Y = eye(m,n)　　　　% 生成 m×n 单位阵
　　　Y = eye(size(A))　　% 生成与矩阵 A 相同大小的单位阵

- 函数 ones

格式：Y = ones(n)　　　　　% 生成 n×n 全 1 阵
　　　Y = ones(m,n)　　　　% 生成 m×n 全 1 阵
　　　Y = ones([m n])　　　% 生成 m×n 全 1 阵
　　　Y = ones(size(A))　　% 生成与矩阵 A 相同大小的全 1 阵

- 函数 rand

格式：Y = rand(n)　　　　　% 生成 n×n 随机矩阵，其元素在(0,1)内
　　　Y = rand(m,n)　　　　% 生成 m×n 随机矩阵
　　　Y = rand([m n])　　　% 生成 m×n 随机矩阵
　　　Y = rand(size(A))　　% 生成与矩阵 A 相同大小的随机矩阵
　　　rand　　　　　　　　　% 无变量输入时只产生一个随机数

- 函数 randn

格式：Y = randn(n)　　　　　% 生成 n×n 正态分布随机矩阵
　　　Y = randn(m,n)　　　　% 生成 m×n 正态分布随机矩阵
　　　Y = randn([m n])　　　% 生成 m×n 正态分布随机矩阵
　　　Y = randn(size(A))　　% 生成与矩阵 A 相同大小的正态分布随机矩阵
　　　randn　　　　　　　　　% 无变量输入时只产生一个正态分布随机数

- 函数 randperm

格式：p = randperm(n)　　　% 产生 1～n 之间整数的随机排列

- 函数 linspace

格式：y = linspace(a,b)　　% 在(a,b)上产生 100 个线性等分点
　　　y = linspace(a,b,n)　% 在(a,b)上产生 n 个线性等分点

- 函数 hilb

格式：H = hilb(n)　　　　　% 返回 n 阶 Hilbert 矩阵，其元素为 H(i,j)
　　　　　　　　　　　　　　% = 1/(i+j-1)

- 函数 magic

格式：M = magic(n)　　　　% 产生 n 阶魔方矩阵

例 8　产生一个 3×4 随机矩阵.

解

≫ R = rand(3,4)

R =

0.950 1	0.486 0	0.456 5	0.444 7
0.231 1	0.891 3	0.018 5	0.615 4
0.606 8	0.762 1	0.821 4	0.791 9

例 9 产生一个在区间 $[20,30]$ 内均匀分布的 3 阶随机矩阵.

解

≫ a = 20;b = 30;

≫ x = a + (b − a) * rand (3)

x =

29.218 1	24.057 1	24.102 7
27.382 1	29.354 7	28.936 5
21.762 7	29.169 0	20.578 9

例 10 产生均值为 0.5,方差为 0.2 的 3 阶矩阵.

解

≫ mu = 0.5; sigma = 0.2;

≫ x = mu + sqrt(sigma) * randn (3)

x =

0.306 6	0.628 7	1.031 8
−0.244 9	−0.012 7	0.483 2
0.556 1	1.032 6	0.646 4

例 11 产生一个 4 阶 Hilbert 矩阵.

解

≫ format rat   % 以有理形式输出

≫ H = hilb (4)

H =

1	1/2	1/3	1/4
1/2	1/3	1/4	1/5
1/3	1/4	1/5	1/6
1/4	1/5	1/6	1/7

例 12 产生一个 4 阶魔方矩阵.

解

≫ M = magic (4)

M =

| 16 | 2 | 3 | 13 |

5	11	10	8
9	7	6	12
4	14	15	1

③ 利用 M 文件:对于比较大且比较复杂的矩阵,可以为它们专门建立一个 M 文件.其步骤为:

第一步:使用编辑程序输入文件内容;

第二步:把输入的内容以纯文本方式存盘(设文件名为 mymatrix.m);

第三步:在 MATLAB 命令窗口中输入"mymatrix",就会自动建立一个名为 AM 的矩阵供以后显示和调用.

(2) 冒号表达式

在 MATLAB 中,冒号是一个重要的运算符.利用它可以产生向量,还可用来拆分矩阵.冒号表达式的一般格式是:e1:e2:e3,其中 e1 为初始值,e2 为步长,e3 为终止值.冒号表达式可产生一个由 e1 开始到 e3 结束,以步长 e2 自增的行向量.

(3) 矩阵的抽取和裁剪

表 2 矩阵的抽取函数

函数名	说明
diag	抽取对角线元素
tril	抽取下三角阵
triu	抽取上三角阵

① 函数 diag

格式:X = diag(v,k)　　%以向量 v 的元素作为矩阵 X 的第 k 条对角线元素,
　　　　　　　　　　　%当 k=0 时,v 为 X 的主对角线;当 k>0 时,v 为上
　　　　　　　　　　　%方第 k 条对角线;当 k<0 时,v 为下方第 k 条对角线

X = diag(v)　　　　　%以 v 为主对角线元素,其余元素为 0 构成 X

v = diag(X,k)　　　　%抽取 X 的第 k 条对角线元素构成向量 v,k=0 时抽取
　　　　　　　　　　　%主对角线元素;k>0 时抽取上方第 k 条对角线元
　　　　　　　　　　　%素;k<0 时抽取下方第 k 条对角线元素

v = diag(X)　　　　　%抽取主对角线元素构成向量 v

② 函数 tril

格式 L = tril(X)　　　%抽取 X 的主对角线的下三角部分构成矩阵 L

L = tril(X,k)　　　　　%抽取 X 的第 k 条对角线的下三角部分,k=0 时取主
　　　　　　　　　　　%对角线;k>0 时取主对角线以上;k<0 时取主对角
　　　　　　　　　　　%线以下

③ 函数 triu　　　　　　％ 取上三角部分
格式 U = triu(X)　　　　％ 抽取 X 的主对角线的上三角部分构成矩阵 U
U = triu(X,k)　　　　　％ 抽取 X 的第 k 条对角线的上三角部分，k = 0 时取主
　　　　　　　　　　　％ 对角线；k > 0 时取主对角线以上；k < 0 时取主对角
　　　　　　　　　　　％ 线以下

例 13　diag 函数的使用.

≫ v = [1 2 4];
≫ x = diag(v, −1)
x =
　　0　　　　0　　　　0　　　　0
　　1　　　　0　　　　0　　　　0
　　0　　　　2　　　　0　　　　0
　　0　　　　0　　　　4　　　　0
≫ A = [1 2 3;4 5 6;7 8 9];
≫ v = diag(A,2)
v =
　　3

例 14　tril 函数和 triu 函数的使用.

≫ A = ones(3) * 2　　　　％ 产生 4 阶全 2 阵
A =
　　2　　　　2　　　　2
　　2　　　　2　　　　2
　　2　　　　2　　　　2
≫ L = tril(A,1)　　　　　％ 取下三角部分
L =
　　2　　　　2　　　　0
　　2　　　　2　　　　2
　　2　　　　2　　　　2
≫ U = triu(A, −1)　　　　％ 取上三角部分
U =
　　2　　　　2　　　　2
　　2　　　　2　　　　2
　　0　　　　2　　　　2

例 15 矩阵的综合操作.

```
≫ A = [1 2 3;4 5 6;7 8 9]
A =
    1      2      3
    4      5      6
    7      8      9
≫ A(2,3) = 3           % 改变位于第二行、第三列的元素值
≫ B = A(2,1:3)         % 取出 A 的部分元素构成矩阵 B
B = 4      5      3
≫ A = [A B']           % 将 B 转置后以列向量并入 A
A =
    1      2      3      4
    4      5      5      5
    7      8      9      3
≫ A(:,2) = []          % 删除第二列(:代表所有行)
A =
    1      3      4
    4      5      5
    7      9      3
```

(4) 矩阵的变维

在 MATLAB 的内部数据结构中,每一个矩阵都是一个以列为主的阵列 (Array). 因此对于矩阵元素的存取,我们可用一维或二维的索引(Index)来定址. 举例来说,在上述矩阵 A 中,位于第二行、第三列的元素可写为 A(2,3)(二维索引) 或 A(8)(一维索引,即将所有直列进行堆叠后的第 8 个元素).

矩阵的变维有两种方法,即用冒号和变维函数 reshape,前者主要针对两个已知维数矩阵之间的变维操作,而后者是对于一个矩阵的操作.

例 16 冒号变维实例.

```
≫ A = [1 2 3 4 5 6;6 7 8 9 1 2]
A =
    1    2    3    4    5    6
    6    7    8    9    1    2
≫ B = ones(3,4) * 2
B =
```

```
    2       2       2       2
    2       2       2       2
    2       2       2       2
>> B(:) = A(:)
B =
    1       7       4       1
    6       3       9       6
    2       8       5       2
```

变维函数 reshape 的格式如下:

B = reshape(A,m,n)   % 返回以矩阵 A 的元素构成的 m×n 矩阵 B,
                     %m 是新矩阵的行数,n 是新矩阵的列数

例 17 函数变维实例.

```
>> a = [1:12];
>> b = reshape(a,3,4)
b =
    1       4       7       10
    2       5       8       11
    3       6       9       12
```

(5) MATLAB 常用数学函数

MATLAB 提供了许多数学函数. 函数的自变量规定为矩阵变量,运算法则是将函数逐项作用于矩阵的元素上,因而运算的结果是一个与自变量同维数的矩阵. 表 3、表 4、表 5 分别列出了 MATLAB 的特殊变量和常用数学函数.

表 3 特殊变量及其说明

特殊变量	说明
i 或 j	基本虚数单位
eps	系统的浮点(floating-point)精确度
inf	无穷大,例如 1/0
nan 或 NaN	非数值(not a number),例如 0/0
pi	圆周率 $\pi(= 3.1415926\cdots)$
realmax	系统所能表示的最大数值
realmin	系统所能表示的最小数值
nargin	函数的输入引数个数
nargout	函数的输出引数个数
exp	自然指数单位

表 4　常用计算函数

函数名	说明
abs(x)	纯量的绝对值或向量的长度
angle(z)	复数 z 的相角(phase angle)
sqrt(x)	开平方
real(z)	复数 z 的实部
imag(z)	复数 z 的虚部
conj(z)	复数 z 的共轭复数
round(x)	四舍五入至最近整数
fix(x)	无论正负，舍去小数至最近整数
floor(x)	地板函数，即舍去正小数至最近整数
ceil(x)	天花板函数，即加入正小数至最近整数
rat(x)	将实数 x 化为分数表示
rats(x)	将实数 x 化为多项分数展开
sign(x)	符号函数 (signum function)。当 $x<0$ 时，sign(x)$=-1$；当 $x=0$ 时，sign(x)$=0$；当 $x>0$ 时，sign(x)$=1$
rem(x,y)	求 x 除以 y 的余数
gcd(x,y)	整数 x 和 y 的最大公因数
lcm(x,y)	整数 x 和 y 的最小公倍数
exp(x)	自然指数
pow2(x)	2 的指数
log(x)	以 e 为底的对数，即自然对数
log2(x)	以 2 为底的对数
log10(x)	以 10 为底的对数

表 5　常用三角函数

函数名	说明
sin(x)	正弦函数
cos(x)	余弦函数
tan(x)	正切函数
asin(x)	反正弦函数
acos(x)	反余弦函数
atan(x)	反正切函数
atan2(x,y)	四象限的反正切函数
sinh(x)	超越正弦函数
cosh(x)	超越余弦函数
tanh(x)	超越正切函数
asinh(x)	反超越正弦函数
acosh(x)	反超越余弦函数
atanh(x)	反超越正切函数

四、MATLAB 的命令和窗口环境

1. MATLAB 的查询命令

(1) help

用来查询已知命令的用法. 例如已知 inv 是用来计算逆矩阵的, 键入 "help inv" 即可得知有关 inv 命令的用法.

(2) lookfor

用来寻找未知的命令. 例如要寻找计算反矩阵的命令, 可键入 "lookfor inverse", MATLAB 即会列出所有和关键字 inverse 相关的指令. 找到所需的命令后, 即可用 help 命令进一步找出其用法.

2. 数据显示格式

常用命令	说明
format short	显示小数点后 4 位(缺省值)
format long	显示 15 位
format bank	显示小数点后 2 位
format +	显示 +, −, 0
format short e	5 位科学记数法
format long e	15 位科学记数法
format rat	显示最接近的有理数

3. 命令行编辑

键盘上的各种箭头和控制键提供了命令的重调、编辑等功能. 具体用法如下:

(1) ↑ —— 重调前一行(可重复使用调用更早的).

(2) ↓ —— 重调后一行.

(3) → —— 前移一字符.

(4) ← —— 后移一字符.

(5) home —— 前移到行首.

(6) end —— 移动到行末.

(7) esc —— 清除一行.

(8) del —— 清除当前字符.

(9) backspace —— 清除前一字符.

4. MATLAB 工作区常用命令

(1) who —— 显示当前工作区中所有用户变量名.

(2) whos——显示当前工作区中所有用户变量名及大小、字节数和类型.
(3) disp(x)——显示变量 X 的内容.
(4) clear——清除工作区中用户定义的所有变量.
(5) save 文件名 —— 保存工作区中用户定义的所有变量到指定文件中.
(6) load 文件名 —— 载入指定文件中的数据.

五、MATLAB 绘图命令

MATLAB 提供了十分丰富的绘图功能,可以根据需要画出各种数学函数图形.这里只简单介绍几种常见的绘图命令

1. 二维绘图命令 plot

(1) 功能线条二维图.在线条多于一条时,若用户没有指定使用颜色,则 plot 循环使用由当前坐标轴颜色顺序属性(Current Axes ColorOrder Property)定义的颜色,以区别不同的线条.在用完上述属性值后,plot 又循环使用由坐标轴线型顺序属性(Axes LineStyleOrder Property)定义的线型,以区别不同的线条.

(2) 用法

① plot(X,Y):当 X,Y 均为实数向量,且为同维向量(可以不是同型向量),X = [x(i)],Y = [y(i)],则 plot(X,Y) 先描出点(x(i),y(i)),然后用直线依次相连;若 X,Y 为复数向量,则不考虑虚数部分.若 X,Y 均为同维同型实数矩阵,X = [X(i)],Y = [Y(i)],其中 X(i),Y(i) 为列向量,则 plot(X,Y) 依次画出 plot(X(i),Y(i)),矩阵有几列就有几条线;若 X,Y 中一个为向量,另一个为矩阵,且向量的维数等于矩阵的行数或者列数,则矩阵按向量的方向分解成几个向量,再与向量配对分别画出,矩阵可分解成几个向量就有几条线.在上述的几种使用形式中,若有复数出现,则复数的虚数部分将不被考虑.

② plot(Y):若 Y 为实数向量,Y 的维数为 m,则 plot(Y) 等价于 plot(X,Y),其中 x = 1:m;若 Y 为实数矩阵,则把 Y 按列的方向分解成几个列向量,而 Y 的行数为 n,则 plot(Y) 等价于 plot(X,Y),其中 x = [1;2;…;n].在上述的几种使用形式中,若有复数出现,则复数的虚数部分将不被考虑.

③ plot(X1,Y1,X2,Y2,…):其中 Xi 与 Yi 成对出现.plot(X1,Y1,X2,Y2,…) 将分别按顺序取两数据 Xi 与 Yi 进行画图.若其中仅仅有 Xi 或 Yi 是矩阵,其余的为向量,向量的维数与矩阵的维数匹配,则按匹配的方向来分解矩阵,再分别将配对的向量画出.

④ plot(X1,Y1,LineSpec1,X2,Y2,LineSpec2,…):将按顺序分别画出由三参数 Xi,Yi,LineSpeci 定义的线条.其中参数 LineSpeci 指明了线条的类型、标记符号

和画线用的颜色.在 plot 命令中我们可以混合使用三参数和二参数的形式,如:
- plot(X1,Y1,LineSpec1,X2,Y2,X3,Y3,LineSpec3);
- plot(…,'PropertyName',PropertyValue,…):对所有的用 plot 生成的 line 图形对象中指定的属性进行恰当的设置;
- h = plot(…):返回 line 图形对象句柄的一列向量,一线条对应一句柄值.

(3) 说明

参数 LineSpec 定义线的属性.MATLAB 允许用户对线条定义如下的特性:

① 线型,见表 6.

表 6　线型定义符

定义符	—	— —	:	—.
线型	实线(缺省值)	划线	点线	点划线

② 线条宽度 LineWidth:指定线条的宽度,取值为整数(单位为像素点).

③ 颜色,见表 7.

表 7　颜色定义符

定义符	r(red)	g(green)	b(blue)	c(cyan)
颜色	红色	绿色	蓝色	青色
定义符	m(magenta)	y(yellow)	k(black)	w(white)
颜色	品红	黄色	黑色	白色

④ 标记类型,见表 8.

表 8　标记类型定义符

定义符	+	o(字母)	*	.	×
标记类型	加号	小圆圈	星号	实点	交叉号
定义符	d	∧	∨	>	<
标记类型	菱形	向上三角形	向下三角形	向右三角形	向左三角形
定义符	s	h	P		
标记类型	正方形	正六角星	正五角星		

⑤ 标记大小 MarkerSize:指定标记符号的大小尺寸,取值为整数(单位为像素).

⑥ 标记面填充颜色 MarkerFaceColor:指定用于填充标记符号面的颜色.取值在表 7 中.

⑦ 标记周边颜色 MarkerEdgeColor:指定标记符号颜色或者标记符号(小圆

圈、正方形、菱形、正五角星、正六角星和四个方向的三角形）周边线条的颜色．取值在表 7 中．

在所有的能产生线条的命令中，参数 LineSepc 可以定义线条的下面三个属性：线型、标记符号、颜色．对线条的上述属性的定义可用字符串来表示，如：plot(x,y,'−.or') 结合 x 和 y 画出点划线(−.)，在数据点(x,y)处画出小圆圈(o)，线和标记都用红色画出．其中定义符（即字符串）中的字母、符号可任意组合．若没有定义符，则画图命令 plot 自动用缺省值进行画图．若仅仅指定了标记符号，而非线型，则 plot 只在数据点画出标记符号．

例 18　在 $[0,4]$ 内画出 $\sin(x)$ 的图形．

解　x = [0:pi/10:4*pi];

y = sin(x);

plot(x,y)

图形结果见图 1.

若令

z = cos(x);

plot(x,y,x,z)

图形结果见图 2.

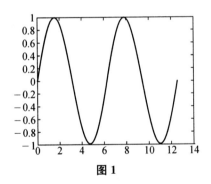

图 1

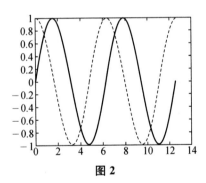

图 2

例 19　t = 0: pi/20: 2*pi;

plot(t,t.*cos(t),'−.r*')

hold on

plot(exp(t/100).*sin(t−pi/2),'− −mo')

plot(sin(t−pi),':bs')

hold off

图形结果见图 3.

例 20　plot(t,sin(2*t),'−mo','LineWidth',2,'MarkerEdgeColor','k',…

'MarkerFaceColor',[.49 1.63],'MarkerSize',12)

图形结果见图 4.

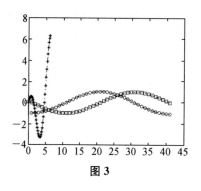

图 3

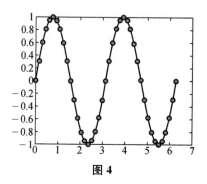

图 4

2. 三维绘图

三维基本绘图命令包括:三维曲线命令 plot3、三维网格命令 mesh、三维表面命令 surf.

(1) 三维曲线命令 plot3

格式:plot3(x,y,z)

　　　plot3(x,y,z,s)

　　　plot3(x1,y1,z1,s1,…,xn,yn,zn,sn)

其中:s,s1,s2,…,sn 同 plot 命令中的参数设置.

例 21　t = 0:pi/50:10 * pi;

　　　plot3(sin(t),cos(t),t).

图形结果见图 5.

例 22　[x,y] = meshgrid([-2:0.1:2]);

　　　z = x.* exp(-(x.^2 + y.^2));

　　　plot3(x,y,z)

图形结果为图 6.

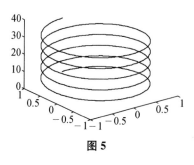

图 5

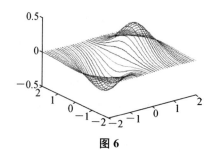

图 6

(2) 三维网格命令 mesh 和三维表面命令 surf

格式：mesh(z)
　　　mesh(x,y,z)
　　　surf(z)
　　　surf(x,y,z)
其中：x,y 均为向量. 若 x,y 的长度分别为 m,n,则 z 必须为 m*n 的矩阵.

例 23　　[x,y] = meshgrid(-12:.5:12);
　　　　　r = sqrt(x.^2+y.^2)+eps;　　%浮点精度,保证 z 的分母不为零
　　　　　z = sin(r)./r;
　　　　　mesh(z)

图形结果见图 7.

例 24　　z = peaks;　　%peaks 为 MATLAB 的内部函数. 可用 type peaks 命令
　　　　　　　　　　　　 % 查看
　　　　　surf(z)

图形结果见图 8.

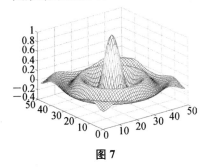

图 7　　　　　　　　　　　　　　图 8

3. 二元函数、三元函数的图像表示

(1) 生成网格格点命令 meshgrid

格式：[X,Y] = mesh(x,y) 或 meshgrid(x,y)　　%由 x,y 产生平面网格点
　　　[X,Y,Z] = meshgrid(x,y,z)　　　　　　 %由 x,y,z 产生空间网
格点

(2) 绘制二元函数的图形

例如：x = -3:0.05:3;
　　　y = -3:0.05:3;
　　　[X,Y] = meshgrid(x,y);
　　　z = 0.1*sin(X.^2+Y.^2);
　　　mesh(x,y,z)

图形结果见图 9.

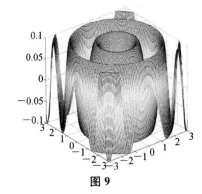

图 9

六、MATLAB在高等数学中的应用

1. MATLAB在极限中的应用

MATLAB为极限提供limit命令，其格式如下：

limit(F,x,a)　　％计算符号表达式$F = F(x)$的极限值，当$x \to a$时

limit(F,a)　　％用命令findsym(F)确定F中的自变量，设为变量x，
　　　　　　　％再计算F的极限值，当$x \to a$时

limit(F)　　％用命令findsym(F)确定F中的自变量，设为变量x，
　　　　　％再计算F的极限值，当$x \to 0$时

limit(F,x,a,'right') 或 limit(F,x,a,'left')　％计算符号函数F的单侧极限：
　　　　　　　　　　　　　　　　　　％左极限$x \to a^-$ 或 右极限$x \to a^+$

例25　计算 $\lim\limits_{x \to 0}((\cos(x)-1)/x), \lim\limits_{x \to 0^+}\left(\dfrac{1}{x^2}\right), \lim\limits_{x \to 0^-}\left(\dfrac{1}{x}\right), \lim\limits_{h \to 0}\left(\dfrac{\log(x+h)-\log(x)}{h}\right)$,

$\lim\limits_{x \to \infty}([(1+a/x)^x, \exp(-x)]), \lim\limits_{n \to \infty}\left(\left(1+\dfrac{2}{n}\right)^{3n}\right)$.

解　≫ syms x a t h n;　　％定义符号

≫ L1 = limit((cos(x) − 1)/x)

≫ L2 = limit(1/x^2,x,0,'right')

≫ L3 = limit(1/x,x,0,'left')

≫ L4 = limit((log(x + h) − log(x))/h,h,0)

≫ v = [(1 + a/x)^x, exp(− x)];

≫ L5 = limit(v,x,inf,'left')

≫ L6 = limit((1 + 2/n)^(3 * n),n,inf)

计算结果为：

L1 =

0

L2 =

inf

L3 =

− inf

L4 =

1/x

L5 =

[exp(a),0]
L6 =
exp(6)

2. MATLAB 在导数中的应用

MATLAB 为导数(包括偏导数)提供 diff 命令,其格式如下:

diff(S,'v')、diff(S,sym('v'))   % 对表达式 S 中指定的符号变量 v 计
                               % 算 S 的 1 阶导数
diff(S)   % 对表达式 S 中的符号变量 v 计算 S 的 1 阶导数,
                 % 其中 v = findsym(S)
diff(S,n)   % 对表达式 S 中的符号变量 v 计算 S 的 n 阶导数,
                 % 其中 v = findsym(S)
diff(S,'v',n)   % 对表达式 S 中指定的符号变量 v 计算 S 的 n 阶导数

例 26 求 $(\sin(x^3)*y^3)_{xx}$,$(\sin(x^3)*y^3)_{xxy}$,t^6 的 6 阶导数.

解 ≫ syms x y t
≫ D1 = diff(sin(x^3)*y^3,2)
≫ D2 = diff(D1,y)
≫ D3 = diff(t^6,6)

计算结果为:

D1 =
   -9*sin(x^3)*x^4*y^3+6*cos(x^3)*x*y^3

D2 =
   -27*sin(x^3)*x^4*y^2+18*cos(x^3)*x*y^2

D3 =
   720

3. MATLAB 在定积分中的应用

MATLAB 为符号函数的积分提供 int 命令,其格式如下:

R = int(S,v)   % 对符号表达式 S 中指定的符号变量 v 计算不定积分
                 % 注意的是,表达式 R 只是函数 S 的一个原函数,后面没有
                 % 带任意常数 C
R = int(S)   % 对符号表达式 S 中的符号变量 v 计算不定积分,
                 % 其中 v = findsym(S)
R = int(S,v,a,b) % 对表达式 S 中指定的符号变量 v 计算从 a 到 b 的定
                 % 积分
R = int(S,a,b)   % 对符号表达式 S 中的符号变量 v 计算从 a 到 b 的定

% 积分，其中 v = findsym(S)

例 27 计算积分 $\int -\frac{3x}{(1+x^3)^3}dx, \int \frac{x^2}{1+z^3}dz, \iint \frac{x^2}{1+z^3}dzdx, \int_0^1 x\log(10+x)dx, \int_{\cos t}^1 4xdx, \int [e^{2t}, e^{\alpha t}]dt.$

解 ≫ syms x z t alpha
≫ INT1 = int(−3 ∗ x/(1+x^3)^3)
≫ INT2 = int(x^2/(1+z^3), z)
≫ INT3 = int(INT2, x)
≫ INT4 = int(x ∗ log(10+x), 0, 1)
≫ INT5 = int(4 ∗ x, cos(t), 1)
≫ INT6 = int([exp(2 ∗ t), exp(alpha ∗ t)])

计算结果为：

INT1 =

  2/9 ∗ log(x + 1) − 1/9 ∗ log(x^2 − x + 1) − 2/9 ∗ 3^(1/2) ∗ atan(1/3 ∗ (2 ∗ x − 1) ∗ 3^(1/2)) − 1/6 ∗ x···/(x^2 − x + 1)^2 − 1/6 ∗ (2 ∗ x − 1)/(x^2 − x + 1) − 1/27 ∗ (3 ∗ x − 3)/(x^2 − x + 1) − 1/18/(x + 1)^2 − 2/9/(x + 1)

INT2 =

  1/3 ∗ x^2 ∗ log(z + 1) − 1/6 ∗ x^2 ∗ log(z^2 − z + 1) + 1/3 ∗ x^2 ∗ 3^(1/2) ∗ atan(1/3 ∗ (2 ∗ z − 1) ∗ 3^(1/2))

INT3 =

  1/9 ∗ x^3 ∗ log(z + 1) − 1/18 ∗ x^3 ∗ log(z^2 − z + 1) + 1/9 ∗ x^3 ∗ 3^(1/2) ∗ atan(1/3 ∗ (2 ∗ z − 1) ∗ 3^(1/2))

INT4 =

  −99/2 ∗ log(11) + 19/4 + 50 ∗ log(2) + 50 ∗ log(5)

INT5 =

  2 − 2 ∗ cos(t)^2

INT6 =

  [1/2 ∗ exp(2 ∗ t), 1/alpha ∗ exp(alpha ∗ t)]

MATLAB 为定积分计算提供 quad, quadl, trapz 命令，其格式如下：

① R = quad(fun, a, b, tol)；fun 为被积的函数名；a, b 为微积分上下限；tol 为精度，若缺省，其缺省值为 1.0e−6.

② R = quad(fun, a, b, tol, trace)；参数 fun, a, b, tol 用法与上面相同，而输入的第 5 个非零参数 trace, 是对积分过程通过被积函数上的图形进行跟踪.

quad 命令使用自适应步长 Simpson 法. quadl 命令的调用格式与 quad 一致,但它使用 Lobbato 算法,其精度比 quad 的高.

③ R = trapz(X,Y):用于进行梯形积分,精度低,适用于数值函数和光滑性不好的函数. 其中 X 表示积分区间的离散化变量;Y 是与 X 同维的向量,表示被积函数;R 返回积分的近似值.

quad,quadl,trapz 都不能用于反常积分,此外由于数值积分的特点,对一些假奇异积分也不能直接求解.

例 28 计算数值积分 $\int_{-1}^{2} x^2 dx$.

解 我们先用 trapz(X,Y) 来求 $\int_{-1}^{2} x^2 dx$,在命令窗口输入如下 MATLAB 代码:

≫ x =－1:0.1:2; y = x.^2;   ％ 取积分步长为 0.1
≫ trapz(x,y)

计算结果为:

ans =

3.005 0

我们现在把步长取到 0.01:

≫ x =－1:0.01:2; y = x.^2;
≫ trapz(x,y)

计算结果为:

ans =

3.000 0

通过上面的计算结果可以看到,利用不同的步长进行计算,可以看出步长和精度之间的关系. 如果取步长为 0.001 则输出结果为 3.000 0,与步长取为 0.01 时的结果接近.

也可以利用符号积分命令计算.

≫ syms x;
≫ int(x^2,x,－1,2)
ans = 3

下面我们利用 quad,quadl 来计算 $\int_{-1}^{2} x^2 dx$,首先要建立名为"j1.m"的文件:

function y = j1(x)
y = x.^3;

然后在命令窗口进行调用并输出结果:

```
>> quad('j1',-1,2)
ans =
    3.000 0
```

例29 计算数值积分 $\int_{-1}^{2}\frac{\sin x^2}{1+x}dx$,并用符号积分指令求解,观察输出结果.

解 利用 trapz 命令计算数值积分 $\int_{-1}^{2}\frac{\sin x^2}{1+x}dx$.

```
>> x=0:0.1:1; y=sin(x.^2)./(1+x);
>> trapz(x,y)
ans =
    0.181 1
```

当步长为0.01时运算结果为0.180 8,而利用quad命令则运行结果为0.180 8.该运算的MATLAB程序代码为:

```
function y=j2(x)        % 建立名为"j2.m"的文件
y=sin(x.^2)./(1+x);
>> quad('j2',-1,2)      % 在命令窗口进行调用
```

现在利用符号积分命令 int 计算:

```
>> syms x;
>> int(sin(x^2)/(x+1),x,0,1)
Warning: Explicit integral could not be found.
>> In sym.int at 58
ans =
    int(sin(x^2)/(x+1),x=0..1)
```

说明 int 不能求出该式的符号解,但可以求出数值解.

例30 计算由 $\begin{cases}x(t)=\sin(3t)\\y(t)=\cos(t)\\z(t)=t\end{cases}(0\leqslant t\leqslant 4\pi)$ 确定的曲线段的长度.

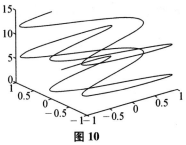

图 10

解 为了直观,我们先绘制该曲线的三维图形.

在命令窗口输入下列代码,便得到图 10:

```
>> t=0:0.1:4*pi;
>> plot3(sin(3*t),cos(t),t);
```

由曲线弧长度的计算公式可知,该曲线段弧长度等于 $\int_{0}^{4\pi}\sqrt{9\cos(3t)^2+\sin(t)^2+1}dt$,

下面我们将用函数 j3 表示上面的被积函数：
　　function f = j3(t);
　　f = sqrt(9 * cos(3 * t).^2 + sin(t).^2 + 1);
调用 quad 对函数 j3 积分：
　　≫ plot3(sin(3 * t),cos(t),t);
　　≫ len = quad('j3',0,3 * pi)
输出结果为：
len =
　　22.106 5
所以该曲线的弧长为 len = 22.106 5.

例 31　求抛物线 $y^2 = 2x$ 和直线 $y = -x + 4$ 所围成的图形的面积.

解　首先绘出函数图形. 建立 M 文件，输入如下代码：
y = -5:0.1:5;
x1 = 4 - y;
x = y.^2/2;
hold on
plot(x1,y);
plot(x,y);
运行结果为图 11.

然后求出两条曲线的交点. 建立 M 文件，输入如下代码，得到交点 x,y：
　　≫ syms y;
　　≫ f = 'y^2/2 + y - 4 = 0';
　　≫ y = solve(f,'y');
　　≫ x(1) = 4 - y(1);
　　≫ x(2) = 4 - y(2);
　　≫ x
x =
　　[2,8]
　　≫ y =
　　[2]
　　[-4]

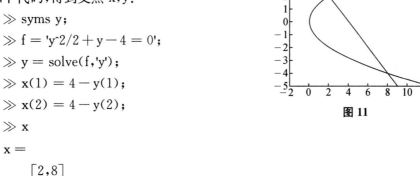

图 11

再以 y 为积分变量求出面积，可以在命令窗口直接输入如下语句，并得到面积 S：
　　≫ syms y;

```
>> f = '-y+4-y.^2/2';
>> S = quad(f,-4,2)
S =
    18
```

4. MATLAB 在常微分方程中的应用

MATLAB 为获得常微分方程的符号解提供 dsolve 命令,其格式如下:

r = dsolve('eq1,eq2,…','cond1,cond2,…','v')

说明:对给定的常微分方程(组)eq1,eq2,… 中指定的符号自变量 v,与给定的边界条件和初始条件 cond1,cond2,… 求符号解(即解析解)r. 若没有指定变量 v,则缺省变量为 t. 在微分方程(组)的表达式 eq 中,大写字母 D 表示对自变量(设为 x)的微分算子:D = d/dx,D2 = d2/dx2,…. 微分算子 D 后面的字母则表示为因变量,即待求解的未知函数. 初始条件和边界条件由字符串表示:$y(a) = b$,$Dy(c) = d$,$D2y(e) = f$ 等等. 若边界条件少于方程(组)的阶数,则返回的结果 r 中会出现任意常数 C1,C2,…. dsolve 命令最多可以接受 12 个输入参数(包括方程组与定解条件个数,当然我们可以做到输入的方程个数多于 12 个,只要将多个方程置于一个字符串内即可). 若没有给定输出参数,则在命令窗口显示解列表. 若该命令找不到解析解,则返回一警告信息,同时返回一空的 sym 对象. 这时,用户可以用命令 ode23 或 ode45 求解方程组的数值解. ode45 是最常用的求解微分方程数值解的命令,对于刚性方程组不宜采用. ode23 与 ode45 类似,只是精度低一些. ode23 用来求解刚性方程组,使用格式同 ode45. 可以用 help dsolve,help ode45 查阅这些命令的详细信息.

例 32 求下列微分方程的解析解:

(1) $y' = aby + c$.

(2) $y'' = \sin(3x) - 2y$, $y(0) = 0$, $y'(0) = 1$.

(3) $f' = f + g$, $g' = g - f$, $f'(0) = 1$, $g'(0) = 1$.

解 方程(1)求解的 MATLAB 代码为:

```
>> s = dsolve('Dy = a*b*y+c')
```

结果为:

```
s =
    -c/a/b+exp(a*b*t)*C1
```

方程(2)求解的 MATLAB 代码为:

```
>> s = dsolve('D2y = sin(3*x)-2*y','y(0) = 0','Dy(0) = 1','x')
```

结果为:

```
s =
```

$5/7 * \sin(2^{\wedge}(1/2) * x) * 2^{\wedge}(1/2) - 1/7 * \sin(3 * x)$

方程(3)求解的 MATLAB 代码为：
≫ s = dsolve('Df = f + g','Dg = g − f','f(0) = 1','g(0) = 1')
≫ simplify(s. f)　　%s 是一个结构
≫ simplify(s. g)

结果为：

ans =

　　$\exp(t) * \cos(t) + \exp(t) * \sin(t)$

ans =

　　$-\exp(t) * \sin(t) + \exp(t) * \cos(t)$

例 33　求解微分方程
$$y' = -2y + 3t + 1, \quad y(0) = 1$$
先求解析解,再求数值解,并进行比较.

解　由
≫ s = dsolve('Dy = −2 * y + 3 * t + 1','y(0) = 1','t')
≫ simplify(s)

可得解析解为：

s =

　　$3/2 * t - 1/4 + 5/4 * \exp(-2 * t).$

下面再求其数值解,编写 M 文件"j4. m"：
function f = j4(t,y)
f = −2 * y + 3 * t + 1;

再用命令：
≫ t = 0:0.1:1;
≫ y = 3/2 * t − 1/4 + 5/4 * exp(−2 * t);
plot(t,y);　　　　% 画解析解的图形
≫ hold on;　　　% 保留已经画好的图形
　　　　　　　　% 便于合并后面画的数值解图形
≫ [t,y] = ode45('j4',[0,1],1);
≫ plot(t,y,'ro');　　% 画数值解图形,用红色小圈画
≫ xlabel('t'),ylabel('y')
由图 12 可见,解析解和数值解吻合得很好.

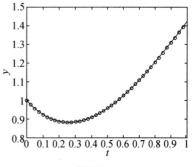

图 12

参考文献

[1] 华东师范大学数学系. 数学分析[M]. 北京:高等教育出版社,2001.

[2] 王顺凤,夏大峰,朱凤琴,等. 高等数学[M]. 北京:清华大学出版社,2009.

[3] 李刚,王顺凤,朱凤琴,等. 高等数学[M]. 北京:高等教育出版社,2010.

[4] 同济大学数学教研室. 高等数学[M]. 北京:高等教育出版社,2001.

[5] 施庆生,许志成,朱耀亮,等. 高等数学[M]. 北京:高等教育出版社,2012.